本书系2018年教育部人文社会科学规划基金项目"习近平总书记关于海洋强国的重要论述研究"（项目编号18YJA710038）阶段性研究成果。

光明社科文库
GUANGMING DAILY PRESS:
A SOCIAL SCIENCE SERIES

·政治与哲学书系·

先秦海洋社会
与海洋国家研究

牟方君　　胡伟光｜著

光明日报出版社

图书在版编目（CIP）数据

先秦海洋社会与海洋国家研究 / 牟方君，胡伟光著
. --北京：光明日报出版社，2022.3
ISBN 978－7－5194－6462－2

Ⅰ.①先… Ⅱ.①牟… ②胡… Ⅲ.①海洋学—政治
思想史—研究—中国—先秦时代 Ⅳ.①P7②D092.2

中国版本图书馆 CIP 数据核字（2022）第 034548 号

先秦海洋社会与海洋国家研究
XIANQIN HAIYANG SHEHUI YU HAIYANG GUOJIA YANJIU

著　　者：牟方君　胡伟光

责任编辑：杨　茹　　　　　　　　责任校对：杨　娜　郭嘉欣
封面设计：中联华文　　　　　　　责任印制：曹　净

出版发行：光明日报出版社
地　　址：北京市西城区永安路 106 号，100050
电　　话：010-63169890（咨询），010-63131930（邮购）
传　　真：010-63131930
网　　址：http://book.gmw.cn
E－mail：gmrbcbs@ gmw.cn
法律顾问：北京市兰台律师事务所龚柳方律师

印　　刷：三河市华东印刷有限公司
装　　订：三河市华东印刷有限公司

本书如有破损、缺页、装订错误，请与本社联系调换，电话：010-63131930

开　　本：170mm×240mm
字　　数：368 千字　　　　　　　　印　　张：20
版　　次：2023 年 7 月第 1 版　　　印　　次：2023 年 7 月第 1 次印刷
书　　号：ISBN 978－7－5194－6462－2
定　　价：98.00 元

前　言

自古迄今，蓝色海洋从来都是人类社会生产生活创新创造的重要场所，也始终是社会文明文化展现演绎的基础舞台。作为真理的诠释者，历史给人们的经验和启示总是十分宝贵。向海则兴，背海则衰，历史上几乎所有的海洋强国都能发展成为世界强国，这不仅是世界历史和海洋政治的基础事实与基本规律，也是人类社会历史文化发展的基本共识。因此，自人类社会把关注的目光集中转向海洋的那一刻起，寸土必争演化拓展为寸海必得。人类社会发展的进程反复证实：无论哪个民族、哪个国家，倘若缺乏经略海洋的意识与走向海洋的行为，注定要付出惨痛的历史代价。对此，苏联海军总司令戈尔什科夫也曾有过非常明确的论述："在发展生产力和积累国家财富的过程中，海洋的作用是怎么估计也不会过高的。文明通常在海洋沿岸产生和发展，人民与航海业有密切关系的国家就比其他国家更早地成了经济强国。到了人类历史发展的一定阶段，就出现了利用无边无际的汪洋大海及其财富的迫切需要。"①由此可见，在当今致力于在竞争激烈的海洋社会中获有一席之地的国家政治生活中，海洋政治的地位日益重要。当然，世界海洋政治地位之凸显，与当前人们对于海洋重要性的深刻认识、人类对于海洋资源越来越多的诉求、海洋能为人类当下生存及未来发展提供更多支持与保障密不可分。若要坚决维护既得的海洋权益，试图攫取更多的海洋利益，就要求一个国家必须具备久远深邃的战略眼光、开拓进取的海洋意识、效能强大的海洋实力。上升到政治政策层面，就是要求滨海国家必须具有先进的海洋政治思想理论、深入人心的海洋思想意识、科学规范的耕海牧洋行为。可以说，海洋政治已成为当今海洋社会试图谋求海洋世界话语权

---

① 戈尔什科夫.国家的海上威力[M].济司二部,译.北京:生活·读书·新知三联书店,1977:9.

1

的国家权力共同指向的基本对象。

21世纪是"海洋世纪"已成为全球共识。目前的世界,民族国家对海洋在经济社会发展中的价值认识愈加突出与深化。世界各国都以不同的方式突出对海洋地位的重视,不仅发达国家强化海洋在社会经济发展中的战略地位,而且越来越多的发展中国家也纷纷将海洋纳入经济与社会发展的国家战略。但总体而言,当今世界对海洋价值的整体重视及对海洋本身开发和利用的广度、深度、强度与力度都还远远不够。新中国成立后,党和国家便十分重视面海发展、向海用力,积极投入,尽心经略,海洋事业发展成就有目共睹。随着科学技术进步、经济社会发展尤其是改革开放的不断深入,中国特色社会主义建设事业踏入历史新方位,中国愈加强调对海洋的关注和控制、开发与利用,持续大幅度提升海洋在国家经济社会发展支持体系中的权重。早在解放战争时期,毛泽东就果断决策"长江要过,海军要建"。① 中华人民共和国成立之初,以毛泽东为核心的第一代领导集体就明确提出要建立建成"海上铁路"与"海上长城",表达出中华人民共和国维护海权、经略海洋的决心与信心。20世纪80年代,改革开放总设计师邓小平带领全党全国果断地"面向世界、面向海洋",坦陈了浴火重生的中国拥抱世界与海洋的坚定信念。而20世纪90年代,在顶住国内外巨大压力的快速发展中,以江泽民为核心的党中央一刻也没忘记经略广袤大海,反复强调"一定要从战略的高度认识海洋,增强全民族的海洋观念"。2012年11月,胡锦涛在党的十八大报告中更是旗帜鲜明地提出:"提高海洋资源开发能力,发展海洋经济,保护海洋生态环境,坚决维护国家海洋权益,建设海洋强国。"② 五年之中,中国通过顶层设计,在维护海洋权益、保护海洋通道、开展国家海洋合作方面飞速发展。2017年10月,党的十九大报告再次明确要求"坚持陆海统筹,加快建设海洋强国"。③ 2020年10月,十九届五中全会重申"坚持陆海统筹,发展海洋经济,建设海洋强国"。④ 这意味着中国的海洋战略目标越来越清晰,"统筹陆海战略资源,以海强国、依海富国"已然成为中国海洋事业发展的基本路径。党的十九大将习近平新时代中国特色社会主义思想确

① 陆儒德.毛泽东的海洋强国路[M].北京:海洋出版社,2015:12.
② 胡锦涛.胡锦涛文选:第三卷:[M].北京:人民出版社,2016:645.
③ 习近平.习近平谈治国理政:第三卷[M].北京:外文出版社,2020:26.
④ 中国共产党第十九届中央委员会.中共中央关于制定国民经济和社会发展第十四个五年规划和二〇三五年远景目标的建议[M].北京:人民出版社,2020:24.

立为党和国家全部事业的根本指导思想。党的十九大以后，中国特色社会主义伟大事业全面进入新的历史方位，要求我们要承前启后、继往开来，在新的历史条件下继续夺取中国特色社会主义伟大胜利，要决胜全面建成小康社会，进而全面建成社会主义现代化强国，全国各族人民要团结奋斗、不断创造美好生活、逐步实现全体人民共同富裕，全体中华儿女要勠力同心、奋力实现中华民族伟大复兴中国梦，为我国日益走近世界舞台中央做出更大贡献，不断为人类做出更大贡献。21 世纪海洋经济在国民经济中的地位和作用日益凸显，海洋事业作为中国特色社会主义事业最为重要的组成部分，关系党的十九大战略安排的顺利实现。中国特色社会主义海洋事业是功在当代、利在千秋的伟大工程，伟大工程需要伟大斗争，需要全体中华儿女汇智聚力，而智慧的汇集、力量的集聚必须有思想的指导、旗帜的引领。习近平新时代海洋政治思想创造性地运用马克思主义海洋理论原理解答时代海洋新课题，创造性地总结当代海洋发展新特点，创造性地提出新的海洋政治科学理论体系，创造性地提出中国特色社会主义海洋发展基本方略。习近平新时代海洋政治思想是海洋时代发展的必然产物，深刻反映了时代海洋精神，高度集中了全党和全国人民的智慧，鲜明体现了习近平总书记的宽阔视野、科学境界、实践精神和创新思维，开辟了中国当代马克思主义海洋政治理论的新境界。习近平新时代海洋政治思想正是 21 世纪中华儿女同心同德、奋力实现中国蓝色海洋强国梦的指导思想与精神旗帜。因此，学习研究、贯彻落实习近平新时代海洋政治思想是 21 世纪中国特色社会主义海洋建设事业的基础工程，有着重大的理论价值与社会意义。

与中国特色社会主义道路同频同步，中国特色社会主义海洋强国事业同样是从中国人民几十年改革开放的伟大实践、中华人民共和国 70 多年的持续探索、近代中国 100 多年的浴血奋战、中华民族 5000 多年的悠久文明传承中走出来的，"具有深厚的历史渊源和广泛的现实基础"。① 悠久绵延的发展历史、得天独厚的地缘环境，造就了辉煌灿烂的中华文明。"中华文明是由陆域文明和海洋文明两个部分共同组成的，两者几乎在同一时期形成，且相互促进、互为依存。"②中国既是内陆大国，也是海洋大国，海洋因其"舟楫之便、渔盐之利"，对族群生存发展有着独特的价值，早在先秦时代就广为

---

①　习近平.习近平谈治国理政[M].北京:外文出版社,2014:40.
②　李磊.海洋与中华文明[M].广州:花城出版社,2014:126.

思想家关注。中华海洋文明悠久璀璨、敦厚深邃、体系天成，极具东方色彩与民族特色，在世界海洋文明史上占有十分重要的地位。浙江萧山跨湖桥遗址发现的独木舟距今已8000余年，余姚河姆渡遗址出土的舟楫也有7000多年的历史，《竹书纪年》有载夏朝"命九夷，东狩于海，获大鱼"①的海洋活动记录，殷商人扬帆出海的事迹在甲骨文中也能找到，《史记》里清晰书写着春秋时吴国水军从海上发兵攻齐的史实，游于海上的齐景公曾乐而不思归，《论语》中的孔子也有过"乘桴浮于海"②的念想。秦始皇嬴政派徐福东渡寻求不老神药，奉旨率童男童女与百工出海寻不老药的徐福出海东行竟一去不返，从此徐福东渡日本传说竟起。《汉书·地理志》里汉代的船队已开辟从广东徐闻和广西合浦起航经东南亚出马六甲海峡直至印度沿海"黄支国"与"已程不国"的被后世称为"海上丝绸之路"的远洋航线。武帝时刘汉王朝与欧洲东罗马帝国已有交互往来，东晋高僧法显带着手抄佛教经典与满怀14年海外游历的感悟从"狮子国"乘船经印度洋和南海返回祖国，一部《法显传》留下5世纪初叶亚洲风土人情、宗教文化、贸易交通和经济政治研究的珍贵历史资料。唐朝通过发达的海外交通、众多的海洋航线，频繁往返的海贸商舶用满载的丝绸、瓷器、茶叶与象牙、珍珠、香料，将繁盛的唐王朝与世界紧紧联系起来。由于使用罗盘导航，大宋远洋海船可以从容横渡印度洋直达红海与东非，大宋朝廷更是用市舶制度与首创的市舶法则将海贸利益源源不断地输入国库。元代工程浩大的胶莱运河、规模庞大的海上漕运以及往来如风般穿梭印度洋的四桅海舶直至设置于重要航道与出入港口的航标灯塔，呈现给世人的就是一派全景的大海国印象。明朝初期的三宝太监七下西洋，舰队规模之庞大、造船技术之发达、航海水平之高超、航线质量之精美、所到国家之广众，更是把中国古代海洋以及造船、航海事业推至顶峰，写就世界航海史极其绚烂的辉煌篇章。然而令人扼腕的是，郑和之后明清封建王朝总体禁海闭关、抱残守缺、罔顾时势、不求进取，将广袤海洋大舞台拱手相让，致使中国万里海疆狼烟四起。西方列强依仗坚船利炮，烧杀抢掠、横行霸道，腐朽王朝割地赔款以求苟安。"1840年的鸦片战争及其结局，标志着中国具有悠久历史的传统海洋文化开始了伴随着耻辱与阵痛、孕育着生机与新生地走向近现代性质的海洋文化转型。……经历了西方列强

---

① 范祥雍.古本竹书纪年辑校订补[M].上海：上海古籍出版社，2018：10.
② 杨伯峻.论语译注[M].北京：中华书局，2017：62.

接踵而来的大规模海上入侵与中国的全面防守、退却与战败和'议和',以沿海地区为突破口和集散地,以通商口岸殖民地化和港口城市的崛起为起点,以洋务派及其影响下的西化主张为潮流,以近代于远洋海运贸易的国际化为媒介,以国人文化理念中的'批判现实、批判传统、学习西方、崇尚西化'为时尚,西方'蓝色文明'从思想文化、制度文化乃至思维方式、价值观念和生活方式等各个层面对中国产生全面影响和渗透,近代的中国自此不得不向世界打开国门,进入世界性发展轨道。"①正是在这巨大的耻辱和透彻的苦痛中,直面滚滚而至、退无可退的三千年未有之变局,一代又一代中华民族的先进代表与仁人志士,为救亡图存、富国强兵、振兴中华,潜心观察海外动向,倾心了解世界变动,深入思考海洋情势,尽心设计海洋事业,历尽无数劫难,惨遭多次失败,给我们留下了异常珍贵的海量海洋历史文化遗产,为现代中国面向世界、走进海洋奠定了坚实的思想文化根基。

1949年10月1日,中华民族昂首迈入崭新的时代,中国海洋事业发展也快速开启了全新的纪元。中华人民共和国甫一成立,党和国家便即刻清除外国列强的一切特权,夺回被帝国主义垄断的航权,使中国海洋事业牢牢掌握在人民手中。同时,人民政府顶住帝国主义现实的战争威胁和严苛的海上封锁,在战争废墟上白手起家,重振中国海洋事业,积极发展港口、造船、航运产业和努力建设强大的人民海军,依凭建设"海上长城"和"海上铁路"的海洋政治战略思想,精心构筑坚实的"宅基墙院",营造海洋事业良好的战略安全环境;克服一切困难,坚决打通海外交流通道,为建设海洋大国进而迈向海洋强国奠定坚实基础。以毛泽东、邓小平、江泽民、胡锦涛、习近平为核心的历届中央领导集体,凭借卓越的政治远见、广阔的政治视野、高超的政治智慧和过人的政治胆识,带领全体中华儿女勠力同心、坚韧不拔、团结奋斗、开拓创新,缔造了新中国社会主义海洋事业一个又一个的辉煌奇迹,也逐步构建起中国特色社会主义的海洋政治理论与思想文化体系。历经70余年的艰苦奋斗,中国海洋事业以空前的速度平稳发展。2012年中共十八大前夕,全国海洋生产总值突破50000亿元,海洋生产总值占国内生产总值的9.6%。2017年全国海洋生产总值77611亿元,比上年增长6.9%,海洋生产总值占国内生产总值的9.4%。其中,海洋第一产业增加值3600亿元,第二产业增加值30092亿元,第三产业增加值43919亿元,海洋第一、第

---

① 闵锐武.中国海洋文化史长编·近代卷[M].青岛:中国海洋大学出版社,2013:1.

二、第三产业增加值占海洋生产总值的比重分别为 4.6%、38.8% 和 56.6%。①
自然资源部《2019 年中国海洋经济统计公报》显示:2019 年全国海洋生产总
值 89415 亿元,比上年增长 6.2%,海洋生产总值占国内生产总值的比重为 9.
0%,占沿海地区生产总值的比重为 17.1%。其中,海洋第一产业增加值 3729
亿元,第二产业增加值 31987 亿元,第三产业增加值 53700 亿元,分别占海洋
生产总值比重的 4.2%、35.8% 和 60.0%。② 中国海洋大国的地位更加牢固和
坚实。可见,无论是古代海洋实践的快速突进、近代海洋思想的艰难探索、
现代海洋开发的狂飙突进,还是当代海洋经略的全面升华,中华文明对海洋
的向往与追求从来不曾根本动摇,对海洋的经略始终未有全面中断。中华
文明就其整体构造而言,实质上便是大陆文明和海洋文明的共同产物,而且
大陆文明和海洋文明本身并非存有主导与附属的关系,所存在的差异也只
是在国家战略中的时代位置不同而已。在中华民族绵长的历史长河中,无
论中原陆地兵燹连天与歌舞升平的历史画卷交替演绎,还是二十四史王朝
战争与和平的轮流更迭,中国东南广袤海洋上满载奇珍异货的外夷商舶持
续梯航来朝,蓝色海洋始终执着地连通中国与世界。持续是历史的特性。
当今中国面向海洋、走入世界,大规模经略海洋的国家行动不仅是实力崛
起、民族复兴背景中的现实追求,更是中华文明延绵不绝的海洋文化传统的
真实接续。

作为中国海洋事业重要理论基础的海洋政治思想,不仅是中华传统文
化和国家治理理念的重要内容,华夏先贤海洋价值思考的理性凝结,也是审
视中国海洋兴衰的历史参照。然而,历史又总是在创新中不断发展的,只有
不断创新,人类社会才能获得不竭动力。在世界不断转型、国内持续变革的
时代背景下,中国海洋政治思想与海洋事业发展都需要不断创新发展来回
应时代的急迫呼唤、完成海上的完全崛起、支撑民族的伟大复兴。海洋政治
思想是国家海洋事业发展的现实行为指南,有鉴于中国当前海洋环境的严
峻情势,系统地思想梳理、科学地理论创造是国家海洋战略选择的基础理性
支撑。尽管在中华文明史上不曾有过纯粹的海洋政治思想与系统的海洋政
治实践,但我们却能够通过相关历史时段人们思想影响与实践行为成效的

---

① 刘诗瑶.2017 年中国海洋经济统计公报发布　生产总值比上年增长 6.9%[EB/OL].央广
网,2018-03-02.
② 2019 年中国海洋经济统计公报发布[EB/OL].澎湃网,2020-05-09.

发掘探索来领略其中的真谛,甚至是在"中国没有在海洋时代成为真正意义上的海洋强国,或许正是由于海洋政治思想本身的缺失"的反思中找寻到海洋政治思想的价值。列宁在《青年团的任务》中明确指出:"应当明确地认识到,只有确切地了解人类全部发展过程所创造的文化,只有对这种文化加以改造,才能建设无产阶级的文化,没有这样的认识,我们就不能完成这些任务。无产阶级文化并不是从天上掉下来的,也不是那些自命为无产阶级文化专家的人杜撰出来的。如果硬说是这样,那完全是一派胡言。无产阶级文化应当是人类在资本主义社会、地主社会和官僚社会压迫下创造出来的全部知识合乎规律的发展。"①在列宁看来,"马克思主义这一革命无产阶级的思想体系赢得了世界历史性的意义,是因为它并没有抛弃资产阶级时代最宝贵的成就,相反却吸收和改造了两千多年来人类思想和文化发展中一切有价值的东西。只有在这个基础上,按照这个方向,在无产阶级专政(这是无产阶级反对一切剥削的最后的斗争)的实际经验的鼓舞下继续进行工作,才能认为是发展真正的无产阶级文化"②。早在抗日战争时期,毛泽东就对继承历史遗产的现实意义有过充分的论述,在他看来:"我们这个民族有数千年的历史,有它的特点,有它的许多珍贵品。对于这些,我们还是小学生。今天的中国是历史的中国的一个发展;我们是马克思主义的历史主义者,我们不应当割断历史。从孔夫子到孙中山,我们应当给以总结,承继这一份珍贵的遗产。对于指导当前的伟大运动,是有重大的帮助的。"③习近平总书记也指出:"中华民族是具有非凡创造力的民族,我们创造了伟大的中华文明",④同时也特别强调:"不忘历史才能开辟未来,善于继承才能善于创新。优秀传统文化是一个国家、一个民族传承和发展的根本,如果丢掉了,就割断了精神命脉。"因此,我们"要善于把弘扬优秀传统文化和发展现实文化有机统一起来,紧密结合起来,在继承中发展,在发展中继承"⑤。"要坚持马克思主义的方法,采取马克思主义的态度,坚持古为今用、推陈出新,有鉴别地加以对待,有扬弃地予以继承,取其精华、去其糟粕,用中华民

① 中共中央马克思恩格斯列宁斯大林著作编译局.列宁选集:第四卷[M].北京:人民出版社,1995:285.
② 中共中央马克思恩格斯列宁斯大林著作编译局.列宁选集:第四卷[M].北京:人民出版社,1995:299.
③ 毛泽东.毛泽东选集:第二卷[M].北京:人民出版社,1991:533-534.
④ 习近平.习近平谈治国理政[M].北京:外文出版社,2014:40.
⑤ 习近平.习近平谈治国理政:第二卷[M].北京:外文出版社,2017:313.

族创造的一切精神财富来以文化人、以文育人。"①党的十九大确立起习近平新时代中国特色社会主义思想为党和国家各项事业的根本指导思想,是指引中国特色社会主义建设和发展的精神旗帜,是全党全国人民为实现中华民族伟大复兴而奋斗的行动指南。作为博大精深、体系完整、逻辑严密的理论体系——习近平新时代中国特色社会主义思想的重要组成部分,习近平新时代海洋政治思想是新时代中国特色社会主义海洋事业的根本指导思想,是以习近平为核心的新一代领导集体坚持马克思主义方法、采取马克思主义态度,在弘扬中华优秀海洋文化传统和发展中国现实海洋文化实践的基础上,结合历史与现实、统筹国内国际两个大局而形成的马克思主义中国化的最新理论成果,是指引新时代中华民族实现蓝色海洋强国梦、建立海洋命运共同体直至人类命运共同体的根本精神旗帜。习近平新时代海洋政治思想创造性地运用马克思主义海洋理论原理及时解答大海洋时代海洋演化新课题、主动回应百年未有之变局中海洋变革新诉求,创造性地总结当代世界海洋发展新特点,创造性地提出海洋政治崭新科学理论体系,创造性地擘画中国特色社会主义海洋发展基本方略。习近平新时代海洋政治思想是海洋时代发展的必然产物,深刻反映了时代海洋精神,高度集中了全党和全国人民的智慧,鲜明体现了习近平总书记的宽阔视野、科学境界、实践精神和创新思维,开辟了中国当代马克思主义海洋理论的新境界。习近平新时代海洋政治思想正是21世纪中华儿女同心同德、奋力实现中国蓝色海洋强国梦的根本指导思想与主体精神旗帜。因此,要深入学习和深刻领会习近平新时代海洋政治思想,从历史发展的深远视域与理论逻辑的系统思维完整把握习近平新时代海洋政治思想,就必须系统梳理中国海洋社会与海洋国家尤其是海洋政治思想发展脉络,找寻中华海洋文明深层的蓝色基因。我们耙梳中国古代海洋政治思想就是试图从中国蓝色文明生长的源头出发,探究中华海洋文明生成的根基、生长的机理以及长成的路径,以期解开中华海洋文明的蓝色基因密码,窥探蓝色基因链条的整体面貌,在更深层次全面领会习近平新时代中国特色社会主义海洋政治思想的实质精髓,在更完整的层面深度投入新时代中国海洋强国建设事业,依循海洋强国建成、海洋命运共同体建设直至人类命运共同体推进的基本路径,以蓝色海洋梦助力实现中华民族全面复兴的伟大梦想。

---

① 中共中央宣传部.习近平总书记系列重要讲话读本[M].北京:学习出版社,2016:202.

目　录
CONTENTS

第一章　绪　论

在学者的视野里,古老中国始终是由"大陆中国和海上中国"两个部分完整构成的,并且这两个紧密相连的构成部分"几乎是同一时期形成的"。① 因而自古迄今,"中国就是一个海洋国家"②,蓝色海洋不仅体现着中国厚重历史文化的清晰发展脉络、表征着中华文明深邃宏大的体系构造,而且广袤无际的蓝色国土更是民族生存发展的重要基础、国家尊严的基本体现。然而,以"天圆地方"国家地理观为代表特征的古老中国主流文化传统,却随处投射出对蓝色海洋的无端漠视,甚至在悠远的历史进程中不少王权执掌者往往将其所谓"水之浒"的浩瀚大海逐于视野之外,正统学术也因之鲜见海洋专题著述与海洋专史推究,间或散见些许蓝色海洋相关描述,也大抵误谬层出、贻笑不绝,甚至在沉迷西方近代海洋文化概念体系的中国学者的眼中中国海洋文化已经不见踪迹,"大海,在中国没有主体"③的声音不绝于耳。但就客观的历史事实而言,"中国海洋文化的传统源远流长,只是一直没有进入'主流文化'的行列,但在沿海民间社会,有关的口碑资料、习俗和传说却向人们呈现出丰富的中国海洋文化传统的信息"。④ 尽管在农耕文化占主导地位的中国古代传统史学经典文本中,蓝色海洋信息并不多见,甚至即便偶然涉及也多为传统农业文明吸纳改造并借助传统思维而存留与表达出来,以致较长时间里传统精英文化或者主流文化中已经很难寻觅到海洋信息的完整性踪迹,这又使得大量原本顽强生存的海洋人文信息在充满选择性历史文化叙事模版中频频丧失记忆,抑或被人为肢解成残段与碎片。事实上,东西方文明在源头

---

① 房仲甫,姚澜.哥伦布之前的中国航海[M].北京:海洋出版社,2008:2.
② 陈东有.中国是一个海洋国家[J].江西社会科学,2011(1):234.
③ 倪健民,宋宜昌.海洋中国:文明重心东移与国家利益空间(下册)[M].北京:中国国际广播出版社,1997:1594.
④ 王日根,宋立.海洋思维:认识中国历史的新视角——评杨国桢主编"海洋与中国丛书"[J].历史研究,1999(6):171.

就遵循着各自的目标选择与发展范式一路向前,生产方式、社会结构、生活习俗直至思想价值观念自为体系且相映成趣。因此,"西方近代海洋文明与东方传统的海洋文明,不具有可比性,而且,以西方的指标评判东方,亦不免落入西方中心论的俗套"①。更何况海洋文明并非西方世界的专利,海洋利益作为客观存在的文明滋养资源从来都不可能被西方独占专享,客观而言,古老中国不仅是人类文明史中举足轻重的内陆大国,也是在世界蓝色历史文化发展进程中占据重要位置的海洋大国,"中国文明在历史传统上就不仅仅是内陆文明、农业文明,而且有着悠久、灿烂的海洋文明,并形成了具有东方文明主流特色的海洋文化体系"。② 这种独具东方特色的海洋文化体系,不仅自身有着长久的辉煌历史,而且深深影响了东北亚、东南亚等环中国海洋文明圈以及中亚、西亚、非洲和欧洲的文明进程。因此,悉心梳理中华海洋文化尤其是中国古代海洋社会与海洋国家的演绎演进总体脉络,尽心品鉴镶嵌在中国古代政治思想体系中的海洋政治思想璀璨精华的历史价值,精心探究研读蕴藏其中的厚重的历史文化蓝色基因,对于从"精神命脉"的视角全面理解习近平新时代中国特色社会主义思想的宏大体系实质、深入贯彻落实习近平总书记关于海洋强国以及海洋命运共同体乃至人类命运共同体重要论述的深刻内涵有着重大的理论与实践价值。

一、海洋社会与海洋国家研究的几个基础问题

一般而言,科学理论是由一系列正确的概念、判断和推理表达出来的系统化的知识体系,其基础或原点在于正确的元概念。构建知识体系的前提也在于明确概念的边界,形成逻辑严密的内在结构体系。因此,要系统把握海洋社会与海洋国家乃至政治思想全貌,就必须首先明确其海洋社会、海洋国家以及海洋政治思想等基础概念的边界,厘清其历史发展的基本脉络,补全其蕴含的逻辑架构。在马克思主义理论世界里,所谓社会不过是"人们交互活动的产物"③,是各种社会关系的总和。由是,海洋社会亦不外是"人类基于开发、利用和保护海洋的实践活动所形成的人与人关系的总和"。④ 对于人类社会发展到一定阶段即阶级社会之后、阶段矛盾不可调和之时,成长于该社会之中却又凌驾于社会之上、立基于暴力

---

① 杨国桢.海洋迷失:中国史的一个误区[J].东南学术,1994(4):30.
② 曲金良.中国海洋文化观的重建[M].北京:中国社会科学出版社,2009:4.
③ 中共中央马克思恩格斯列宁斯大林著作编译局.马克思恩格斯选集:第一卷[M].北京:人民出版社,1995:345.
④ 崔凤,等.海洋社会学的建构:基本概念与体系框架[M].北京:社会科学文献出版社,2014:30.

或合法性且带有相当抽象性权力机构构造的国家来说,在一般意义上,国土、人民(民族)、文化和政府是其最为基础的四个要素。若立足社会科学与人文地理的基本视角,则是特指经由人民、文化、语言、地理而区隔出来的特定领土;确实政治自治权区分开来的清晰领地;生存于一个领地且隶属于治权保障的确定人民;与特殊历史文化种群相关联的独特地区。因而海洋国家也就可以简单归结为地理区位滨海、发展资源涉海、社会进步借海、思想文化涵海的独立政治国家。陆海相衔、海陆复合的地缘构造是海洋国家保持与蓝色海洋无阻碍通联的地理条件,也是界定所属人民特定生存发展方向、生产生活方式的自然基础,广袤的海洋及其丰饶的资源更是海洋国家的经济发展、社会进步、文化繁荣的基本依凭。倚海而生、向海而行、以海而兴、依海而盛是海洋国家演绎演进的主体逻辑。而内生于海洋社会尤其是海洋国家的社会海洋政治则首先是一种内涵丰富的思想理论体系。关于思想,毛泽东同志有过清晰的阐述:"无数客观外界的现象通过人的眼、耳、鼻、舌、身这五个官能反映到自己的头脑中来,开始是感性认识。这种感性认识的材料积累多了,就会产生一个飞跃,变成了理性认识,这就是思想。"①思想可以是阐释现象本质和规律的理论原理,也可以是综合系列观点的理性知识系统。而所谓基于阶级社会经济基础的政治思想"总是一定社会历史阶段经济和政治发展在意识形态领域中的反映。只要有阶级和阶级斗争,有作为统治机器的国家权力存在,政治思想就必然会在各个不同的阶级中产生"。② 作为一种社会现象,自有阶级社会以来,政治一直且长期存在,"有关政府权威性决策及执行的社会活动与社会关系"是它的基本内涵。政治思想一般是指社会成员在政治经验和政治感性认识系统加工改造的基础上,对社会政治现象所形成的一种理性认识,是对社会政治现象本质及其发展规律的抽象把握和逻辑阐述,是一定社会成员在社会政治实践中经由政治思考所形成的观点、看法和见解的总称,它是人们对社会生活中各种政治活动、政治现象以及隐藏在其后的各种政治关系及其矛盾运动的自觉和系统的反映,是政治文化的一种表现形态。因此,作为一种理性文化形式、思维成果和意识形态,政治思想以系统、完整和严密为其基本特征。

(一)海洋社会与海洋国家以及海洋政治思想的基本界定

关于"海洋社会"一词,目前尚未见诸欧美学界,相近的概念只是日本学术常见的"海事社会"的提法,可见我国学者提出的"海洋社会"应该属于全新的概念,

---

① 毛泽东.毛泽东文集:第八卷[M].北京:人民出版社,1999:320.
② 王沪宁.关于政治思想史的体系与研究[J].政治学研究,1986(5):66.

也正是因为如此,有关海洋社会的基础含义、基本特征等界定,国内学界至今不曾形成统一的认识。正所谓"横看成岭侧成峰,远近高低各不同",在不同研究者的理论世界里,海洋社会概念意义建构的旨趣多有区别。在作为海洋社会概念最早提出者与使用者杨国桢教授的眼里,海洋社会所指称的是"直接或间接的各种海洋活动中,人与海洋之间、人与人之间形成的各种关系的组合"①,是"指向海洋用力的社会组织、行为制度、思想意识、生活方式的组合,即与海洋经济互动的社会和文化组合"②。而且海洋社会总体而言包含有基于渔民、渔村、渔业的传统海洋社会与高新技术涉海企事业为典范的现代海洋社会两种基本类型。以此为基础,学界对海洋社会的探讨沿着更多的向度不断开拓展开。庞玉珍教授认为"海洋社会是人类缘于海洋、依托海洋而形成的特殊群体,这一群体以其独特的涉海行为、生活方式形成了一个具有特殊结构的地域共同体"③,并且该种地域共同体主要"由海洋社会群体、海洋社会组织、海洋区域社会以及海洋区域社会结构几个部分构成"④。而在张开城教授看来,作为人类社会重要组成部分的海洋社会,应是一个基于海洋、海岸带、岛礁形成的包括人海关系和人海互动、涉海生产和生活实践中的人际关系和人际互动的区域性人群共同体复杂系统,是以上述"关系和互动为基础形成包括经济结构、政治结构和思想文化结构在内的有机整体"⑤。当然,也有学者诸如宁波先生却认为"就目前人类社会发展状况而言,现在提'海洋社会'条件还不成熟"⑥。由于无意专注海洋社会基础理论深入探究,我们比较倾向于崔凤教授关于海洋社会"是人类基于开发、利用和保护海洋的实践活动所形成的人与人的关系的总和"⑦的界定。因为在我们看来,若立足"社会是人类相互关系之总和"的社会学基础理论共识,在"种差"加"属"的基本定义模式下,作为下属子概念的海洋社会必须最终归结于"人与人关系的总和",是最为显明的逻辑要

① 杨国桢.论海洋人文社会科学的概念磨合[J].厦门大学学报(哲学社会科学版),2000(1):98.
② 杨国桢.关于中国海洋社会经济史的思考[J].中国社会经济史研究,1996(2):3.
③ 庞玉珍.海洋社会学:海洋问题的社会学阐释[J].中国海洋大学学报(社会科学版),2004(6):134-135.
④ 庞玉珍.关于海洋社会学理论建构几个问题的探讨[J].山东社会科学,2006(10):42.
⑤ 张开城.海洋社会学研究亟待加强[J].经济研究导刊,2011(4):219.
⑥ 宁波.关于海洋社会与海洋社会学概念的讨论[J].中国海洋大学学报(社会科学版),2008(4):19.
⑦ 崔凤,等.海洋社会学的建构:基本概念与体系框架[M].北京:社会科学文献出版社,2014:30.

求。而且,在马克思主义理论的基础语境中,由"一切社会关系总和"①的人构成的人类社会,在本质上就是人们交互活动或者说生产实践的产物,是各种社会关系的总和。因而,崔凤教授的界定颇为契合社会概念的共性要求。同时,该概念又将人与人关系的内涵边界进一步扩展到人们海洋实践活动产物的范围,不仅凸显出海洋社会的个性特质,而且也由此将海洋社会与其他类型社会清晰区分开来,在共性和个性的辩证统一中完整契合于定义模式的逻辑规则。因此,我们在讨论先秦时期中国海洋社会以及海洋国家之时,便将思考的源头基于此种界定,着重于先秦海洋社会及海洋国家这些涉海社会关系系统所包含的物质生产技术、社会组织构造、政治文物制度、思想文化特色的考量。

而对于国家以及海洋国家,作为政治学理论的重大核心概念,国家是社会分工、阶级分化尤其是阶级矛盾不可调和的产物。若立足马克思主义经典作家关于国家本质的理论揭示,国家可以界定为"经济上占有统治地位的阶级为了维护和实现统治阶级共同利益,按照区域划分原则而组织起来的,以暴力为后盾的政治统治和管理组织"②。如果基于政治地理学理论语境,国家这个政治统治与管理组织不外由国土、人民(民族)、文化和政府四个基本要素所构成。而国际法语境中的国家则是指"由定居的居民和特定的领土组成的、有一定的政府组织和对外独立交往能力的政治实体"③。着重强调确定的领土、定居的居民、一定的政府和独立的主权是国家构成的基本要素与存在的基本前提。在此理论前置基础上,在我们看来所谓海洋国家,最简明而言就应该是指领土、人口、文化与主权皆与海洋紧密关联的独立政治国家。其中,就领土组件构造而言,海陆复合(包括大陆与海洋以及海岛与海洋)型的地理地缘特征是海洋国家最根本的自然物理标志以及人口、文化乃至主权的特色物质基础,也是与传统大陆国家明显区界的基本标尺。海洋资源、涉海人口以及海洋文化不仅是海洋社会的基本构成要素,更是作为以海洋社会为基础发展起来的海洋国家的主体组成成分。作为特定的政治实体,海洋国家尤其将国家政治目标以及政治实践的重心较为专注地投入海洋权力的构建与运用、海洋权利获取及护持以及海洋利益的享有和拓张,由此构建起有别于大陆国家的蓝色思想文化体系。也正是基于此,我们探究春秋战国时期吴、越、楚、燕、齐等海洋国家,更多着眼于"官山海"治下海陆统筹等海洋权力构造获持与

① 中共中央马克思恩格斯列宁斯大林著作编译局.马克思恩格斯文集:第一卷[M].北京:人民出版社,2009:501.
② 王浦劬,等.政治学基础[M].2版.北京:北京大学出版社,2006:192.
③ 《国际公法学》编写组.国际公法学[M].2版.北京:高等教育出版社,2018:115.

海洋利益构建拓张以及以舟师为代表的海上实力支撑的国家海洋权力建构运作。

对于政治以及政治思想而言,在马克思主义语境里,政治是立基于经济基础的上层建筑,是社会经济最集中的表现,是以政治权力为核心展开的各种社会活动和社会关系的总和。学者也认为,所谓政治就是"在特定社会经济关系及其所表现的利益关系基础上,社会成员通过社会公共权力确认和保障其利益并实现其利益的一种社会关系"。① 作为一种具有公共性质的社会关系,政治是特定社会经济关系的集中表现。就其本质内容来看,政治包含着政治利益、政治权力和政治权利三种基本关系。其中,利益关系是基础,是人们进一步结成政治权力关系和政治权利关系的动因,更是人们一切政治行为的根本归宿,也正是在这个意义上,马克思才明确指出:"人们奋斗所争取的一切都同他们的利益有关。"②就政治权力关系而言,表面上它是一种统治与被统治、管理与被管理的关系,实质上却是人们在政治生活中的力量对比和相互作用关系。而政治权利,体现的是人们在政治生活中的地位与资格分配关系,是实现人们政治权益所能采用的且被当前政治社会所认可的现实手段与措施,是预期明确并具备实现条件的政治利益。

依据一般学理,海洋政治是海洋社会的权力指向,是海洋国家之间有关海洋权益的决策及执行并相互影响的社会活动及其关系的总和。在杨国桢先生看来,"海洋政治是海洋行为主体以确立、维护、扩大海洋权力、海洋权利和海洋利益为核心的所有政治活动的总和"③。且基于历史的视域,就海洋权力的行为主体而言,就涵盖包括个人及群体的基层组织、涉及地方政权或地方政府的地方社会、王权社会或民族国家以及以区域国家联盟或国际组织形式出现的国际社会。海洋政治活动是统摄国家内部和国际性的海洋利益、海洋权力冲突与斗争的极其复杂的历史过程。也因此有学者把海洋政治进一步理解为"主权国家之间围绕海洋权力、海洋权利和海洋利益而发生的矛盾斗争与协调合作等所有政治活动的总和"④。从利益目标角度看,海洋政治实质是海洋社会利益分化的产物,即在人们海洋利益分化时发生的、运用社会强制工具对海洋事务进行全面管理的系统过程。在海洋政治活动体系中,"海洋意识、航海技术和海洋收益是制约海洋政治发展的三大关键要素。海洋意识是海洋政治发展的思想动因,海洋知识与航海技术是海洋政治发展的双重保障,海洋收益则是海洋政治发展的动力,三者互为条件,

① 王浦劬,等.政治学基础[M].2 版.北京:北京大学出版社,2006:9.
② 中共中央马克思恩格斯列宁斯大林著作编译局.马克思恩格斯全集:第一卷[M].北京:人民出版社,1956:82.
③ 杨国桢.中国海洋文明专题研究:第一卷[M].北京:人民出版社,2016:41.
④ 刘中民.世界海洋政治与中国海洋发展战略[M].北京:时事出版社,2009:1.

缺一不可,共同构成了海洋政治的有机整体"①。然而,在近代以前,世界历史上绝大多数国家对于海洋并不热衷,社会国家政治实践对海洋事务的关注更是鲜有主动顾及,蓝色海洋在官方的视野里也只是零星可寻。在此种境况中,国家政治虽然普遍存在,但海洋政治在绝大多数情况下尤其是农业文明时代的农业社会近乎名亡实亡。尽管古老中华经略海疆、扬帆大洋、通联海外、关注海利由来已久,但在古老中华的浩如烟海的文献中,蓝色文明的分量并不成比例,正是如此,德国哲学巨匠黑格尔才有中华"和海不发生积极的关系"的武断结论;正是如此,中华文明体系中蓝色文明体制体系远不及大陆文明那么宏阔庞大与精细完整;也正是如此,在海洋世纪的今天,我们有千万个理由必须悉心梳理中华文明发展史上海洋文明发展的成功经验与失败教训来为新时代中国特色社会主义海洋强国建设事业提供借鉴。另外还要明确的是,在当今大海洋时代的 21 世纪,占世界约 1/4 的内陆国家在国际海洋政治舞台无法占据一席之地;即便有一丁点海洋政治尝试,也会因受制于地缘困局或须仰仗相邻临海国家鼻息而无法展开与持续。除此之外,由于海洋政治本质上属于国家间的利益关系范畴,任何一国的海洋政治势必与相关的沿海国家发生利益互动,基于利益变动的刺激,无论是积极正向增长或者消极的负向减损,他方都会做出种种相应的海洋政治反应。因此,作为政治下属概念的海洋政治尽管有着政治概念的基本特质,但其关注的视域,架构的重心与展开的趋向,都有着幽远深沉的意涵。

在政治学理论研究语境中,"所谓政治思想就是社会成员在政治思考中形成的观点、想法和见解的总称,它是人们对社会生活中各种政治活动、政治现象以及隐藏在其后的各种政治关系及其矛盾运动的自觉和系统的反映,是政治文化的一种表现形态"②。作为人们对现实政治现象与政治活动的理性思考与主动反映,政治思想本质上是一种政治现象的理性认知系统,是一个顺乎逻辑规律的理论构筑体系,是集中体现特定利益、主体特色、利益要求的既具有相对独立性又有着历史传承性的观念系统。海洋政治思想作为政治思想体系的构成部分或者下位概念,它的基本含义是指人们在海洋政治实践及反复思量中形成的观点、想法和见解体系,是社会成员对海洋社会种种海洋政治活动、海洋政治现象以及潜藏在其后的各种海洋政治关系及其矛盾运动的自觉和系统的反映,是海洋社会政治文化的一种特定表达符号与特殊表现形态。既然海洋政治活动紧紧围绕海洋权力、海洋权利和海洋利益展开,受到海洋意识、航海技术和海洋收益三大主要因素的严

①　林建华.海洋政治构成要素分析[J].黑龙江社会科学,2015(1):43.
②　王浦劬,等.政治学基础[M].2 版.北京:北京大学出版社,2006:263.

密制约,恰如马克思所言:"物质生活的生产方式制约着整个社会生活、政治生活和精神生活的过程。不是人们的意识决定人们的存在,相反,是人们的社会存在决定人们的意识。"①因此,海洋社会的客观存在也就决定了海洋社会海洋政治思想的基本内容。概括地讲,海洋社会人们关于海洋权力、海洋权利以及海洋利益的理性认识和系统反映所形成的海洋权力思想、海洋权利理论以及海洋利益意识的有机整体就构建起当时社会海洋政治思想的基本体系。当然,由于各个历史时期海洋社会的物质生产方式的具体内容的不同,具体时代的海洋政治思想也表现出各自时代的个性特征与特殊面貌。不过,连续是历史的根本特性,马克思主义也强调:"历史不外是各个世代的依次交替。每一代都利用以前各代遗留下来的材料、资金和生产力;由于这个缘故,每一代一方面在完全改变了的条件下继续从事先辈的活动,另一方面又通过完全改变了的活动来改变旧的条件。"②伴随着人类社会生产方式尤其是海洋社会生产方式的变化发展,海洋政治思想也持续着发展中的变化与变化中的发展。

(二)中国古代海洋社会与海洋国家的基本发展

马克思主义认为,思想认识"在任何时候都只能是被意识到了的存在,而人们的存在就是他们的现实生活过程"③。依据辩证唯物主义"从物到感觉思想"的能动的革命的反映论路线,"我们的感觉、我们的意识只是外部世界的映象;不言而喻,没有被反映者,就不能有反映,但是被反映者是不依赖于反映者而存在的"④。对于人的思想认识尤其是正确思想的真正来源,毛泽东更是明确总结:"人的正确思想是从哪里来的?是从天上掉下来的吗?不是。是自己头脑里固有的吗?不是。人的正确思想,只能从社会实践中来,只能从社会的生产斗争、阶级斗争和科学实验这三项实践中来。人们的社会存在,决定人们的思想。"⑤作为人们在海洋政治实践中形成的观点、想法和见解体系,海洋政治思想是社会成员对涉海社会中种种海洋政治活动、海洋政治现象以及潜藏在其后的各种海洋政治关系及其矛盾运动的自觉和系统的主观反映及其成果,它是海洋社会人们生产斗争、阶级斗

① 中共中央马克思恩格斯列宁斯大林著作编译局.马克思恩格斯文集:第二卷[M].北京:人民出版社,2009:591.
② 马克思,恩格斯.德意志意识形态:节选本[M].北京:人民出版社,2018:33.
③ 中共中央马克思恩格斯列宁斯大林著作编译局.马克思恩格斯选集:第一卷[M].北京:人民出版社,1995:72.
④ 列宁.列宁全集:第十八卷[M].北京:人民出版社,2013:65.
⑤ 毛泽东.毛泽东文集:第八卷[M].北京:人民出版社,1999:320.

争的一种特殊表达形态。作为海洋政治思想的"被反映者",中国古代海洋社会的生产斗争、阶级斗争以及科学实验等实践活动的具体状况奠定起海洋政治思想坚实的物质基础,中国古代社会政治经济以及文化思潮的整体特征界定着中国古代海洋政治思想的基本内容与主体特色,也刻画了中国古代海洋政治思想的演化路径和价值权重。

1. 中国古代海洋社会与海洋国家的社会基础

在马克思主义社会意识决定因素的社会存在的主体意涵中,包括地缘环境以及物质资料生产方式在内的中国古代社会物质技术基础,是中国古代社会思想赖以产生、发展的先决条件。正如恩格斯在《社会主义从空想到科学的发展》中所言:"每一时代的社会经济结构形成现实基础,每一个历史时期的由法的设施和政治设施以及宗教的、哲学的和其他的观念形式所构成的全部上层建筑,归根到底都应由这个基础来说明。"①因此,分析研究中国古代海洋社会与海洋国家以及海洋政治思想的产生与发展,只有立基于中国古代社会优厚而独特的地缘环境、精细而稳定的小农经济结构、完善而牢固的集权统治以及精致而系统的伦理约束等客观物质生活总体条件与社会政治文化宏观环境,方能完整描绘其构筑构造的全景图画、准确揭示其演绎演化之本质规律。

(1)相对闭合的地缘结构。相对封闭的地缘结构是中国社会发生发展的总体自然地理前提。众所周知,远古炎帝、黄帝生活的黄河流域和长江流域是中华民族与中华文明的主要发祥地。这片地区地域辽阔、通联紧密的广阔区域,有着相对平缓的地势、较为肥沃的土壤、温暖充足的阳光以及适宜适中的雨量,适于耕植种养的农业生产。同时这片广袤和缓区域的东面是地球上最为宽广浩渺的太平洋,西南则是高耸入云的"世界屋脊"青藏高原,北面虽地势相对平缓却是气候寒冷、生存艰辛的大漠荒原。在生产力水平整体不高、制作工具能力并不发达的古代社会,无论大洋、高山还是戈壁、荒漠都是古人难以逾越的鸿沟屏障甚至望而却步的生命禁区。由此,这些高山、大洋与严寒、荒漠便将中原地区和边远地区大致割裂开来,形成一个相对闭合的自然地缘环境。而在法国著名年鉴学派历史学家费尔南·布罗代尔看来:"人类居住的空间,限制并决定其生存方式的社会结构,他们有意或无意地服从道德法则,其宗教和哲学信仰以及他们归属的文明。"②正是这个相对封闭的自然地理环境,造就了中国古代以小农经济为主体的独特生产

---

① 中共中央马克思恩格斯列宁斯大林著作编译局.马克思恩格斯文集:第三卷[M].北京:人民出版社,2009:544.

② 布罗代尔.文明史纲[M].肖昶,等,译.桂林:广西师范大学出版社,2003:17.

方式,继而为家庭本位生活方式的建立、中央集权专制制度的统治甚至儒家思想伦理规范的约束提供了充足的条件。也正是这样的地缘结构,在最基础的意义上对中国古代社会历史及思想文化的进程发挥着根本性甚至决定性的作用。所以,在农业文明时代相对闭合的环形区域里,中心地区作为文明的起源,历史文化最为发达,而周边地区基于核心文明辐射力的依次递减,文化文明则相对渐次落后,以致越是遥远的外围地区与中心文明的基础落差越是巨大。并且这种漫长时间自然积淀而成的社会经济结构以及思想文化状况,在总体上造就了中华民族"内敛性的心理素质"、形成了中国人主体"内向型的心理结构"。尽管我们不赞同地理环境决定论,但并不妨碍我们对地理环境影响社会经济文化及其结构的一定程度合理性的肯定。而且中国古代这种地缘文明不仅主导着本土社会历史的发展演化,而且事实上对周边地区文明进化也产生了实质性的深远影响。可以说,中国古代建立并长期维持的朝贡制度与朝贡体系,其根源就是优越自然禀赋支持的中原农业文明的整体领先以及周边国家和地区的相对落后。

　　(2)自给自足的经济基础。在历史唯物主义的语境里,有什么样的经济基础,就一定有与之相适应的上层建筑。中国古代小农经济的生产方式奠定起大一统封建国家以及中央集权政治制度的坚实经济基础。众所周知,以分散家庭为基本生产和消费单元、建立在男耕女织的家庭成员自然分工基础上的自给自足的农业经济形式,是中国古代社会自然经济生产方式的核心形态与经典表达。现有的较为可靠的文献记载和考古发掘材料充分表明,"春秋时代已开始冶铁,铸造和使用铁器。……春秋中叶,铁器的使用逐渐增多"①。铁制农具投入农业生产,不仅便于大面积荒地的开垦和农田规模化的耕作,而且对于农业生产的精细化耕作、水利甚至大型水利工程的兴修以及田间管理水平的提高都有巨大的促进作用,尤其加上牛耕的渐次推广,"极大地提高了个人在农业生产中的作用,使农业生产的个体经营成为可能"②。正是农业生产力的显著提升、农业生产方式从粗放到集约的变革,春秋战国时期以家庭为生产单位的自给自足的小农经济逐步冲破奴隶制集体大生产的劳动组织和劳动方式,借助时代改革变法的历史潮流在全社会先后确立起来。尤其当时秦国"孝公用商君,制辕田,开阡陌"③,且颁令"民有二男以上不分异者,倍其赋。……僇力本业,耕织致粟帛多者复其身;事末利及怠而贫

----

① 周自强.中国经济通史:先秦(下册)[M].北京:经济日报出版社,2007:835-836.
② 周自强.中国经济通史:先秦(下册)[M].北京:经济日报出版社,2007:837.
③ 班固.汉书:第二册[M].颜师古,注.北京:中华书局,2012:1466-1467.

者,举以为收孥。……而令民父子兄弟同室内息者为禁"①。由此确立起保护和发展新土地所有制、一家一户生产单位、重农轻商的小农经济制度,使孝公治下的秦国"民莫犯,其刑无所加。是以国治而兵强,地广而主尊"②。从此秦国一跃成为战国后期最强大的国家。其后,"秦始皇在统一中国过程中所推行的种种政策措施,基本上都是商鞅新法的扩充和发展。秦国因商鞅变法而确立的封建的经济制度和政治制度,同秦、汉时期中国的政治、经济制度是一脉相承的"③。至此,经由商鞅变法确立的小农经济生产方式,把土地、劳动力、家庭、农业以及自给自足等小农文化的物质基础完美结合起来,勾勒出男耕女织田园诗般安谧祥和的封建经济主旋律。而且这种农本商末的封建文化经过后世历代思想巨擘与政治精英的不断强化,主导了中国由秦迄清两千多年的古代历史。自给自足的自然经济基础由是成为整个中国古代社会政治经济与思想文化的根本背景。

(3)封建专制的政治形态。中国古代封建社会最根本的政治特征就是专制主义的中央集权制度。马克思主义反复强调:"以往的全部历史,除原始状态外,都是阶级斗争的历史;这些互相斗争的社会阶级在任何时候都是生产关系和交换关系的产物,一句话,都是自己时代的经济关系的产物;因而每一时代的社会经济结构形成现实基础,每一个历史时期的由法的设施和政治设施以及宗教的、哲学的和其他的观念形式所构成的全部上层建筑,归根到底都应由这个基础来说明。"④首先,中国古代封建社会专制主义的中央集权制度的建立旨在维护封建经济基础的需要,是封建自给自足自然经济生产方式的产物。春秋战国之际,以铁制农具和牛耕为代表的社会生产力水平的大幅度提高,直接导致社会旧有生产关系的解体和新生产关系的产生。以商鞅、李悝为代表的新兴地主阶级顺应新生产力发展要求,通过实行改革变法确立起自给自足封建个体的小农经济的统治地位。而这种分散的一家一户的个体经济模式,要保证其生产和再生产的持续与稳定就必须要有一个强有力的中央政权,以维护国家的统一和社会的安定。同时,新兴的地主阶级要护持其政治权力、经济利益,保障其土地所有制,巩固其统治地位,也需要建立中央集权制度。其次,新兴地主阶级建立专制主义中央集权制度,也是出于巩固、维护国家统一的需要。当时的新兴地主阶级有鉴于周天子在诸侯割据

① 司马迁.史记全本新注:第四册[M].张大可,注释.武汉:华中科技大学出版社,2020:1417-1418.
② 高华平,王齐洲,张三夕,译注.奸劫弑臣[M]//韩非子.北京:中华书局,2015:134.
③ 周自强.中国经济通史:先秦(下册)[M].北京:经济日报出版社,2007:1057.
④ 中共中央马克思恩格斯列宁斯大林著作编译局.马克思恩格斯文集:第三卷[M].北京:人民出版社,2009:544.

局面下无力维持国家政权的惨重教训建立专制主义中央集权制度,尤其是秦始皇在横扫六国一统天下之后便建立起一整套相对完备的专制主义中央集权制度,消除地方势力的割据,强力维护国家统一。最后,春秋战国的百家争鸣中,以管仲、子产、李悝、商鞅、申不害、慎到等为代表的法家学派,经济上主张废井田,重农抑商、奖励耕战;政治上主张废分封,设郡县,君主专制,仗势用术,以严刑峻法进行统治。战国时秦国自商鞅变法便一直沿用法家思想实施统治。战国末期法家代表人物韩非子总结诸子百家学说,集法家之大成,创造出一套完整中央集权的政治理论,为秦始皇建立君主专制的大一统王朝、推行专制主义中央集权制度,提供了系统的理论根据和切实的行动方略。当然,属于大河文明的中国,无法也无意更多地发展商业与手工业,一直以农业生产为本,强化劳动力与土地的紧密结合,忌惮人口的流动,而且领土面积较为广阔,也必须统一管理。可见,是中国古代社会的政治、经济、思想以及自然条件共同造就出与小农经济相匹配的专制主义中央集权的政治统治。这种发端于春秋、定制于商鞅变法、确立于秦始皇、延续至清代的政治制度,对于国家一统、统一多民族国家的形成和发展、民族融合以及封建经济的发展都有着不可低估的意义。也正是这种制度,使中国在古代社会创造出远高于同一时期世界上其他国家的物质文明和精神文明。专制主义的中央集权制度,是中国封建社会的基本政治制度,也是中国古代社会最根本的政治特征。

(4)儒家伦理的思想约束。中国古代社会的典型文化特征就是儒家伦理的思想约束。作为春秋末期孔子在总结、概括和继承夏商周三代尊尊亲亲传统文化的基础上形成的一个完整思想体系,儒学在先秦时便是最有影响力的显学之一,尽管在秦始皇时惨遭"焚书坑儒",正统的儒家思想也基本消失,但经汉武帝"罢黜百家,独尊儒术"后,以董仲舒结合道家、阴阳家和儒家中有利于封建帝王统治的内容加以发展而形成的新儒家思想便成为中国传统文化的主流、中国古代思想的正统。后经历代大儒的"修正"和封建王朝不遗余力地推行,儒家思想对两千多年来的封建社会及中国文化的影响持久深远。对于儒家思想的内涵尽管有着不同的描述与注解,但一般认为其思想的核心主轴不外四个方面:一是崇仁尚礼的等级秩序;二是倡导中庸的忠恕之道;三是追逐德政的政治主张;四是重视伦德的个体修养。马克思曾明确指出:"理论一经掌握群众,也会变成物质力量。理论只要说服人,就能掌握群众,而理论只要彻底,就能说服人。所谓彻底,就是抓住事物的根本。而人的根本就是人本身。"①儒家思想之所以能成为古代社会思想的正统,

---

① 中共中央马克思恩格斯列宁斯大林著作编译局.马克思恩格斯文集:第一卷[M].北京:人民出版社,2009:11.

之所以能影响中国社会几千年,就是因为它抓住了中国古代社会的根本,高度契合了小农经济社会、中央集权等级制、大一统国家的根本诉求。恰如马克思所言:"理论在一个国家实现的程度,总是取决于理论满足这个国家的需要的程度。"[1] 自给自足小农经济的根本在于稳定,儒家思想把社会稳定作为基本的理论追求;自然经济社会核心单元小农家庭的根基在于秩序,儒家思想则以社会秩序为基本的价值目标;封建大一统专制社会的根基在于等级,儒家学说便是最系统最精致的等级文化。因此,在自秦汉迄明清自给自足小农经济的中央集权的封建社会历史进程中,儒家思想一直是中国文化的主题。也正是小农经济、中央集权和儒学伦理的三位一体的稳定结构,支撑并保障了两千多年中国古代社会的基本稳定,创造了中国古代农业文明的辉煌成就。儒家思想伦理约束的历史意义与历史价值非常明显,也非常深远。

2. 中国古代海洋社会与海洋国家的基本发展

在马克思主义经典作家看来,"个人的一定的活动方式,是他们表现自己生命的一定方式、他们的一定的生活方式。个人怎样表现自己的生命,他们自己就是怎样。因此,他们是什么样的,这同他们的生产是一致的——既和他们生产什么一致,又和他们怎样生产一致。因而,个人是什么样的,这取决于他们进行生产的物质条件"。[2] 在马克思、恩格斯眼中,"发展着自己的物质生产和物质交往的人们,在改变自己的这个现实的同时也改变着自己的思维和思维的产物。不是意识决定生活,而是生活决定意识"。[3] 也就是说,是具体的物质生活条件形态规定着人们精神世界的组成、界定着人们思想演化的动向。中国古代社会的自然地缘结构以及在此基础上衍生的小农经济关系的社会经济基础,总体上界定了中国封建时代的专制主义中央集权的政治上层建筑的成长空间和儒学思想文化的基本指向。中国古代社会分散家庭生产的自然经济模式有着超稳定的特性,它可以凭借"上层改革"甚至"农民起义"进行"自我调节"[4],以致在西方思想家的眼里无论是科学技术(如法国的伏尔泰)、财富增长(如英国的亚当·斯密)还是社会结构

---

① 中共中央马克思恩格斯列宁斯大林著作编译局.马克思恩格斯文集:第一卷[M].北京:人民出版社,2009:12.

② 中共中央马克思恩格斯列宁斯大林著作编译局.马克思恩格斯文集:第一卷[M].北京:人民出版社,2009:520.

③ 中共中央马克思恩格斯列宁斯大林著作编译局.马克思恩格斯文集:第一卷[M].北京:人民出版社,2009:525.

④ 钱宪民.中国古代社会结构的亚细亚特征:传统文化的基础[J].探索与争鸣,1992(6):40-46.

和制度(如德国的谢林)都"停滞于静止状态"①。也就是中国古代社会总体的"静滞"状态,界定出中国古代海洋社会与海洋国家以及海洋政治思想的周期演进与有限发展的基本态势。

(1)中国古代海洋社会与海洋国家的周期演进。仔细梳理中国古代海洋社会及海洋国家演进的基本历程,透过先秦直至清初中国古代海洋政治实践发展演进的繁复状况,我们可以较为清楚地看到这跌宕起伏的历史活动背后支撑抑或体现的海洋政治思想以及演进过程呈明显的周期性。刘笑阳博士对此就有过明确结论:"尽管中国古代对海洋的认知与经略会受到内陆文明的影响,却更多还是与中国历史演进的整体趋势相契合,从而呈现出相对独特的发展脉络。同时,这一脉络并非部分学者所主张的'以郑和下西洋为巅峰'的简单抛物线趋势,而应是一种具有周期性的螺旋式上升。"②并且中国古代海洋经略的这种螺旋式演进,冀朝鼎先生把它具体化为三周期:"其一是自公元前559年春秋时期的吴国到公元42年的东汉,共计601年;其二是自226年三国时期的吴国到670年的唐朝,共计444年;其三是自907年五代十国时期的吴越国到1480年的明朝,共计573年。其中,每个周期的延续时间大约五百年,秦汉、隋唐和宋元明时期则分别是三个峰值。"③著名的中国海洋史名家罗荣邦先生对中国古代海洋政治的这种周期演进还有更为深入细致的解读:"(中国古代海洋政治的这种演进周期)通常起始于分裂时期的沿海国家,而在中国实现大一统时达到巅峰,然后又衰落于统一王朝的败亡(王朝在那时会更加关注国内事务,并将国家政策直接引向北部和西部)。这一周期通常会延续大约五百年,并与国家聚合与分裂的周期、强盛与衰微的周期、繁荣与穷困的周期以及扩张与收缩的周期相一致。"④当然,我们若进一步观察,可以发现中国古代海洋社会以及海洋政治思想的这种周期性特征,在本质意义上与人类社会历史发展的周期性特征、思想认识进化的阶段性特点以及中国古代封闭性社会演化的循环性特色紧密相关。

(2)中国古代海洋社会与海洋国家的有限发展。尽管在本章一开始我们用学者的结论突出中国是由"大陆中国"和"海洋中国"几乎同时形成的两个部分构成

---

① 何兆武,柳卸林.中国印象——世界名人论中国文化:上册[M].桂林:广西师范大学出版社,2001:65,218;何兆武,柳卸林.中国印象——世界名人论中国文化:下册[M].桂林:广西师范大学出版社,2001:13.
② 刘笑阳.古代中国海洋经略的历史逻辑[J].亚太安全与海洋研究,2016(6):29.
③ 刘笑阳.古代中国海洋经略的历史逻辑[J].亚太安全与海洋研究,2016(6):30.
④ 刘笑阳.古代中国海洋经略的历史逻辑[J].亚太安全与海洋研究,2016(6):30.

的,"自古就是一个海洋国家"①。简单梳理中华海洋文明历史演进脉络,从浙江萧山跨湖桥遗址发现距今8000余年的独木舟,直至郑和七下西洋写就世界航海史极其伟大辉煌的篇章,中华古代海洋文化及海洋文明无比辉煌绚烂。而且不少学者的研究也表明:"宋元以前中华民族是以一种较为开放的心态与海洋打交道的。"②然而,从相对封闭但禀赋优越的大陆地缘环境上构筑起来的超稳定小农经济基础的农业文明以及由此决定的专制主义中央集权的等级社会,再加上建立在两者基础之上并适应、服务于它们的儒家思想持续性地进行"安土重迁""重本轻末"直至"重农抑商"的伦理文化约束,人群对土地的依存以及由此而来的对族群社区的依赖,自上而下地不准流动、不愿流动到不能流动的社会交流沟通的基本态势,对于"导财运货、懋迁有无"的商业、商事以及商人有着别样的情愫。早期人们走入海洋,拓展海疆直至走向远洋建立"通海夷道"与"海上丝绸之路",从容接纳异域海洋文明,以开放的心态设置市舶司、收取市舶利,甚至大元时代构建起"第一海运大国"③,任谁都不会设想大明时代的国家海洋政治会突然转向,从辽阔大洋全面退却。然而,倘若站在农业文明的序列中,以东亚文明圈甚至以古代世界文明为背景,我们不会否认古代中华文明之所以能自信走向海洋、从容接纳异质的海洋文明,根本原因在于中国古代农业文明的相对高度发达,在海洋国家力量对比关系中总体占据明显优势,海洋利益还远不能影响到中国古代的国泰与民安,大多时段都处于可有可无的"锦上添花"的地位,因此,在陆主海从不曾动摇的格局下,海洋文明总体有限的发展特征不会改变。事实上,我们也不会否认中国古代海洋社会尤其是海洋政治实践在一定意义上依然还只是农耕文明的延续,这与西方大航海时代开启的商业文明性质的海洋政治行为有着较大的差异。因为大航海时代开启的海洋政治实践"这种到远方去冒险寻找黄金的渴望,虽然最初是以封建和半封建形式实现的,但是从本质上来说已经与封建主义不相容了,封建主义的基础是农业,它对外征讨主要是为了取得土地。而且,航海业是确定的资产阶级的行业,它把自己的反封建性质也烙印到了现代的一切舰队上"④。所以,当西方以工业技术文明开启世界近代历史,裹挟工业革命科技成果向东方世界滚滚而来,当两种文明在太平洋西岸正面碰撞之时,封建中国古老农业文明被迫"一路向西"、全面向陆地龟缩就不难理解了。

---

① 陈东有.中国是一个海洋国家[J].江西社会科学,2011(1):234.

② 马树华,曲金良.中国海洋文化史长编·明清卷[M].青岛:中国海洋大学出版社,2012:82.

③ 曲金良.中国海洋文化观的重建[M].北京:中国社会科学出版社,2009:108.

④ 中共中央马克思恩格斯列宁斯大林著作编译局.马克思恩格斯全集:第二十一卷[M].北京:人民出版社,1965:450.

（三）海洋社会与海洋国家研究方法

中国古人有云："工欲善其事,必先利其器。"①学科研究的方法对学科无论是发展速度、发展规模以及发展水平都有着直接的决定意义。因此,每一学科必须拥有适合自己发展的研究方法。一门科学、一项研究,也只有采用正确的研究方法,才能形成符合客观规律的科学理论体系,项目研究才能不走弯路、才能事半功倍、才能尽快达致研究目标。若研究方法不正确、不科学,研究者就无法从纷繁复杂、变动不居的现象中把握隐藏其中的本质联系,无法对分散庞杂甚至矛盾混乱的研究材料进行"去粗取精、去伪存真"的分析整理,更无从揭示其中支配事物运动变化发展的内在规律,进而形成真理性研究结论。印度学者拉姆·纳斯沙玛也曾经说过："一个学科之所以称为科学,是由于应用了科学方法,科学的成功是由于科学方法的成功。"②一般来说,作为一个描述人们运用理论智慧进行科学思维的哲学术语,研究方法主要是指科学研究人员在展开研究中所使用的旨在发现新事物、新现象,尝试提出新理论、新观点,力图揭示事物内在规律的工具和手段。这些工具和手段总体上而言,皆为人们在持续的科学研究过程中反复总结、不断提炼而来。然而在具体的研究过程中,基于研究对象的复杂性、研究目的的特殊性、研究主体的差异性等因素,加之研究工具与手段自身也处于不断发展演进的相互影响、相互融合、相互促进、相互转化的动态过程中,所以,研究方法并非一成不变,也非千篇一律,更不可能放之四海而皆准。当然,作为社会科学的一个研究课题,海洋政治思想研究遵循着哲学以及社会科学的普遍性研究方法,作为社会科学的一个特殊研究项目,海洋政治思想的研究也必须采纳具有针对性的具体性研究手段与工具。因此,海洋政治的研究方法应该是包含共性研究方法或基础研究方法和个性研究方法或常用研究方法等在内的研究方法系统。

1. 海洋社会与海洋国家基础研究方法

作为社会科学的研究领域,海洋社会以及海洋政治思想研究应当以哲学和社会科学一般性方法为基本研究手段。尤其必须遵循马克思主义辩证唯物主义和历史唯物主义方法论的基本要求。因为在马克思主义看来,"要精确地描绘宇宙、宇宙的发展和人类的发展,以及这种发展在人们头脑中的反映,就只有用辩证的方法"③。

---

① 杨伯峻.论语译注[M].典藏版.北京:中华书局,2015:237.
② 陈振明,陈炳辉.政治学:概念、理论和方法[M].北京:中国社会科学出版社,1999:67.
③ 中共中央马克思恩格斯列宁斯大林著作编译局.马克思恩格斯文集:第三卷[M].北京:人民出版社,2009:541.

作为科学的世界观和方法论的集中代表,辩证唯物主义和历史唯物主义不仅对人类全部认识史进行了全面而科学的概括和总结,并接受了人类全部认识史的严格检验,而且为人们提供了正确认识社会现象和社会历史发展规律的思想路线,科学地揭示出社会基本矛盾运动是社会发展的根本动力。特别是历史唯物主义以超越一切旧历史理论的科学方法观察人类社会历史,它确认了人类历史的实质不过是追求着自己目的的人的活动,人是历史的主体。并且在历史唯物主义理论中,人并不是一些旧历史理论中的"处在某种虚幻的离群索居和固定不变状态中的人,而是处在现实的、可以通过经验观察到的、在一定条件下进行的发展过程中的人"①。在历史唯物主义的语境里,现实的人在本质上不外是一切社会关系的总和,是社会关系的人格化,他们所处的物质生活条件决定着他们所有的性质及其活动,也只有透过那些使人们成其为他们的物质生活条件去观察他们的活动及其自身,方能客观地立足现实历史的基础准确描绘出人类发展的真实过程。恩格斯还在《社会主义从空想到科学的发展》中进一步强调:"不能把思想同思维着的物质分开。"②因此,我们考察耙梳中国古代海洋社会以及海洋政治思想必须一刻也不能脱离这些思想产生的现实的具体的社会历史条件,必须始终遵循马克思主义辩证唯物主义和历史唯物主义的科学的世界观和方法论。

2. 海洋社会与海洋国家常用研究方法

作为社会科学的一个具体研究领域,海洋政治思想与其他社会科学具体研究课题一样,在具体问题具体分析的方法论视域,也有着其惯常的研究工具与手段。由于中国古代海洋政治思想有着较为宽广的理论视野、厚重的历史积淀以及特殊的价值目标,更由于经由漫长的封建历史文化的浸润尤其是长期的"重农抑商""重陆轻海"的整体思维惯性,中国古代海洋社会以及海洋政治思想集体散落于卷帙浩繁的历史文献之中。因此,对于中国古代海洋社会与海洋政治思想的研究,应立足于多学科角度挖掘,运用经济分析与阶级分析相结合的方法,基于历史和逻辑相联结的维度、理论与实践相印证的举措,进行个性解析与综合剖分、细致比对与全面校验。通过宏观视域与微观角度的相互映照,方能系统诠释中国古代海洋政治思想的理论脉络与历史价值。

(1)经济分析方法。在作为科学世界观和方法论体系的马克思主义哲学语境里,社会存在决定社会意识,经济基础决定上层建筑。在马克思看来,"人们首先

① 中共中央马克思恩格斯列宁斯大林著作编译局.马克思恩格斯文集:第一卷[M].北京:人民出版社,2009:525.
② 中共中央马克思恩格斯列宁斯大林著作编译局.马克思恩格斯文集:第三卷[M].北京:人民出版社,2009:504.

必须吃、喝、住、穿,然后才能从事政治、科学、艺术、宗教等等;所以,直接的物质的生活资料的生产,在一个民族或一个时代的一定的经济发展阶段,便构成基础,人们的国家设施、法的观点、艺术以至宗教观念,就是从这个基础上发展起来的,因而,也必须由这个基础来解释,而不是像过去那样做得相反"。① 也就是说,在历史唯物主义的视域,社会现实中各种政治现象、不同政治行为以及种种政治事件,无一例外归根到底都是经济原因所引起的,任何社会的政治问题无论多么纷繁复杂,都能够在社会物质生活条件特别是生产力与生产关系的现实矛盾运动中找到破解的方法与答案。恩格斯明确指出:"生产以及随生产而来的产品交换是一切社会制度的基础,在每个历史出现的社会中,产品分配以及和它相伴随的社会之划分为阶级或等级,是由生产什么、怎样生产以及怎样交换产品来决定的。所以,一切社会变迁和政治变革的终极原因,不应当到人们的头脑中,到人们对永恒的真理和正义的日益增进的认识中去寻找,而应当到生产方式和交换方式的变更中去寻找;不应当到有关时代的哲学中去寻找,而应当到有关时代的经济中去寻找。"②在阶级对立的社会形态里,一切阶级和集团政治活动的全部的终极目标指向都是本阶级或本集团的经济利益。在人类历史进程中,也从未有过根本离开经济利益的政治活动。在社会主义社会的早期建设实践中,列宁也给出过"政治是经济的集中表现"③的论断。中国特色社会主义建设的关键时期,改革开放的总设计师邓小平同志也有"经济工作是当前最大的政治,经济问题是压倒一切的政治问题"④的决断。在迈向"强起来"的新时期,以习近平同志为核心的党中央更是旗帜鲜明地提出"人民对美好生活的向往,就是我们的奋斗目标"⑤。因此,我们研究作为政治活动的特殊形态的海洋国家的海洋政治及其主观反映的海洋政治思想包括中国古代海洋政治思想时,必须注重经济分析方法,从人们走向海洋的"耕海牧洋"以及"通洋裕国"的种种实践行为的经济动因与利益效果中窥探历朝历代人们对海洋利益与海洋权利的总体体认状态以及王朝国家对海洋权力的现实构造。

(2)阶级分析方法。众所周知,在人们政治实践展开以及政治思想形成的整

---

① 中共中央马克思恩格斯列宁斯大林著作编译局.马克思恩格斯文集:第三卷[M].北京:人民出版社,2009:601.
② 中共中央马克思恩格斯列宁斯大林著作编译局.马克思恩格斯文集:第三卷[M].北京:人民出版社,2009:547.
③ 列宁.列宁全集:第四十卷[M].北京:人民出版社,2013:282.
④ 邓小平.邓小平文选:第二卷[M].北京:人民出版社,1994:194.
⑤ 中共中央文献研究室.十八大以来重要文献选编:上册[M].北京:中央文献出版社,2014:70.

个过程中,各种因素都或多或少产生影响、留下印记,其中人们在社会经济结构中所隶属的特殊地位对其思想观念形成发展、行为导向与控制等起着关键性作用,这个在特定的社会经济结构处于特定地位的人群共同体,就是通常所说的阶级。在阶级社会中,任何的个人不论自觉与否都须从属一定的阶级,隶属于阶级的个人必然带着本阶级的特性。而且"个人隶属于一定阶级这一现象,在那个除了反对统治阶级以外不需要维护任何特殊的阶级利益的阶级形成之前,是不可能消灭的"①。在阶级社会里,各个阶级必然拥有本阶级的政治诉求以及政治观念,这些都是该阶级的政治思想、政治文化的基本内涵。而这些内涵必然具有该阶级的本质属性,正如毛泽东在《实践论》中指出:"人的认识,在物质生活以外,还从政治生活、文化生活中(与物质生活密切联系),在各种不同程度上,知道人和人的各种关系。其中,尤以各种形式的阶级斗争给予人的认识发展以深刻的影响。在阶级社会中,每一个人都在一定的阶级地位中生活,各种思想无不打上阶级的烙印。"②可见,在阶级社会中,任何人都是阶级的人,任何政治都是阶级的政治,任何思想都是带着阶级印记的思想,"阶级利益对于阶级成员的思想、观念和行为都有决定性的意义"③。因此,我们考察阶级社会海洋国家海洋政治思想及其发展演化,要得到真理性研究成果,就不能不借助马克思主义阶级分析方法,否则,我们的研究就会被表象所蒙蔽,无法把握潜藏其后的真正本质。恰如列宁在《论国家》的演讲中所说:"人类史上的每一个大的时期(奴隶占有制时期、农奴制时期和资本主义时期)都长达许多世纪,出现过各种各样的政治形式,各种各样的政治学说、政治见解和政治革命,要弄清这一切光怪陆离、异常繁杂的情况,特别是与资产阶级的学者和政治家的政治、哲学等学说有关的情况,就必须牢牢把握住社会划分为阶级的事实、阶级统治形式改变的事实,把它作为基本的指导线索,并用这个观点去分析一切社会问题,即经济、政治、精神和宗教等问题。"④也就是说,研究一切社会政治现象、政治活动尤其是研究社会政治思想,只要我们牢牢掌握住马克思主义提供给我们的阶级及阶级斗争理论的指导性研究线索或指导性方法,就能够学会在看起来扑朔迷离、一团混乱的状态中发现规律性的东西,寻找真理性的成果。

---

① 中共中央马克思恩格斯列宁斯大林著作编译局.马克思恩格斯选集:第一卷[M].北京:人民出版社,1995:118.
② 毛泽东.毛泽东选集:第一卷[M].北京:人民出版社,1991:283.
③ 王沪宁,林尚立,孙关宏.政治的逻辑:马克思主义政治学原理[M].上海:上海人民出版社,2004:351.
④ 中共中央马克思恩格斯列宁斯大林著作编译局.列宁选集:第四卷[M].北京:人民出版社,1995:30.

当然,在实际应用阶级分析方法研究考察中国古代海洋政治思想及其发展的时候,还应该避免离开社会经济条件而孤立地分析、考究各时代人们的海洋政治活动,毕竟阶级首先还是一个经济范畴,它实质是社会经济关系的社会承担者,而且事实上对研究对象的阶级分析,本质上也就是在进行经济分析。阶级分析与经济分析是合二为一的方法论整体。同时,采用阶级分析方法还应注重与历史方法结合,从历史实际出发,还研究对象于真正产生发展的场景,遵循马克思主义实事求是的科学探索路线。

(3)历史分析方法。所谓历史分析方法,就是按照研究对象自身发展的过程,把其发展的过往还原于当时历史背景中进行分析研究探讨的手段和措施。恩格斯在《路德维希·费尔巴哈和德国古典哲学的终结》中指出:"一个伟大的基本思想,即认为世界不是既成事物的集合体,而是过程的集合体,其中各个似乎稳定的事物同它们在我们头脑中的思想映像即概念一样都处在生成和灭亡的不断变化中,在这种变化中,尽管有种种表面的偶然性,尽管有种种暂时的倒退,前进的发展终究会实现!"①这就是说,世界上的万事万物都首先表现为产生、发展乃至衰亡的变化过程,并且这个过程包括历史进程"是受内在的一般规律支配的"②。政治、政治思想也不例外,作为一种客观的社会历史文化现象,任何政治现象、政治思想都会历经产生、发展的历史过程,都必然有其历史根源,也都必须遵循历史规律。历史唯物主义最为重视对历史事件、历史人物及其思想活动的揭示评价,坚持应用历史分析方法和阶级分析方法的科学理论,它要求以特定历史背景为基本出发点,依据当时的具体历史条件,对历史事件、历史人物及其思想活动等的是非功过进行具体的、全面的考察。以客观充分的历史事实为基础,准确把握历史事件、历史活动、历史人物及其思想观念与当时具体社会历史条件的真实关系,如实反映历史事件、历史活动、历史人物及其思想观念的历史作用和历史地位。正如列宁所说:"判断历史的功绩,不是根据历史活动家没有提供现代所要求的东西,而是根据他们比他们的前辈提供了新的东西。"③因此,对于政治思想尤其是中国古代海洋政治思想的研究,马克思主义的历史分析方法是根本性的研究方法。马克思主义历史分析方法是既注重描述又重视分析的研究方法,在具体应用该方法考察研究中国古代海洋政治思想时,首先我们要注意把海洋政治实践活动与海洋

---

① 中共中央马克思恩格斯列宁斯大林著作编译局.马克思恩格斯文集:第四卷[M].北京:人民出版社,2009:298.

② 中共中央马克思恩格斯列宁斯大林著作编译局.马克思恩格斯文集:第三卷[M].北京:人民出版社,2009:302.

③ 列宁.列宁全集:第二卷[M].北京:人民出版社,2013:154.

政治思想还原于相应的历史环境,客观地考察分析它们与具体环境的真实因果联系,准确找出它们产生和存在的真实历史条件及其客观必然性。其次我们还应该在更长的历史因果链条中去完整把握海洋政治思想的本质与发展规律,力争摆脱偶然性历史现象的纠缠,进而无限趋近历史必然性的视域。最后我们也需要站在新的历史高度对中国古代海洋政治思想进行再认识,不囿于历史、不禁锢头脑、合时代节奏、应时代要求,温故知新、返本开新、守正创新,为现今海洋强国建设找寻到真正的历史借鉴。

(4)综合交叉分析方法。唯物辩证法认为,世界上的万事万物无不处于普遍联系之中。"当我们通过思维来考察自然界或人类历史或我们自己的精神活动的时候,首先呈现在我们眼前的,是一幅由种种联系和相互作用无穷无尽地交织起来的画面,其中没有任何东西是不动的和不变的,而是一切都在运动、变化、生成和消逝。所以,我们首先看到的是总画面,其中各个细节还或多或少地隐藏在背景中,我们注意的更多的是运动、转变和联系,而不是注意什么东西在运动、转变和联系。"①海洋政治作为一种社会政治现象,必然与其他社会现象有着客观的密切联系,海洋政治思想作为海洋政治活动的直接反映也必然同其他思想理论与现实条件保持着千丝万缕的关联。加之现代科学发展使得学科之间相互渗透、相互交叉已然形成趋势。海洋政治思想涵盖海洋权力、海洋权利与海洋利益等丰富内容,仅海洋权力就牵涉伦理学、政治学、法学、经济学、社会学、管理学、军事理论等领域。所以,要全面、科学把握古代社会海洋政治现象,完整、准确耙梳中国古代海洋政治思想发展脉络,就必须运用多种相关学科的研究成果对其进行综合交叉研究。当然,西方社会也有较早走入海洋的历史,近现代西方社会发达资本主义国家的快速崛起离不开对海洋的经略积淀。世界历史中西欧海洋强国的经典发迹经历,他们海洋事业发展的共性规律,对我们的研究不乏借鉴意义,因此,比较的研究方法我们也不能完全忽视。

二、中国古代海洋社会以及政治思想发展的历史分期

在《历史哲学》里黑格尔傲慢地断言:在中国人的思想之中,"海只是陆地的中断、陆地的天限,他们和海不发生积极的关系"②。然而李约瑟却直言:将中华民族"称为不善于航海的民族,那是大错特错了。他们在航海技术上的发明随处可

① 中共中央马克思恩格斯列宁斯大林著作编译局.马克思恩格斯文集:第三卷[M].北京:人民出版社,2009:538.
② 黑格尔.历史哲学[M].王造时,译.上海:上海书店出版社,2001:135.

见,即使在欧洲的中世纪和文艺复兴时期,西方商人和传教士在中国的内陆河道上所见到的航船,数量之最令人咋舌,而中国的海上舰队,在1100—1450年之间肯定是世界上最伟大的"①。透过李约瑟的文字,我们可以较为清晰地看到:古老的中国"既是一个内陆大国,也是一个海洋大国,中国文化的历史既是内陆文化发展的历史,也是海洋文化发展的历史;中国文化的辉煌既是内陆文明的产物,又是海洋文明的产物,是内陆文化与海洋文化互动发展的结晶。中国有自己独具的不同于西方海洋发展模式的中国式海洋发展历史,形成了不同于西方文化模式的中国海洋文化模式的民族个性,并体现为中华文化整体模式的民族个性"②。因而就总体而言,在经由数千年持续积淀的悠远绵长、敦厚深层的中国文化史上,在原生本根的中华民族文化主体中,"海洋文化始终体现着中华民族亲近海洋、热爱海洋、开发利用海洋、和平友好地与世界各国及各民族交流交往的文明特色和精神风貌"③。也正是基于这种亲近海洋的厚重、热爱海洋的执着、开发利用海洋的勇毅、和平交流交往的友善,中国古代在太平洋地区、沿印度洋地区以及环地中海的亚、非、欧地区建立起的"历史悠久、内涵丰富、深为世界各国人民至今怀念的海上丝绸之路",极大地促进了东西方经贸往来与文化传播并"在长期的历史上影响了西方"④。习近平总书记强调:"我们不是历史虚无主义者,也不是文化虚无主义者,不能数典忘祖、妄自菲薄。中华传统文化源远流长、博大精深,中华民族形成和发展过程中产生的各种思想文化,记载了中华民族在长期奋斗中开展的精神活动、进行的理性思维、创造的文化成果,反映了中华民族的精神追求,其中最核心的内容已经成为中华民族最基本的文化基因。"⑤因此,潜心把梳中华海洋文化发展脉络,对于挖掘5000多年来绵延不断、博大精深的中华文化的海洋精神基因,对于推动中国海洋社会发展进步、促进中国海洋社会利益和海洋社会关系平衡,对于解决人类当前海洋世界面临的共同难题,对于全球海洋治理与海洋发展乃至全球海洋利益共同体的建立,都有着十分重要的理论与实践意义。

(一)海洋社会以及海洋政治思想历史分期的理论前提

众所周知,连续是历史的根本特性,但历史发展方式的细节却总渗透着难以捉摸的狡黠,平常不过的因果互动、出乎意料的偶然突发甚至四平八稳的简单重

---

① 潘吉星.李约瑟文集[M].沈阳:辽宁科学技术出版社,1986:258.
② 曲金良.中国海洋文化观的重建[M].北京:中国社会科学出版社,2009:17.
③ 曲金良.中国海洋文化观的重建[M].北京:中国社会科学出版社,2009:22.
④ 曲金良.中国海洋文化观的重建[M].北京:中国社会科学出版社,2009:22-23.
⑤ 宋岩.习近平主持中共中央政治局第十八次集体学习[EB/OL].中国政府网,2014-10-13.

复,都是其演绎演化的常用手法。而所谓历史分期在本质上亦不外是研究者为着自身特有的目标价值选择、立足一种自认说服力的简单标准来把无限连续历史进程中的特定事实现象及其某类某些精神内容或观念系统分为一定的阶段段落。因而该种立足主观价值愿望的理性思维形式与客观历史事实之间存有相应龃龉,抑或说这种剖分"具有反历史的性质"①。也正是立基于此,在学者的眼里,与其说传统意义的"正确"标准是否难以评断历史分期,还不如直接使用是否"可取"加以衡量,因而,有助于历史事件叙述与历史现象解释及其程度应是考量一个分期体系的基本依据。如此一来,有关历史分期便有了较多的兼容性特质。同时,该种语义之下,历史分期本身的历史编纂学选择性与工具性工作过程的价值特性亦能进一步凸显。因此,对于连续历史中某些现象的观察与研究,人们习惯于依据对象的特征属性与发展延续等叙说与研判的需要,将研究与观察对象做些选择性的时段化切割。作为历史编纂学基本"选择性的和工具性的工作过程"的历史分期,存在着"自然或技术的分期"以及"理论性的分期"两种形式。而所谓自然或技术分期不外是"依据历史事实的某种客观的或者显而易见的组织方式如朝代或者事件的始末等来把历史叙述的对象分为时间的段落,那是由来已久的历史编纂学的工作方式"②。这种"由来已久的"工作方式立足于"具体的历史过程为了叙述的方便","比较直接地基于被描述的历史主题过程的自然阶段特征"③。

　　同时,对于中国古代海洋社会以及海洋政治思想所依凭蕴藏的中国古代社会,其基本特质的界定我们倾向许苏民教授"皇权官僚专制社会"的判定。一般来说,社会生产方式是判定社会性质的普遍适用性的经济标准,但在运用这一标准对具体对象进行分析时,还必须遵循马克思主义哲学矛盾普遍性与特殊性辩证关系原理的基本要求,必须考虑到特殊社会形态的特殊性。马克思、恩格斯在论述亚细亚生产方式时,采用的就是政治与经济相统一的标准。根据马克思主义的政治与经济相统一的标准,中国古代"自秦迄清中国社会性质是皇权官僚专制社会"④。政治与经济的高度集中是中国传统社会的最根本特性,皇权的至上性不仅体现为政治上的不可动摇,更在于经济上的最高效力。"溥天之下,莫非王土;率土之滨,莫非王臣"⑤很好地体现了这种经济与政治的高度融合。在中国古代

---

① 赵轶峰.历史分期的概念与历史编纂学的实践[J].史学集刊,2001(4):5.
② 赵轶峰.历史分期的概念与历史编纂学的实践[J].史学集刊,2001(4):4.
③ 赵轶峰.历史分期的概念与历史编纂学的实践[J].史学集刊,2001(4):1.
④ 许苏民.自秦迄清中国社会性质是"宗法地主专制社会"吗?——与冯天瑜教授商榷[J].学术月刊,2007(2):133.
⑤ 王秀梅,译注.诗经:下册[M].北京:中华书局,2015:488.

"皇权时代"，作为天下的所有者，皇帝拥有绝对的权威，对其治下的天下家财、臣属、人畜可以恣意取予；而皇帝派往各地的各级官僚，作为皇权的代理人俨然是当地当事之土皇帝，甚至用尽各种手段将所赋权力发挥到极致，以各种合法或非法的手段来满足其攫取社会财富，甚至草菅人命的皇权衍生威能。皇权官僚专制时代的中国，西方那种"私有财产神圣不可侵犯""风可以进，雨可以进，皇帝不能进"的真正法权意义的私有制是根本不存在的。中国传统皇权社会以其行政权力直接介入并支配社会经济运作、以超经济强制经济制度的根本特征，充分展示出社会形态的特殊性。"自秦迄清中国社会的专制，是作为最高的土地所有者的皇帝与享有经济政治特权的官绅豪右兼并之家的专制。'皇帝与数大臣共治国家'，是专制官僚政治体制的常态；'乾纲独断'，则是皇帝的至尊地位、皇权的独占性和皇帝对于政治的最终决定权的表现。皇帝与数大臣统领着一支犹如金字塔式的庞大的官僚队伍，士大夫的意志与皇帝的意志形成了一个合力，使得保障官僚特权、特别是官绅豪右兼并之家的经济政治特权，成为这一体制的最根本的职能，同时也是这一专制政治体制运作的基本出发点和归宿。……官僚本位渗透一切、支配一切，成为自秦迄清中国社会的根本特点或本质特征。这一时期社会的主要矛盾是人民大众与皇权官僚专制主义的矛盾，'乱自上作''官逼民反'，乃是导致周期性的社会震荡和王朝更迭的根本原因。"①因此，自秦迄清的中国社会应该是"皇权官僚专制社会"，而非"宗法地主专制社会"或"地主社会"。

　　总之，关于中国古代海洋社会以及海洋政治思想的观察与研究，我们根据观察到的延续脉络及其对此叙述议论的需要做些时段化处理，也就是在客观的时间延续序列上做些主观体认的切割划分。我们所秉持的"工作方式"是自然或技术性的而非理论性的分期。然而对于这种主观的时间划分或者说基本分期，我们有几个问题必须要事先明确：其一，本书基本分期的根本在于叙述的方便，无意在史学领域搅扰，更没有丝毫标新立异的妄念。其二，由于是史学门外汉，所用材料概用方家传来资源皆非一手，因而对方家的敬重是我们立论客观性与论说科学性的前提。其三，即便如此，对于分期标准执守也非一以贯之。其四，由于我们观测的是自秦迄清时代的"皇权官僚专制社会"，皇权的浩荡无边，不仅政治与经济的控制完整，就是在思想上封建皇帝也竭尽全力加以约束，社会的声音因此单一。我们考察中国古代海洋政治思想也因之以王朝统治集团为主体，以其对中国历史进程的价值为主要观测点，试图通过评估利害得失，为今天的海洋强国建设提供参

---

① 许苏民.自秦迄清中国社会性质是"宗法地主专制社会"吗？——与冯天瑜教授商榷[J].学术月刊,2007(2):133.

酌借鉴。在此前提下,对于中国古代海洋社会尤其是海洋政治思想的基本分期我们也只是在综合中国古代思想史、中国古代海洋文化发展史、中国古代航海文化史等历史分期的基础上,为海洋社会以及海洋政治思想发展脉络的便利性论说而做的粗略划分。

（二）中国古代海洋社会及海洋政治的基本分期

正如前文所言,在政治学研究中的政治思想就是社会成员在政治思考中形成的观点、想法和见解的总称,它是人们对社会生活中各种政治活动、政治现象以及隐藏在其后的各种政治关系及其矛盾运动的自觉和系统的反映,更是政治文化的一种表现形态。作为人们对政治现实的理性思考,政治思想本质上是一种政治现象的理性认知,是一种合乎逻辑的理论体系,是集中体现特定利益、主体利益要求的既具有相对独立性又有着历史传承性的观念系统。海洋政治在整体上就是海洋国家之间有关海洋权益的决策及执行并相互影响的政治活动及其政治关系的总和,是"主权国家之间围绕海洋权力、海洋权利和海洋利益而发生的矛盾斗争与协调合作等所有政治活动的总和"①。从人类利益关系视域着眼,海洋政治的实质是海洋社会的利益分化的产物,即在人们海洋利益分化时发生的、运用社会强制工具对海洋事务进行全面管理的系统利益过程。由此,海洋社会的海洋政治思想实质上是人们对于社会权力(主要但不限于国家权力)规整海洋利益及其相关权益的政治活动过程及其结果的主观精神活动及理性认知成果。因此,对中国古代海洋社会海洋政治思想发展脉络耙梳的重心应主要起始于国家权力产生及完结之后。立基于此,由于航海行为乃海洋社会海洋政治实践的典范展示,尤其国家航海更是海洋社会海洋政治思想的集中表达,所以,为便于讨论,我们对中国古代海洋社会海洋政治思想的整体脉络以中国古代思想史、中国古代海洋文化发展史、中国古代航海文化史等的历史分期为基础,对中国古代海洋社会及海洋政治思想历史进程做初步萌芽、渐次形成、快速发展、鼎盛成熟和中衰盘整五个阶段的简略分期。

（三）中国古代海洋社会及海洋政治的基本进程

尽管在原始社会,由于海洋地理条件与自然条件得天独厚,中华先民不断走向海洋并借助原始工具尝试征服海洋,《原物》"燧人氏以匏济水,伏羲氏始乘筏"的记载、《易经》"包荒,用冯河"的卦辞等都印证着中华文明很早就与海洋有着不

---

① 刘中民.世界海洋政治与中国海洋发展战略[M].北京:时事出版社,2009:1.

解之缘。然而,不论这些"中华民族走向海洋的第一步,而且是后来一切利用和征服海洋的基础"的原始涉海活动的意义多么不同凡响,但毕竟是"盲目和被动的"蒙昧状态。作为人们对于社会权力(主要但不限于国家权力)规整海洋利益及其相关权益的过程及其结果的理性认识及系统成果,海洋政治思想实质上是对国家权力及其运用的理性思维结晶。因此,国家权力的产生、国家利益的形成是中国古代海洋社会海洋政治思想的坚实基础和基本前提,而生产力水平的不断提升,国家利益的持续发展则是推动中国古代海洋社会及海洋政治思想向前发展的强大动力。

1. 中国古代海洋社会海洋政治思想的初步萌芽

大约公元前21世纪的原始社会后期,由于社会生产力的发展,社会分工的出现和剩余产品的产生,伴随财产私有的蔓延和贫富差距的扩大,社会利益格局巨变,适应社会利益关系调整需求的变革、被后世名为"国家"的暴力调整体系因之而生,中国古代自夏启开始进入国家时代,中国古代海洋政治思想自此发端。走向海洋建立在民族国家的热切愿望与现实能力相统一的基础上,没有愿望没有能力、有愿望没有能力抑或有能力没有愿望,都没有驱使族群走向海洋的现实可能。愿望体现的是族群国家的现实利益,能力则是社会生产力水平的直接表达,在发展的轴系上两者更是相互支撑的。在中国上古早期国家社会生产能力孱弱的现实背景下,社会族群对海洋利益的愿望受制于国家海洋能力并不普遍强烈,只是在外交、军事等重大需要时方倚重海洋。及至春秋战国时期,由于铁器的使用与推广、社会生产力的大发展、井田制的瓦解、生产关系大变革,初登历史舞台的新兴地主阶级顺应发展潮流,积极变法革新,确立起君主集权的新型封建统治方式,大力奖励耕战,力图富国强兵、军事兼并、政治称霸。纵观整个先秦时代,尤其春秋战国先后到来,大国特别是滨江临海国家"为发展经济、增强实力、巩固统治、扩展版图、争夺霸权,对航海(包括水上航行)活动的需求急剧增加。他们为了加强军事优势、攻占敌国或保护本国,必须建立起强大的海军,进行水上作战;为了运输大宗货物,集结众多兵力,必须发展水上航运业,建立相应的航运管理制度;为了扩大自己的势力与影响,满足上层统治者的骄奢淫逸的物质与精神生活,必须进行较长距离的外交、贸易航行,并开展远洋探险活动,所有这一切,都对中国古代航海事业的形成,提供了重大的时代动因,从而使航海业成为当时整个社会进行政治、经济、军事、外交活动所不可缺少的重要部门"①。可见,在这一时期以滨海国家为主体的国家海洋政策与海洋行为日渐丰富,以"官山海"为代表的海洋政治思想逐渐形成并不断生长。然而,这是一个阶级矛盾尖锐激烈、兼并战争连年

---

① 孙光圻.中国古代航海史[M].北京:海洋出版社,2005:67.

不断、社会纷繁复杂的大动荡大变革大改组时期,各种利益的交汇,各方势力的博弈,各国政权稳定性难以为继,也使得国家海洋政治实践持续性受阻、普及性艰难,海洋政治思想的成型举步维艰。因此,这一历史阶段,中国古代海洋社会尚处早期发展阶段,国家海洋政治尚在萌芽时期。

2. 中国古代海洋社会及海洋政治思想的渐次形成

自秦汉延及魏晋(前221—589年)是中国古代海洋社会及国家海洋政治实践与海洋政治思想形成时期。公元前221年,秦王嬴政"奋六世之余烈,振长策而御宇内,吞二周而亡诸侯"①,荡平六国,建立起中国历史上第一个统一的多民族的中央集权的封建专制主义国家。始皇废分封、立郡县,"书同文""车同轨""行同伦",兴驰道、整长城、巡全国,竭力崇化帝权,后经西汉王朝的巩固与发展,到东汉封建王权专制强化,中央集权制度日趋完备与周密。高度集中、至高无上的王权对国家资源的整合、国家愿望的表达、国家利益的追求、国家力量的运用都有着直接而终极的意义。尤为重要的是,"随着中央集权和郡县制的推行,秦朝的疆域含义已不完全同于先秦时期松散型的政治联盟区域,而是完全直辖于国家之下的领土概念"。"从北起渤海湾向南迤逦至南海的广大沿海地区皆成为秦朝的海疆范围。"②秦汉帝王郡海疆,巡江海,官海盐,重海捕,拓海路。一系列的海疆经略措施,奠定中国古代海疆经略理论的坚实基础,并促进中国古代海洋政治思想成型。这一时期随着相对先进的封建制度的快速发展与逐步健全,中央集权的日趋稳固与国力的逐渐强盛,"中央王国"意识的形成和"威加海内"文明拓展的强烈愿望,"航海在国家政治、经济、军事、外交、文化生活中的重要性日益体现出来。由于海上航行与运输相对于陆上交通而言具有内在的、明显的优越性,因此,以天文导航与季风驱动为主要背景,中国海员开辟了对日本列岛与南亚地区的远洋航路,从而使中国古代航海业进入了世界先进行列。连接欧亚大陆的'海上丝绸之路'的形成,正是当时世界航海活动水平的最高标志之一"③。其后从三国鼎立直至隋王朝重新统一中国的三百六七十年时间里,在群雄割据、南北对峙基本分裂的政治格局中,东南沿海由于相对稳定,经济重心与海洋活动重心不断南移,南方政权为求王权巩固、统治安稳,利用濒江临海的地缘优势,积极沟通海内外联系,建立海上军事同盟,拓展海路航线,以致"江南与整个东南沿海及近海与远洋的航海事业与航海技术,在质量与水平上仍继续呈现出上升的势头"。尤其"帆舵配合的信

---

① 贾谊.新书校注[M].阎振益,钟夏,校注.北京:中华书局,2000:2.
② 刘俊珂.秦汉时期的海疆经略及其历史影响[J].郑州师范教育,2014(3):69.
③ 孙光圻.中国古代航海史[M].北京:海洋出版社,2005:138.

风航海技术的走向成熟,以及中日北路南线与广州—波斯湾远洋航线的开辟,不但使中国人在公元3至6世纪的世界航海业中,依然居于领先地位,而且为接踵而至的隋唐航海进入全面繁荣的新阶段,奠定了必要的基础"①。物质技术不仅是社会关系的晴雨表,而且是思想观念的物态外化,航海技术的先进与航海业的发展依凭的就是海洋政治思想托底的国家海洋政治制度的强力支撑,技术的进步成熟和行业的发展稳定体现的就是中国古代海洋社会对海洋以及人海关系认识的理性演进及其海洋政治思想的逐渐成形。

3. 中国古代海洋社会及海洋政治思想的快速发展

中国古代海洋社会及政治思想发展阶段在时间跨度上从隋唐至五代(589—960年)。公元581年文帝杨坚建立隋朝,公元589年重新统一中国,结束了中国长达三个半世纪的分裂局面。"隋氏平陈,寰区一统,文帝命太长卿牛弘集南北仪注,定《五礼》一百三十篇。"②文帝于隋初修礼定制所进行的一系列重大政治体制改革,使封建制度日臻成熟。唐循隋制,以太宗李世民为首的唐初统治集团以史为鉴、励精图治,进一步完善封建制度,开创了中国封建社会的盛世辉煌。

从隋唐至五代时期的封建王朝承继前代海洋经略主线大步向前迈进,隋唐通过强化地方机构设置,守土固疆;修舰造船,壮大海军实力,远交近攻,拓疆宏土;催谷造船事业,加强航海能力,规划南北海漕运输,延展各路海上航线,繁荣海上贸易,加密海外往来。唐代卓有建树的海洋政治制度创新当属开元初年中央政府在海外贸易中心广州设置专门负责管理外交与外贸的市舶使、押蕃舶使及市舶使院等官职与机构③。唐皇并以上谕要求"其岭南、福建及扬州番客,宜威节度使、观察使常加存问。除舶脚收入进奉外,任其来往流动,自为交易,不得重加率税",用以规范交易行为、保障外商利益来促进对外贸易。唐时市舶制度虽无完整律法、细致规则,但其职官稳定、职责明确,为后世"宋元时代的市舶条例奠定了基础"④。正是唐王朝发展海外贸易的积极政策驱使,不仅"各类性质的航海活动十分频繁,而且在此基础上,作为海舶靠泊与补给点和货物吞吐与集散的大型航海贸易港,也得到了迅速的发展"⑤。同时,印度洋航路全面繁荣,中日南路航线开辟,船舶大型化、远洋化发展,航海技术成熟,致使有唐一代"海上丝绸之路"繁盛空前,海洋经略全面超越前代。特别是从中唐后期开始,"随着航海活动中经济因

---

①　孙光圻.中国古代航海史[M].北京:海洋出版社,2005:192.
②　黄永年.旧唐书:第二册[M]//许嘉璐.二十四史全译.上海:汉语大词典出版社,2004:964.
③　黎虎.唐代的市舶使与市舶管理[J].历史研究,1998(3):21-37.
④　孙光圻.中国古代航海史[M].北京:海洋出版社,2005:258.
⑤　孙光圻.中国古代航海史[M].北京:海洋出版社,2005:258.

素的增加,航海政策发生了重大的革新,这为促使宋元航海进而出现并长期保持在鼎盛阶段,开拓了坚实的基础和广阔的前景"①。

中国古代在这一时期,国家实力鼎盛,政治制度完整,社会总体稳定,科技文化先进,经济生产繁荣,外贸外交频繁,海洋技术发达,海上交通活跃,海洋事务规整,海洋利益凸显,海洋社会发展。也正是在唐代,南方浩瀚的海洋使得本以中原为中心的内陆帝国有了更多的选择。面对南方海洋文明带来的全面的冲击,大唐帝国以其特有的自信与活力,坦然接纳海洋文明的冲击,始置市舶使,国家政权直接派遣市舶官员,代表皇帝意志,到岭南向海外蕃商采买舶货。"市舶使从临时差遣到相对固定,标志了我国封建统治者的目光从黄土中原开始关注南部的海洋。"②尽管五代十国政局动荡,中原战端频起,但经济重心持续南移,东南偏隅相对平顺,社会生产持续,南方政权为维稳实库,力倡海贸,勤于海事,为后世宋朝海洋经略盛越前代,提供了重要的基础。总体而言,隋唐五代中国古代海洋社会及海洋政治思想已步入全面发展的历史新阶段。

4. 中国古代海洋社会及海洋政治思想的鼎盛成熟

宋元时期(960—1368 年),中国古代海洋社会及海洋政治思想日益成熟。这一时期,中国封建王朝直面海洋、锐意进取。以海洋思想不断变革、海洋制度不断创新、海洋认知不断深入、海洋技术不断完善、海洋航线不断延展、海洋经济不断发展为表征,宋元王朝的国家海洋政治实践活动全面发展、全面辉煌,这是在前代从容面向海洋、主动接纳海洋文明基础上的新跃进。这一时期,王朝海外贸易管理体系日趋完整、管理制度更为完善,尤其宋朝的"元丰法"的出台以及元朝时的"整治市舶司勾当",开启中国古代海贸法制先河;这一时期,封建王朝的造船业兴旺发达且航海工具精密先进,配之"以全天候磁罗盘导航、海洋天文定位、航路指南书、海图、娴熟的季风航行、海洋气象预测知识以及高超的船舶操纵技术等为主要内涵"的"航海技术重大突破与全面发展"③;这一时期,中国封建王朝占据着世界造船业和航海技术的鳌头,朝野上下对海外世界有着丰富而空前的认知,朝廷十分重视发展海外贸易,对民间对外贸易秉持较为宽松的政策,封建王国大规模出口商品的生产基地已然形成;这一时期,"华商成为中国海外贸易的主角,海外华商网络初步形成,支撑海外华商网络的海外华人聚居地也逐渐出现,中国商人主导了印度洋和东亚的海上贸易。这一海洋发展的态势,丝毫不亚于 16 世纪前

---

①　孙光圻.中国古代航海史[M].北京:海洋出版社,2005:271.

②　郑有国.中国市舶制度研究[M].福州:福建教育出版社,2004:3.

③　孙光圻.中国古代航海史[M].北京:海洋出版社,2005:337.

期欧洲人的海外扩张"①。

960 年后周禁军统帅赵匡胤陈桥兵变,黄袍加身,定都汴京,后经连年征战,统一中原与东南沿海地区,建立北宋政权。但北宋时代阶级矛盾和民族矛盾十分尖锐,动辄向北方少数民族政权割地赔款,宋朝政治威胁与经济压力异常巨大。在这特异的地缘政治环境中,为维持统治、稳定政局、活跃经济、充盈府库、扩大影响,宋朝不得不突破传统、变革思想、创新制度、励精图治,向南面海,以适应历史发展的大变革,开创出中国历史上一个承前启后的"商业革命"的大时代。② 正因如此,美国学者墨菲说:"在许多方面,宋朝在中国都是个最令人激动的时代……它统辖着一个前所未见的发展、创新和文化繁盛期,确实是一个充满自信和创造力的时代。"③

处于承前启后大变革时代的宋朝突破前代抑商传统,鼓励"商贾懋迁","以助国用",注重"创法讲求",深度拓展海外贸易。北宋熙宁二年(1069 年)神宗诏示:"东南利国之大,舶商亦居其一焉。昔钱刘窃据浙广,内足自富,外足抗中国者,亦由笼海商得术也。卿宜创法讲求,不惟岁获厚利,兼使外藩辐辏中国,亦壮观一事也。"④南宋高宗也直言:"市舶之利最厚,若措置得当,所得动以百万计,岂不胜取之于民? 朕所以留意于此,庶几可以少宽民力尔。"⑤并敕令"宜循旧法,以招徕远人,阜通货贿"。宋朝的海洋政治战略设计已然从立足海贸利益的发展,拓展至国家影响力的关注。正是依循思路,宋初赵氏王朝便整饬前朝市舶制度,设市舶司管理海贸,除广州设市舶司外,还先后在明州(今浙江宁波)、杭州、泉州和密州(今山东诸城)开设该机构,由此形成覆盖王朝海岸全线相对完整的海贸管理体系。加之有宋一代帝王颇重"法治",著名法律史学者徐道邻先生就曾感叹:"宋朝的皇帝,懂得法律和尊重法律的,比中国任何其他的朝代都多。北宋的太祖、太宗、真宗、仁宗、神宗,南宋的高宗、孝宗、理宗,这八位皇帝,在法律制度和司法制度上,都曾经有不少的贡献。有这么多的皇帝不断地在上面督促,所以中国的法治,在过去许多朝代中,要推宋朝首屈一指。"⑥在"理国之准绳,御世之衔勒"的治国理念下,宋朝为确保商税财政充足,出台了相对细密而完备的商业法制,尤其开创了中国海贸法规的先河。神宗熙宁九年(1076 年),北宋王朝令"详议广、明州市舶

① 庄国土.论中国海洋史上的两次发展机遇与丧失的原因[J].南洋问题研究,2006(1):3.
② 郑颖慧.宋代商业立法与欧洲同期商法之比较[J].宋史研究论丛,2012(1):225-246.
③ 墨菲.亚洲史[M].黄磷,译.4 版.海口:海南出版社,2004:198-199.
④ 秦缃业,黄以周,等.资治通鉴长编拾补:卷五[M].上海:上海古籍出版社,2006:83.
⑤ 徐松.宋会要辑稿:第七册[M].刘琳,等点校.上海:上海古籍出版社,2014:4213.
⑥ 徐道邻.中国法制史论集[M].台北:志文出版社,1975:89-90.

利害,先次删立抽解条例"。历经四年修葺,至北宋元丰三年(1080年),神宗赵顼"委官推行"中国历史上第一个海贸法规《广州市舶条法》(史称"元丰法")。"元丰法"对海船进出的审批、船上货物的检查与纳税、官员参与海外贸易的禁止、发展海外贸易官员的奖励等内容从实体到程序都做了较为详细的规定,至此王朝海外贸易有章可循、有规可依,海贸管理走上相对规范的发展道路。

积极的海贸政策,较为规整的管理制度,加上江南与南方地区经济社会的进一步发展,尤其造船业的兴旺与航海工具的先进,配之"以全天候磁罗盘导航、海洋天文定位、航路指南书、海图、娴熟的季风航行、海洋气象预测知识以及高超的船舶操纵技术等为主要内涵"的航海技术的重大突破与全面发展,宋朝的近海与远洋航线更为繁复且明晰:广州远航阿拉伯与东北非洲;泉州发至南洋诸国;明州、杭州航通日本和高丽。其中,宋代横渡北印度洋的航线因较之前代远离陆岸、跨洋跃进、直航致远,充分体现"宋人对沿途天文、地文和气象的熟悉与掌握的程度,以及在各种天候条件下的导航与船艺技术等,已较之前有了革命性的重大进步"①。恰如西方学者所言:"在12世纪,不管什么地方,只要帆船能去,中国船在技术上也都能去。"②同时,与北方受制少数民族政权长期窒息式压制宋朝控制力孱弱相反,东南沿海的相对制海权却始终掌握在宋朝水师的手中,其海洋控制实力放眼于当时的世界也足以位居前列。概括地讲,"宋代是海洋意识大发展的时期,航海知识、造船技术、对海外的认知和海外拓展的意识等,都比前代有本质的提升。其极具进取、开放和多元的精神,和16世纪前期西方地理大发现与海洋意识的兴盛期相比,不遑多让"③。当然,我们也不能不看到,尽管宋朝依凭特有的地缘优势和前代积淀起来的航海技术开拓出史无前例的海洋经济贸易圈,但是在内部政治腐败与北方的外部强压面前,专注海洋利益增长而非海洋权力拓展的海洋政治思想并没有将宋朝从海洋经济强国带上国家整体实力强盛的道路,最终在强大的蒙古铁骑席卷下土崩瓦解。

1206年,铁木真一统漠北建立蒙古帝国。随后成吉思汗统帅麾下铁骑狂飙外扩,接连消灭西辽、西夏、花剌子模、东夏、金等国。1260年忽必烈获取汗位,建元"中统"。1271年,忽必烈取《易经》"大哉乾元,万物资始"之意,钦定国号为"大元",翌年迁都至燕京,并改称大都。至元十六年(1279),元军于崖山海战最终消灭南宋,结束长期的战乱局面,再度一统中国,至此中国历史进入大元时代。元朝

---

① 孙光圻.中国古代航海史[M].北京:海洋出版社,2005:326.
② 孙光圻.中国古代航海史[M].北京:海洋出版社,2005:337.
③ 孙键."南海Ⅰ号"完整展示宋代社会[J].工会博览,2018(8):58.

是中国历史上首次由少数民族建立的大一统王朝,传五世十一帝,至 1368 年朱元璋在应天称帝建立明朝,随后北伐攻占元大都,元朝统治湮没,历时 98 年。然而,正是这个由策马引弓的草原民族建立起的大一统封建王朝却是"一个以奴役海洋的实用主义心态来征服海洋、驾驭海洋、利用海洋,向海洋要效益、要发展的朝代。……是中国历史上第一个以国家行为利用海洋、发展海洋的朝代。除了持续发展着传统中国历代都有的国内民间的'渔盐之利'与'舟楫之便'、国家对外的海缘关系与朝贡贸易之外,元朝政府利用海洋、发展海洋的最大创造,就是以国家行为开展了亘古未有的大规模南北海运,从而成为东方历史上乃至世界历史上的第一个海运大国"①。

由于大元王朝的统治重心已由漠北移到中原,要巩固王朝对中原地区的统治,必须习汉文、行汉法。元世祖于是依汉文化传统,筑新都于"龙盘虎踞、形势雄伟、南控江淮、北连朔漠"的"幽燕之地"。虽然大都北连朔漠、南控中原、西拥太行、东濒渤海,地势优越,在横跨亚欧大陆、北达西伯利亚北极圈北冰洋、南越南海、西入里海、东至库页岛及朝鲜半岛的世界第一大版图中,既可坐镇全境,亦可辐射全国,但其时王朝人口稠密、发展成熟、"家底"厚实之所集中于江南地区。大元王朝开国时,面临的地缘经济状况在于"中原富于塞外,江南富于中原;蒙古人、色目人的经济实力不及汉族"。"天下的征服者不仅要做政治上的统治者,而且要做海内财富的主人。元朝政府要满足蒙古、色目贵族对江南财富的贪欲,政权要依赖江南经济力量生存。"②"偌大一个元朝帝国,整体而言北方与南方的'经济总量'的大相悬殊和北方的嗷嗷急需"③,使得王朝不得不大大地发挥它的想象力,在全国建构起四通八达包括陆上和海上的严密交通网络。《元史》有载:"元都于燕,去江南极远,而百司庶府之繁,卫士编民之众,无不仰给于江南。自丞相伯颜献海运之言,而江南之粮分为春夏二运。盖至于京师者一岁多至三百万余石,民无挽输之劳,国有储蓄之富,岂非一代之良法欤!"(《元史·食货志》卷四十六)但"原有耗时费工的内河漕运已无法适应大规模运输的需要,通过海洋运输漕粮成为大势所趋"④。于是大元王朝"自定鼎中原伊始,就在中国传统的贯通东西南北的内河漕运之外,在东海北部到黄海、再到渤海、一直通往直沽(今天津)的数千里的海面上,出现了满载南粮、千帆竞渡、绵延不绝的通海北运的大船"⑤。元朝帝

①　曲金良.中国海洋文化观的重建[M].北京:中国社会科学出版社,2009:108.
②　李映发.元明海运兴废考略[J].四川大学学报(哲学社会科学版),1987(2):101.
③　曲金良.中国海洋文化观的重建[M].北京:中国社会科学出版社,2009:109.
④　孙光圻.中国古代航海史[M].北京:海洋出版社,2005:286.
⑤　曲金良.中国海洋文化观的重建[M].北京:中国社会科学出版社,2009:109.

国漕运已然每年几十万到二三百万石不等,正所谓"天下大命,实系于此矣"。然而单纯而长距离的海运却是"风涛不测,粮船漂溺,无岁无之。夫驱民而纳于沉渊之中,仁人不忍言也"①。为了避免单纯河漕多次水陆搬运的费工费力以及单纯海漕远绕山东半岛成山头的风涛凶险,缩短海漕运输里程,大元王朝决定开凿胶莱海洋运河,打通山东半岛中部南北距离仅为130公里的胶莱地峡。至元十八年(1281年),世祖遣来阿八赤"佩三珠虎符,授通奉大夫、益都等路宣慰使、都元帅。发兵万人开运河,来阿八赤往来督视,寒暑不辍。……运河既开,迁胶莱海道漕运使"(《元史·列传》卷十六)。尽管对史上胶莱海洋运河开凿成功及其运营使用史家有着不同的见解,但动议并开凿胶莱海洋运河以及运河至今留存的事实,足以证实大元帝国以海利国、以海理国的海洋政治思想的空前性,对海洋经略的成效远高于前人。"元代胶莱运河的论证、开凿和运营,以及明代对此工程的重修利用,是中国人利用海洋的伟大智慧与浩大工程的历史遗产,作为不可多得的中国海洋历史遗迹和文化景观,却是价值连城。"②

作为起自大漠草原游牧部落的统治者,深知财富对农耕社会治理的重要意义。在近一个世纪的短暂统治中,大元王朝十分重视商业贸易,对于既能招财进宝又可广扩王权声威的海外贸易更是格外重视。早在攻灭南宋王朝的过程中,大元统治集团就着手接管保留宋朝的海外贸易机构与职官。至元十四年(1277年),世祖忽必烈"即招降并重用在海外有广泛影响的南宋泉州提举市舶使兼大海商蒲寿庚,设置海外诸藩宣慰使与市舶使"③。并令下臣奉书诏谕南夷诸国,"诸藩国列居东南岛屿,皆有慕义之心,可因蕃舶诸人宣布朕意,诚能来朝者,将宠礼之,其往来互市,各自所欲"(《元史·本纪》卷十)。寰宇一定,大元王朝更是在旧宋制例承袭之上,广置市舶机构,修缮市舶条例,发展贸易海港。元时,沿海对外贸易港口主要有泉州、广州、杭州、庆元、上海、温州、澉浦七处,大元王朝先后在各港设立市舶司,管理海舶、检查海关、抽分起运等事项。终元一朝,"虽然对市舶司屡有兴废,但总的情况是以兴为主;而在所兴的市舶司中,亦以泉州、广州与庆元'三司'为主"④。为使市舶纳入法制轨道,扭转元初因袭前朝旧例产生的市舶管理混乱局面,至元三十年(1293年),颁布"以亡宋市舶则例"为基调的"整治市舶司勾当"23条,其后在延祐元年(1314年)颁行新修市舶法则22条。主体内容包括船舶出入海贸的许可,进出口舶货的管制,抽解与舶税钱的征缴,舶货的起解与

---

① 曲金良.中国海洋文化观的重建[M].北京:中国社会科学出版社,2009:135.

② 曲金良.中国海洋文化观的重建[M].北京:中国社会科学出版社,2009:137.

③ 孙光圻.中国古代航海史[M].北京:海洋出版社,2005:274.

④ 孙光圻.中国古代航海史[M].北京:海洋出版社,2005:358.

发卖以及招徕、优恤和监察等。元朝力图通过这些法规,强化市舶贸易管理规整,保护外商的利益,促进市舶贸易的发展,因之梯航而来的船货与蕃商,不仅充实了元朝府库,丰富了大元社会文化,而且增进了海外交流,扩大了王朝影响力。

作为中国历史上空前辽阔的大一统王朝,其疆域"北逾阴山,西极流沙,东尽辽左,南越海表"。"南越海表"突出的正是策马引弓的草原统治者与蓝色海洋的不解之缘,喻示的就是元朝对广袤海疆的苦心经略。历经几代蒙古可汗南征北战,及至世祖忽必烈建元定鼎,元朝的统治几乎延展至整个亚欧大陆,但开疆拓土的热血继续在元世祖的心间沸腾,"越海表""有事于海外"对外军事力量的拓展便是元朝的新目标。"1274 年、1281 年,元朝两次从海上出兵进攻日本,均告失败。旋又计划第三次攻打日本,但最终因故作罢。随后,元朝于 1282 年出海攻伐占城,1287 年海陆并攻安南,1292 年越洋远征爪哇,结果都是折戟沉沙而返。1294 年,忽必烈时代结束,标志着元帝国在东亚、东南亚海疆的军事张力达到极限。"①也正是连续的海外军事扩张,极大地损耗了帝国的国力,元朝在海疆的态势渐次"由攻转守",由此开启"真正意义上的中国海防"②。元代沿海设防,其目的在于"应对倭患"和"剿抚盗叛"。对于倭患,《高丽史》有载:高宗十年(1223 年)"倭寇金州"。因此,史家一般以为始于 13 世纪初期,日本史学者井上清也有相同的看法:"自 13 世纪初开始,九州和濑户内海沿岸富于冒险的武士和明主携带同伙,一方面到中国和朝鲜进行和平贸易,同时也伺机变为海盗,掠夺沿岸居民。对方称此为倭寇(入侵的日本人),大为恐怖。"③《元史·世祖本纪十四》记载:至元二十九年(1292 年)"冬十月戊子朔……日本舟至四明,求互市,舟中甲仗皆具,恐有异图,诏立都元帅府,令哈剌带将之,以防海盗"(《元史·本纪》卷十七)。足见元朝朝廷在 13 世纪末已着手防备日倭人。14 世纪初时成宗大德八年(1304 年)"夏四月丙戌,置千户所,戍定海,以防岁至倭船"(《元史·本纪》卷二十一)。"自(至正)十八年以来,倭人连寇濒海郡县"到至正二十三年(1363 年)"八月丁酉朔,倭人寇蓬州,守将刘暹击败之。……至是海隅遂安"(《元史·本纪》卷46)。正是"倭人连寇濒海郡县"的猖狂,加之须确保"天下大命,实系于此矣"海漕的平顺,大元王朝对沿海的戍卫颇为重视。世祖至元十七年(1280 年)诛伏"广西廉州海贼霍公明、郑仲龙等"。随后又"敕泉州行省所辖州郡山寨未即归附者率兵拔之,已拔复叛者屠之",并"以总管张瑄、千户罗璧收宋二王有功,升瑄

---

① 姚建根.元朝海疆经略的经验与教训[N].中国社会科学报,2014-10-17(A05).
② 杨金森.海洋强国兴衰史略[M].2 版.北京:海洋出版社,2014:291.
③ 井上清.日本历史:上册[M].天津市历史研究所,译校.天津:天津人民出版社,1974:166.

沿海招讨使,虎符",同时"置行中书省于福州",五月"福建行省移泉州",随即诛伏"汀、漳叛贼廖得胜等"。至元十八年(1281 年)十一月,世祖敕令"征日本回军后至者分戍沿海"(《元史·本纪》卷十一)。至元十九年(1282 年),世祖忽必烈"命知地理省院官共议,确定于濒海沿江 62 处部署军队,进行防守"。① 以掌控东南沿海防御。

终元一代,由于承袭前代海洋经略的有益经验,维持并开拓着海洋开放格局,尤其于初期对东亚以及东南亚等海外军事扩张的努力,尽管元朝军事行动屡屡折戟沉沙,并未达成对东亚以及东南亚的预期扩张目标,但也使得王朝的实际影响力大为拓展,极大延展了藩属范围。"有事于海外"战略目标及其积极践行,海疆经略以及海军整备,元朝因此一直保持着对东南海域的相对制海权优势,也长期维持着王朝海洋环境的总体安全。正是立基于此,大元王朝对海外贸易与海外交往能继续贯彻和积极实施开放包容的国策,较之隋唐与两宋,元朝虽袭旧例,但广置市舶机构,修缮市舶条例,发展贸易海港,致使王朝的海外贸易圈大有扩展,人们尤其华商对海外的认识较之前代更为广博。"唐代前期宰相贾耽考订的'广州通海夷道',提及东亚和印度洋水域的 29 个海外国家和地区。成书于南宋后期的《诸蕃志》,记载的南海国家有 53 个国家和地区。元代前期成书的《大德南海志》,记录了与广州通商的海外国家和地区有 143 个,分为大东洋、小东洋、小西洋等几个海域。到元代末年成书的《岛夷志略》,涉的海外地名达 200 多个。其中,99个国家和地区是作者汪大渊亲身所经历、目所亲见的,遍及东南亚和印度洋沿岸。仅在《岛夷志略》中,涉及的海外物产和商品的种类就达 352 种。"以致"郑和下西洋动员人力数以万计,所历 30 多个国家和地区,获得的海外资讯整体上并未超出元代华商所知"②。同时大元王朝在海洋经略与海疆防卫方面颇有创建,譬如至元十六年到二十年(1279—1283 年)之间,王朝在福建沿海活动频繁,基于经营海疆的需要,设置澎湖巡检司③,正式开始对台、澎地区进行国家有效的行政管辖。大量关于南海的著作与图册的详细介绍以及王朝多次对南中国海沿岸的军事行动,足以说明元王朝时代在南海及南海诸岛频繁的经略活动。在北部海疆,及至至大元年(1308 年),"骨嵬王善奴等遣人来请求归降,每年贡纳异皮"。元朝接纳并将其归入辽阳行省管辖,历史性拓展了北部海疆。总而言之,透过元朝时代海洋实践的种种举措,我们看到各式行为方式背后海洋政治思想的基本路径:作为

---

① 杨金森.海洋强国兴衰史略[M].2 版.北京:海洋出版社,2014:290.

② 庄国土.论中国海洋史上的两次发展机遇与丧失的原因[J].南洋问题研究,2006(1):1.

③ 丛耕.也谈元朝在澎湖设巡检司的年代[J].贵州社会科学,1982(1):78.

中国直面海洋、锐意进取的朝代,在对于海洋贸易和海外交往的价值、海漕对国计民生的意义、海防对王权稳固的作用深刻体认的基础上,元朝力图运用国家强力的军事和政治手段对海洋施以控制,以期在海洋利益、海洋权利以及海洋权力的获取上实现对前朝的超越。然而辽阔的海陆疆域并未给元朝政权带来长治久安,继之而起的大明王朝则缔造了中国古代航海史上最短暂然而最辉煌的时刻。

5. 中国古代海洋社会海洋政治思想中衰盘整

自明朝立国延及鸦片战争止(1368—1840年),中国古代海洋社会海洋政治思想进入盘整阶段,明朝前期有七次远届西洋、称雄世界海洋的庞大舰队,有万邦四方来朝、大国威风尽展、帝国航海步入极致而短暂的荣光表征。然而,所谓物极必反,这一时期的确是"中国传统海洋文化经历了几千年的发展积累之后走向大繁荣、大高潮"时期,但也正是自此开始,中国海洋文化一步步迈入"大衰退、大失败"的历史行程。由于疆海不靖、边海威胁持续不断,明朝立国之初便不断强化海防、实施海禁。保守退让的海洋政策"只是一味地固守海门,只是消极地应战、抵御着或是东洋倭寇,或是西洋毛番的海上扣关。一座座海防设施,一座座卫所城池,一座座烽火炮台,一个个民族英雄,一个个报国忠魂,洒尽一腔热血,献上年轻生命,血流染海,累累硝烟,但是依然没有抵挡住(如此必然不能抵挡住)海上国门的洞开、海洋疆土的残破"①,致使中华民族国家海洋活动至此渐入总体退却态势,最终将海洋舞台拱手相送,与世界海洋大势形成巨大落差,万里海疆狼烟四起。这一时期,中国封建王朝有过可歌可泣的辉煌,更有着可悲可叹的屈辱。封建中国"辉煌源于海洋,来自海上,屈辱同样源于海洋,来自海上"②。

元至正二十八年即公元1368年,朱元璋在应天府称帝建国,定国号为大明。同年以"驱逐胡虏,恢复中华"为号,令徐达、常遇春等将北伐,攻占大都(即北京),元顺帝北逃,彻底结束蒙古在中原的统治。其后太祖朱元璋相继平定四川、云南、辽东,八次出兵深入漠北,大破北元,最终统一中国,建立起汉族地主阶级专制统治的封建政权。太祖立国之初,因连年战火,"民多逃亡,城野空虚","百姓财力俱困",天下凋零,明朝面对的是一个"兵革连年,道路榛塞,人烟断绝"的残破江山。出于恢复与发展经济以巩固政权的需要,太祖朱元璋基于"天下初定,百姓财力俱困,譬犹初飞之鸟不可拔其羽、新植之木不可摇其根"(《明太祖实录》卷29)的恤民之虑,颁行了一系列的休养生息措施,如招诱流亡农民垦荒屯田,实行免税三年或永不起科制度;迁徙长江下游无业农民到淮河流域、边远地区、空旷地区开

---

① 马树华,曲金良.中国海洋文化史长编·明清卷[M].青岛:中国海洋大学出版社,2012:2.
② 马树华,曲金良.中国海洋文化史长编·明清卷[M].青岛:中国海洋大学出版社,2012:1.

垦,推行军屯制度,注意水利的兴修,提倡种植经济作物等。太祖朱元璋这些措施的推行,使得王朝初期的农业生产以及手工业和商业都逐渐得到恢复与发展,王朝统辖的人口也出现缓慢增长。至建文四年(1402年),明成祖朱棣夺取帝位,后迁都北京,进一步削除藩王势力,加强专制集权统治,继续推行屯垦和移民政策,王朝征收的粮食和布帛都达到很高的数量,社会经济继续向前发展。与此同时,明朝也加强了与国内各少数民族间的政治经济文化联系。应该说,明朝初期推行的一系列政治制度与经济发展措施,使得国内政治稳定、经济繁荣和生产发展,尤其江南沿海经济社会的发展、经济总量不断增加,使得这些地区不仅成为封建王朝工商业高度繁荣的黄金地带,而且是明朝最为重要的粮食生产基地,闽粤沿海在全国商品性经济作物栽培和海外贸易中更为举足轻重。星罗棋布的都市,殷实富足的城镇,繁忙的河海水道,频繁的商品交流,无不呈现江南沿海的繁华。然而,富庶的江南沿海地区却是中外政治经济、思想文化的交汇角力之地,加之元代已经频繁出现的倭患更是东南沿海严重的现实威胁。

面对严峻的边海形势以及即将接踵而至的早期西方殖民者,大明王朝的统治者对海疆倾注了极大的心血,也建立起较为完整的海疆管理和海防体系,"形成了'军事的管理''军事管理、土官管理与州县民政管理相结合''在实行府、州、县民政管理同时,屯驻海防兵力'三种管理模式"的海疆管理体制。[①] 同时为应对日益严重的海上安全情势,明太祖朱元璋建立起以"海禁"为核心、以御倭为重点的海防体系。洪武二年(1369)三月,明太祖朱元璋便因倭寇犯边,在外交上"遣行人杨载"诏谕警示日本,"赐日本国王玺书曰:上帝好生,恶不仁者,向者我中国自赵宋失驭,北夷入而据之,播胡俗以腥膻中土,华风不竞凡百有,心孰不兴愤。自辛卯以来,中原扰扰,彼倭来寇山东,不过乘胡元之衰耳。朕本中国之旧家,耻前王之辱,兴师振旅,扫荡胡番,宵衣旰食垂二十年。自去岁以来,殄绝北夷,以主中国,惟四夷未报。间者山东来奏,倭兵数寇海边,生离人妻子,损伤物命。故修书特报正统之事,兼谕倭兵越海之由。诏书到日,如臣,奉表来庭,不臣,则修兵自固,永安境土,以应天休。如必为寇盗,朕当命舟师扬帆诸岛,捕绝其徒,直抵其国,缚其王,岂不代天伐不仁者哉,惟王图之"(《明太祖实录》卷39);在内政上则突出推行东南沿海"海禁"。除却大明朝廷经由海路的官方对外交流,民间则寸板禁绝下海,皇令极为苛严。早在太祖洪武四年(1371年)十二月,朝廷诏令"仍禁濒海民不得私出海"(《明太祖实录》卷70)。洪武十四年(1381年)十月,太祖再令"禁濒海民私通海外诸国"(《明太祖实录》卷139)。洪武十七年(1384年)正月,"命信

---

① 马树华,曲金良.中国海洋文化史长编·明清卷[M].青岛:中国海洋大学出版社,2012:5.

国公汤和巡视浙江、福建沿海城池,禁民入海捕鱼,以防倭故也"(《明太祖实录》卷159)。洪武二十三年(1390年),盖因两广、浙江、福建军民"往往交通外番,私易货物",继而明朝为断绝海外商品交易,诏令户部从市场准入着手申严交通外番之禁,"沿海军民官司纵令私相交易者,悉治以罪"(《明太祖实录》卷205),《明太祖实录》详记:"甲寅(洪武二十七年)禁民间用番香番货。先是,上以海外诸夷多诈,绝其往来,唯琉球、真腊、暹罗许入贡。而缘海之人,往往私下诸番,贸易香货,因诱蛮夷为盗。命礼部严禁绝之,敢有私下诸番互市者,必置之重法。凡番香、番货皆不许贩鬻。其见有者,限以三月销尽。民间祷祀,止用松、柏、枫、桃诸香,违者罪之。其两广所产香木,听土人自用亦不许越岭货卖,盖虑其杂市番香,故并及之。"(《明太祖实录》卷231)同时,明朝为达至海禁实效,残酷推行迁岛、禁渔,甚至对擅自打造三桅以上的海舶卖与外国人的,为首者处斩,参从者发边卫充军。可见,明初朝廷对民间海外贸易禁绝决心之大、措施之严酷。

明朝立国之初,"既而倭寇上海,帝患之",为解倭患,太祖朱元璋采纳大将汤和举荐"习海事"的"国珍从子"方鸣谦之策,"请量地远近,置卫所,陆聚步兵,水具战舰,则倭不得入,入亦不得傅岸"(《明史》卷126列传第14)。王朝在北起鸭绿江南至越南界的绵长海疆设卫筑城,"丁三抽一""籍民为军",充实海岸卫所、水寨兵员,造船增舰强化海防武备。同时,太祖朱元璋还建立起"统一指挥与分区守备、机动巡剿与近岸歼敌相结合的海防体制"①。明初朱氏朝廷这些海防举措对倭患的抑制效果十分明显,以致到明嘉靖年间,"东南苦倭患",明初汤和"所筑沿海城戍,皆坚致,久且不圮,浙人赖以自保,多歌思之"(《明史》卷126列传第14)。至建文四年(1402年)朱棣登上帝位后,循承太祖海防体制,并因势充实与完善。向北推展海防卫所直至日本海、库页岛沿海岸线,特别弥补太祖海防空漏,形成缜密完整的海疆防御体系,同时增筑烟墩城堡,添配火铳战船,大建造战舰充实海疆卫所。"明朝水军把积极出海巡捕与坚守沿海卫所结合起来,并派使者赴日本,联合日本政府剿捕倭寇、海盗,很快见效。"②张廷玉等修撰的《明史》中对日本政府应诏剿寇之事都有记载:"时对马、台岐诸岛贼掠滨海居民,因谕其王捕之。王发兵尽歼其众,絷其魁二十人,以三年十一月献于朝,且修贡。帝益嘉之……而还其所献之人,令其国自治之。使者至宁波,尽置其人于甑,炎杀之。……五年、六年频入贡,且献所获海寇。"(《明史》卷322列传第210)经过几次大小剿灭战役,倭寇死伤惨重,尤其辽东望海埚一役全歼来犯之匪,倭寇无一漏网。"自是倭

① 马树华,曲金良.中国海洋文化史长编·明清卷[M].青岛:中国海洋大学出版社,2012:23.
② 马树华,曲金良.中国海洋文化史长编·明清卷[M].青岛:中国海洋大学出版社,2012:24.

大惧,百余年间,海上无大侵犯。朝廷阅数岁一令大臣巡警而已。"(《明史》卷91志第67)应该说,成祖朱棣于明初海防最具意义的事件当属组建庞大远洋舰队、七次远赴西洋。

关于郑和七下西洋之举海内外多有深入研论,动因意义各有探说,本书在此无须妄言。依循行文逻辑,在我们看来三宝太监七下西洋壮举不外在于"正名""去患""定边""承统",在于成祖要坐牢自身帝位,稳固大明政权,极其明确的政治目的却也尽显突出的海防价值。就"正名"而言,成祖朱棣因靖难起兵、以庶篡嫡,深违宗法伦常,颇受正统攻讦,于是成祖对内昭示臣民"朕祇奉祖训,廓清内难""瓒承鸿叶,祇迪先猷"以宣正朔;对外则遣使四出、诏谕海外、"赍币往赉之",以"万邦臣服""祯祥毕集"的四方共贺盛景来显"承运奉天"正统。所谓"去患"则在于成祖"疑惠帝亡海外"(《明史》卷304列传第192),筹遣内官郑和出海西洋"欲踪迹之",并配之缘海严禁隔断出海商民与文帝交接,断绝建文旧臣"勤王""复兴"念想以去如芒在背的后顾忧患。"直到永乐二十一年(1423年)胡濙夜谒,'悉以所闻对'时,成祖才'疑始释'。从此,他再也没有派郑和船队出使西洋。"①再看"定边",盖因永乐之初,北疆"引弓之士,不下百万"的元朝残余尚在。有明一代,北元残部终是明朝北部边疆强力的挑战与威胁。朱棣燕王在华北时曾与元朝残余交手数度,登基称帝后,于1421年迁都北京,以"天子守边",亦有来自北元的裹挟。成祖欲全力应对北方压力,必然要求南方相对安稳。加之,持续四年的南北"靖难之役",帝国海防松弛,以致"缘海之人,往往私下诸番,贸易香货,因诱引蛮夷为盗"。成祖因此屡遣史上最强舰队出使西洋,"欲耀兵异域,示中国富强",郑和船队"遍历诸番国,宣天子诏,因给赐其君长,不服则以武慑之"。其间,郑和舰队歼灭巨港海盗陈祖义集团,俘获宽纵海盗袭击宝船且与邻不睦的锡兰国王亚烈苦奈儿,擒获"谋弑主自立"发兵袭船的苏门答腊"伪王子苏干剌"。明成祖永乐五年(1407年)九月,"戊午……旧港头目施进卿遣婿丘彦诚朝贡,设旧港宣慰使司,命进卿为宣慰使,赐印诰、冠带、文绮、纱罗"(《明太宗实录》卷71)。至此,"云帆高张,昼夜星驰,涉彼狂澜,若履通衢"②的遮天船队轻易剪除作乱势力,建威销萌威慑南洋各地。至于"承统"不外是中国历代封建盛世帝王宏才大略、临御万邦、八方来朝的"天朝上国"自尊自居精神自给的需要,自秦皇汉武、唐宗宋祖至世祖忽必烈乃至太祖朱元璋这些旷世君王莫不追逐唯我独尊的"天朝上国,君临天下"的宗主地位,从而满足"自古帝王临御天下,中国居内以制夷狄,夷狄居外

---

① 孙光圻.中国古代航海史[M].北京:海洋出版社,2005:382.
② 孙光圻.中国古代航海史[M].青岛:海洋出版社,2005:381.

以奉中国"的封建帝王传统的政治虚荣心理。作为中国封建帝王的统治文化基因,"绝世英主"成祖朱棣自然也不免落入窠臼。在皇权安定、经济发展、军力增强之后,成祖的这种根植于基因深处的精神冲动就变得逐渐不可抑制。永乐元年(1403年)冬十月"上谓礼部臣曰:帝王居中,抚驭万国,当如天地之大,无不覆载。远人来归者,悉抚绥之,俾各遂所欲。近西洋回回哈只等,在暹罗闻朝使至,即随来朝。远夷知尊中国,亦可嘉也"(《明太宗实录》卷24)。复开市舶,使遣海外,悉抚来归远人,仍不足遂偿大明成祖"四海一家""广示无外"的心念。"于是永乐三年(1405),他决定采取集中力量'走出去''耀兵异域,示中国富强'的方略,派郑和率领以强大武装为后盾的远洋船队,'赍币往赉之,所以宣德化而柔远人也'。朱棣在交由郑和在海外开读的玺书中,一再声称'朕奉天命君主天下,一体上帝之心,施恩布德',要求海外各国'尔等只顺天道,恪守朕言,循礼分安,勿得违越',其居高临下、自我尊大之意溢于言表。"①总之,郑和七下西洋的本根明确标示"重政治效应、轻经济利益,重官方控制、轻民间开放"。其历史本质在于步入晚期中国封建王朝,"其上层建筑要顽固地维护和巩固自己的经济基础,从而确保封建专制主义统治"。② 正是这基于"正名""定边""去患""承统"目标进行特定政治与外交而非经济指向行动的国家舰队,若加上帝国当时所有水上实力足以纵横四海、汤固海疆、用心漠北。无怪李约瑟博士笔下文字艳羡之情溢满行间:"在大约1420年的全盛期,明代水军也许超过历史上任何时期的其他亚洲国家,甚至可以超过同时代的任何欧洲国家乃至他们的总和。永乐年间,其水军拥有3800艘舰只,其中1350艘为巡逻舰和1350艘为战舰,以保卫海疆。有一支由400艘大型战舰组成的主力舰队驻扎在南京附近的新江口,还有400艘运粮船。另外还有250艘以上的远航'宝船'或大帆船,其船上平均人员编制由1403年的450人增加到1431年的690人,在最大的船上甚至超过1000人。另外还有3000艘商船常可作辅助用船,而许多小型船起着信息传递和巡逻作用。"③这么庞大威武、装备精良的海上武装力量,足以纵横四海、称雄寰宇。

就明朝前期海洋经略主体思想而言,自太祖朱元璋及至成祖朱棣,一脉相承的海外政策的核心在于海禁政策和朝贡制度。前者是大明一朝海洋内政的基调,后者则为明朝前期对外政治与经济国策的基本架构,同时也是前者催生的产物。

---

① 孙光圻.中国古代航海史[M].青岛:海洋出版社,2005:384.
② 孙光圻,胡青青.论郑和下西洋的航海价值观[J].大连海事大学学报(社会科学版),2011
(4):86.
③ 李约瑟.中国科学文明史(第三卷)[M].柯林·罗南,改编.上海:上海人民出版社,2002:
139.

就王朝朝贡制度政策目标而言,一来依循前例,以四方来贺、万邦来朝的盛况,充分渲染其政治统治之合法性;二则以"一种'羁縻'手段,笼络海外诸国,巩固东南海疆的安定局势"①。大明王朝朝贡体制的制度价值目标并不在于经济的回报,恰如费正清所言,"不能说中国朝廷从……朝贡中获得了利润。回赠的皇家礼物通常比那些贡品有价值得多。在中国看来,对于这一贸易的首肯更多的是一种帝国边界的象征和一种使蛮夷们处于某种适当的顺从状态的手段"②。与其说大明王朝以朝贡获海利,还不如说大明政府试图牺牲经济利益借以维持沿海地区稳定和安全。因此,1368 年太祖朱元璋甫一称帝旋即(12 月 26 日)遣使携诏四出海外,宣示朱氏王朝奉天改朝登极:"自元政失纲,天下兵争者十有七年,四方遐远,信不好通。联肇基江左,扫群雄定华夏,臣民推戴,已主中国,建国号大明,改元洪武。顷者克平元都,疆宇大同,已承正统,方与远迩相安于无事,以共享太平之福。惟尔四夷君长酋帅等,遐远未闻,故茲诏示,想宜知悉。"(《明太祖实录》卷 37)1369 年正月,又遣使日本、占城、爪哇、西洋诸国,诏谕其登基掌朝。终其大明太祖一朝 31 年,朱元璋前后向海外 30 余个国家遣使 20 余次,13 次集中在其即位的前三年,有 120 余个使团入贡。③ 明成祖朱棣因其篡位夺嫡、祸乱朝纲、御内微词,急需移转朝臣民众视线,迫切取予借外迫内之策,因而在遣使招外朝贡方面,更是急不可耐。夺位仅盈三月,旋即遣使携诏急赴日本、占城、爪哇、暹罗、琉球、苏门答腊、西洋等国宣示帝位在握,同时晓谕礼部优待朝贡来使:"太祖高皇帝时,诸番国遣使来朝,一皆遇之以诚,其以土物来市易者,悉听其便。或有不知避忌,而误干宪条者,皆宽宥之,以怀远人。今四海一家,正当广示无外,诸国有输诚来贡者听。尔其谕之,使明知朕意。"(《明太宗实录》卷 12)或许正因如此,"朝贡贸易在明成祖时代(1402—1424 年)最为轰轰烈烈。永乐一朝,到海外宣谕的使者如过江之卿,达 21 批之多。来中国朝贡的使团有 193 批"④。"薄来厚往"的朝贡贸易本就不以实际经济利益为目的,而是直奔"夷人慕义远来"的政治影响主旨,明朝的朝贡贸易实质上正如利玛窦在他的札记中所写:外国贡使"来到这个国家交纳贡品时,从中国拿走的钱也要比他们所进贡的多得多,所以中国当局对于纳贡与否已全不在意了"⑤。梁启超更是一针见血地指出:明皇遣内官郑和下西洋的期冀就

---

①　马树华,曲金良.中国海洋文化史长编·明清卷[M].青岛:中国海洋大学出版社,2012:89.

②　简军波.中华朝贡体系:观念结构与功能[J].国际政治研究,2009(1):140.

③　邱炫煌.明初与南海诸蕃国之朝贡贸易[M]//张彬村,刘石吉.中国海洋发展史论文集(第五辑).台北:中山人文社会科学研究所,1993:122.

④　庄国土.论中国海洋史上的两次发展机遇与丧失的原因[J].南洋问题研究,2006(1):4.

⑤　利玛窦,金尼阁.利玛窦中国札记[M].何高济,王遵仲,李申,译.北京:中华书局,1983:9.

是在于"雄主之野心,欲博怀柔远人、万国来同等虚誉,聊以自娱耳"。也正因如此,"哥伦布以后,有无量数之哥伦布,维哥达嘉马以后,有无量数之维哥达嘉马。而我则郑和以后,竟无第二之郑和"①。至此可见,明朝一改宋元以来皇家讲求"市舶之利,颇助国用"而重视海外贸易的传统,将"宣德化而柔远人"的政治性价值追求凌驾于经济性目的之上,昭示中国古代国家海洋经略思想已然发生重大转向。作为大明初期封建王朝海洋政策的两大支柱,"开国海禁"和"朝贡贸易"直白地表达出明朝统治集团从海洋退缩出现海洋迷思的观念转换。"明初的海禁政策反映的是明王朝'防寇''防倭'与加强对海外贸易控制和垄断的双重需求。它在政治上是维护沿海地区的安全,稳定明王朝的政权统治;在经济上则是禁绝民间船只从事海上贸易,而由政府加以控制和垄断。与此相配合,就是官方控制的朝贡贸易。这两种政策实施的结果,使得宋元以来日益发达的民间海外贸易受到压抑,与此同时,由官方控制垄断的朝贡贸易由因缺乏内在的经济利益驱动,造成'连年四方蛮夷朝贡使者相望于道,实罢中国'的尴尬局面。"②也正是如此,成祖时代倾国之力的七下西洋虽彪炳航海史册亦将朝贡贸易推向顶峰,却也实实在在在把太祖时期累积下来的"百姓充实、府藏衍溢"的家底折腾得所剩无几,七下西洋虽"所取无名宝物,不可胜计,而中国耗废亦不赀"(《明史》卷304)。于是,永乐二十二年(1424年)七月大明成祖驾崩、新帝登基即行颁旨"下西洋诸番国宝船,悉皆停止。如已在福建、太仓等处安泊者,俱回南京,将带去货物仍于内府该库交收。诸番国有进贡使臣当回去者,只量拨人船护送前去。原差去内外官员速皆回京,民稍人等各发宁家。……各处修造下番海船,悉皆停止。"(《明仁宗实录》卷1)至此明朝国家航海再无踪迹。也正是由于大明之初朝廷竭力推行严酷的海禁政策和七下西洋的国家舰队对海上游民和海外华商不遗余力地打压,失却腹地支撑与母权保障的中国海商只能黯然退出东亚商圈以及印度洋海域,中国古代直面海洋、向海洋开放、积极经略海洋的时代至此终结,"中国的第一次海洋发展机遇从此终结"③。对个中主体缘由与此等尴尬结局,国外学者也有探及:"正是体制结构和向外拓展的动力方面的根本差别,在世界历史的这一重要转折关头,使中国的力量转向内部,将全世界海洋留给了西方的冒险事业。由此,不可避免的结局是伟大'天朝'在数世纪内黯然失色,而西方蛮族此时却崭露头角。"④

---

① 梁启超.祖国大航海家郑和传[EB/OL].中国经济史论坛,2005-07-09.
② 马树华,曲金良.中国海洋文化史长编·明清卷[M].青岛:中国海洋大学出版社,2012:90.
③ 庄国土.论中国海洋史上的两次发展机遇与丧失的原因[J].南洋问题研究,2006(1):5.
④ 斯塔夫里阿诺斯.全球通史:从史前史到21世纪:下册[M].吴象婴,等,译.7版,修订版.北京:北京大学出版社,2006:267.

　　与此截然相反,15 世纪中叶直至 19 世纪中期,世界历史开启西欧资本主义产生与发展、封建制度腐朽崩溃的社会剧烈变革的历史进程。早在 14、15 世纪,地中海沿岸的若干城市已经出现了资本主义生产的最初萌芽。到 15 世纪中叶,西欧社会生产力的发展驱动生产关系发生着根本性的变革,鼓动起资本主义生产关系对资本原始积累的极大需求。本就在争夺海洋控制权方面一直走在世界前列的欧洲国家,在东西陆上交往通道受阻的大环境下,为找寻殖民地、黄金财富、原材料市场与廉价劳动力,新兴的资产阶级迫切需要把东方市场与西欧资本主义发展勾连起来。加之 1500 年前后的欧洲造船技术有了很大提高,同时西方人已经能够熟练地把从中国传去的罗盘针广泛应用于航海。与此同时,欧洲宗教改革尤其是新教的广泛传播、财富新理念的流行,再加上描绘中国富庶无边的《马可·波罗游记》热传致使当时西欧社会海外淘金热潮盛行。于是,以国家权力为支撑,以葡萄牙、西班牙为急先锋,以劫掠占有财富为目的的全球性海上新航路开辟的大航海时代轰然拉开序幕。1487 年 7 月,葡萄牙人迪亚士接受国王约翰二世的命令,率领两条载重仅一百吨的双桅大帆船,从里斯本出发,沿着非洲西海岸向南进发,于 1488 年 3 月 12 日航行至非洲最南端,并在岸边崖石上刻下葡萄牙国王约翰二世的名字、葡萄牙盾形纹徽以及十字架等以示庆祝。1492 年 8 月 3 日,哥伦布携带西班牙伊莎贝拉女王给印度君主和中国皇帝的国书,率领三艘百十来吨的帆船,从西班牙巴罗斯港出发,向西扬帆横渡大西洋,经 70 个昼夜的艰苦航行,1492年 10 月 12 日凌晨终于抵达美洲大陆陆地并命名其为圣萨尔瓦多。1497 年 7 月 8日达·伽马受葡萄牙国王派遣,率船从里斯本出发,通过寻找印度的海上航路,船队经过加那利群岛,绕过好望角,经过莫桑比克等地,于 1498 年 5 月 20 日到达印度西南部卡利卡特,首次打通东印度航线。1519 年至 1522 年 9 月麦哲伦的西班牙船队完成了人类历史上的首次环球航行。至此,世界历史昂然迈入海上贸易和殖民兴盛的海上争霸时代。一时间,在广阔的世界大洋上,西欧国家满载着黑奴和黄金香料的大小商船来回穿梭,大批的武装海盗四处游弋大肆搜掠着敌国的商队,在这繁忙的蓝色海洋上,到处都是疯狂逐利的商人与残忍劫掠的海盗,正是这股发自海洋、交织着黄金与鲜血的海外贸易与殖民大潮,喻示着世界全球化曙光初现。

　　然而,对于这股即将到来的全球化浪潮与由之裹挟而来的世界市场必然通联的变化情势,生于布衣、起于市井的大明王朝统治集团却没有也不可能有足够的觉察,遑论妥善应对。相反,大明开国皇帝太祖朱元璋则专注于"疆海不靖"的严峻政治形势与固守传统的"农本"思维,在立国之初就确立"海禁"国策并写入《大明律》,以"严禁濒海居民及守备将卒私通海外诸国"来否定民间航海贸易,并在沿海构筑卫所体系将军队和失地贫民以及疍户船民等整合成戍守海疆的庞大军事力量,再配之以朝贡贸易、"勘合表文"、严厉打击私贩番邦货物的市场商贩等朝廷垄断外贸手段以保障海禁政策实施。燕王朱棣夺嫡登极后,以谨守父训宣示承统,用《即位诏》表明心迹:"缘海军民人等,近年以来,往往私自下番,交通外国,今后不许。所司以遵洪武事例禁治。"(《明太宗实录》卷10)在通过沿海吏使得知闽浙濒海居民仍有私自下海与外商贸易时,成祖旋即"下令禁民间海船,原有海船悉改为平头船,所在有司防其出入"(《明太宗实录》卷27)。以釜底抽薪的方式来禁绝民间海上贸易活动。从大明开国太祖朱元璋实行"海禁",经由成祖朱棣强化,"以'祖训'的形式为后世皇帝所继承"。虽然大明王朝并非自始至终厉行海禁,但海禁的确是"明王朝的既定国策,长期延续了下来"①。进而逐步演变成为"寸板不许入海"的定制。终明一代,尽管在穆宗皇帝上台后有所谓"隆庆开关",尽管有中下层官吏颇具积极内容的"防海"思想的提出,尽管有郑氏海商集团"通洋裕国"思想及其实践,甚至还有展现在《渡海方程》中海权思想的萌芽,但以农立国的明朝统治者在根深蒂固的重陆轻海的传统心态支撑下,厉行海禁,本想以此巩固海防、安定海疆,结果海防危机愈加剧烈。有学者指出:"明代实行海禁,这在以前历代王朝是不曾有过的。它开了一个很坏的先例,对中国历史的发展产生了极大的影响"②。更为严重的是,"严厉的'海禁'政策,还使辽阔的海洋真正成为中国与世界隔绝的天然防线,致使中国人无法通过海洋走向世界,对变化了的世界蒙昧无知,从而助长了实行闭关自守的'天朝上国'的虚骄,对后世产生了相当深远的消极影响。"③为此邓小平慨叹道:"现在任何国家要发达起来,闭关自守都不可能。我们吃过这个苦头,我们的老祖宗吃过这个苦头。恐怕明朝明成祖时候,郑和下西洋还算是开放的。明成祖死后,明朝逐渐衰落。……如果从明朝中叶算起到鸦片战争,有三百多年的闭关自守,……长期闭关自守,把中国搞得贫穷落后、愚昧无知。"④当然,对于明朝海禁我们也应该看到,尽管意在获取某些海外物品以满足统治集团的奢侈生活而保留由官方严格控制的贸易通道,作为海禁政策的组成部分,朝贡贸易毕竟还是没有完全断绝中国与世界的联系,朱氏朝廷设置市舶司掌控朝贡事务,其目的就在于"通夷情、抑奸商,俾法禁有所施,因以消其衅隙也"(《明史》卷81)。

---

①　晁中辰.论明代的海禁[J].山东大学学报(哲学社会科学版),1987(2):122.

②　晁中辰.论明代的海禁[J].山东大学学报(哲学社会科学版),1987(2):120.

③　马树华,曲金良.中国海洋文化史长编·明清卷[M].青岛:中国海洋大学出版社,2012:103.

④　邓小平.邓小平文选:第三卷[M].北京:人民出版社,1993:90.

　　"另外,明朝政府对西欧的先进科技知识和专家不仅不罢黜,而且全力引进并充分加以利用。在明万历年间,耶稣会士利玛窦开始在中国传授西方的格物知识,他从西方带来的世界地图、自鸣钟、三棱镜初步打开中国士大夫的眼界,而立足于中华。相继又有耶稣会龙华民、熊三拔等接踵而来,由于他们懂得西方科技知识,就受到明朝政府的优礼相待,迎为国宾。允其在北京安居建堂,使耶稣会士专心讲学写作,在中华传播普及西洋科学知识,发展中国的自然科学。"①总体而言,对于明朝的"海禁"政策,应以历史唯物主义的态度客观评断,必须还诸当时的社会历史场景。有鉴于王朝其时所面对的复杂国际、国内形势,"为了对外防御倭寇和西方殖民者,对内打击和倭寇、西方殖民者勾结的中国海商,以及方国珍、张士诚余部。……这种防御外来入侵的政策措施,有其历史正当性,不能一概否定。……在早期殖民主义扩张和海盗横行的时期,一个主权国实行这种防御性的政策措施,具有历史的合理性。另一方面,这种防御性政策又是消极的。因为第一,这种出于政治动因决定的政策措施,违反了国内商品经济发展的需要……第二,这种政策不符合当时世界范围内扩大经济联系的历史趋势。只知消极防御,不知研究世界、改革图强。最后,消极防御的壁垒还是挡不住殖民者炮舰的攻击。这也是历史的教训"②。更何况继之而起的清朝军事统治集团在政治文化、社会制度以及国家治理方面远不及汉文明深度浸润的明朝统治者,清朝"入关之前,天聪汗、宽温仁圣皇帝皇太极已仿照明制,设内三院和六部,顺治元年(1644年)五月摄政王多尔衮进京后,基本上继承了明朝的政治、经济、文化、外交等方面的制度"③。明朝从海洋消极退却、被动防御,对外交往收缩保守、日渐与世界经济隔离的海洋政治思想与制度体系也就确定了清朝海洋制度机制的底色,加上明末清初连年战火的摧残,中国古代社会政治经济发展步伐已然远不及西欧社会资本主义崛起的迅捷,由此也就决定了在东西方的发展竞争中,作为东方的一贯代表者,中国古代在结束旧制度走向新纪元的征途上注定落伍、被迫接受命运安排的悲惨结局,注定这"极为稳定而又保守的中国社会,被西方势不可挡的扩张主义弄得四分五裂"④。

　① 蒋作舟,陈申如.评明、清两朝的"海禁""闭关"政策[J].历史教学问题,1987(4):14.
　② 丁明国.对古代中国实行开放政策与海禁、"闭关"政策的综合思考[J].中南民族学院学报(哲学社会科学版),1989(5):100-107.
　③ 白寿彝.中国通史(第十卷):中古时代·清时期(上册)[M].上海:上海人民出版社,1996:109.
　④ 斯塔夫里阿诺斯.全球通史:从史前史到21世纪(下册)[M].吴象婴,等,译.7版,修订版.北京:北京大学出版社,2006:253.

一般来说,"人们的社会历史始终只是他们的个体发展的历史,而不管他们是否意识到这一点。他们的物质关系形成他们的一切关系的基础。……人们永远不会放弃他们已经获得的东西,然而这并不是说,他们永远不会放弃他们在其中获得一定生产力的那种社会形式。恰恰相反,为了不致丧失已经取得的成果,为了不致失掉文明的果实,人们在他们的交往方式不再适合于既得的生产力时,就不得不改变他们继承下来的一切社会形式"①。按照马克思主义的基本理论,一定的生产关系与建立其上的社会上层建筑一定要适应生产力发展要求,这是人类社会发展的基本规律。一定社会生产关系及其上层建筑在它们所能容纳的生产力全部释放之前总是保持相对稳定的状态,然而,人类社会生产力永不停息发展的状态势必打破这种稳定。也就是说,社会生产力的不断向前发展使得相对稳定的社会生产关系及其上层建筑逐渐积淀起不适应其发展的落后因素,而当这种落后因素累积达到一定程度时,生产力与生产关系以及由其决定并建立于它们之上的统一体就必定会打破、必然为新的统一体取代,这是人类社会发展的基本规律。一般来说,这种旧统一体灭亡、新统一体建立的方式主要有两种:一种是由构建这种统一体主体认识到统一体所面临的解体危局而主动进行的自上而下的成功改良,使旧统一体瓦解、新统一体建立;另一种则是在旧统一体构建者昏庸腐朽没有认识到或者认识到了却因改造需丧失部分眼前既得利益而不愿改造的情况下,由外在强大力量通过社会革命一举摧毁陈腐的旧统一体,从而建立起充满活力的新统一体。当然我们还应该看到生产关系和上层建筑的制度体系由于构建的缺陷尤其运转的障碍也是生产关系和上层建筑不适应生产力相对发展要求的基本状态,甚至在中国古代封建生产力水平缓慢线性发展的条件下,这种由生产关系及上层建筑机制性障碍而造成的统一体危机呈现为常态化。大明王朝的覆灭就是这种常态化机制的极好例证。

"当一个王朝的制度体系孕育的隐患得不到及时的清除,并且积淀到一定程度的时候,风雨飘摇的局面就会顺理成章地到来,因此,农民战争的历史根源,除了阶级压迫和阶级斗争之外,还根植于一个王朝的制度体系之中。"②大明王朝覆灭于农民起义正是根植于制度机制缺陷及其运行障碍。在《明末农民战争史》中,顾城先生对此探究颇深:"在明王朝统治时期,我国封建社会进入了自我发展的晚期……在政治上的表现是统治集团的全面腐朽。从明英宗时起,政治就日益腐

---

① 中共中央马克思恩格斯列宁斯大林著作编译局.马克思恩格斯文集:第十卷[M].北京:人民出版社,2009:43-44.

② 刘杰.明末农民战争历史根源再探讨[J].长江大学学报(社会科学版),2013(7):164.

败,宦官专政、奸佞当权的事就出现了。"①在经济上,"明朝中期以后,从皇室到官绅地主兼并土地愈来愈猖狂,他们依靠政治权势大量地侵占官地和私田。皇帝在畿辅地区设立了许多皇庄。宗室诸王、勋戚、太监也通过'乞请'和接受'投献'等方式,霸占了越府跨县的大片土地,成了全国最大的土地所有者"②。及至明末,王朝土地高度集中,农民土地被剥夺,绝大多数农户迫于生计或者成为地主官绅的佃仆,或者举家四处流浪。与底层百姓挣扎于水火相反,大明皇帝却挥金如土,极尽奢华铺张,"终于导致了内外交困,加速了国家财政的全面破产。国家财政既陷于绝境,皇帝的内帑不舍得往外拿,为了应付日益增多的军费开支,朝廷就不断加派税赋"③。各层腐吏乘机巧立名目,私行加派,从中渔利,致使百姓不堪重负,逃亡者不绝于路。同时,水利严重失修,本就孱弱的社会抗灾能力,又叠加官府一味追逼赋税迫使农民成批逃亡,极大加重了自然灾害的毁坏性,几近断绝农民生机,王朝社会矛盾更为激化。而军政的败坏、军纪的废弛,兵变与逃亡层出,军队战斗力低下,致使封建王朝丧失了作为国家暴力的尖牙厉爪。此时的大明王朝恰如史书所记:"臣僚之党局已成,草野之物力已耗,国家之法令已坏,边疆之抢攘已甚。……加以天灾流行,饥馑洊臻,政繁赋重,外讧内叛。譬一人之身,元气赢然,疴毒并发,厥症固已甚危,而医则良否错进,剂则寒热互投,病入膏肓,而无可救,不亡何待哉?"(《明史》卷309)人祸与天灾叠加的大明末期,阶级矛盾已不可调和,"武宗时,江西、湖广、广东、四川,就盗贼蜂起。……崇祯初年,陕西大饥,流寇始起。……张献忠、高迎祥、李自成为之魁"④。虽然明廷极尽剿抚,农民起义军也几经挫折,但是农民革命已呈燎原之势,明廷覆灭已成定然之局。崇祯十七年(1644年)初,李自成称帝西安,建立大顺农民政权,旋即挥师北京。二月入山西,三月兵临京师城下。三月十八日,守城太监曹化淳开门献城;十九日,皇城破,毅宗皇帝朱由检自缢煤山,明朝的统治宣告终结。然而,"封建社会中的农民由于自身的局限性,即使是在狂飙突起的革命高潮中,也不可能产生科学的思想武器,创造出有效的组织形式,用以镇压地主阶级势力和保护自身利益。他们的胜利当中就潜藏着巨大的危险,或者说潜藏着失败的因素"⑤。在决定是由大顺政权还是清王朝统治全国的关键一战——山海关之役中,正是大顺王朝统治集团这种自身的阶级局限性,对敌我双方情势尤其是满汉贵族地主阶级利益的一致性缺乏准确

---

① 顾诚.明末农民战争史[M].北京:光明日报出版社,2012:1.
② 顾诚.明末农民战争史[M].北京:光明日报出版社,2012:5.
③ 顾诚.明末农民战争史[M].北京:光明日报出版社,2012:8.
④ 吕思勉.中国史[M].北京:中国华侨出版社,2010:281-282.
⑤ 顾诚.明末农民战争史[M].北京:光明日报出版社,2012:267.

判断,对吴满合流缺乏足够的预案,而导致重大失败进而被迫撤离北京,将来之不易的胜利果实拱手让与清朝军事统治集团,实为惨重的历史教训。

1644年4月,方而立、富于进取的清朝摄政王多尔衮,极致发挥满族正处蓬勃兴起的民族趋势,凭借多年与明交战积累起来的军事心理优势,不畏艰险,施用巧计,充分利用明宁远总兵官平西伯吴三桂初降大顺继而复叛遭到农民军重重包围即将覆灭之机,毅然杀向山海关去,逼降吴三桂,安然入关,并于4月22日在吴军拼死厮杀、大顺军疲惫不防之际,率军猛攻李自成部,并乘大顺军兵败后撤,乘胜猛追,于五月初二进入北京。"九月十九日幼主福临抵达京师,十月初一举行定鼎燕京登基大典,原来偏主一隅的辽东汗福临,一跃而为入主中原的新皇帝,清政府正式成为明朝之后的新的全国性政权。"①清朝进关,定鼎北京,入主中原,在原本激烈的阶级矛盾之上叠加起民族压迫,中原各地反抗力量云集,声势浩大。加之战火连年,灾害频仍,社会混乱,田园荒芜,百业凋敝,人口大量死亡流移,社会生产力破坏严重。虽然得偿了多年来梦寐以求的夙愿,登上北京金銮宝殿,南面称主,圣谕四处,但是清朝王公近臣们的现实处境并不乐观,甚至应该说是荆棘遍地、危机四伏,宝座随时可能倾覆。"尽管面临万分险恶的局势,摄政王多尔衮、清帝福临及其亲近王公大臣,却毫不畏惧,知难而进,想尽办法,以五万左右满洲兵丁为核心,加上蒙古汉军八旗与外藩蒙古,充分利用较早归降的平西王吴三桂等汉兵,总共约有二十万人,先后消灭大顺、大西、南明二百多万军队,到顺治十六年(1659年),南明永历帝朱由榔逃入缅甸,除大顺军余部'夔东十三家军'坚持川东荆襄地区抗清外,全国尽隶清朝。农业生产也逐渐恢复,手工业、商业有了进步,人丁增多,耕地扩大,顺治十八年(1667年)民田增至五百四十九万余顷,比十年前将近增加了一倍。爱新觉罗江山才算巩固下来。"②

在清军入关,原本尖锐的阶级矛盾又注入了民族矛盾的形势下,汉民族在全国各地掀起轰轰烈烈的抗清民族运动,一时间中国大地战火更加蔓延、硝烟愈加炽烈。由于"清王朝在中国的建立,是在打败明末农民起义,阶级矛盾基础上,再加上了民族压迫,这就迫使广大的汉族人民发动农民起义进行民族的抗争。从清兵入关到顺治十八年汉族人民在大陆上进行整整十八年的抗争。清贵族封建的统治者对于这种抗争除去坚决地武装压迫外,并且在各方面都要加紧戒备。清朝

_____

① 白寿彝.中国通史(第十卷):中古时代·清时期(上册)[M].上海:上海人民出版社,1996:107.

② 白寿彝.中国通史(第十卷):中古时代·清时期(上册)[M].上海:上海人民出版社,1996:86.

的海禁,就是它的戒备的一个方面"①。总体而言,清前期的海洋政治实践呈明显阶段性特征:从清军入关到康熙二十二年(1683 年)攻取台湾统一中国,以禁海为主体;从康熙二十三年(1684 年)到乾隆二十二年(1757 年),以多口通商为主体;从乾隆二十二年到鸦片战争结束(1842 年),则为一口通商时代。

"禁海"是明朝经常性的政治手段和军事措施,作为"仿照明制"的清政权,出于政治斗争的需要,为隔断郑成功抗清力量与人民的联结,从入关到康熙二十二年(1683 年)的 40 年间,将"海禁"与"迁海"作为主要政治军事手段,以图困厄打击乃至消除以郑成功为首的来自海上的反抗力量对大清王朝统治的威胁。"至郑逆出没海上三十余年。国家欲捣其巢穴。恐水师少而未练。宜择知兵大臣、沿海防御。坐而困之。庶荡平有期矣。"(《清实录·顺治朝实录》卷 100)所以,顺治十三年(1656 年)清廷以为"海逆郑成功等窜伏海隅,至今尚未剿灭,必有奸人暗通线索,贪图厚利,贸易往来,资以粮物。若不立法严禁,海氛何由廓清"。于是严令"自今以后,各该督抚镇,著申饬沿海一带文武各官,严禁商民船只私自出海,有将一切粮食货物等项,与逆贼贸易者。或地方官察出,或被人告发,即将贸易之人,不论官民,俱行奏闻正法,货物入官,本犯家产,尽给告发之人。其该管地方文武各官,不行盘诘擒缉,皆革职,从重治罪。地方保甲,通同容隐,不行举首,皆论死。凡沿海地方,大小贼船,可容湾泊登岸口子。各该督抚镇,俱严饬防守各官,相度形势,设法拦阻,或筑土坝,或树木栅,处处严防,不许片帆入口,一贼登岸,如仍前防守怠玩,致有疏虞。其专汛各官,即以军法从事,该督抚镇一并议罪"(《清实录·顺治朝实录》卷 102)。同年,顺治朝廷还颁令:"海船除给有执照许令出洋外,若官民人等擅造两桅以上大船,将违禁货物出洋贩卖番国,并潜通海贼,同谋结聚,及为响到,劫掠良民。或造成大船,图利卖与番国,或将大船赁与出洋之人,分取番人货物者,皆交刑部分别治罪。至单桅小船,准民人领给执照,于沿海附近捕鱼取薪,营汛官兵不许扰。"②然而,如此峻令并未收到意想中的效果,相反来自郑成功的反抗力量的威胁有增无减。顺治十八年(1661 年),郑成功渡海作战,一举收复被荷兰殖民者侵占的台湾岛,并积极推行海上贸易,实行寓兵于农的奖垦制度,以全面经营台湾,长期抗清。为彻底断隔大陆支持,困死台湾郑成功反清势力,也就在这一年,清朝正式下残酷的"迁海"令。"(顺治)十八年,用黄梧议,徙滨海居民入内地,增兵守边。"(《清史稿·郑成功传》卷 224)"迁沿海居民,以恒为

---

① 王仁忱.清朝的海禁与"闭关"[J].历史教学,1954(12):30.
② 孙光圻.中国古代航海史[M].北京:海洋出版社,2005:433.

界,三十里以外,悉墟其地。"①康熙年间,清政府又多次下令强制迁界并委派满族重臣严厉督查,迁界为祸沿海居民之甚,尤以广东为最。按屈大均《广东新语》记:"岁壬寅(康熙元年,1662 年)二月,忽有迁民之令,满洲科尔坤、介山二大人者,亲行边徼,令滨海民悉徙内地五十里,以绝接济台湾之患。于是麾兵折界,期三日尽夷其地,空其人民,弃赀携累,仓卒奔逃,野处露栖。死亡载道者,以数十万计。明年癸卯,华大人来巡边界,再迁其民。其八月,伊、吕二大人复来巡界。明年甲辰三月,特大人又来巡界,遑遑然以海边为事,民未尽空为虑,皆以台湾未平故也。先是,人民被迁者以为不久即归,尚不忍舍离骨肉。至是飘零日久,养生无计,于是父子夫妻相弃,痛哭分携,斗粟一儿,百钱一女,豪民大贾,致有不损锱铢,不烦粒米,而得人全室以归者。其丁壮者去为兵,老弱者展转沟壑,或合家饮毒,或尽帑投河。有司视如蝼蚁,无安插之恩,亲戚视如泥沙,无周全之谊。于是八郡之民,死者又以数十万计。民既尽迁,于是毁屋庐以作长城,掘坟茔而为深堑,五里一墩,十里一台,东起大虎门,西迄防城,地方三千余里,以为大界。民有阑出咫尺者,执而诛戮,而民之以误出墙外死者,又不知几何万矣。自有粤东以来,生灵之祸,莫惨于此。"②这种将消极战术手段战略化的措施,不仅没有达到消灭郑氏反清集团的目的,反而造成极大的社会危害,更是让民众走向海洋面向海外、与海洋发生积极联系之时在心理上留下深深的伤痕。这种与大海洋时代积极开发海疆、广泛发展对外贸易与科技文化交流,建立强大海上力量的世界潮流格格不入,因循守旧的以防为主、以禁为要的限制政策,既不可能消灭国内反抗力量,更不能阻挡海外资本主义加速入侵中国的步伐,反而封闭和僵化了自己,拉开了中国与世界先进社会生产力水平的距离,直接造成了近代中国被动挨打的结局。

其后,虽然随着清康熙二十二年(1683 年)施琅率水师收复台湾,中国重新一统;康熙二十三年(1684 年)朝廷晓谕"今海外平定。台湾、澎湖设立官兵驻劄。直隶、山东、江南、浙江、福建、广东各省,先定海禁处分之例,应尽行停止。若有违禁,将硝黄军器等物,私载在船,出洋贸易者,仍照律处分"(《清实录·康熙朝实录》卷 117);为安抚东南沿海民心,恢复社会生产,就地抽饷募兵,大清王朝着手放开海禁,同年九月康熙皇帝谕令臣下,"向令开海贸易,谓于闽粤边海民生有益。若此二省,民用充阜,财货流通,各省俱有裨益。且出海贸易,非贫民所能,富商大贾,懋迁有无,薄徵其税,不致累民。可充闽粤兵饷,以免腹里省分转输协济之劳。腹里省分钱粮有余,小民又获安养,故令开海贸易"(《清实录·康熙朝实录》卷

① 孙光圻.中国古代航海史[M].北京:海洋出版社,2005:434.
② 屈大均.广东新语:上册[M].北京:中华书局,1985:57-58.

116)。但朝廷强调"今海内一统,寰宇宁谧,满汉人民,俱同一体,应令出洋贸易,以彰庶富之治。……开海贸易,原欲令满汉人民,各遂生息。倘有无藉棍徒,倚势横行,借端生事,贻害地方,反为不便,应严加禁饬。如有违法者,该督抚即指名题参。"(《清实录·康熙朝实录》卷 120)尤其为强化管理,加紧控制对外交通,清康熙二十四年(1685 年),大清王朝依照明朝旧例,"置江、浙、闽、粤四海关。江之云台山,浙之宁波,闽之厦门,粤之黄埔,并为市地,各设监督,司榷政"①。尽管延及乾隆二十二年(1757 年)大清王朝的沿海榷关又增山海关、津海关共六大海关专司对外贸易,然而在多口通商的"开洋"表面之下,掩藏的却是"闭关"的实质。因为在大清皇帝的眼里,"'商船一出外洋,茫茫大海,任其所之',既不能'跟随踪迹',又不能保证其'无透越禁洋之事实'"②,而且国内商贾"贸易外洋者,多不安分之人。若听其去来任意,伊等全无顾忌,则漂流外国者,必致愈众"③。这些不可控的因素始终是封建王朝芒刺在背的祸患,也是大清王朝念兹在兹"海禁宁严毋宽"④海洋政策的原罪。尤其在重本抑末、安土重迁的中国传统社会,以流动性为主题的懋迁行为本就不为主流意识所愉悦容纳,在财货操控与思想禁锢的等级社会中,敌国之富颇为当政者忌惮直至仇视。因此,在七十多年的多口通商时期,大清王朝严格限制着国内贸商的出海自由、货物品种以及出海船只与商船武备。同时,对出海贸易行为实行重于外国商人的关税负担,以抑商政策理念凸显外贸"封锁"来回应心底里对民间中外往来的忌惮与担忧。一旦感到西方"外夷"威胁时,大清王朝会毫不犹豫关闭中外交流孔道。尽管大清立国之初包括其后的海禁时代,大清王朝对海外朝贡国家尚持欢迎的态度,顺治四年(1647 年)广东初定,大清皇帝圣谕即出:"南海诸国,暹罗、安南附近广地,明初皆遣使朝贡。各国有能倾心向化,称臣入贡者,朝廷一矢不加,与朝鲜一体优待。贡使往来,悉从正道,直达京师,以示怀柔。"(《清实录·顺治朝实录》卷 33)开放"海禁"后,康熙皇帝甚至也把外国来华朝贡贸易扩展至沿海互市贸易,允许外国船商在广东、福建、浙江、江南等地港口进行贸易。然而,这位大清帝国杰出的帝王不久就谕令闽浙与两广总督,"凡商船照旧东洋贸易外,其南洋吕宋、噶罗巴等处,不许商船前往贸易,于南澳等地方截住。令广东、福建沿海一带水师各营巡查,违禁者,严拏治罪。其外国夹板船照旧准来贸易,令地方文武官严加防范。嗣后洋船初造时,报明海

---

① 孙光圻.中国古代航海史[M].北京:海洋出版社,2005:434.
② 孙光圻.中国古代航海史[M].北京:海洋出版社,2005:435.
③ 马树华,曲金良.中国海洋文化史长编·明清卷[M].青岛:中国海洋大学出版社,2012:153.
④ 孙光圻.中国古代航海史[M].北京:海洋出版社,2005:435.

关监督地方官亲验印烙,船户甘结,并将船只丈尺,客商姓名货物往某处贸易,填给船单,令沿海口岸文武官照单严查,按月册报督抚存案"(《清实录·康熙朝实录》卷271)。到了雍正二年(1724年),大清王朝已"明确规定来粤海关的外国商船俱泊黄埔港,并只许正商数人与行客交易,其余水手人等,俱在船上等候,不得登岸行走,且限于十一、十二两月内,乘风信便利返回本国。到了雍正十年(1732年),清政府又从广州城安全防范目的出发,将外国来粤商船停泊港从黄埔迁到澳门"①。至乾隆二十二年(1757年),更是晓谕番商"将来只许在广东收泊交易,不得再赴宁波。如或再来,必令原船返棹至广,不准入浙江海口,豫令粤关传谕该商等知悉。……令行文该国番商、遍谕番商,嗣后口岸定于广东"(《清实录·乾隆朝实录》卷550)。及至乾隆二十四年(1759年),"经两广总督李侍尧奏请,清政府颁布了《防范外夷规条》,规定了'防夷五事':不许外国商人在广州过冬;外国商人到广州以后只能寓居在洋行,由行商负责稽查管束;不许中国人借用外商资本,不许受雇于外商;不许外商雇中国人传递信息;外国商船进泊黄埔港后,由水师负责弹压稽查。这些规定更加具体和细致,'闭关锁国'政策完成了制度化"②。中国封建王朝自此开始一口通商的闭关时代。"虽然不可简单地根据口岸多少来判定外贸政策的性质,但清政府之所以把外国来华贸易严格限定于广州,而不定在外贸商品主要出产地的长江下游地区,其目的就是要尽可能地阻断外商与中国腹地的联系。而且在广州,清政府又通过洋行商人的垄断制度,阻断了外商与中国普通商人的贸易联系。因此,清前期这种畸形的外贸港口布局以及广州通商体制本身,又鲜明地体现了清政府对外闭关的本质倾向。"③

总体而言,"在中华民族的开化史上,有素称发达的农业和手工业,有许多伟大的思想家、科学家、发明家、政治家、军事家、文学家和艺术家,有丰富的文化典籍。在很早的时候,中国就有了指南针的发明。还在一千八百年前,已经发明了造纸法。在一千三百年前,已经发明了雕版印刷。在八百年前,更发明了活字印刷。火药的应用,也在欧洲人之前。所以,中国是世界文明发达最早的国家之一,中国已有了将近四千年的有文字可考的历史"。然而,中国古代"自从脱离奴隶制度进到封建制度以后,其经济、政治、文化的发展,就长期地陷在发展迟缓的状态

---

① 马树华,曲金良.中国海洋文化史长编·明清卷[M].青岛:中国海洋大学出版社,2012:151.

② 陈忠海.历史上的两种"闭关锁国"[J].中国发展观察,2017(7):62.

③ 马树华,曲金良.中国海洋文化史长编·明清卷[M].青岛:中国海洋大学出版社,2012:155.

中"①。尤其是在各个封建王朝的晚期"大量利益集团的存在导致中国封建王朝周期性兴衰……利益集团为了本集团利益而采取与全社会利益相悖的集体行动,在经济层面上阻碍社会总效益的提高,在政治层面上破坏法治制度的建立,在社会层面上加剧社会动荡,导致制度僵化"②。时至明末清初,西方殖民者纷纷利用资本主义生产方式托底的海洋技术、海洋经济与海洋政治逐渐将世界市场勾连起来,世界各国政治经济与科技文化日益勾连与交互,人类社会日渐开启全球化的大幕。然而在这浩浩荡荡的历史潮流面前,中国封建晚期的统治集团,出于维系日渐式微、腐朽僵化、落后反动的专制统治的需要,却以"海禁"与"闭关"等种种悖逆历史潮流的制度措施,顽固而拙劣地将中国与世界大势隔绝开来,妄图维持其统治迷梦的日久天长,但近代中华民族109年的屈辱历史正是这种幻想的惨痛代价。或许正是历经了这长久而深沉的灾难,中华民族才能够更深入体认"历史发展有其规律,但人在其中不是完全消极被动的。只要把握住历史发展大势,抓住历史变革时机,奋发有为,锐意进取,人类社会就能更好前进";中国共产党才能够更全面透彻地理解"改革开放是我们党的一次伟大觉醒……改革开放是中国人民和中华民族发展史上的一次伟大革命"③;中华人民共和国也才因此在21世纪毅然决然执着坚韧地走近海洋、面向世界。

三、研究先秦海洋社会海洋政治思想的价值考量

"历史是一面镜子,鉴古知今,学史明智。重视历史、研究历史、借鉴历史是中华民族5000多年文明史的一个优良传统。中国当代是历史中国的延续和发展。新时代坚持和发展中国特色社会主义,更加需要系统研究中国历史和文化,更加需要深刻把握人类发展历史规律,在对历史的深入思考中汲取智慧、走向未来。"④习近平总书记一再强调:"要加强对中华优秀传统文化的挖掘和阐发,使中华民族最基本的文化基因与当代文化相适应、与现代社会相协调,把跨越时空、超越国界、富有永恒魅力、具有当代价值的文化精神弘扬起来。要推动中华文明创造性转化、创新性发展,激活其生命力,让中华文明同各国人民创造的多彩文明一道,为人类提供正确精神指引。要围绕我国和世界发展面临的重大问题,着力提

---

① 毛泽东.毛泽东选集:第二卷[M].北京:人民出版社,1991:622-623.
② 杨德才,赵文静.利益集团、制度僵化与王朝兴衰[J].江苏社会科学,2016(4):52.
③ 习近平.在庆祝改革开放40周年大会上的讲话(2018年12月18日)[M].北京:人民出版社,2018:4.
④ 习近平.致中国社会科学院中国历史研究院成立的贺信[EB/OL].新华社,2019-01-03.

出能够体现中国立场、中国智慧、中国价值的理念、主张、方案。"①因此,潜心研究
先秦社会海洋政治思想及其演进历程,悉心挖掘中华文明蓝色精神基因,进而尽
心把梳中华海洋文化发展脉络,立足于以古鉴今、温故知新的历史文化价值意义,
对于当今社会主义中国海洋政治制度机制的健全完善、海洋事业的健康进步、海
洋思想与海洋理论的丰富发展、海洋人文社会科学的建立健全、海洋社会利益和
海洋社会关系的平衡促进,对于加快推动中国海洋社会发展进步,努力改善全球
海洋治理,建立世界海洋利益共同体进而助力人类命运共同体都有着十分深层的
理论价值与重大的现实意义。

(一)感悟中华文明的厚重持续

众所周知,中华文明是人类历史中最为久远辉煌的文明类型之一,更是迄今
为止世界历史文化发展历程中唯一一以贯之并持续发展的动力强劲的古老文明
系统。这"发端于伏羲、积蓄于炎黄、大备于唐虞,经夏商周三代而浩荡于天下"②
的中华文化之所以包容博大、襟三江而带五湖、赓续绵延五千年而浩荡不息,不仅
是因为中华民族长久处于文化大宗主导民族团结统一的历史状态之下,还是因为
其有着内在根基深厚文化精神紧密维系与强力贯通,更因为其文明文化在生命精
神源头便立本于天。《易传·系辞传》中"古者包牺氏之王天下也,仰则观象于天,
俯则观法于地,观鸟兽之文,与地之宜,近取诸身,远取诸物,于是始作八卦,以通
神明之德,以类万物之情。作结绳而为网罟,以佃以渔,盖取诸《离》"③的记载,足
以表明伏羲时代远古先民已然经由结网而渔的具象物质生活升腾为生命法则与
人生意义的抽象哲学思考,将天道法则、宇宙规律视为自身文化精神与生命哲学
的根本。《国语》有记"昔少典娶有蟜氏,生黄帝、炎帝。黄帝以姬水成,炎帝以姜
水成"④。炎黄这两大古华夏族属集团于远古以采撷经济为主体的时代,在祖国
大地沿着不同的地理路线发展着族群生产生活与部落特色文化。史籍与考古遗
存显示,黄帝氏族总体立足黄河中上游发展展开,炎帝氏族则是离开黄河流域而
向东、西、南、北多方延展,东向者则为东夷,向西者则称羌戎,北向者是为狄貊,向
南者有曰苗蛮,以致"中国、夷、蛮、戎、狄,皆有安居"⑤。可见,远古生活于中国大
地的众多族群皆系源于炎黄族属。而氏族部落存在的根源性意义并不仅仅在于

①　习近平.习近平谈治国理政:第二卷[M].北京:外文出版社,2017:340.
②　司马云杰.中国精神通史:第一卷[M].北京:华夏出版社,2016:44.
③　杨天才,张善文,译注.周易[M].北京:中华书局,2011:607.
④　陈桐生,译注.国语[M].北京:中华书局,2013:392.
⑤　胡平生,张萌,译注.礼记:上册[M].北京:中华书局,2017:264.

人种同一与血缘延续,更重要的是在于图腾、祭祀、风俗、礼仪等更深层文化精神的统一及其深层认同。按史典所记,少典实为伏羲族裔,黄帝、炎帝皆属伏羲氏族后裔,亦即为伏羲文化精神的当然承继人与主体显扬者。伏羲文化精神经由快速发展的炎黄部落大肆广泛传播与沿袭创造,尤其将"关注日月沐浴运转、阴阳晦明变化的天道法则思考,与关注万物'造化发育之真机'的生命法则思考渐渐融会、契合、贯通"①,不仅构架起中国文化哲学的基础发展框架,而且还会通远古祖国夷夏哲学通性命之理、知物之始终的根本义理与最高精神,以至"剖判大宗,窍领天地,袭九𩔖,重九㸟,提挈阴阳,嫥挽刚柔,枝解叶贯,万物百族,使各有经纪条贯"②,为后嗣中国几千年文化哲学精神发展规定起义理本质规定性的基本发展向度。也正是在此炎黄文化大宗基础上,华夏诸族逐渐抟续起共同的文化生命精神,并以此为精神血脉纽带逐步铸筑为同源同宗不可分割的国家民族共同体。而以血脉相连民族共同体为基质的共同文化在历经唐虞时期的洗练萃取之后,升腾为"天叙有典""天秩有礼"③,以天道法则为本原的伦理精神与政治哲学,进而成就出"天下为公"④的大同社会政治理想,亦即立基天道皇皇无私、天德浩浩大用,王者唯怀仁爱至德方能代天理民,国家权力公器断不能为私人占有。

　　禹夏之际,大禹凭借兼具经济管理与社会教化的治水政治伟绩,通过九州攸序、四海会同的天子建国、诸侯祚土、弼五服、撰文教的政治措施构造以及"任土作贡"⑤"庶土交正,……三壤成赋"⑥的经济制度创建等历史文化的创新开拓,将前代夷夏诸族文化共同体切实抟筑成国家共同体从而拨开文明时代的晨曦。尤其在政治哲学及政治实践上,夏禹将唐虞时代至精至纯的道德精神境界致用为皇极之道为基点的"德惟善政,政在养民"⑦经世之学,以正德、利用、厚生将本体论、知识论与价值论完整统一,用天道正德化育天地万物,以利用厚生教养众民天下,在族群部落整构为政治国家的基础上,将王权德行实化为具体生民政治,强调唯其慎德方可生民保国,友德即有人,有人即有土,有土即有财,有财则有用,有用方能国泰民安。特别经历太康失国之后,中国上古政治文化已将"民可近,不可下,民惟邦本,本固邦宁"⑧确立为基本的政治哲学原则。顺乎天命本体,敬畏常道法

---

① 司马云杰.中国精神通史:第一卷[M].北京:华夏出版社,2016:81.
② 陈广忠,译注.淮南子:上册[M].北京:中华书局,2012:85.
③ 王世舜,王翠叶,译注.尚书[M].北京:中华书局,2012:38.
④ 胡平生,张萌,译注.礼记:上册[M].北京:中华书局,2017:419.
⑤ 班固.汉书:第二册[M].北京:中华书局,2012:1371.
⑥ 王世舜,王翠叶,译注.尚书[M].北京:中华书局,2012:87.
⑦ 王世舜,王翠叶,译注.尚书[M].北京:中华书局,2012:355.
⑧ 王世舜,王翠叶,译注.尚书[M].北京:中华书局,2012:369.

则,方能治国安民、天下有序、王权有续。商汤代夏,周武翦商,皆因夏桀灭德尸位、商纣暴虐无边而失却天道,残害万方百姓,进而"天命殛之"①,即上天处罚失道王君并另择贤能奉天承运诏领天下,夏商周三代王权易主、国家治权更替都不外于敬德保民的话语体系中创寻答案,尤其商周之际,克商立周的姬氏集团出于对国家政治权力的理性自觉自省与把持抗争需要,立基于"同天下之利者,则得天下,擅天下之利者,则失天下"②的政治伦理精神,强调"天命靡常"③,强化"皇天无亲,惟德是辅"④,进而"民之所欲,天必从之"⑤,以致周公吐哺、天下归心以降,此际之天下已非一家之天下,是为"天下人之天下"⑥,更是将民本政治实化为国家政治统治的合法性基础抑或合理性原则。保民即为敬德,敬德即是承天,承天就是应命,东周时期无论是诸侯衅周蜂起还是三家分晋、田氏代齐,皆是以民众"归之如流水"⑦,为其王权国家政治统治基础,无不将民众百姓作为国家王朝的根本即如管仲所谓"齐国百姓,公之本也"⑧。春秋战国时期,旷日持久的战乱兵燹、日渐严重的礼崩乐坏不仅仅日益动摇着人们对于神圣天道的敬畏崇拜,而且也在不断解构传统思想对于人及其价值的固有认知,同时重新建构人及其人类社会价值秩序系统。在儒家构架的思想文化体系中,荀子强调发挥人的主观能动性,以致"制天命而用之"⑨,孔子已有"节用而爱人,使民以时"⑩的政治主张,及至孟子时期已然明确提出"民为贵,社稷次之,君为轻"⑪的政治伦理主张,由此正式形成中华传统文化中影响深远的民本政治思想。

当然,在历史唯物主义的视域里,任何社会意识以及社会政治思想的产生都不外是客观社会物质生活条件发展变化的结果。先秦社会民本思想的演化形成,其根源依然在于华夏民族从远古一路走来,其农耕文明在工具能力不断增进的前提下,跨越简陋的刀耕火种逐渐进化为耒耜耦耕直至铁器牛耕的精细农作,社会结构亦相应于氏族部落演进为宗族家庭为基本单元的复杂耦合体,伴随技术崇拜

---

① 王世舜,王翠叶,译注.尚书[M].北京:中华书局,2012:97.
② 陈曦,译注.六韬[M].北京:中华书局,2016:12.
③ 王秀梅,译注.诗经:下册[M].北京:中华书局,2015:579.
④ 王世舜,王翠叶,译注.尚书[M].北京:中华书局,2012:462.
⑤ 王世舜,王翠叶,译注.尚书[M].北京:中华书局,2012:431.
⑥ 陈曦,译注.六韬[M].北京:中华书局,2016:12.
⑦ 郭丹,程小青,李彬源,译注.左传:下册[M].北京:中华书局,2012:1597.
⑧ 李山,轩新丽,译注.管子:上册[M].北京:中华书局,2019:412.
⑨ 方勇,李波,译注.荀子[M].2版.北京:中华书局,2015:274.
⑩ 杨伯峻.论语译注[M].典藏版.北京:中华书局,2015:5.
⑪ 方勇,译注.孟子[M].北京:中华书局,2015:289.

的逐渐没落及至道德规约的日渐兴盛,社会运行的规范性需求尤其国家治理的伦理秩序建构已然成为时代的急切呼唤,加之春秋战国时期诸子百家等社会思想精英充分释放知识权力的强大话语塑造能力,因而自先秦以来,中华文明自源头起便根深叶茂、丰实厚足、系统完整。难能可贵的是中国的考古发现,考古文化遗存序列一脉相承的关系亦将中国古史系统的真实存续及其文化精神的承续发展充分证实。从北辛、青莲岗、大汶口早期与前仰韶早期的太昊伏羲氏族时代,经由大汶口早中期与仰韶文化中晚期马家窑的炎帝神农氏族时期,到大汶口晚期、龙山文化早期或仰韶庙底沟二期的黄帝蚩尤氏族时代,再到龙山文化的唐虞即少昊氏族时期,直至岳石与二里头的夏文化时期、二里头四期的夏末早商、郑州二里岗的中商以及安阳殷墟的晚商,中国文化的源头积淀丰实而厚重,中华文明起始发展接续而日新,不仅华夏民族因交流互动与融合而不断壮大,而且中华文化更因综合融汇与创新而日益深邃。更为惊耀文明史册的是,古老中国自源头起不仅是人类文明史中举足轻重的内陆大国,也是在世界蓝色历史文化发展进程中占据重要位置的海洋大国,作为地球上最为古老的文明之一的中华文明"在历史传统上就不仅仅是内陆文明、农业文明,而且有着悠久、灿烂的海洋文明,并形成了具有东方文明主流特色的海洋文化体系"①。而且这种独具东方特色的海洋文化体系,不仅自身有着长久的辉煌历史,而且还深深影响了东北亚、东南亚等环中国海洋文明圈以及中亚、西亚、非洲和欧洲的文明进程。因此,要完整全面感悟中华文明的厚重持续,就不能置开放包容、勇毅果决、执着厚重、锐意鼎新的中国海洋文明而不顾,就不能不自源头起认真考察、审慎体认中华海洋文化的博大精深与延绵不绝。

（二）体认先秦文化的蓝色基因

就内在构造系统而言,中华文明是整合大陆文明与海洋文明的综合文明体系,其博大包容、锐意创新之处不仅在于做到内陆农耕与游牧文化的会通,而且与东南沿岸海洋文化也始终保持交通与汇融。因迎面向海的海陆复合型得天独厚的自然地理构造,中国族群文化自远古时代开始就不曾同蓝色海洋有过天然隔离,古老中华文化的源头阶段与广袤海洋亲切而紧密地缠绕。历尽几次海陆变换、沧海桑田,无尽海洋的蔚蓝色产业已悄然融会积淀于中国远古先民生产生活乃至思想思维的全境全程。通过山顶洞人佩戴使用的青眼鱼骨与海蚶壳用线连接而成的海洋饰品我们可以看到,不仅辽阔的海洋就在这些晚期智人的生活范围

---

① 曲金良.中国海洋文化观的重建[M].北京:中国社会科学出版社,2009:4.

之中，而且渔猎海洋生物资源已经是支持他们步履蹒跚地迈向文明的重要活动。透过考古发现，于辽东半岛及其沿海岛屿、河姆渡以及舟山群岛等处史前遗址的新石器时代独木舟、船桨、骨镞、陶网坠尤其不少大型深水海鱼类的骨骼残骸，也能充分查探到中国沿海先民早在距今六七千年的远古时代就已经熟练地驾驭他们精细制造的独木舟开始了近海较深水域的海上捕捞等渔猎活动①，再结合远古先民遗留在自南向北沿漫长海岸线铺开的巨量史前贝丘遗址所昭示其开发利用海洋蛋白质资源、以海为生的海洋性生活方式，我们有较为充分的理由相信蓝色海洋就是中华文明文化的基本源头之一。及至中华文明的上古前夜，借助《尚书·禹贡》所描绘的天下九州来献、滨海五洲海贡尽赋的盛景可以较为清晰地体察到，无论是"厥贡盐、绨，海物惟错"②，或是"蠙珠暨鱼"③，皆在努力呈现帝禹时代临海先民以海而生、依海而兴简洁清奇且鲜亮生动的海洋社会渔猎生活图景。

　　经由新石器时代生产经济的缓慢积累，夏商时期中国上古社会生产力水平的不断提升、工具能力的日益进化，先秦社会已昂首阔步于青铜文明时代。考古中于河南偃师二里头遗址的铜镞、铜鱼钩等器物足以说明夏时先民们在渔猎活动中已经使用了铜制工具④，《竹书纪年》中有载的夏时杼芒"命九夷，东狩于海，获大鱼"⑤，即是指示九夷族众使用铜制箭镞等渔具射杀而猎获大型海鱼⑥。及至殷商时代，王朝社会经济的重要生产部门中，已经包含有海洋渔业在内的渔业生产部门。此时此季的鱼不仅为殷商王朝重要的食物品种，更是商人社会主要的祭祀用品，河南安阳殷墟墓葬考古发掘显示殷商用鱼随葬已是随处可见，更不会让人丝毫讶异的是，在这些出土的鱼骨中，就有着不少如鲻鱼等海水鱼类骨骸的存在。并且学者研究也有殷商时期王朝已开始使用海贝作为货币的明确结论⑦，仅仅殷墟妇好墓葬就发掘出土了七千多枚经鉴定多产自中国台湾地区、海南以及阿曼湾、南非果阿湾而非中国大陆沿岸的海贝货币⑧。同时，在对大量甲骨卜辞与出土实物进行深入研究分析之后，学者们发现殷商先民已经全然掌握网捕、钓、射等几种基本的捕鱼方法。作为海河通用的捕鱼技术手段尤其沿海地区经由网、钓、射、笱等手段猎获的海鱼多以贡品的形式向中原内陆流动，不仅沿海海洋社会备

① 孙光圻.中国古代航海史[M].北京:海洋出版社,2005:31-32.
② 王世舜,王翠叶,译注.尚书[M].北京:中华书局,2012:61.
③ 王世舜,王翠叶,译注.尚书[M].北京:中华书局,2012:63.
④ 周自强.中国经济通史:先秦(上册)[M].北京:经济日报出版社,2007:108.
⑤ 范祥雍.古本竹书纪年辑校订补[M].上海:上海古籍出版社,2018:10.
⑥ 周自强.中国经济通史:先秦(上册)[M].北京:经济日报出版社,2007:243.
⑦ 周自强.中国经济通史:先秦(上册)[M].北京:经济日报出版社,2007:347.
⑧ 周自强.中国经济通史:先秦(上册)[M].北京:经济日报出版社,2007:350.

受殷商王朝政治影响力与社会改造力的不断波及,而且中原社会生活也不得不经受沿岸社会海洋生产生活方式因子的渐次渗入。当然,殷商时期海洋生产生活中最具历史文化意义的事件应该是木板船的发明与使用。由于全面克服了独木舟承载空间狭小与抗风浪能力孱弱的缺憾,木板船让沿海渔人获得了更为阔达的海洋活动范围与更为强劲的海产捕捞能力,以致荀子有"东海则有紫、紶、鱼、盐焉,然而中国得而衣食之"①之言,由此足见商周以降东部沿海社会的海产鱼获已能够在当时中原普遍地懋迁交换。及至春秋战国时期,上古东南沿海先民已经广泛使用海洋渔船,海洋捕捞能力在这一时期获得了更为长足的进步。《管子·禁藏》就载有"渔人之入海,海深万仞,就波逆流,乘危百里,宿夜不出者"②之说,这清晰表明海洋渔人已能征服百里逆流、深入万仞深海且宿夜而不出,尽管此等描述不免多有夸张臆测之嫌,但依然可以窥知其时沿海渔民的海洋捕捞船只物具配备水平之大为改观与海洋劳作能力的空前增强,较之商周时代已然不能同日而语,也难怪圣贤荀子不忍发出"山人足乎鱼"③之感慨。特别是自春秋时期,以齐、燕、吴、越等为代表的独立海洋国家基于对海洋资源国家政治意义的不断赋予,日渐倾注国家政治权力于海洋生产经济领域,极力将商工之业与渔盐之利极致持续推进。齐国桓公时便任用管仲为相,立足齐之"海王之国"国情的基本定位,施之以"官山海"④政治措施,运用国家政治权力直接介入海洋盐业的生产与运输、销售各个环节,通过施行国家政治对海盐统购、统运及统销的直接经营制度,从而实现盐利的国家独擅,齐国由之国强兵壮,齐桓公亦独占春秋五霸之首。也正是专注于海水煮盐事业的精心经营,齐国积淀起雄厚的国家实力,长期占据诸侯国家力量对比关系结构的主导地位,及至战国时期,帝王即位之初封地不过"方百里"⑤的齐国已然"地方二千里,带甲数十万,粟如山丘"⑥,疆域广阔,府库殷富,兵甲充足。海洋大国齐国正是凭借雄厚的国力以及雄壮的兵马在春秋大国争霸兼并狂潮中,完全征服控制了胶东半岛及鲁北地区,使得绵延漫长的海岸从此源源不断地为其海盐业提供着取之不尽、用之不竭的资源。渔盐之利促进商工之便,商工之便更增渔盐之利。作为战国七雄之一的齐国,因海而兴、以海而富、依海而盛,经济社会全面走在大国前列。春秋战国时期以齐国为典范的统筹海陆、历心山海

① 方勇,李波,译注.荀子[M].2 版.北京:中华书局,2015:125.
② 李山,轩新丽,译注.管子:下册[M].北京:中华书局,2019:769.
③ 方勇,李波,译注.荀子[M].2 版.北京:中华书局,2015:125.
④ 李山,轩新丽,译注.管子:下册[M].北京:中华书局,2019:934.
⑤ 方勇,译注.孟子[M].北京:中华书局,2015:247.
⑥ 缪文远,缪伟,罗永莲,译注.战国策:上册[M].北京:中华书局,2012:260.

的发展版式,对后世社会海陆复合型国家的进步演化有着不应该忽视的借鉴意义,更为重要的是为中华海洋文化尤其是海洋政治思想的发展衍化标定起基本的遗传图谱。

经济是社会的基础,但政治却是经济的集中表现。除却海洋生产生活占据上古社会先民发展衍化重要位置之外,先秦时期上古社会国家立足海洋政治尤其沿海国家基于海洋军事实力的孜孜以求而对于中华海洋文化的建基发展也有着相当重要的历史价值。上古社会尤其春秋战国时期的东南沿海诸侯国家,立基于争霸逐鹿的政治宏图伟业,皆倾力于海洋资源开发利用以及争夺控制,力图以海富国、倚海强兵,凭借天然地缘构造优势与生产技术特色着力发展国家海洋实力。作为国家军事力量,维护国家政权稳定、政治统一的暴力机关最为重要组成部分的舟师,即是在此背景下产生的国家新型军事武装系统。作为一种新晋的专域性技术型军种,其与作为中国上古主体军事力量的"陵师"即陆军有着较大的差异,舟师并未紧追国家产生的脚步同期现身。在中国上古国家文明初始阶段,当夏商王朝时期国家的发展重心徘徊于中原腹地、日益强盛的陵师为中央王权开疆拓土而东征西讨之际,尽管舟楫之用获王权重视由来已久且也早已纳入军阵行伍之中、司职于水上军事运送行动,商王武丁就曾遣属乘船捕追逃亡海上的奴隶、周武王亦是依靠"总尔众庶,与尔舟楫"的"苍兕"①率领旗下舟船 47 艘于六天之内将庞大军队渡过黄河而赢得终结商纣王朝的决定性战役——牧野之战的胜利,但在春秋战国之前这些舟楫职官属众并非陵师常备属随,只是应战事所需而临时征集组建的专司力量而已,远非独立建制的国家正式武装部队。及至春秋时期尤其春秋中后期,由于中原弭兵,诸侯争霸战事转向河网如织、江湖密布的东南及沿海地区,江河湖海亦被裹挟进入战火覆盖范围。为称霸东南沿海、控制江河湖海,已然实质独立的齐、楚、吴、越等诸侯国纷纷建造与组装作战船只,并征集与训练兵士组建水面战斗部队,作为中国上古国家水上军事力量的舟师自此登上历史舞台,光耀军事史册。《左传·襄公二十四年》有载公元前 549 年的夏天"楚子为舟师以伐吴,不为军政,无功而还"②。元代马端临也有考证:(公元前 560 年)"暨共王卒,继侵楚。明年,败楚于皋舟之隘。是吴利在舟师,楚惧无以敌吴。后十年,康王始为舟师,以略吴疆"(《文献通考·兵考一》卷 149)。由此可知,距今近两千六百年的中国古代已然建立起了正规国家水上武装力量。耙梳史籍我们还可以发现,中国古代舟师军事行动与华夏文明整体向东向海的发展趋向有着高度的契

---

① 司马迁.史记全本新注:第三册[M].张大可,注释.武汉:华中科技大学出版社,2020:898.
② 郭丹,程小青,李彬源,译注.左传:中册[M].北京:中华书局,2012:1333.

合。最初的水面战斗总是展开于内陆江河之中,稍待武器装备与作战能力有所发展便很快蔓延至海洋之上,《左传·哀公十年》所载"徐承帅舟师将自海入齐,齐人败之,吴师乃还"①。便是中国上古海军的首次海上军事行动即中国海战之肇始。随着水面战争频度的不断增加、烈度的逐渐增强以及强度的日益升级,沿海诸侯国舟师的作战技能与武器装备也相应快速提升,舟师规模建制亦随之扩展壮大,舟师群体出现并急速扩张甚至成为海洋社会的重要构成成分,特别是基于"同舟涉海,中流遇风,救患若一,所忧同也"②。特定性的职业行为质态及其技术性的职业从业条件,并且作为基于海洋而形成的较为稳定的特殊利益关系人群,舟师群体自现身于社会历史视野起,便以同质性行为集合体面貌与整体技能型状态以及与其他海洋性群体保持的天然亲缘性与强劲耦合力尤其与其他流动性海洋社群诸如海盗社群、海商社群存留着出入通联管道抑或正态流动连接,同时作为当时社会海洋技术乃至国家海洋实力的最高代表和凭借对毗邻海域的娴熟把握以及基于职业能力强大自信而常常充当着连通海外的基础桥梁,因而在社会总体层面尤其海洋社会中凸显出强大的影响力。

事实上,体认先秦社会中国上古文化的蓝色基因,我们更应该着眼先秦社会思想意识领域由海洋认知、海洋信仰以及海洋文学艺术所抟筑的海洋文化结构体系。众所周知,马克思主义唯物史观始终坚持社会存在决定社会意识,一再强调是"人们的社会存在,决定人们的思想"③。因而,就先秦时期中国先民对于海洋的认知而言,无论是出于海洋的事物认知还是基于海洋的哲学思考,都是来自或脱胎自他们海洋生产与海洋生活的真实实践场景与现实活动过程,都是且只能是他们海洋生活与生产的实时反映与现实表达。先秦时期沿海海洋社会的中国先民,在依海求生存、以海谋发展与海洋经年累月漫长而艰辛的频繁双向交流互动中,不仅获得了诸如海洋风暴与海洋季风等海洋气象的众多感性材料,包括海洋潮汐以及海水盐度在内的海洋水文之众多初步认识成果,而且对于海洋地貌、海上航行方向确定亦即海上地文定位直至初级天文导航尤其大气海陆循环等方面都有了较为深入的感悟与颇为系统的思考。战国时代齐人邹衍创立的新型开放性海洋地球观便是这一时期海洋哲学思考的主要代表成就之一。事实上,先秦社会对于海洋的认知成果不仅体现为对海洋事物、海洋现象的客观地理与总体物理的大量直观感性记叙以及不少初步的理性思索结晶,而且也包含相当数量的对于

---

① 郭丹,程小青,李彬源,译注.左传:下册[M].北京:中华书局,2012:2293.
② 欧阳询.宋本艺文类聚:下册[M].上海:上海古籍出版社,2013:1845.
③ 毛泽东.毛泽东文集:第八卷[M].北京:人民出版社,1999:320.

海洋思想价值较为深层的抽象理性思维结论。

早在夏商时期先民便开始立足实践认知的深厚积淀而展开为满足生产生活旨在对于海洋天气预知控报的海洋占候活动。商代大量有关风雨、阴晴、霾雪、虹霞等天气状况的甲骨卜辞就是这种占候行为的基本记录,而到了西周时期由于生产生活实践能力的不断提升、人们认知水平的日益增长尤其文明文化的长足进步,反映在历史典籍里的这种认知新成果显得更为清晰完整。先秦时期,中国海洋先民对海市蜃楼、海洋潮汐现象及其成因甚至海洋异常自然现象也有着较为深入的探讨与相对清晰的记载,对于海洋气象中作为灾害性天气的海洋风暴也有着初步的体认。同时,先秦时期上古先民对海洋生物资源的认知发展不仅体现在日益增强的经济价值重视上,而且对非经济意义的作用也在不断拓展。珍稀海洋生物及出产的审美价值关注自然毋庸赘言,就是鱼类食用安全以及医用价值的考量也有着令今人讶异的成果。先秦时期中国上古社会甚至萌生了海洋生物资源保护思想的幼芽,积淀起重视保护与合理节制利用海洋生物资源、人与自然和谐发展、生态平衡维护的自然哲学思考。经由夏商西周三代上古先民对于海洋持续而深入的体认与思考,及至春秋战国这个"百花齐放、百家争鸣"圣哲辈出的轴心时代,先民对于海洋及其人海关系尤其是海洋资源价值直至海洋思想价值的认知与探究则是更广泛、更集中而且更深入的。一大批主要来自沿海海洋社会或深受海洋社会影响的诸子百家对于海洋的普遍关注与深层思考,不仅丰实其自身学派思想学说体系的完整内涵,更重要的是使先秦社会海洋思想文化体系整体获得了更为阔达的理论视野、更为深层的思维逻辑、更为厚重的内涵品相以及更为完整的系统结构。以儒、法、道等学派为主要代表的先秦思想显学基于各自的理性逻辑及价值体系构建与阐发的需要,对于海洋及其思想价值皆有着充分的观照甚至各色海洋政治思想之理性根源由兹滥觞。在概论的意义上,儒家学派立足于自然主义基础逐步完成了对于海洋及海洋社会经由基本器物层面感性认知渐次升腾升华为理性世界相关道统思维视域理性价值判断的理论构造过程。而在道家巨擘的道性建构与人性描画中,海洋的物理感性特质逐渐褪色模糊,其个性特征在支撑起共性本相后,道家的海洋哲学思考已然超越思维具体的层次,在契合天道自然的逻辑目标之下,将先秦社会海洋具象认知与海洋抽象哲学思维推升到了无以复加的地位。事实上,法家尤其齐法家关于海洋及其社会经济价值与政治意义的唯物主义认知与社会历史意义的关注确实是中国上古社会关于海洋价值真理性认知的最高成就。

作为通过多姿多彩、异奇海洋自然景象的生动还原再现,旨趣迥异海洋社会生活特殊人事的深入刻画反映以及奇幻玄妙海洋世界特定海洋理想的持续执意表达借以凸显审美精神价值的海洋文化成果,以写海、表海为标志的海洋文学正是在引导认知、教育情怀及价值审美的社会功用层面对作为其产生与发展基础的海洋社会生产生活现实结构、演进趋向及其未来理想与理想未来的真切观照和热切展望,来完整实现其作为社会重要意识形态基础构成的基本功效与主体能力。作为人类社会生产生活显赫且耀眼的伴生物,海洋文学适应远古人类涉海生活而产生,追随上古先民海洋社会进步而成长,并遵循其自身发展规律在经由言语形式口口相传的深厚积淀之后,凭借文字强大而系统的传承传播能力的编撰整饬与持续衍演,立足形色各异的海洋生产生活实际与层域有别的海洋实践活动,从记录原始涉海集体劳作的号子歌谣直至借诸原始简单思维规则而将心中对于海洋自然力量的困惑臆想为独立于思维之外系统的对象性存在,甚至以自身社会生产生活关系为参酌,赋之以独特源流与特定世系而保有自体性流变。作为中华文明的初始起步时期,先秦时代的海洋文学虽是处于起源起始阶段,然而一批写海表海的文学作品已然陆续面世,虽然这些包含海洋文化因子的作品在严格意义上还不能被称为海洋文学作品,但《山海经》《诗经》《楚辞》等典籍里以写海、表海篇章为代表的经典文献资料中,所表现与传达出来的上古先民的海洋思想观念、海洋情操与海洋科学认知以及文字展现的精妙方式,不仅体现涉海思想的深刻启迪、海洋世界的科学体察,而且在涉海审美及其内容风格等方面对后世都有着筑基定向的历史意义与学理价值。尤其是作为真实展现先民包括涉海生活在内多方位、全视域真实劳动实践诗歌总集的《诗经》,其海陆一体视野下广角度、多层级海洋意境所体现的海洋认知、海洋情感与海洋审美,为我们体悟上古海洋社会人们精神世界性状构造以及上古先民海洋实践理性结构提供了丰厚的史典素材。此外,《楚辞》《山海经》《尚书·禹贡》《左传》《庄子》《列子》等典籍亦是理解先秦海洋文学精粹进而把握先秦海洋社会整体架构以及海洋先民内心世界境界品相不可多得的史实材料。由此可见,先秦社会上古先民于直接海洋生产生活实践中,因直面海洋水体而累积的海洋认知、因困惑海洋现象而形成的海洋信仰以及因丰实海洋生活而产生的海洋文学,作为先秦海洋文化的重要内容,对于后世理解把握中华海洋文明内在结构品相以及发生机理与发展走向尤其重要。

(三)品鉴海洋国家的发展路径

习近平总书记一再强调"博大精深的中华优秀传统文化是我们在世界文化激荡中站稳脚跟的根基"①。赓续绵延、博大精深、源远流长的中华文化不仅是中华民族深层敦厚精神追求的基本积淀、中华民族独特精神气质的主体标识,而且更

---

① 习近平.习近平谈治国理政[M].北京:外文出版社,2014:164.

是中华民族和中国人民生生不息、继往开来、发展壮大的基础滋养。"不忘本来才能开辟未来,善于继承才能更好创新"①的谆谆教诲以及先贤"以古为镜,可以知兴替"②的深沉体悟,皆在谕示我们探索发展、迈进未来务必立基于探究回味历史进程及其规律继而合理预见未来发展路径的"温故而知新"③之基本思维逻辑。因此,在全面感悟中国上古悠远阔达、深层敦厚、至诚无息的民族精神传统与审慎体认先秦海洋社会开放包容、勇毅果决、执着厚重、锐意鼎新的蓝色文化精髓基础上,进一步敬心品鉴先秦东南沿海海洋国家筚路蓝缕、披荆斩棘、因势制宜、坚韧奋争的文明演绎路径,立足历史文化深邃视野,着眼民族国家长远目标,标定海洋世界时空坐标,明晰主题研究理论维度,连通现实社会实践管道,以期在学以致用的功利视域甚至学术价值意义上,为当今社会主义中国海洋强国建设事业提供尽可能的可行理性思维参酌,亦应该成为我们研究先秦海洋社会与海洋国家乃至海洋政治思想的重要理论价值考量。

先秦海洋社会与海洋国家的发展进步,首先契合于上古华夏文明文化向东向海演绎演进的历史大势。在马克思主义唯物主义的基本理论视域,"人靠自然界生活""人是自然界的一部分"④,土地乃人类社会"共同体的基础"⑤。在恩格斯的眼中,地理条件不仅是经济关系的重要组成部分而且更是经济关系"赖以发展的地理基础"⑥。一般而言,人类以及人类社会存在和发展的基本前提即在于与自然界不间断的物质能量交换,同自然环境不停歇的交互作用。因而在该种意义上,人类社会发展史亦即与自然界物质能量交换史、与自然环境交互作用史,并且这种交互作用愈是在人类社会早期就愈直接、交换方式就愈简单,人与自然环境的直接距离就愈贴近,自然环境形态与资源禀赋特质对人类发展的控制力就愈发强劲,人类对于自然的离去能力就愈发羸弱。因此,自然地理环境及其资源禀赋状况对人类族群的生活方式、结构类型、数量规模甚至流动范围及趋向一直保有着基础性的价值与功效。也正是立基于此,李约瑟博士才明确总结:自然地理不仅是中国文明发展的基础舞台,也是中华文化与欧洲文化形成差异的极为重要的

① 习近平.习近平谈治国理政[M].北京:外文出版社,2014:164.

② 黄永年.旧唐书:第三册[M].上海:汉语大词典出版社,2004:2062.

③ 杨伯峻.论语译注[M].典藏版.北京:中华书局,2015:24.

④ 中共中央马克思恩格斯列宁斯大林著作编译局.马克思恩格斯文集:第一卷[M].北京:人民出版社,2009:161.

⑤ 中共中央马克思恩格斯列宁斯大林著作编译局.马克思恩格斯全集:第四十六卷上[M].北京:人民出版社,1979:472.

⑥ 中共中央马克思恩格斯列宁斯大林著作编译局.马克思恩格斯选集:第四卷[M].北京:人民出版社,1972:505.

决定因素①。

地理环境及其自然资源禀赋是人类文化最为根本的物质基础。以西部的帕米尔高原、西南青藏高原以及喜马拉雅山脉、西北阿尔泰山以及东北长白山、北部的戈壁荒漠和东部的大海,在亚欧大陆东端区隔而成相对独立但幅员辽阔的地理大单元,是中国上古地理环境的根本特征。区域内总体地势西部高耸东部低平,自西而东是大多山脉与主要河流的基本走向,各种气候兼具、多样气温并存、总体雨量充沛,农作物与动植物资源异常丰富,加之史前地理变化巨大,区内地质条件多元,矿产资源丰富,亦构成中国古代地质条件的主体内涵。域内中东部的黄河中下游和长江中下游地区,以其优越的地理区域位置、优厚的地质构造条件、特殊的自然资源禀赋,在我国史前文化多元起源、多样发展中尽显优势,尤其黄河流域以其优越地理条件及优越资源禀赋,成为华夏民族的基本发祥地、中国文明的主体源头与中华民族精神的重要摇篮。同时,中国上古西高东低、阶梯分布、山川向海的地理构造,对于中华文明尤其海洋文明文化而言,更具基础性牵吸指引意义。西高东低面向大洋而展开的地势、更为广阔的陆域,能广泛地接纳数量更多来自东南海洋暖湿气流携带的雨水。海陆间循环及其大陆内循环所带来的充沛降水不但保障了广袤陆地水草丰美、森林茂密,而且使得向东奔流入海的江河常年保持源源不断的巨大流量,正是这些江河拓展、浇灌以及连通着中国古文明的发展演化,甚至可以说是"海洋成就了中华民族的早期文明,海洋维护了灿烂而悠久的中华文明史的数千年辉煌"②,"中华古文明中包含了向海洋发展的传统"③。先秦时期作为中华文明的起始筑基阶段,祖国先民就已经开启向东向海的文明创造历程,并就此标定了海洋文明在中华文明体系中的基础位置与基本版式。

依据现有史料及史家研究表明,夏代王朝国家的主体活动区域集中于黄河中游,进入商王朝时期,尽管国都迁徙辗转不绝,但王朝社会活动主体呈现在今河南东部及山东西部一线,相较于夏王朝伊洛中心而言,已然悄然东移。及至西周时代,政治国家东移东进趋向更为实质显化。周王朝起于西岐但始自文王东征、东进不止,旨在屏卫周室的封建亲戚亦多在东部,待到平王东迁,周王朝政治重心更是整体东移、东进。人口的重心就是社会的中心,社会的中心即为政治的重心。

倘若基于社会人口发展的基本视角,中国上古整体向东向海的趋势则更为明

① 李约瑟.中国科学技术史·第一卷:导论[M].袁翰青,王冰,于佳,等,译.北京:科学出版社,1990:55.
② 李磊.海洋与中华文明[M].广州:花城出版社,2014:3.
③ 李明春,徐志良.海洋龙脉:中国海洋文化纵览[M].北京:海洋出版社,2007:3.

显,以致学者因之有中国上古"人口迁徙的主流方向是自西向东"①的结论。夏商西周三代时期,中国人口总数维持在 1000 万左右②,以黄河中游及下游上段为主要生活重心。春秋时期,中国人口约 1500 万③,除去在周王畿西边的秦国 100 万人口以及晋国一小部分人口之外,其余总体集中于东部地区。到了战国时代,中国 3000 万人口中已有 2500 多万主要生活在东部地区④。伴随黄河中下游地区尤其是下游地区人口的集聚与增长,春秋战国时代国家政治军事的重心必然随之聚焦于斯。春秋战国时代的著名战役、"合纵连横"等重大政治决策实施都主要以东部广袤大地为基础舞台,更为重要的是燕、齐、吴、越等沿海诸侯国家,兴渔盐之利而依海富国,修舟楫之便以贯通海陆,不仅真真正正完成了中国上古领域疆土"东渐于海",而且实实在在开拓出中华上古文化海岱文明的新篇章,也为其后秦汉帝国郡海疆、巡江海、官海盐、重海捕、拓海路等一系列的海疆经略措施以及中国古代海疆经略理论奠定了坚实的政治文物制度及历史文化基础,对促进中国古代海洋政治思想的成长成型有着重大的筑基性意义。因此,无论是史前华夏先民"东望于海"向东向海的视野聚焦、夏商时期中国先民"东渐于海"向东向海的现实起步,还是西周时期华夏文明"东进于海"向东向海的初步成就、春秋战国中国上古"东经于海"向东向海的勠力展开,中国先民面向海洋即便看似微不足道的每一次迈进皆是中国上古海洋社会乃至海洋国家的空前发展与巨大进步。正是契合于上古中国文明向东向海演绎演进的历史大势,先秦时期中国海洋社会乃至海洋国家一步一步坚实而执着地发展壮大起来,奠定中国古代海洋文明发展演进的基础母版,尤其春秋战国时期以齐、燕、吴、越等为代表的海洋国家,因各自地理环境的特色条件与自然资源的禀赋基础,构建起区别于中原内陆诸侯国家的错位发展路径,着手致力于山海统筹,并立足于与内陆诸侯国家政治角逐、军事征伐过程而逐渐确立起以海上(水上)舟师武装为特色的国家军事力量新体系,齐、燕、吴、越的各代统治主君更是在社会财富构成、国家利益结构系统中,给予了以渔盐为核心的海洋性利益以相当的权重与足够的政治资源投入,并由此在沿海诸侯国家及其之间形成较为清晰的以海洋权力、海洋权利和海洋权益为内容的社会关系体系以及国家关系类型。这不仅让中国上古社会海洋政治思想及其初期实践自此滥觞,而且也为这些海洋国家的进一步发展奠定坚实的物质技术与精神文化基础,特别

---

① 袁祖亮.中国人口通史·先秦卷[M].北京:人民出版社,2007:79.

② 袁祖亮.中国人口通史·先秦卷[M].北京:人民出版社,2007:166-168.

③ 袁祖亮.中国人口通史·先秦卷[M].北京:人民出版社,2007:168-172.

④ 袁祖亮.中国人口通史·先秦卷[M].北京:人民出版社,2007:172-175.

是作为中国海洋文明发育发展的筑基起始阶段,先秦海洋社会与海洋国家所建构的发展方向、演进版式及其构造的内在品相在人类文明发展演化路径依赖的语境里,对后世中国海洋文明的继续演进影响重大甚至直接决定着后世中国海洋文明发展的品质高度与价值权重。

先秦海洋社会与海洋国家的繁盛繁荣,其次归因于中国上古社会物质技术与生产能力日益提升的历史规律。事实上,先秦时期,中国上古文明整体向东向海的演化发展趋向,契合于自然地理构造及其资源禀赋性状甚至族群部众基于大河向东、日月东升而神往东方的社会心理牵绊,固然是最为基础的缘由。然而,基于历史唯物主义社会存在决定社会意识、经济基础决定上层建筑、物质资料生产方式是人类社会历史发展的决定力量的基础理论语境,远古中华文化重心经由黄河中游上段向黄河中游下段、中国上古文明中心从黄河中游渭河平原向黄河下游上段华北平原直至"东渐于海"的整体东向渐次演进,并非一味简单演绎着人类文明从热带到温带、高原山地森林向河岸高地进而向河谷平原直至蓝色海洋延伸发展的总体演化逻辑,它更多忠实细致呈现的不只是自然地理环境状况与自然资源禀赋条件对于中国文明历史发展进化的基础性价值,在我们看来,伴随上古中华文明整体向海向东的历史进程,先秦海洋社会与海洋国家的逐渐繁盛繁荣,根本的原因还应在于中国上古物质生产技术的不断发展、社会生产力水平逐渐提升以及由此而来的社会治理能力与制度建构水平的逐渐增长。一般而言,采撷经济主导的蒙昧时代,因追逐现存天然产物而绝对依赖于自然环境的生存方式,使得中华先民不得不将高原山地森林、河岸高地作为族群生活栖息的最佳场所,西侯度文化与匼河文化便是这一基本生存范式的典型代表。继而在初步挣脱自然禀赋绝对依赖的采集生存方式迈入"学会靠人的活动来增加天然产物生产的方法"①的生产经济时代之后,先民便逐渐走向河谷平原。只不过工具技术的有限以及由之而来的生产能力孱弱还不足以使其摆脱对自然地理条件的高度仰赖,自然地理禀赋性状优越与否仍然是先民独立自主生活的重要依凭。因而,植被丰茂、整体地势高亢亦存大量地势低下平原以及沿岸开阔河谷、郁郁苍苍的上古黄土高原,以其土壤未经淋滤非常肥沃、保墒能力强劲、对雨水要求不高、栽植旱地作物多不施肥亦能收获丰硕,由之成就为"中国古代农业的最古老的中心地区"②。裴李岗文化、老官台文化以及仰韶文化早期便是中国先民该种生存生产状态的充分展现。

---

① 中共中央马克思恩格斯列宁斯大林著作编译局.马克思恩格斯文集:第四卷[M].北京:人民出版社,2009:38.

② 李约瑟.中国科学技术史·导论[M].袁翰青,等,译.北京:科学出版社,1990:68.

也只是步入二里头文化时期,中国上古开启国家文明历史征程,随着工具能力的逐渐增强、生产力水平的日益提升,中国先民才得以日渐缓解自然地理条件对其生存发展的直接牵绊。当然,西高东低、江河东流的优越地理构造,水草丰足的千里沃野总体朝东平坦展开的优厚地质条件,即便是在工具能力飞速发展、族群独立性快速增长的金属时代,依然是华夏文明整体向东的主体物质基础。或者说,随着物质生产技术不断提升,上古华夏文明日渐规模化发展,但无论是大规模增长人口的生存、大批量生产耕地的开垦,还是大型化社会经济关系的确立、巨型性社会政治行为的展开,也只有向东展开的广袤平原才能提供足够的支撑,甚至我们还可以说,正是先秦时期奠基的契合于自然环境整体向东向海的国家政治地理发展模式,对中国上古海洋社会与海洋国家持续发展以及繁盛繁荣产生了极其深远的影响。

当然,地质条件以及地理环境对早期社会文化及民族文明发展走向的根本牵引作用,我们还应该有更为深入的研究,必须要看清楚该种作用的发生机理及基本行程。事实上,就发生学视角而言,地质条件以及地理环境根本牵引早期社会文化及民族文明的发展走向,原本便是以作为劳动对象要素经由渗入社会生产力构成并影响其他要素效能发挥从而决定生产力整体水平以及社会生产方式状况的形式予以实现的。早期生产经济时代,人们借助简陋石木工具组织生产劳动,劳动对象的难易程度往往直接决定劳动者人力劳作规模、组织形式与劳动效率进而影响甚至决定族群社会生存现状,因此,易于耕作、土质肥沃的黄土平原、河谷平地就顺理成章地成为中国远古农耕文化的乐园。并且远古先民津津于农作的同时,由简单捕捞器具支撑的传统渔猎活动一刻也未曾远离上古社会,再加之作物种植对于水的基础仰赖以及江河普遍存有的连通功效与输送能力对文明文化演绎演进动向的重要支持价值,以致远古人类文明发展大多源于河流、沿于河流。或许正是因为契合于地理环境或者说是很好地促成了人力与自然力的深度融合,中华文明很早就将关注的目光聚焦于人与人关系的妥善性调适和创造性构建,并由此勾画出中华文明明显区界专注于人与自然关系的欧洲文明以及醉心于人与神灵关系的印度文明的迥异演进路径和特殊内涵品相。在中国上古文明整体向东向海的历史进程之中,如果说以木石工具为主体的前夏及其最初步入青铜时代的夏商时期自然地理条件的指引作用依然较为显著的话,那么始自周商的金属冶炼日渐发达的漫长岁月中,金属工具支撑的生产能力不断提升的总趋势之下,西周文王东征、建蕃屏周以及周平王东迁尤其正德、厚生、民本政治统治理念的确立与推行等政治文明的主动擘画一跃成为文明向东向海的最根本动力。尽管这些旨在关注国家地理整体性要求的政治行政措施于实际推进过程中被自然地理区分性构造所冲击,并最终导致国家政治权力完整性逐渐崩析、国家政治至上权威日益分解、社会政治秩序总体动荡,正所谓疾风知劲草、板荡识英才,在晚周这个社会生产力经过量的丰厚积淀转向实现新质剧烈扩张的大时代,自先周一路向东走来的上古华夏主体文明在晚周时期于黄河、长江中下游直至大海的广袤区域上充分展开全新的涅槃再造,百花齐放、百家争鸣成为这个铸就中华思想文化根骨的轴心时代最亮丽的别样东方风景,也可以说中国上古文明至此真正彻底实现了"东渐于海,西被于流沙,朔南暨声教,讫于四海"①的历史成就。在逐渐摆脱周朝中央王室的集中控制之后,一众诸侯国家经济殷实、政治独立,沿海大国更是凭借海陆统筹、商工渔盐进而制霸中原、一匡天下,中国上古海洋社会与海洋国家繁盛繁荣臻至顶峰,中国海洋文明的基础构造也自兹筑基完成。

春秋战国时期,中国上古社会物质生产技术快速发展尤其冶铁能力日益提升、铁器不断推广使用,经由夏商西周三代漫长而深厚的积淀,特别是经过西周时期王朝政治权力对沿海社会的强力覆盖、中原社会与东南沿海社会经济文化的有效连通,不仅沿海诸侯国家海洋经济得以长足发展、海洋文化亦多为华夏文化所熟悉与接纳,而且海洋权益在沿海邦国国家竞争力结构体系中的占比权重逐步提升,国家海洋实力尤其海洋军事实力甚至一度成为主导国家竞争成败之关键,春秋战国由兹成为先秦华夏文明向东向海发展成就的巅峰时代。这一时期,中国上古海洋经济飞速发展,"海王之国"齐国更是立足"山海"国情的基本定位,施之"官山海"②政治措施,以国家政治权力直接介入海洋盐业的生产与运输、销售诸环节,实现对海盐的统购、统运及统销的国家经营,奠定统筹海陆、力心山海的海洋国家发展典范,因海而兴、以海而盛、依海而福、凭海而强,最终全面走在春秋战国时代经济社会的最前列。同时,建立在铁器普遍使用基础上的造船技术与造船能力空前发展,临江滨海诸侯国家造船行业日渐兴盛,春秋战国还是中国古代海上交通大发展及其海外交通大拓展的时期,争霸战争的此起彼伏、绵延连年,毁灭的恐惧与生存的渴望迫使诸侯各国不得不执着发展技术、变革政治以强大国力,以致该时期中国古代不仅技术长足进步、经济快速发展,而且政治日渐清明、文化极大繁荣、人口飞速增长,尤其铁制工具的逐步普及使用,有力地推动着手工业制造能力与质量水平的急速提升。在夏商西周造船工艺传统深厚积淀的基础上,春秋战国时期滨海沿江各国不仅工具制造能力不断提升、造船行业日益发达,而且货物懋迁繁盛、航运事业兴旺。相较于为数不多见诸文献的海上军事行动,沿海

---

① 王世舜,王翠叶,译注.尚书[M].北京:中华书局,2012:91.
② 李山,轩新丽,译注.管子:下册[M].北京:中华书局,2019:933.

国家通过着实频繁的商业懋迁活动所联结的海上航线不断地开拓与延展。燕、齐、吴、越等海洋大国凭借特殊的海洋技术与高超的航海能力在彼此之间建立起一条条成熟航线,中国古代航海史上影响深远的著名沿海北洋航线便是发迹于此。及至战国时期,齐威王、齐宣王、燕昭王等国君不断"使人入海"①,探险寻仙,以避同趋异的海上冒险行动,不断开辟出渤海海域条条崭新的海上航路。而浙江以南直至现今福建、广东、广西一带沿海航路,依次为东瓯、闽越、扬越与骆越所开拓与控制②。有关春秋战国时期海外交通拓展的最大成就,应该莫过于从山东与辽东出发经朝鲜半岛直至日本的两条跨海航线(即左旋环流航线与对马直航九州航线)③。可见,春秋战国时代沿海国家国家权力对海洋经济的积极干预、国家政治对海洋力量的极力推崇、国家社会对海外交通的努力开拓以及由此构建起来的具有浓郁氛围的社会海洋文化,无一不在凸显中国上古海洋社会与海洋国家的繁盛繁荣。

先秦海洋社会与海洋国家的浴火涅槃,最后归结于中国上古社会结构与政治文化逐渐变革的必然要求。在马克思主义的理论视域里,物的关系在本质上不外乎人与人的关系。作为人类社会最根本的人在生产、分配、交换、消费过程中必然结成不以人意志为转移的经济关系,生产关系反映着一定时期人的物质生活与生产的基本状态,该时期特定生产力水平所决定的生产关系总和构成社会经济基础,进而在经济基础和上层建筑统一体的社会形态中占据主导与决定地位。可见,在马克思主义唯物史观的理论语境中,作为经济结构、政治结构、文化结构统一体的社会形态或者说是社会经济与物质基础和上层建筑与社会活动统一体的社会模式,建基于特定生产力水平的生产关系即经济基础是其性态区界的客观依据。因此,立足马克思主义历史唯物主义生产力决定生产关系、经济基础决定上层建筑的理论视野,先秦时期尤其春秋战国时代社会工具能效的迅猛提升、生产力水平的快速发展、社会利益结构的剧烈变动、阶级力量对比关系的不断变化,再加之轴心时代诸侯国家之间无休止战争的客观政治环境,中国上古海洋社会与海洋国家必然步入涅槃再造、浴火重生的历史节点。

春秋战国时期,中国上古海洋国家先后遭遇兼并覆灭、最终融汇大统一的历史洪流,尽管有着宏观层面的客观历史必然,但也不可忽略微观领域政治文物及思想文化主观构建的相对不足。单就宏观的历史视野而言,正如前述,追随着中

---

① 司马迁.史记全本新注[M].张大可,注释.武汉:华中科技大学出版社,2020:807.
② 曲金良.中国海洋文化史长编:上卷[M].典藏版.青岛:中国海洋大学出版社,2017:266.
③ 曲金良.中国海洋文化史长编:上卷[M].典藏版.青岛:中国海洋大学出版社,2017:267-268.

国上古社会物质生产技术的不断发展、社会生产力水平逐渐提升以及由此而来的社会治理能力与文物制度建构水平的逐渐增长,先秦海洋社会与海洋国家的随之日益繁盛繁荣,清晰而准确地印证着马克思主义唯物史观社会发展规律理论的科学逻辑。无论是仰赖自然禀赋、顺应自然条件而生存的蒙昧时期,还是日渐依靠自身活动增加天然物产生活的野蛮时代,史籍中所谓"黄帝时万诸侯"[①]以及"天下名山八,而三在蛮夷,五在中国。中国华山、首山、太室、泰山、东莱,此五山黄帝之所常游"[②]之记载,足以见证在优厚资源馈予的直接支撑之下,海洋族群及沿海社会与炎黄族属及中原社会一样,于不断的相互交流中沿着自身的历史轨迹平缓而执着地向前迈进着。作为神话时代与"炎黄族属""苗蛮族属"一起被称为中华民族远古四大族属集团的"东夷族属""百越族属"[③],尤其与炎黄族属接触最多、关系最密、影响最深的东夷族属集团,所创造的璀璨炫彩的远古海洋文化深深吸引着中原炎黄族群的目光乃至发展走向,大禹治水之际亦有对于来自东夷的皋陶、伯益的基本仰仗,以致学者有言夏人因之颇是对东方奥秘产生兴趣[④],甚至进入文明时代的夏王太康时期东夷后羿尚且"因夏民以代夏政"[⑤]。可见,在以采撷经济为主导的生产生活方式之下,依据丰饶自然禀赋的强力支持,史前石器时代的海洋族群构建起相对优越于中原炎黄族属的海洋社会与海洋文化,影响甚至主导着炎黄族群文化的交流与发展,中原炎黄文化整体向东向海的发展趋向在其起始阶段便无法与之撇清关联。步入手工业工艺支撑天然产物进一步加工的生产经济的文明时代,尤其金属冶炼技术的不断发达,简单工具支持的规模化农业引发社会人口数量快速膨胀,不断改变着中原农业文明与东南沿海文明的影响力结构性状,最晚殷商时期东夷海岱文明整体融入中原华夏文明以降,东夷族属这个必须由相对先进复杂技术方能支撑起耕海牧洋规模化扩张的海洋族群与海洋社会便逐渐走向弱势。如果说商周之际,以东夷族属为典型代表的海洋族群与海洋社会面对滚滚东来的大陆农耕文明尚有全面抵抗之力的话,那么及至西周时期尤其周公东征以及"封建亲戚以藩屏周"[⑥]之后,东南沿海海洋族群与海洋社会以及岌岌可危的传统海洋文化已经全然没有了整体抵御的可能。

---

① 司马迁.史记全本新注:第二册[M].张大可,注释.武汉:华中科技大学出版社,2020:823.
② 司马迁.史记:第四册[M].裴骃,集解;司马贞,索隐;张守节,正义.北京:中华书局,2014:1674.
③ 白寿彝.中国通史(第三卷):上古时代(上册)[M].2版.上海:上海人民出版社,2015:148-163.
④ 宋镇豪.夏商社会生活史:上册[M].北京:中国社会科学出版社,1994:280.
⑤ 郭丹,程小青,李彬源,译注.左传:中册[M].北京:中华书局,2012:1085.
⑥ 郭丹,程小青,李彬源,译注.左传:上册[M].北京:中华书局,2012:473.

　　然而,毕竟社会存在决定社会意识,物质资料的生产方式是社会存在的决定性力量,是一切社会历史发展赖以存在和发展的客观基础。中国上古海洋社会基本结构与主体政治文化无不以东南沿海特定地理环境、人口因素以及建基其上的海洋性生产方式紧密相连。因而海陆复合的地缘地质构造、丰饶繁茂的生存发展资源、悠远厚重的海洋文化传统,无时无处不在顽强滋养维护着海洋文明的希望之光。也就是在西周时期,西来的王朝封臣及其随从在生存企望与王命在肩的双重压迫之下,落籍生根的急迫需要也在热切呼唤海洋文化的再度回归。于是人们便看到在东夷之地的姜齐诸侯国家"因其俗,简其礼"①以"通商工之业,便渔盐之利"②,终使齐国成为足以抗衡中原诸侯与周边土著的大国,海洋社会及海洋文明亦因注入鲜活创新元素而再次焕发出夺目的光彩与强劲的活力。时至春秋时代,齐国太公的后嗣承继者更是因袭既定国是施治"官山海"③措施统筹海陆以致海洋齐国"九合诸侯,一匡天下"④,成为春秋首霸强侯。至此,海洋社会及其海洋生产生活方式在与内陆农业社会及其农耕生产生活模式激烈碰撞汇融之后,借助"商工之业"所搭建的懋迁有无、通货积财的经济社会平台而获取了国家政治权力前所未有的正式支持,"渔盐之利"也自此由社会意义的经济利益升腾为国家政治权力极度关注并认可的极富政治价值的经济权利。与此同时,争霸兼并兵燹战火的蔓延以及江河湖海折戟沉沙的硝烟弥漫,以舟师为典范的国家海洋实力的组建与整备,使得海洋国家的海洋权力收获了较为可靠的保障。正是立基于海洋经济的不断拓展、海洋政治的持续推进、海洋军事的日益增强,东南沿海海洋国家依凭海洋权力、海洋权利与海洋利益的坚实支撑,在春秋战国尤其铁器时代初期春秋战国之交的特定历史时期频频制霸中原、富甲天下、称雄一方。海洋吴国鼎盛之时,亦是"西破强楚,北威齐晋,南伐越人"⑤,"战胜攻取,兴伯(霸)名于诸侯"⑥,国力超绝诸侯,财富冠绝于江南。越王勾践消灭吴国之后更是乘势"乃以兵北渡淮,与齐、晋诸侯会于徐州,致贡于周。周元王使人赐勾践胙,命为伯"⑦,成为春秋末期中国上古社会"横行于江、淮东,诸侯毕贺"⑧的最后一位霸主,甚至直至战

①　司马迁.史记全本新注:第三册[M].张大可,注释.武汉:华中科技大学出版社,2020:899.
②　司马迁.史记全本新注:第三册[M].张大可,注释.武汉:华中科技大学出版社,2020:899.
③　李山,轩新丽,译注.管子:下册[M].北京:中华书局,2019:933.
④　李山,轩新丽,译注.管子:上册[M].北京:中华书局,2019:393.
⑤　司马迁.史记全本新注:第四册[M].张大可,注释.武汉:华中科技大学出版社,2020:1389.
⑥　班固.汉书:第二册[M].颜师古,注.北京:中华书局,2012:1487.
⑦　司马迁.史记全本新注:第三册[M].张大可,注释.武汉:华中科技大学出版社,2020:1083.
⑧　司马迁.史记全本新注:第三册[M].张大可,注释.武汉:华中科技大学出版社,2020:1084.

国中期,强大的越国依然能与齐、晋、楚"四分天下而有之"①。威宣时代的齐国更是国内政治稳定,整体国力不断增强,再加上以稷下学宫为标志的学术文化日渐繁荣,"于是齐最强于诸侯,自称为王,以令天下"②,一时间,齐国国富兵强、傲视群雄,名家荟萃、文化繁荣,创造先秦海洋社会尤其海洋国家的鼎盛辉煌。

正所谓"全则必缺,极则必反,盈则必亏"③。无论中国上古海洋社会与海洋国家一时间展现出来的历史文化成就多么璀璨炫彩、辉煌鼎盛,然而因建基于简陋的物质技术条件、简明的社会经济关系、简单的族群组织结构、简略的政治文物架构,其终究无法追随生产工具不断变革、社会利益关系逐渐繁复、社会政治权力日益分化、兼并征伐战乱愈演愈烈、小农经济封建社会日渐成型的春秋战国时代的历史大势。但随着铁器时代的逐步深入,物质生产技术的加速进化,社会生产能力的极大提升,器物水平的突飞猛进,社会交往的日益扩大,思想文化的空前繁荣,社会利益的深刻变革,阶级阶层的逐渐分化,诸侯各国政治改变此起彼伏,皆从不同层面、各自角度削减着中国上古社会经济联系的阻隔、社会融合的障碍、文化连接的阻碍、政治统一的阻抗,尤其日益发达的商业交通已将各地区经济生产及社会生活紧紧串联,愈加突出的规模化耕作生产亟须打破因政治分隔而破碎的自然地理效用即所谓"雍防百川,各以为利"④,特别是战争对资源价值的极大摧残。时至战国后期,连天的兵燹、连年的征战使得海内"百姓不聊生,族类离散,流亡为臣妾"⑤的惨重苦难已将安定统一凝聚成人民与时代的最急切呼声。在这场如何利用地利、人和以顺应天时的历史大考中,由于东南沿海海洋社会乃至海洋国家失却天时、耗费地利以及丧弃人和,占据天时、用尽地利与凭借人和的内陆秦国"席卷天下,包举宇内,囊括四海"⑥一统中国。单就天时来说,尽管春秋末期吴、越两国总体上顺应了当时诸侯争霸政治生态变化形势与地缘政治格局调整要求,应和了江南地区社会经济经由长期平稳积累之后从青铜而进入铁器时代经济社会飞速发展的时代呼声,或者说紧紧攥住了所谓春秋时期"中原疲敝"历史间歇期,尤其楚晋争霸政治国势角逐相对内在疲怠乏力而积极寻求外在活力补充的历史新机遇而快速崛起并相继称霸中原,吴越的灭亡尤其吴国的快速由盛而衰直至灭亡,归根结底,不外社会政治耗费在根本上远远超越于社会生产的有效支撑以

① 方勇,译注.墨子[M].北京:中华书局,2015:176.
② 司马迁.史记全本新注:第三册[M].张大可,注释.武汉:华中科技大学出版社,2020:1186.
③ 陆玖,译注.吕氏春秋:下册[M].北京:中华书局,2011:905.
④ 班固.汉书:第二册[M].颜师古,注.北京:中华书局,2012:1508.
⑤ 缪文远,缪伟,罗永莲,译注.战国策:上册[M].北京:中华书局,2012:200.
⑥ 贾谊.新书校注[M].阎振益,钟夏,校注.北京:中华书局,2000:1.

及国家政治战略无法及时回应地缘政治性状整体变化的崭新需求,特别是在顺应社会生产力发展、社会利益关系格局变革新要求而变革相应政治制度的时代大潮方面缺乏有效的及时回应,从而失却历史的眷顾而先后被逐出政治舞台。

可见,在中国上古社会及其利益结构、政治文物统治与政治思想文化激荡变革的历史潮流之下,东南沿海海洋社会与海洋国家因其政治稳定平顺、经济完整良好、社会组织和谐以及文化深层敦厚等的相对不足,进而在与拥据被山带河以为固的地缘地理优势、发达灌溉农业的有力有效支持、先进锻铁刀箭装备的战力强劲军团、崇尚阳刚武德的国家文化氛围、较少中原传统文化束缚的社会革新基础、大胆任用外来人才的政治统治决心、相对长寿强力统治者保障的政治连续稳定以及始终坚持效率精确的既定行政程序①的内陆秦国的政治竞争中惨淡败下阵来,正是历史必然规律最为直白的印证。若就国家政治文化演进的角度而言,这便要求人主国君即政权执掌者须时时顺应社会向前发展规律,刻刻紧跟物质生产技术进步节奏,急速回应社会生产关系变革诉求,妥善调节人群利益结构变化,适度整饬政治文物体制机制,以有效保持国家竞争力水平。内陆秦国正是紧紧追随战国时期社会生产力快速发展的节奏步伐,积极应和社会生产关系变革的时代主体呼声,任用商鞅施行变法图强,通过彻底废黜旧式世卿世禄特权、奖励军功等系列政治举措,不断革新社会利益关系结构构造从而持续释放并凝聚社会活力,执着专注于富国强兵直至四海一定的时代主题。因此,在宏观政治视域中,中国上古海洋社会的浴火涅槃尤其海洋国家的相继覆灭,呈现给后人政治经济以及社会文化的经验教训对于身处大海洋时代百年未有之国际格局大变局、肩负祖国完全统一以及民族伟大复兴的当今中国而言,极富深远理论价值与重大现实意义。

---

① 崔瑞德,鲁惟一.剑桥中国秦汉史:公元前221—公元220年[M].杨品泉,等,译.北京:中国科学出版社,1992:43-49.

第二章　先秦社会的基本概貌

先秦时期是中国社会和中华文明的早期阶段,也是中华传统文化的筑基时期。由于海陆复合的地缘构造,中华先民早在远古时代便与海洋有着极为亲密的接触。及至旧石器时代,中华先辈更是在祖国自南向北绵长的沿海地区遗留下牵涉海洋生活环境、海洋食用资源、近海捕捞等在内的亲近海洋、依海而生的巨量鲜亮的海洋生活史迹。新石器时代,撒落在中国自北向南漫长海岸带上的中华先民海洋文明遗存更是如珍珠般绚丽。然而,"真正史学意义上的中国海洋文化的历史,还是从具有信史意义的三代(即夏商周三代)开始的"①。透过叙记上古三代及以降社会生产生活史实的典籍,可以窥见中华远古先民对于其生活所直面的海洋,无论是物质生活层面的广度和深度还是精神视域展开的方式和角度,都已经有了颇为深入的体察与深刻的感悟,尤其晚周时期的春秋战国时代因缘海立国而亲近海洋的诸侯各国,在争霸逐鹿的宏大时代目标牵引之下,基于生存抑或毁灭的现实压迫而萌生的富国强兵需要,以致"对于海洋的认识和开拓达到了前所未有的高度"②。历经青铜时代的厚重积淀,甘肃临潭磨沟遗址 2009 年考古新发现显示,最迟在公元前 1310 年,古老中国就掌握了冶铁技术。延及战国时期,随着铁制农具的普遍使用,大批耕地的不断垦种,水利工程的大力兴修,畜耕技术的渐次推开,农田管理的日渐增强,加之手工业全面发展,社会商品交换繁盛,社会原始金融服务缓慢展开、金属铸币发行量逐渐增大,中国整体社会生产力水平进入提速发展的快车道。社会生产力的快速发展,必然推动先秦社会生产关系的巨大变革。先秦社会的发展与变革,尤其是社会政治关系、经济生活方式的革命性变化,对于其后中国古代社会发展方向、发展成就都产生着巨大而深远的影响。先秦社会向海的努力、面海的成就、对海的思考以及沿海邦国对海洋的经略也必然

---

①　曲金良.中国海洋文化史长编:上卷[M].青岛:中国海洋大学出版社,2017:31.

②　曲金良.中国海洋文化史长编:上卷[M].青岛:中国海洋大学出版社,2017:11.

植根这种社会大变革大潮、体现该种社会大革新趋向。

一、先秦社会的政治变革

众所周知,华夏文化灿烂辉煌,中华文明五千年绵延不绝。依学界一般观点,溯源追根中华璀璨文明五千年,中国文明社会开始于夏代,中国上古国家文明历史滥觞于夏启王朝,因而在此之前以红山遗址以及良渚遗址所代表的文化尚处在"原始社会的末期,尚未进入文明社会"①。马克思主义经典作家也认为"国家是文明社会的概括"②。因此,上古夏商西周三代时期是中国国家历史的初始篇章。当然,在这文明历史的早期,人类无论是在体现文明特色的文化表达方式层面,还是决定文明性质的社会构成系统层面,都要接受当时社会生产能力的直接制约,受到社会劳动主体、劳动中介以及劳动过程结构尤其是劳动力及其供给状况的制约。正如恩格斯所指出的那样:"劳动越不发展,劳动产品的数量,从而社会的财富越受限制,社会制度就越在较大程度上受血族关系的支配。"③血族关系的构建与保障便成为远古社会的头等大事。因而,无论文明表现形式有多么大的差异,其内在根本规定性都须归结于凌驾在两种社会生产之上用以保障与维持其延续发展的政治强制力的存在及其状况。"因此,权力的强化和国家的出现应当是世界上各个古代文明的共同特点。"④在国家文明系统的诸要件中,政治行政权力是文明存在与发展的主体要素和基本保障。所以,考察中国远古先秦时代社会国家发展及其政治变革,是我们体察和认知中国古代海洋社会与海洋国家以及海洋政治思想直至中华古代海洋文化最牢靠的基础锚点。

(一)三代时期的社会国家

经考古发现和古文献学研究,大约公元前 21 世纪时,禹帝传位子启,打破原始部落禅让制,建立起中国历史上最初的专制国家——夏王朝,中国至此进入学界通认的阶级压迫和阶级统治社会。古本《竹书纪年》记载:夏王朝"自禹至桀十七世,有王与无王,用岁四百七十一年"⑤。大约公元前 16 世纪商汤攻灭夏朝,建

① 王巍.中华文明起源研究的新动向与新进展[J].黄河文明与可持续发展,2008(1):11.
② 中共中央马克思恩格斯列宁斯大林著作编译局.马克思恩格斯文集:第四卷[M].北京:人民出版社,2009:195.
③ 中共中央马克思恩格斯列宁斯大林著作编译局.马克思恩格斯文集:第四卷[M].北京:人民出版社,2009:16.
④ 王巍.中华文明起源研究的新动向与新进展[J].黄河文明与可持续发展,2008(1):13.
⑤ 范祥雍.古本竹书纪年辑校订补[M].上海:上海古籍出版社,2018:15.

立起商王朝。而关于商王朝的存续,古本《竹书纪年》则记为:"汤灭夏以至于受
(纣),二十九王,用岁四百九十六年"①,亦即至公元前 11 世纪,周武王联合西部
各部大举伐纣,一举破灭商纣王朝,代之以西周王朝。西周时代延及 260 年至 300
年左右,史载公元前 771 年周幽王被自己的外亲申侯勾结犬戎和吕、郧等方国攻
杀于骊山下,历时 1300 多年、在中国古代历史上称为"三代"的早期国家时代至此
终结。三代时期为中华文明的筑基期,夏商西周的社会国家,是中华文化产生及
其演化的根基与源泉。三代时期的自然疆域、政治统治、思想文化以及社会管理
体系等方面的建设与发展对于中华民族以及民族思想文化的形成发展,对于后世
社会经济关系、国家政治建构以及向海面海走向都有着奠基性的意义。

1. 三代时期的陆海疆域

在史家看来,三代时期是中华远古历史中经济关系与政治统治及其机制激烈
变革的时代。夏商周时期,社会结构方式逐渐完成由松散的氏族部落组织向严整
的国家组织的变革,社会结构主体关系也以血缘关系为主体逐步为以地缘关系为
主体所取代,社会直接统治方式逐步瓦解、间接统治方式日渐成型。在社会结构
形态、社会统治方式日益变革的同时,表达新型社会政治权力覆盖范域的物质形
态也呈现出与过往版式的较大差异即国家的疆界形态"从村落围沟、都邑封疆,发
展为诸侯国的大型界墙,最终形成了统一国家的界墙"②。事实上,在中华文明深
厚博大的体系之中,疆界意识与疆界概念都有着较早的起源,原始社会时期就有
尽管不具政治统治意义但已有地域管理性质的疆域意识与疆界观念。现代考古
学已证实,中国远古社会族群组织主动区分隔离的最早表达"出现在新石器时代
中期"③。进入文明社会以后,夏商周三代帝王凭借手中掌握的强大暴力工具及
其长期积淀或承袭的正统社会地位,或通过战争兼并,或采用册命分封,使得其治
下疆域范围大为扩展,从而稳步构筑起中华民族生存、融合与发展的自然基础,也
为中华文化的多元并进创造了前提条件。

由于缺乏系统的专史资源,我们对于三代时期尤其夏王朝确实的海陆疆域的
了解还相当欠缺,但透过反映上古先民相关历史活动文献的零星记载,我们还是
可以窥见先秦时期各个时代海陆疆域及其发展的基本轮廓。在《尚书》以及《史
记》里载有:"禹别九州,随山浚川,任土作贡。"④禹"开九州……行相地宜所以有

---

① 范祥雍.古本竹书纪年辑校订补[M].上海:上海古籍出版社,2018:27.
② 安京.试论先秦国家边界的形态[J].中国边疆史地研究,1999(3):22.
③ 曲金良.中国海洋文化史长编:上卷[M].青岛:中国海洋大学出版社,2017:146.
④ 孔颖达.宋本尚书正义:第二册[M].北京:国家图书馆出版社,2017:115.

贡"①"导九川"②,由此九州一统。不仅四方土地皆能适宜居住,所有高山因伐木铺路畅行无碍,所有大川皆因疏通水流平静安详,所有湖泽皆因堤防筑修碧波荡漾,而且畅通无阻通达四海的进贡道路摩肩接踵。大禹王朝"东渐于海,西被于流沙,朔南暨声教,讫于四海"③。可见,大禹时期,中国先民族群生活基本范围已经被基本的九州划分④,其东方已直抵大海,西方也进至大漠,而在北方和南方连同王朝的声威与教化均已达及大凡外族人能落聚的区域。关于继夏而起的商朝的国家海陆疆界,学者认为王朝的初期,商王辖控的疆域并不宏大,只是后来"由于四出征伐,灭掉许多小国,商王国的版图才逐渐扩展起来。特别是攻灭昆吾、夏桀,'尽有夏商之民,尽有夏商之地,尽有夏商之财'后,便拥有东至洛水、西至羌境的广大地域"⑤。及至武丁、仲丁时期,殷商王朝的辖统疆域在西汉人贾捐之看来,商王的统治范围"东不过江、黄,西不过氐羌,南不过蛮荆,北不过朔方"⑥。但是到了商纣王时期,殷商王朝的疆域已是"左东海,右流沙,前交趾,后幽都"⑦。尽管没有确实的佐证史料,但殷商王朝统治版图的逐渐扩张包括向东向海拓展的趋势还是可信的。大约公元前1046年,周武王统率周军和一众友邦军队在牧野(今河南淇县南)与商军决战。武王大获全胜,纣王被逼自焚,周军攻占商都,覆灭商纣王朝,周王朝建立。其后周武王又分兵四出,四方征战,总体上控制了殷商王朝原有的统治区域。为维持和牢固政治统治,周王朝自武王时起便大批"封建亲戚以藩屏周"⑧。此外,周王朝还用分封异姓诸侯国以统治商朝早期领地。于是,在古典中,周王朝的统治疆域就有记载为:"我自夏以后稷、魏、骀、芮、岐、毕,吾西土也。及武王克商,蒲姑、商奄,吾东土也;巴、濮、楚、邓,吾南土也;肃慎、燕、亳,吾北土也。"⑨西周的政治统辖范围西至今天山西芮城东北和西部,东到今山东博兴东南、曲阜东,南至今重庆,湖北石首、江陵,河南邓州一带,北到今北京以至东北一线。结合周初封七十有一诸侯国以屏藩王室,加上诸侯封卿、卿封士的层层分封拓展,西周王朝疆域已然"东渐于海"大抵可为肯定。而且春秋战国时期的东

① 司马迁.史记全本新注:第一册[M].张大可,注释.武汉:华中科技大学出版社,2020:67.
② 司马迁.史记全本新注:第一册[M].张大可,注释.武汉:华中科技大学出版社,2020:73.
③ 王世舜,王翠叶,译注.尚书[M].北京:中华书局,2012:91.
④ 学者也有此说不可信的看法,如安京在上引文章就讲道:"《禹贡》记载的九州区划未必是事实。"
⑤ 白寿彝.中国通史(第三卷):上古时代(上册)[M].上海:上海人民出版社,2015:188.
⑥ 班固.汉书:第三册[M].颜师古,注.北京:中华书局,2012:2453.
⑦ 周自强.中国经济通史:先秦(上册)[M].北京:经济日报出版社,2007:126.
⑧ 郭丹,程小青,李彬源,译注.左传:上册[M].北京:中华书局,2012:473.
⑨ 郭丹,程小青,李彬源,译注.左传:下册[M].北京:中华书局,2012:1715.

南沿海的齐、吴等海王之国的崛起就是这些西周封建亲戚经世累代持续耕耘的直接结果。由此可见,至少在今天中国大陆第三阶梯直至大海的绝大部分地理区域里,无处不活跃有上古先民陆上耕耘以及海上劳作的身影,也正是他们辛勤的劳作与不倦的思考,积淀起中华文明绚丽灿烂的深厚基础,为中华文化在后世的多元融合发展铺就了可资依赖的路径以及可资借鉴的范式。

2. 三代时期的政治统治

夏商西周时期,随着步入青铜时代,社会生产力飞速提升,中国古代社会从社会结构形态、社会主体关系到社会统治方式都经历着巨大的变革。从民主松散的氏族部落及部落联盟组织逐渐过渡到组织严密的专制国家,以血缘为纽带的社会联系逐步被以地域为主体的社会关系取代,三代时期的社会政治统治方式发生了剧烈的变革,国家治理体系也进行着根本性的重构。如果从本质上缕析三代时期的因封邦而建国,对社会性质的判定,我们倾向晁福林先生"夏商两代应当称为氏族封建制社会,而西周则是宗法封建制的社会,到了东周时期,宗法封建社会逐渐解体,而步入了地主封建制社会"①的说法。封邦建国相传始自黄帝,可考史则滥觞于夏代,经由商代发展,及至西周便为定制。当然,作为从部落制度脱胎而成国家的初始阶段,三代时期的国家形式尤其夏代国家不可避免地带有原始氏族社会的印记。事实上,从夏代到商周中国上古致力邦国关系的合理建构、国家内涵的不断充实,在某种意义上就是在极力渐次消退这种印迹,以构造适应生产力发展进步要求的崭新社会政治统治体系。

夏代开启国家制度之先河。从"选贤与能,讲信修睦"的原始氏族部落社会挣脱出来,由"天下为公"步入"各亲其亲,各子其子""大人世及"的"天下为家"时代,这个"谋用是作""兵由此起"的新世纪,既需要牢固的"城郭沟池"拱卫财货,也需要全新规则"以正君臣,以笃父子,以睦兄弟,以和夫妇"②。为此,夏朝设置专司的百官,《礼记·明堂位》因之有"夏后氏官百"③之载,文献才会有"六卿""三正"之说,才有"太史令""车正""牧政""危正""官占""遒人"之分;夏王开始"任其土地所有,定其贡赋之差"④以征收不同的税赋,《尚书·禹贡》因之有五百里"甸服""侯服""绥服""要服""荒服"⑤之记,后世顾炎武才有"古来田赋之制,

① 晁福林.夏商西周的社会变迁[M].北京:北京师范大学出版社,1996:229.
② 胡平生,张萌,译注.礼记:上册[M].北京:中华书局,2017:420.
③ 胡平生,张萌,译注.礼记:下册[M].北京:中华书局,2017:616.
④ 孔颖达.宋本尚书正义:第二册[M].北京:国家图书馆出版社,2017:115.
⑤ 王世舜,王翠叶,译注.尚书[M].北京:中华书局,2012:88-90.

实始于禹"①之言；夏代还建有强大的军队，《尚书·甘誓》因之载有"六事之人，予誓告汝……左不攻于左，汝不恭命；右不攻于右，汝不恭命；御非其马之正，汝不恭命。用命，赏于祖；弗用命，戮于社，予则孥戮汝"②；夏时已颁有刑罚、造有监狱，《左传·昭公六年》因而载有"夏有乱政而作《禹刑》"③，以及《竹书纪年》因之便记有"帝芬，三十六年，作圜土"④。可见，尽管社会基本组织依然是氏族，但由于分封进而被分工，夏代时期的氏族组织大多已是中央王朝一定控制之下完成特定任务并缴纳规定赋税的地方行政组织体，由此足见夏王朝已开始突破原始血缘的界限，以地域为基础管辖人民、统治社会。同时，夏王朝以官吏、军队、刑法、监狱等为主体的国家公共政治权力体系业已建构完成。所有这一切足以说明夏王朝已经成为中国历史上第一个阶级专政的国家政治实体。当然，毕竟只是国家时代的肇始、文明社会的初入，夏代的国家结构及政治体系不可避免地带有其脱胎而来的氏族制度的大量原始残余。

依据《论语·为政》中孔子"殷因于夏礼，所损益""周因于殷礼，所损益"⑤，即殷商因袭夏代仪礼体制而有所废止增减、姬周沿用殷商仪礼体制又增删废立的基本判断，表明至少在社会统治总体方式上，夏商周三代既有承袭，更有发展。代夏而起的殷商王朝在社会统治方式、国家机构组建、国家武装建制以及贡赋征收等方面，较之前朝均有重大的发展。尽管在本质意义上殷商王朝依然是以政治王权、宗教神权与社会族权为支柱的"以商为核心的方国部落联盟"⑥，但由于商朝尤其晚商王朝采取包括发展王族与多子族势力、不断削弱神权以及战争征服与税赋征收等一系列强化王权的措施⑦，商代王权在追求运筹帷幄、八方统驭、天下经略的实际能力上步入新的高度，也极大强化了殷商时代"方国部落联盟"式王朝的古代国家意义。在国家机构的组建方面，殷商王朝以政治区域为基点设置起较为齐备的以外服与内服为区分的职官体制。殷商王朝直接统治区域即王畿职官为内服，而王朝掌控方国部族职官为外服。即如《尚书·酒诰》所载："越在外服，侯甸男卫邦伯，越在内服，百僚庶尹惟亚惟服、宗工越百姓里居。"⑧在国家兵制上，

① 顾炎武.日知录集释：上册[M].黄汝成，集释；栾保群，校点.北京：中华书局，2020：384.
② 王世舜，王翠叶，译注.尚书[M].北京：中华书局，2012：93.
③ 郭丹，程小青，李彬源，译注.左传：下册[M].北京：中华书局，2012：1664.
④ 王国维.今本竹书纪年疏证[M]//皇甫谧，等.帝王世纪·世本·逸周书·古本竹书纪年.陆吉，等校点.济南：齐鲁书社，2010：56.
⑤ 杨伯峻.论语译注[M].典藏版.北京：中华书局，2015：30.
⑥ 晁福林.夏商西周的社会变迁[M].北京：北京师范大学出版社，1996：311.
⑦ 晁福林.夏商西周的社会变迁[M].北京：北京师范大学出版社，1996：312-314.
⑧ 王世舜，王翠叶，译注.尚书[M].北京：中华书局，2012：202.

若康丁之前殷商兵制仍如旧例以部族征集为主、王朝常备军为辅,那么康丁以后商代王朝的国家军备力量则是以正规化常备军领衔,当然此时所谓正规化的常备军也只是相对于征召的乌合族众而言,与后世职业化军队毫无可比性。殷商王朝的常备军队建制主要是"师、旅、戍、行、马、射等几种"①。而对于殷商王朝的贡赋制度,孟子有言"殷人七十而助……其实皆什一也。……助者,藉也"②,亦所谓殷商王朝施行每七十亩助法实质上与夏朝及周代一样皆按十分之一抽取。事实上,殷商王朝的贡赋制度颇具多元性,基于不同地域、对象而呈差异内涵。外服的贡赋主要在于:参与征战、贡献牲畜、献奉战俘、开采矿石以及田猎放牧③。其中参与征伐与献奉战俘在古籍里记载最多,足以说明外服势力的军事价值是殷商王朝最为关注的。而作为王朝直接统辖区域的诸部族,内服势力的贡赋则主要在于:田赋即网罗族众为王室农作、兵赋即调集族卒遵王命征戍、人赋即驱策族人充王室劳役、牲赋即呈奉牲畜供王室祀戎、卜赋即进献甲骨应王室占卜、力役即备具人力备王室驱使、财赋即汇集物财随王室征取④。此外,殷商时代的社会结构虽有等级之分,但尚无健全之制。

　　而周代的宗法封建制社会,在史家的眼中处于中国古代社会发展中由氏族封建制向地主封建制的过渡阶段,"是我国文明时代初期社会结构发展中的一个相当完备的形态"⑤。西周政治统治的突出特征在于其社会基本组织形式已从夏商时代的"氏族"发展演变为"宗族",社会基本经济关系也由"贡""助"演化为"彻",尤其因推行较为完备的"井田"制度,周代社会的封建生产关系逐渐成长成熟。而西周宗族的形成与发展,完全得益于分封政制的强力推进。事实上,周初无论文王抑或武王,他们对于社会结构的构建依然是在沿袭前代方国部落联盟的传统,"诸侯之长"是其最为现实的稳妥追求,"诸侯之君"并非他们急切设想。只是戡定"三监之乱"以降,周公反思前车之鉴,"吊二叔之不咸,故封建亲戚以藩屏周"⑥。所谓封建亲戚,本质上即在于以血缘亲疏远近为核心构造起与夏商时代完全不同的社会宗法等级关系网络体系。自此,西周社会政治结构以及经济关系发生了全方位的革命性变动,尤以政治结构变动为最。恰如大师王国维先生所言:自夏至周初,天子诸侯君臣之分未定,天子尚如诸侯之盟主。然而"逮克殷践

---

①　晁福林.夏商西周的社会变迁[M].北京:北京师范大学出版社,1996:336-341.
②　方勇,译注.孟子[M].北京:中华书局,2015:90.
③　晁福林.夏商西周的社会变迁[M].北京:北京师范大学出版社,1996:342-343.
④　晁福林.夏商西周的社会变迁[M].北京:北京师范大学出版社,1996:344-347.
⑤　晁福林.夏商西周的社会变迁[M].北京:北京师范大学出版社,1996:237.
⑥　郭丹,程小青,李彬源,译注.左传:上册[M].北京:中华书局,2012:473.

奄,灭国数十,而新建之国皆其功臣、昆弟、甥舅,本周之臣子,而鲁、卫、晋、齐四国,又以王室至亲为东方大藩。夏殷以来,方之蔑矣。由是天子之尊,非复诸侯之长而为诸侯之君"①。同时,西周封邦建国也不只是疆土的分割,最为根本的意义在于族群的组编。这时分封制下的诸侯,"因其与原居民的糅合,而成为地缘性的政治单位"②。这种周王朝谋划缔造的"文化历史结构"③配之旨在"政在养民""为民制产"土地及其禀赋的重新规划,使得周室凭借王朝的政治权力抟铸起一个政治的共同体,周人的世界不再只是一个"大邑",而是一个天下,一个"非一人之天下,乃天下之天下"④。西周以蕞尔小邦逐步跃升蔚然大国,以吸收多助的政治理念立国,以招抚同化的政治术势拓展,凭借开放包容、"天下为公"的政治哲学越超部族天命观念以及道德性天命而衍生的理性主义"明哲爽邦的匡济精神"⑤,构筑成兼坚韧抟聚力与包容力的华夏文化共同体。商克夏继而周复克商,是谓之共同体天道任命的交接与文化秩序的递嬗。容融共生、和衷共济、革故鼎新、厚德载物,此谓华夏共同体的文化基质,中国"从此不再是若干文化体系竞争的场合,中国历史从此成为华夏世界求延续、华夏世界求扩张的长篇史诗"⑥。

(二)春秋时期的政治生态

西周后期,社会内部各种矛盾激化,朝政腐败,宗周政治国家与社会经济均出现严重危机。西周末年,公元前781年"宣王崩,子幽王宫湦立"。而继位的幽王宫湦却"以虢石父为卿,用事,国人皆怨。石父为人佞巧善谀好利,王用之"⑦。由此造成人心背离、政治昏乱。昏聩荒淫的幽王又因宠溺褒姒不惜"烽火戏诸侯"⑧而失信于天下诸侯。公元前774年,贪婪腐败的周幽王废嫡立庶,废去申后又罢黜太子宜臼,不仅改立褒姒之子伯服,而且追杀宜臼至其母系家族申国。幽王对申国的恣意讨伐,致使暴怒的申侯联合缯国、西夷犬戎攻打周幽王。"幽王举烽火召兵,兵莫至。遂杀幽王骊山下,虏褒姒,尽取周赂而去。"⑨西周就此灭亡。公元前771年,宜臼靠诸侯的帮助,登上王位,是为平王,翌年迁都洛邑,中国古代历史

---

①　晁福林.夏商西周的社会变迁[M].北京:北京师范大学出版社,1996:265.
②　许倬云.西周史[M].增订本.北京:生活·读书·新知三联书店,1994:150.
③　司马云杰.中国精神通史:第一卷[M].北京:华夏出版社,2016:260.
④　陈曦,译注.六韬[M].北京:中华书局,2016:12.
⑤　司马云杰.中国精神通史:第一卷[M].北京:华夏出版社,2016:265.
⑥　许倬云.西周史[M].增订本.北京:生活·读书·新知三联书店,1994:316.
⑦　司马迁.史记全本新注:第一册[M].张大可,注释.武汉:华中科技大学出版社,2020:119.
⑧　司马迁.史记全本新注:第一册[M].张大可,注释.武汉:华中科技大学出版社,2020:119.
⑨　司马迁.史记全本新注:第一册[M].张大可,注释.武汉:华中科技大学出版社,2020:119.

便步入纷乱之春秋时期。"平王之时,周室衰微,诸侯强并弱,齐、楚、秦、晋始大,政由方伯。"①春秋初年亦即自平王继位始,由于宜臼因其外祖父申侯引犬戎来攻以致幽王被杀而拥登王位,平王亦身陷弑父之疑,周天子威望骤降。同时,各诸侯国势渐强,并攻伐不断,尚且东迁之周室仅存小片领地。因此,东周王室权势衰弱,政令不行。在弱肉强食的争霸中,齐、楚、秦、晋等国开始强大,政治律令常常为这些称霸的诸侯主君把持。

　　纵观春秋时期,王室势力日渐衰微,诸侯实力逐渐增强,为主导政治格局、掠夺资源、兼并土地,方国诸侯之间征伐战事频发,以致春秋社会兵燹战火连年。仅依《春秋》所载为据,在春秋时期约两个半世纪的岁月延续中,诸侯之间讨伐征战多达 483 次,后世学者因之亦有期间"只有 38 年没有战争"②的统计结论。同时学者研究还发现:这些战争土地兼并目标指向十分明确,"多数军事行动是为了掠夺、兼并土地而进行的"③。在司马迁笔下的春秋社会亦为"弑君三十六,亡国五十二,诸侯奔走不得保其社稷者,不可胜数"④。连年竞相征伐,实力弱小的诸侯方国或被吞或被并,势力强大的诸侯不仅称霸一时而且也统率一方。先后竞起的春秋五霸就是这个"中国历史上变动最剧的时代"⑤的一时一方巨擘。无论是齐桓公、晋文公在中原以"救中国,而攘夷狄"⑥聚合诸侯而北御戎狄、南制强楚,还是秦穆公举兵向西、"兼国十二,开地千里"⑦、遂霸西戎,抑或楚庄王安定南方、北征不止,以致"赫赫楚国,而君临之,抚征南海,训及诸夏"⑧。自齐桓公初创霸业直至鲁襄公二十七年(公元前 546 年)第二次弭兵之会,诸侯大国为争逐霸业相互征伐绞杀一个多世纪之久。当然,中原弭兵并没有消除中国南方的吴楚相制与吴越争霸。长时间弱肉强食的生存竞争,各诸侯国尤其诸侯大国为图霸业不仅需要向内聚力,而且要纵横借力直至向外发力,因此,春秋时代的大小诸侯,内修政治,整饬社会,发展生产,以富国强兵,尤其弭兵之会后,列国诸侯纷纷向内用力,以致诸侯列国国内社会经济、政治、文化变化明显,弊端凸显的旧制也渐次为新制所取代。春秋后期世代诸侯的向内用力突出表现为大夫兼并(大夫专政)即各国国内

---

①　司马迁.史记全本新注:第一册[M].张大可,注释.武汉:华中科技大学出版社,2020:119.
②　崔瑞德,鲁惟一.剑桥中国秦汉史:公元前 221 年—公元 220 年[M].杨品泉,等,译.北京:中国社会科学出版社,1992:22.
③　周自强.中国经济通史:先秦(下册)[M].北京:经济日报出版社,2007:753.
④　司马迁.史记全本新注:第五册[M].张大可,注释.武汉:华中科技大学出版社,2020:2239.
⑤　梁启超.先秦政治思想史[M].北京:东方出版社,1996:238.
⑥　黄铭,曾亦,译注.春秋公羊传[M].北京:中华书局,2016:251.
⑦　高华平,王齐洲,张三夕,译注.韩非子[M].北京:中华书局,2015:94.
⑧　白寿彝.中国通史(第三卷):上古时代(上册)[M].2 版.上海:上海人民出版社,2015:310.

政治权力逐渐下移至卿大夫,春秋晚期县郡制度的出现以及"铸刑鼎"①,皆是卿大夫实力崛起的例证。春秋时代政治生态的如此变化,是社会经济状况变化及其阶级以及阶层力量对比关系日益不平衡的真实展现。在马克思主义理论视域里,其根源在于社会生产力的发展。铁制农具使用、牛耕渐趋普及以及由此催动井田制的内生变动是推动春秋农业社会经济与政治关系变革的根本。

(三)战国时期的政治变革

有史学家认为:公元前453年,以韩、赵、魏三家分晋为标志,中国历史步入战国时期。② 在历史唯物主义的基础语境中,人类社会发展史的实质就是生产力水平的进化史,是社会生产力的持续进步推动着社会的不断发展。生产工具是生产力水平的基本标志。马克思主义经典作家早就明确指出:"各种经济时代的区别,不在于生产什么,而在于怎样生产,用什么劳动资料生产。劳动资料不仅是人类劳动力发展的测量器,而且是劳动借以进行的社会关系的指示器。"③"铁使更大面积的农田耕作、开垦广阔的森林地区,成为可能。"④铁制工具的普遍使用以及牛耕的逐渐推广,不仅极大地提高了耕作技术与耕作效率,也使得大规模农田水利工程诸如都江堰、郑国渠以及西门渠等得以兴修,尤其是荒地的大规模开垦有力地推动了战国时期各国社会政治经济关系的变法革新,以魏国李悝的"尽地力之教"⑤、吴起在楚国推行的"实广虚之地"⑥,尤其商鞅在秦国以"为田开阡陌封疆"⑦为代表的土地新政有力地冲击着旧有土地关系与地籍制度,急速地变更着社会利益关系基本格局以及国家政治资源配享性状。马克思也强调过:"社会的物质生产力发展到一定阶段,便同它们一直在其中运动的现存生产关系或财产关系(这只是生产关系的法律用语)发生矛盾。于是这些关系便由生产力的发展形式变成生产力的桎梏。那时社会革命的时代就到来了。随着经济基础的变更,全

① 白寿彝.中国通史(第三卷):上古时代(上册)[M].2版.上海:上海人民出版社,2015:335-339.
② 对于战国的具体起始,学者有不同的见解,具体还有前475年以及前403年之说。我们在这里采用前453年之说。
③ 中共中央马克思恩格斯列宁斯大林著作编译局.马克思恩格斯文集:第五卷[M].北京:人民出版社,2009:210.
④ 中共中央马克思恩格斯列宁斯大林著作编译局.马克思恩格斯文集:第四卷[M].北京:人民出版社,2009:182.
⑤ 班固.汉书:第二册[M].颜师古,注.北京:中华书局,2012:1031.
⑥ 陆玖,译注.吕氏春秋[M].北京:中华书局,2011:814.
⑦ 司马迁.史记全本新注:第四册[M].张大可,注释.武汉:华中科技大学出版社,2020:1418.

部庞大的上层建筑也或慢或快地发生变革。"①在社会生产力发展的强大驱动下,战国时期魏国李悝、赵国公仲连、楚国吴起、韩国申不害、齐国邹忌以及秦国商鞅先后受王命施行改革与变法,以使"礼、法以时而定,制、令各顺其宜"②,他们通过奖励耕战、富国强兵、建县征赋,废除旧有等级特权,摧毁贵族割据势力,以建立和发展新兴地主阶级国家的利益进而巩固封建地主阶级经济基础及其上层建筑。特别是商鞅在秦国变法"行之十年,秦民大说,道不拾遗,山无盗贼,家给人足"③,从而"使秦国社会从经济基础到上层建筑,以及阶级关系等级制度等方面,都发生了根本的变革"④,为日后秦始皇横扫六国一统中国,建立起中央集权的专制主义封建国家统御天下、平定四海打下坚实的基础。

二、先秦社会的经济发展

先秦时期是中国古代社会的剧烈变革时代,无论是社会结构及其构成状态,还是社会政治关系以及政治生态,甚至政治国家结构样本,以及社会政治统治方式,都在以前所未有的姿态竞相呈现于人们面前。对此,恩格斯在《社会主义从空想到科学的发展》中明确指出:"一切社会变迁和政治变革的终极原因,不应当到人们的头脑中,到人们对永恒的真理和正义的日益增进的认识中去寻找,而应当到生产方式和交换方式的变更中去寻找;不应当到有关时代的哲学中去寻找,而应当到有关时代的经济中去寻找。"⑤因此,要缕析先秦时期中国古代社会变化发展的基本脉络,就必须回到那个时代社会的经济关系的现实场景中去找寻材料,就必须回到那个时代社会的生产方式和交换方式的具体变革中去追问根由。

(一)三代时期的社会经济

自夏代进入青铜时代、建立国家以来,夏商西周三代王朝"完成了古代氏族社会完全做不到的事情"⑥。在继承龙山文化成就的基础上,夏代的经济已经有了

---

① 中共中央马克思恩格斯列宁斯大林著作编译局.马克思恩格斯文集:第二卷[M].北京:人民出版社,2009:591-592.

② 石磊,译注.商君书[M].北京:中华书局,2011:6.

③ 司马迁.史记全本新注:第四册[M].张大可,注释.武汉:华中科技大学出版社,2020:1418.

④ 周自强.中国经济通史:先秦(下册)[M].北京:经济日报出版社,2007:1057.

⑤ 中共中央马克思恩格斯列宁斯大林著作编译局.马克思恩格斯文集:第三卷[M].北京:人民出版社,2009:547.

⑥ 中共中央马克思恩格斯列宁斯大林著作编译局.马克思恩格斯文集:第四卷[M].北京:人民出版社,2009:196.

大幅度的发展,王朝的"农业、手工业以及农业和手工业之间的社会分工,都比前代有进一步的发展"①。尽管夏王朝农业生产相距部落联盟时代不远,生产工具也还是以木石器为主,但铜镞、铜钩、铜凿、铜锛等铜制器具在渔猎以及手工业中已有采用。同时夏历的形成也在一定意义上印证了夏朝农业生产的发展水准。另外,根据文献反映出来的夏代手工业已经分工明确且工艺高超,二里头遗址的大量青铜器皿以及陶范、铜渣足以说明青铜冶铸在夏代已是成熟的手工业经济部门。由于广泛使用快轮技术和施水法,夏代陶器烧制已远超前人。此外,以奚仲为代表的夏代造车技术,有"夏后氏之璜"誉称的制玉技术以及夏代的漆器业都已相当成熟。

　　"农业是整个古代世界的决定性的生产部门。"②及至商代,农业已赫然成为王朝有决定意义的生产部门,王朝对农业生产给予了高度的重视,不仅王室置有农事专吏,商王时常躬身农事以示关注,其他职官也常有抽司农事。殷商时代,中原农业已然步入"粗耕农业"阶段③,青铜农具在农业生产中不断使用,尽管占量不多却标志着农业生产力的极大发展。商时,农作物种类业已齐备"五谷",农业管理能力大为提升。《诗经·小雅·无羊》有云,"谁谓尔无羊?三百维群。谁谓尔无牛?九十其犉。尔羊来思,其角濈濈。尔牛来思,其耳湿湿"④,可以清晰地看到,无论是牲畜的种类,还是畜禽的饲养与管理,商代畜牧业生产都已进入比较精细的阶段。同时,在商代的社会经济构成中,渔猎业占有一定的权重,甚至海上鱼类也出现在商人的食物中。⑤ 农业生产的发展推动着手工业分工的进一步深入及其发展发达,殷商时代的手工业有了铸铜、制陶、纺织、建筑、木作等门类的细化,并较之前代都有显著进步和突出成就,尤其青铜冶铸已然步入全盛时期。⑥恰如列宁所说:"社会分工是商品经济的基础。"⑦殷商时代社会生产的不断分工及其进一步发展,必然极大地带动了社会商品生产和商品交换的发展,恰如太史公司马迁所言:"农工商交易之路通,而龟贝金钱刀布之币兴焉。"⑧为适应商品生

① 周自强.中国经济通史:先秦(上册)[M].北京:经济日报出版社,2007:107.
② 中共中央马克思恩格斯列宁斯大林著作编译局.马克思恩格斯文集:第四卷[M].北京:人民出版社,2009:168.
③ 周自强.中国经济通史:先秦(上册)[M].北京:经济日报出版社,2007:177.
④ 王秀梅,译注.诗经:下册[M].北京:中华书局,2015:412.
⑤ 周自强.中国经济通史:先秦(上册)[M].北京:经济日报出版社,2007:240.
⑥ 周自强.中国经济通史:先秦(上册)[M].北京:经济日报出版社,2007:275-340.
⑦ 中共中央马克思恩格斯列宁斯大林著作编译局.列宁选集:第一卷[M].北京:人民出版社,1995:164.
⑧ 司马迁.史记全本新注:第二册[M].张大可,注释.武汉:华中科技大学出版社,2020:866.

产尤其商品交换的需要,殷商时代已产生了以朋为计量单位的由海贝充当的货币。① 商业市场的繁荣,使得殷商的城市与交通也有了较大的发展。

公元前11世纪西周王朝代商而起,中国早期社会国家经济政治乃至社会文化进入全面鼎盛时期。这一时期的社会经济技术无论是农业生产力,还是体现当时科学技术和文化艺术的手工业以及商业交通等都较前代有显著的发展。就农业生产力而言,西周统治者在先周重农传统的基础上,秉持农为"民之大事",广设农官,强化农业经营管理,加之以青铜工具制作的精致木质耒耜为基础的耕效更高的耦耕方法的普遍采用,以及休耕制度的逐步推行,再配之以包括灌溉、治虫等农业生产过程的精细管理,西周农业劳动的生产效率已经不容低估。② 由于承担着为其他手工行业以及农业生产提供设备与生产工具的重要职能,青铜冶铸业与商代一样是西周时期的支柱性产业,并成为西周时代科学技术和文化艺术最高水准的直接表达,而且西周的冶铸工艺流程与工艺管理已然相当科学与成熟。同时,西周的纺织、制陶、玉器、木器、漆器以及建筑等手工行业,也有相当的发展,体现出高超的水平。尤其在前代成熟的造船技术基础上,周代不断改进木板船制造技术,这种源自西周加装风帆的木板船技术在长江流域至今尚在使用。③ 此外,因农业、手工业发展的托底,西周的商业及货币制度也有了相应的发展。

(二)春秋时期的社会生产

据可靠文献记载和考古发现,春秋时期尤其春秋中晚期的社会生产已经建立在铁制农具和牛耕使用的基础上。由人力锄耕迈向畜力犁耕是春秋农业生产的巨大变革,牛耕的采用不仅使得耕种规模充分拓展、耕作效率急速提升,而且使得耕作技术在不断翻新,劳动方式也产生了根本性变化。生产工具的变革和生产技术的改进,尤其以"宗庙之牺,为畎亩之勤"④,亦即牛耕技术的使用,个体劳动能力的提高,极大地变革了农业生产中的劳动者与劳动对象的结合方式,农业生产过程的个体独立经营与管理已成为可能。所以后世杜佑云:"商鞅佐秦,以一夫力余,地利不尽,于是改制二百四十步为亩,百亩给一夫矣。"(《通典》卷174)春秋时期,随着农业生产力的发展,粮食作物种类更为丰富,主要作物种植范围不断拓展,蔬菜、果树以及经济林木的栽培在文献中也常有记载。基于生产生活以及战

---

① 周自强.中国经济通史:先秦(上册)[M].北京:经济日报出版社,2007:350.
② 周自强.中国经济通史:先秦(上册)[M].北京:经济日报出版社,2007:569-602.
③ 曲金良.中国海洋文化史长编:上卷[M].典藏版.青岛:中国海洋大学出版社,2017:148.
④ 陈桐生,译注.国语[M].北京:中华书局,2013:556.

争的不同需要,畜牧业生产在春秋时期的经济生活中占有重要的地位。春秋畜牧业主要在于马、牛、羊、鸡、犬、猪的畜养。由于在政治生活尤其战争中极为重要的价值,马在春秋时期备受重视,以至马匹的驯养乃至选育等发展成为细分的专门技术,甚至被赋予较为重要的文化内涵。同时,渔业在春秋社会经济生活中也居重要位置,渔业赋税甚至成为诸侯国重要的国库收入之一。即如《天官·周礼·渔人》载:"凡渔者,掌其政令,凡渔征,入于玉府。"①应该注意的是,春秋文献中涉及海洋渔业的记载已悄然增多。《诗经·鲁颂·泮水》有记:"憬彼淮夷,来献其琛。元龟象齿,大赂南金。"②元龟即为大海龟,已作为贡献之物。《左传》中记有:"归夫人鱼轩,重锦三十两。"③鱼轩亦即齐桓公赠送的用鱼皮装饰的华丽车辆;《诗经·小雅·采薇》有记"四牡翼翼,象弭鱼服"④的鱼服就是用鱼皮制成的箭囊。陆玑认为这种鱼皮是:"鱼兽之皮也。鱼兽似猪,东海有之,一名鱼狸,其皮上皆有斑纹,腹下纯青。"(《毛诗草木鸟兽虫鱼疏》)《左传·宣公十二年》有文:"古者明王伐不敬,取其鲸鲵而封之,以为大戮,于是乎有京观,以惩淫慝。"⑤以海中鲸鲵来喻示凶恶的敌人。鲸鲵体形颇大,不常近岸活动,非入海不得见。总之,无论海龟、海兽以及鲸鲵皆非近岸所能获,尚需离岸捕捞,当然也不能排除因其意外搁浅所得,甚至正是偶然所获不易,故而大型海鱼颇是珍稀。但无论如何,当时海洋渔业已有所展开应是不容争辩的事实。

同时农业经济的发达、生产效能的改变、生产规模的拓展,引发利益关系的重构,推动"履亩而税",致使井田制量变内生以及书社出现,加之东周王室衰微,中央王权控制力不再,诸侯群雄争霸不已,以致频仍的战事汇聚成推动春秋手工业发展变化的洪流。春秋时期手工业在分布上呈现由王畿之地向列国的流动,与之相应,各诸侯普遍建有门类齐全、分工细密的官营手工业及其管理体系。同时,以家庭手工业为主体的民间手工业也在不断发展。尽管作为中国古文明重要内容的青铜冶铸于东周王畿地区趋向衰落,但列国诸侯、卿大夫乃至其家臣普遍热衷青铜器铸造。这一时期制造的"铜器数量巨大,种类繁多。铸造工艺有显著的发展,出现了分铸法、失蜡法等先进工艺技术。开始盛行金属镶嵌等工艺,铜器纹饰丰富多彩,艺术价值很高,剑、戟、戈、矛等铜兵器尤其精良"⑥。经过1500年青铜

---

① 徐正英,常佩雨,译注.周礼:上册[M].北京:中华书局,2014:99.
② 王秀梅,译注.诗经:下册[M].北京:中华书局,2015:799.
③ 郭丹,程小青,李彬源,译注.左传:上册[M].北京:中华书局,2012:306.
④ 王秀梅,译注.诗经:下册[M].北京:中华书局,2015:346.
⑤ 郭丹,程小青,李彬源,译注.左传:中册[M].北京:中华书局,2012:820.
⑥ 周自强.中国经济通史:先秦(下册)[M].北京:经济日报出版社,2007:899.

时代的深厚积淀,高度发达的青铜冶铸技术及其成熟完整的手工冶铸的行业,直接带动春秋早期人工冶铁的产生并有力推动春秋晚期冶铸生铁技术的发展。此外,春秋时期的制陶、漆器、纺织、煮盐等行业也有较大的发展。社会生产力发展,诸侯列国分立一方,奢华性消费增长,加之社会整体控制力弱化,人群流动性增加,个体劳动出现,商品交换得以极大促进,春秋时期城市数量不断增多,城市规模日渐增长,水陆交通能力日益增强。当然,正如马克思、恩格斯在《神圣家族》中所指出的:"历史活动是群众的事业,随着历史活动的深入,必将是群众队伍的扩大。"①因此,劳动群众不仅在生产和再生产过程中通过不断改进生产工具、累积生产经验、提高生产能力创造了春秋时期经济社会的不朽成就,同时采用诸如消极怠工、"适彼乐土"②的逃亡甚至暴动与起义等方式对现存社会生产关系给予有力的批判以推进社会政治经济体制机制的不断改革发展。春秋末期新兴封建地主势力正是采取一定程度符合劳动群众利益诉求的措施,得到不少民众的支持和参与而顺应生产力发展要求,因此从小变大、由弱向强,最终取得政治统治权力,并推进中国古代历史步入战国时期。

（三）战国时期的经济发展

作为中国古代历史的大变革时期,由于冶铁技术的长足发展和铁矿的不断开发,战国时期铁制工具已普遍使用于各个生产领域。生产工具不仅标示着社会对自然的控制程度,而且客观地表达着社会生产关系的状态与要求。铁制工具的使用,意味着战国社会生产力具备了超乎寻常的发展潜力,也意味着战国社会生产广度与深度存在前所未有的拓展空间,更意味着战国社会利益格局及生产关系面临着亘古未有的剧烈调整。铁制工具的广泛使用,尤其牛耕技术的逐渐推行、水利工程兴修推进的灌溉事业发展、精耕细作的注重、肥料的使用以及一年两熟的推广,使得战国时期的农业生产得到巨大的促进,农业生产量也有了极大的提高,正如恩格斯所言:"有（带有铁铧的用牲畜拉的）犁以后,大规模耕种土地,即田野农业,从而生活资料在当时条件下实际上无限制地增加,便都有可能了。"③农业产量的增长又带动农产品储藏、加工及其管理的发展,作为谷物加工工具发展历

---

① 中共中央马克思恩格斯列宁斯大林著作编译局.马克思恩格斯文集:第一卷[M].北京:人民出版社,2009:287.
② 王秀梅,译注.诗经:上册[M].北京:中华书局,2015:219.
③ 中共中央马克思恩格斯列宁斯大林著作编译局.马克思恩格斯文集:第四卷[M].北京:人民出版社,2009:37.

史上重大飞跃的"加工面粉的旋转磨,至迟在战国时期已经产生"①。粮食加工的副食品酒、酱、醋等也较为普遍,而且加工方法更为讲究。由于马牛有着较为广泛的使用价值,尤其对于连年战事的不可或缺,战国时期以饲养马牛的"公马牛苑",即国家厩苑为主体的人工饲养的官营畜牧业发展显著,同时,"陆地牧马二百蹄,牛蹄角千,千足羊,泽中千足彘"②的"与千户侯等"的养殖专业大户以及普遍的农户庭院养殖共同勾画出战国社会畜牧业的基本业态;而普及的阉割术、发达的相马术以及不断进化的兽医学则是战国社会畜牧业超越前代的基本质态。

就中国古代传统手工业而言,战国时期是其发展的十分重要的时期。这一时期,无论小农家庭手工业、个体小手工业,还是私营大手工业和官府手工业都得到了迅速的发展。这一时期,无论是传统的制陶、纺织、建筑、青铜冶铸、木器和漆器,还是春秋时代刚刚兴起的冶铁业,在进入战国这个大发展、大变革时代之后都得到迅速的提升。③ 对于小农家庭手工业,战国时期各封建诸侯国家多采护持之策。诸如秦国商鞅变法时明令:"僇力本业,耕织致粟帛多者复其身。事末利及怠而贫者,举以为收孥。"④若倾力于耕织本务,以至粮食增产、布帛增加的农夫即可免去其劳役,除却税赋。倘从事工商末业却因怠惰懒散而致家庭贫穷者,则须将其及其妻子一概没籍为官奴。正是在这样的正向激励配之以反向约束的制度体系下,手工业与关系国计民生的男耕女织"本业"构筑起秦国"国治而兵强、地广而主尊"⑤的实力本源并最终推动秦国一跃成为战国末期最强大的国家。在此过程中,所呈现的巨大统治价值,使得小农家庭手工业从未脱离统治者视野而得以不断发展延续。尽管在古代社会以耕织为本的统治主导理念之下,"事本而禁末"奉为治国圭臬,但在"不法古不修今,因世而为之治,度俗而为之法"⑥的社会大变革时期,战国时期各国基于发展官府手工业尤其征战的需要,并非一味禁绝个体手工业的存在。同时,由于常备世代累积的特殊专业技能与高超专业技艺,加之涉及近乎全部社会工种,个体手工业已经成为社会技术进步、国家实力发展的重要补充,因此,个体手工业在战国时期依然留有较大的政治制度空间而得以进步与发展。而以冶铁业和煮盐业为主的私营大手工业的产生与发展,则体现着战国时期手工业经济形式,尤其是在经营方式上的重大变化。私营大手工业的出现与不

① 周自强.中国经济通史:先秦(下册)[M].北京:经济日报出版社,2007:1141.
② 司马迁.史记全本新注:第五册[M].张大可,注释.武汉:华中科技大学出版社,2020:2221.
③ 周自强.中国经济通史:先秦(下册)[M].北京:经济日报出版社,2007:1161-1211.
④ 司马迁.史记全本新注:第四册[M].张大可,注释.武汉:华中科技大学出版社,2020:1417.
⑤ 高华平,王齐洲,张三夕,译注.韩非子[M].北京:中华书局,2015:134.
⑥ 石磊,译注.商君书[M].北京:中华书局,2011:79.

断扩展,不仅是对官府手工业的挤压,更是对诸侯国家权力的蚕食,在根本上是新兴的地主阶级顺应生产力发展要求对社会利益关系的一种自发调整。尤其这些"豪强大家,得管山海之利,采铁石鼓铸,煮海为盐。一家聚众,或至千余人,大抵尽收放流人民也。远去乡里,弃坟墓,依倚大家,聚深山穷泽之中,成奸伪之业,遂朋党之权,其轻为非亦大矣"①。生产与技术的发展已然对资源配置的社会范围提出了更广泛的新要求,割据的诸侯国家有限的权力空间已经出现无法容纳的迹象,同时新兴地主阶级日渐积累的权势也必然要为其利益不断拓展打开新的通路。

三、先秦社会的水陆交通

人类社会发展的历史在某种意义上就是一部详尽的交通发展史。就人类而言,无论是社会生产的发展、族群部属的交往、思想文化的传播,还是人们日常生活资料的获取、生活范围的延展、生活方式的演变,皆须仰赖交通及其发展进步。更为重要的是恰如白寿彝先生所指出的:先秦水陆交通发展史实则是一部活生生的民族融合史。② 先秦社会水陆交通的发展,不仅为秦汉及其后世大一统社会治理奠定起坚实的物质技术基础,也为统一国家的多民族不断融合发展提供了基础的路径依赖范式。人类文明早期,在交通史上最有划时代意义的事件应该是舟船的发明与马牛等大型牲畜的饲养。③ 一般意义上,生产工具不仅是人类社会生产能力的客观标识,而且是人类社会生产关系状态与要求的现实表达。因而,一舟所及、一车所载,不仅是数量的改变,而且是质态的跃升,更深远的是族群结构的再造以及文明发展方向的铆定。现有文物考证与文献史料记载,夏商时期,中国就有了初显规模的交通路网并日渐扩展。到了西周王朝,以宗周和成周为中心辐射全国各地区的具备等级区分的道路交通网络业已成形。及至春秋战国时期,社会生产力发展尤其以冶铁业为核心的手工铸造业的发达,为道路交通的发展提供了技术基础和物质条件,加之周王室衰微,诸侯蜂起,各自为政,连年争霸的战争,推动了中国古代道路交通事业的迅速发展。在陆上交通因道路与马牛、车辆相互护持而不断发展进步的同时,水上交通也凭借实现舟筏至船的进化而日益彰显其重要的社会文化价值,甚至在中华文明整体"走向东方"④主导精神运动的发展进程中,持续地提供着物质技术乃至精神文化支撑,先秦社会的水路交通尤其在东

---

① 陈桐生,译注.盐铁论[M].北京:中华书局,2015:59-60.

② 白寿彝.中国交通史[M].上海:上海书店出版社,1984:3.

③ 席龙飞,杨嬉,唐锡仁.中国科学技术史·交通卷[M].北京:科学出版社,2004:1.

④ 刘成纪.中国社会早期海洋观念的演变[J].北京师范大学学报(社会科学版),2014(5):115.

南及其沿海地区也有相当成就。就总体而言，经夏商西周的长期积淀并由春秋战国五个多世纪的发展，"中国古代传统造船技术的演进已初具规模，且为进一步发展奠定了基础"①。春秋战国时期，中国沿海的航海者已经从山东及辽东半岛出发，经过朝鲜半岛的两条航线远航到了日本②，无论是春秋"左旋环流航线"还是战国"对马直航北九州航线"，都充分证明早在春秋战国时期中国先民就已具备高超的造船技术和杰出的航海能力，而且遍布航线沿岸大量的中华文明遗存直接说明中华文化在远古时就已有深厚的影响力以及中华文明圈强大的构造力。

（一）三代时期的水陆交通

就陆上道路交通而言，"鲁迅先生有句名言：地上本没有路，走的人多了，也便成了路"③。尽管先生的本意并不在于揭示道路的起源，然而最初陆上道路的缘起的确在于远古人类群居因采集和渔猎生活需要而经常往返某个区域，是群体往复而无意识践踏出来的较为固定的线路。只是到了聚居生活尤其是定居生活时代，也就是说人们对道路的需求无论是量还是质均有了根本性变化时，有意识的道路规建才成为人群共同生活的基本现实。及至夏商西周迈入金属时代，在生产工具飞速发展的前提下，社会生产日益发展，国家构成逐渐繁复，内外交往急速增加，国力竞争日渐剧烈，长期的内政外交不断加强三代国家的交通地理认知与地理交通能力，因此，三代时期封建国家的道路规划、建设以及管理规制等都有了前所未有的提升。

作为中国历史上最初文明社会的最早国家形式，夏王朝的统治者已经能够善于利用手中所掌控的社会政治权力，调动大规模的社会公共资源，开启道路交通规建的国家行动。《史记·夏本纪》载："禹乃遂与益、后稷奉帝命，命诸侯百姓兴人徒以傅土……以开九州、通九道、陂九泽、度九山。"④尧舜时期，禹就利用治水之际辟通了去往四方的道路，奠定起王朝陆上交通网络的根基。夏王朝在其后的发展进程中，基于战争、交往等需要不断强化国家交通地理的集体意识，逐渐深化国家地理交通的价值认知，以至王朝路网覆盖更为广阔。山西夏县东下冯遗址发掘出来的夏史纪年之中的"陶片碎石"铺成的道路以及河南偃师二里头遗址夏末

① 席龙飞.中国科学技术史·交通卷[M].北京:科学出版社,2004:43.
② 曲金良.中国海洋文化史长编:上卷[M].典藏版.青岛:中国海洋大学出版社,2017:267-268.
③ 中共中央文献研究室.十八大以来重要文献选编:上[M].北京:中央文献出版社,2014:118.
④ 司马迁.史记全本新注:第一册[M].张大可,注释.武汉:华中科技大学出版社,2020:67.

都城贵族使用的"石甬路"的发现①,足以说明夏王朝的筑路水准业已快速提升。到了殷商时代,商王朝权御王畿领地与方国诸侯之域,如《古本竹书纪年》载曰:"诸侯八译而来者千八百国,奇肱氏以车至。"②足见畿内贵族、外封诸侯与臣服方国之间社会活动的展开,四通八达的道路是其基础。较之于夏朝,殷商的道路建造水准有了较大提高。殷商王朝以王邑为中心贯通东西、纵横南北的六条国家主干道通达四方,王朝路网覆盖全境。③ 考古发现殷商王朝道路,尤其王城,即便是早期都邑城内的干道都"宽敞平直,路土坚硬细密,土质纯净,厚达半米左右;路面中间微鼓,两边稍低,便于雨水外淌"④。而且《尚书正义·说命》有记:"通道所经,有涧水坏道,常使胥靡刑人筑护此道。"⑤可见,殷商王朝还十分重视对国家主干道路的尽心养护。另外,缕析文献还能发现,殷商王朝的道路已专置服务设施。⑥ 及至三代封邦建国最为完善的西周时代,王朝对道路维护管理极为重视,不仅设有专官、司有专职,甚至认为道路管护关系国势兴衰,亦如《国语·周语》所载,周定王派单襄公出访楚国,途经陈国。单子回国恳呈周王亲历陈国所观时说:因"道茀不可行,候不在疆,司空不视涂,泽不陂,川不梁,野有庾积,场功未毕,道无列树……陈侯不有大咎,国必亡"⑦。可见,道路及其道路机制运行现实直接体现为社会国家治理能力性状甚至表达着国家命运。因此,在中央王朝的极度重视之下,西周时期无论姬周王城的街道、通往诸侯的国道,还是诸侯方国的路道都平直宽阔、设施完备,所以《诗经·小雅》有载"周道如砥,其直如矢"⑧"四牡骍骍,周道倭迟"⑨;《国语·周语》有载"周制有之曰:列树以表道,立鄙食以守路"⑩。《周礼》亦有云:"凡国野之道,十里有庐,庐有饮食;三十里有宿,宿有路室,路室有委;五十里有市,市有候馆,候馆有积。"⑪甚至在周王朝认知里"凡治野,夫间有遂,遂上有径;十夫有沟,沟上有畛;百夫有洫,洫上有涂;千夫有浍,浍上有道;万夫有

① 席龙飞.中国科学技术史·交通卷[M].北京:科学出版社,2004:574.
② 王国维.今本竹书纪年疏证[M]//皇甫谧,等.帝王世纪·世本·逸周书·古本竹书纪年.陈吉,等点校.济南:齐鲁书社,2010:63.
③ 周自强.中国经济通史:先秦(上册)[M].北京:经济日报出版社,2007:359.
④ 席龙飞.中国科学技术史·交通卷[M].北京:科学出版社,2004:576.
⑤ 孔颖达.宋本尚书正义:第三册[M].北京:国家图书馆出版社,2017:180.
⑥ 席龙飞.中国科学技术史·交通卷[M].北京:科学出版社,2004:577.
⑦ 陈桐生,译注.国语[M].北京:中华书局,2013:73.
⑧ 王秀梅,译注.诗经:下册[M].北京:中华书局,2015:477.
⑨ 王秀梅,译注.诗经:下册[M].北京:中华书局,2015:326.
⑩ 陈桐生,译注.国语[M].北京:中华书局,2013:76.
⑪ 徐正英,常佩雨,译注.周礼:上册[M].北京:中华书局,2014:287.

川,川上有路,以达于畿"①,细致到田间道路亦有相应规制。总体而言,这是西周社会生产力的飞速发展、社会文明的整体繁荣催生王朝道路交通的不断发达。如《诗经·小雅·甫田》所记:"曾孙之稼,如茨如梁。曾孙之庾,如坻如京。乃求千斯仓,乃求万斯箱。"②周王土地上收割下的堆积如山的米粮,不仅需要千仓贮存,而且需要万车运送。可见,上述道路的极其规整、设施的极大完备、护养的极度重视,展现的是三代道路交通发展的最高成就,印证的是西周交通文明以及交通文化的快速发展,最本质的内涵则是西周社会物质文明的整体进步发达对陆上交通运输的客观映照。

与陆上交通一样,中国古代水路交通同样源远流长。早在原始时期,中国先民便能依照类同的现象而得到启示,即所谓"见窾木浮而知为舟"③。以至在舟船产生之前,远古先民就以形形色色的方式渡河,如"以匏济水""乘桴"渡河。到了新石器时代早期,正如恩格斯所言:"火和石斧通常已经使人能够制造独木舟,有的地方已经使人能够用方木和木板来建筑房屋了。"④浙江萧山跨湖桥出土的独木舟说明,在距今8000年前的新石器时期,中国远古祖先就已经熟练地划着独木小舟往来河川里、出没湖荡边。及至夏代伴随中国社会进入青铜时代,青铜冶铸行业的发展,夏王朝以"贡金九牧,铸鼎象物,百物而为之备"⑤。王朝已能用氏族方国之长进献的铜器熔铸成铜鼎,还把所有物像铸画在鼎上。透过后人的这些记叙可以观察到,夏王朝"铸鼎象物"所蕴含的青铜铸冶技术已经较为发达,结合二里头文化遗存的我国发现最早的铜戈、铜钺以及铜镞这些金属兵器,夏朝制造工具的能力已然有了相当高的水平。文献记载的禹治水之时即能"陆行乘车,水行乘船,泥行乘橇,山行乘樏"⑥。《古本竹书纪年》有记:帝杼时"征于东海,及三寿"以及姒芒"命九夷,东狩于海,获大鱼"⑦。无论东征沿海,还是入海渔获,夏王的部随不在少数,应有相当数量的船队来回跟从与相护左右。因而在夏时,王朝的舟船制造能力应有了较大幅度的提升,尤其《尚书·禹贡》有载,禹帝"任土作贡",开启中国田赋之始。而从各州进贡的路线看,兖州"浮于济、漯,达于河";青州"浮于汶,达于济";徐州"浮于淮、泗,达于河";扬州"沿于江、海,达于淮、泗";

① 徐正英,常佩雨,译注.周礼:上册[M].北京:中华书局,2014:331.
② 王秀梅,译注.诗经:下册[M].北京:中华书局,2015:513.
③ 陈广忠,译注.淮南子:下册[M].北京:中华书局,2012:942.
④ 中共中央马克思恩格斯列宁斯大林著作编译局.马克思恩格斯文集:第四卷[M].北京:人民出版社,2009:34.
⑤ 郭丹,程小青,李彬源,译注.左传:中册[M].北京:中华书局,2012:744.
⑥ 司马迁.史记全本新注:第一册[M].张大可,注释.武汉:华中科技大学出版社,2020:67.
⑦ 范祥雍.古本竹书纪年辑校订补[M].上海:上海古籍出版社,2018:9-10.

荆州"浮于江、沱、潜、汉,逾于洛,至于南河";豫州"浮于洛,达于河";梁州"浮于潜,逾于沔,入于渭,乱于河",即便雍州也要"浮于积石,至于龙门西河,会于渭汭"①。夏王御统九州,八州贡赋均需水路船运入朝,足见夏时水路交通的繁盛。或许我们可以这样推测,在夏代人们往来河川湖荡远比跨越崇山峻岭更能匹配其时的生产力水平、工具能力。

至于代夏而起的商王朝在水路运输方面以及水路运输工具发展特别是木板船发展程度与规模等方面的翔实情形,学者也都认为"在商朝的 500 余年期间,很少见到有关使用舟船的记述"②,因而在把握上颇为困难。立基殷商王族起源的视角或许不失为一种观察的思路。商人源自东夷族系,原本即为九夷最为擅长航海的支系。《诗经·商颂·玄鸟》有载:"邦畿千里,维民所止,肇域彼四海。四海来假,来假祁祁,景员维河。"③描述的就是商人与海外往来的盛景。同样《诗经·商颂·长发》中的"相土烈烈,海外有截"④,赞颂的重点也在商侯相土与海外的妥善联系。而《诗经·商颂·殷武》所载"挞彼殷武,奋伐荆楚。深入其阻,裒荆之旅。有截其所,汤孙之绪"⑤,乃武丁王大破荆楚叛逆之绩。在江河纵横、湖荡密布的长江流域尚能"深入其阻,裒荆之旅",足见商王朝已有颇为强大的水上运送能力和不俗的水上作战实力。时至西周,王朝的水运技术与水路运输更为繁盛。事实上,周人对水运技术尤其造船技术的掌握早在先周时代就有了较高的水准。《诗经·大雅·大明》曰:"大邦有子,俔天之妹。文定厥祥,亲迎于渭。造舟为梁,不(丕)显其光。"⑥周文王为亲迎来自殷商的美丽新娘,造船连桥于渭河之上,婚礼因此隆重而光荣。周代,缔造王朝的征伐战争运送军士、军需以及战利的庞大需求是驱动国家水路运输的最强大动力。文王伐崇"淠彼泾舟,烝徒楫之。周王于迈,六师及之"⑦。文王六师船渡泾河,靠的就是众人举桨齐划。而武王伐纣,意图推翻一个陈旧的王朝,开启一季全新的历史篇章。就此激情浩荡的社会发展进程,庞大军队的遣动、巨量物质的流转等,无不仰赖水陆规模化的运输能力。诸如武王讨商数万甲士汇集孟津,师尚父号命:"总尔众庶,与尔舟楫,后至者斩。"⑧周王所"率戎车三百乘,虎贲三千人,甲士四万五千人,以东伐纣。十一年十二月

---

① 王世舜,王翠叶,译注.尚书[M].北京:中华书局,2012:58-75.

② 席龙飞.中国科学技术史·交通卷[M].北京:科学出版社,2004:23.

③ 王秀梅,译注.诗经:下册[M].北京:中华书局,2015:817-818.

④ 王秀梅,译注.诗经:下册[M].北京:中华书局,2015:821.

⑤ 王秀梅,译注.诗经:下册[M].北京:中华书局,2015:825-826.

⑥ 王秀梅,译注.诗经:下册[M].北京:中华书局,2015:584-585.

⑦ 王秀梅,译注.诗经:下册[M].北京:中华书局,2015:594.

⑧ 司马迁.史记全本新注:第三册[M].张大可,注释.武汉:华中科技大学出版社,2020:898.

戊午,师毕渡盟津"①。如此规模的战车、马匹、兵士以及必须相随的物资,能在战事的需要中仅凭后世所言"四十七艘船济于河"②有序渡河,除却船运能力的强大、水运技术的成熟以及水运管理的高超之外,别无他途。其后周室一系列征战剿伐的大规模军事行动顺利展开,都伴有繁重复杂的水路运送任务。同时,周天子及其扈从频繁往返于成周、宗周与其他地域,西周大部分来自长江中下游地区的铸冶原料源源不断运抵都城,所有的一切,都在显现西周水路运输的空前水准。另外,依《礼记·月令》有记:季春之月,"天子乃荐鞠衣于先帝。命舟牧覆舟,五覆五反。乃告舟备具于天子焉,天子始乘舟。荐鲔于寝庙,乃为麦祈实"③。可见,西周还设有舟牧为专司保障舟船,尤其周王乘船安全的职官。综之典籍,足以看出西周水路运送能力的强大与管理体制的成熟。

(二)春秋时期的水陆交通

春秋时期中国古代社会生产力和社会经济关系都经历着巨大的变化,尤其春秋中期后,铁器使用逐渐普遍、畜力犁耕出现、荒地的大量垦辟、水利工程的大规模兴修以及施肥技术与田间管理等的不断进步,使得农业生产发生了根本性的跃进。极大提升的农业产能,使得春秋时期的手工业获取了极其有效的推进力量,尤其铁制工具的出现极大地提升了木工制造技术。相传春秋时鲁班发明大量如斧、凿、锯等建造工具,这些工具的出现与普遍使用,为春秋车船制造业发展奠定了坚实的技术基础。伴随手工业与农业的飞速进步,社会生产结构、产业空间布局进而商品流通及其效能也因之扩展,货币经济于春秋时期获得快速发展际遇,金属铸币开始在市场上流通并形成具备明显特征的货币体系和相对稳定的货币流通区域,即黄河中游、关洛、三晋地区的布币区;东方齐国的刀币区和南方楚国的铜币区。④ 在不断增加的人口、快速发展的手工业、日益发达的商业催生之下,春秋列国的城市大量兴起。经济往来、商品交换日益频繁的同时,各诸侯国之间政治军事交往日渐增多,依《春秋》所记,春秋时期的 242 年中,"鲁大夫聘列国 56次;诸侯朝鲁 40 次;诸侯各国之间盟 109 次,会 97 次,侵 60 次,伐 213 次,战 23次,围 44 次,入 27 次"⑤。列国诸侯之间如此频繁且规模化的战争行为与和平举动的展开,生动地说明春秋时期水陆交通相对三代时期的飞速发展与高度发达。

---

① 司马迁.史记全本新注:第一册[M].张大可,注释.武汉:华中科技大学出版社,2020:103.
② 欧阳询.宋本艺文类聚:下册[M].上海:上海古籍出版社,2013:1844.
③ 胡平生,张萌,译注.礼记:上册[M].北京:中华书局,2017:306.
④ 周自强.中国经济通史:先秦(下册)[M].北京:经济日报出版社,2007:965-970.
⑤ 周自强.中国经济通史:先秦(下册)[M].北京:经济日报出版社,2007:988.

就道路交通而言,由于东周迁都国家政治地理中心由丰镐转为洛邑,道路交通中心亦转向新都并以此为天下道路原点。但随着东周王室衰微,诸侯雄起,洛邑天下政治中心的格局不再,相反继起争霸诸侯国家王城逐渐成长为地区权力中心、政令出发起点。不过东周时期,各诸侯国往往以"尊王攘夷"为旗号实现"挟天子以令诸侯",政治号召力的存在使得洛邑尚存国家地理交通中心的条件。春秋时期,随着社会经济的快速发展、国家政治地理格局的变化,各诸侯国为发展争霸实力、拓展权力空间而频繁对外用力,在通向洛邑道路交通网络继续保持国家道路交通中心的基础上,诸侯国家都邑型交通网络中心得以快速扩张。是故,有关春秋时期道路交通网络的文献典籍之中,"周行""周道"随处可见,"鲁道""有倬之道"也能待查。春秋时期战事频仍,战争方式乃以车战为主,而战车对于道路的质量要求相对较高,所以"周道挺挺""周道如砥,其直如矢""四牡骙骙,周道倭迟"。这些诸侯方国之间的大道网络之所以能持续支撑春秋时期高频度的军事征伐与经济文化交流,还在于春秋时期形成定式的道路养护与按期修整的制度设计。如《国语·周语》有记:"雨毕除道,水涸成梁。""九月除道,十月成梁。"[1]雨后组织人力平整为雨水冲刷毁坏的路面,铲平盘错的杂草;在涉水过河处以土石筑好堤梁。当然还有"尽东其亩"[2]的补足。春秋时期,道路的设施更为齐备,不仅道途有津梁、传舍、水井和行道树,而且国境线上还设有迎送宾客的候人。同时,出于国家防卫的考量,春秋时期不少诸侯国修建有都城通往四方边境的驿道。《国语·鲁语》有曰:"齐朝驾则夕极于鲁国。"[3]《韩非子》载:"齐景公游少海(渤海),传骑从中来谒曰:婴疾甚,且死,恐公后之。景公遽起,传骑又至。"[4]由此可见,当时驿传之制的整备以及驿道通畅。

工具的逐步铁器化,使得春秋时期的造船技术和水运能力不断提高。在航区和航运需求各异的前提下,春秋时期船舶类型丰富多样,水路交通发达。《诗经》诗文"淇水滺滺,桧楫松舟。驾言出游,以写我忧"[5]"泛彼柏舟,在彼中河"[6],以及"谁谓河广? 一苇杭(航)之。谁谓宋远? 跂予望之。谁谓河广? 曾不容刀(舠)。谁谓宋远? 曾不崇朝"[7],由之可见,中原地区,黄河及其主要支流泾、渭、

---

① 陈桐生,译注.国语[M].北京:中华书局,2013:74.
② 郭丹,程小青,李彬源,译注.左传:中册[M].北京:中华书局,2012:883.
③ 陈桐生,译注.国语[M].北京:中华书局,2013:212.
④ 高华平,王齐州,张三夕,译注.韩非子[M].2版.北京:中华书局,2015:425.
⑤ 王秀梅,译注.诗经:上册[M].北京:中华书局,2015:124-125.
⑥ 王秀梅,译注.诗经:上册[M].北京:中华书局,2015:89.
⑦ 王秀梅,译注.诗经:上册[M].北京:中华书局,2015:127.

淇等河中大小各异、材质差别、用途不同的船只随处可见。依《左传·僖公十三年》所载:"冬,晋荐饥,使乞籴于秦。……秦于是乎输粟于晋,自雍及绛,相继。命之曰泛舟之役。"①这条由渭水边的秦都雍城(今陕西凤翔)到汾水旁晋都绛(今山西绛县)的水道,出雍沿渭水东下,至华阴入黄河逆流北上,再东折汾至绛,航程六七百里。粮船能前后相继,足见船队规模的浩大,更显航路规划能力、船队管理水平以及水运技术整合能力的高超。相对于中原地区各路诸侯在黄河流域利用河流开拓水运,地处水乡泽国的楚、吴、越等国不仅将江河湖海变为来去如风的坦途,还将驰骋厮杀的争霸战场延展到水上。尽管不如吴、越军队那样能在江海之上恣意驰骋,楚国舟师(水上战斗部队)却常常利用江流的优势,在多次的伐吴征战中获取胜利。诸如襄公十三年(公元前638年)楚与吴"战于庸浦,大败吴师,获公子党"②。昭公十七年(公元前525年),楚吴"战于长岸,子鱼先死,楚师继之,大败吴师,获其乘舟余皇。使随人与后至者守之,环而堑之,及泉,盈其隧炭,陈以待命"③。楚国缴获吴王乘坐的余皇王舟但不会使用,复被吴公子光"取余皇以归"。相反,作为沿海国家,吴、越的水上能力相较于楚国总体水平要强大很多,尤其造船技术比较先进,海上航行能力更强。史载哀公十年(公元前485年),吴王遣"徐承帅舟师,将自海入齐,齐人败之,吴师乃还"④。而公元前484年,趁吴晋黄池会盟之际,"越王勾践乃命范蠡、舌庸,率师沿海溯淮以绝吴路。败王子友于姑熊夷。越王勾践乃率中军溯江以袭吴,入其郛,焚其姑苏,徙其大舟"⑤。此外,春秋时期,为了经济的频繁往来,尤其是军事征伐的需要,各诸侯国出于提升水运能力的需要往往通过开挖人工运河连通河流延展水道,春秋末年吴王夫差开凿的邗沟与菏水是连通流域的杰出代表。⑥对于春秋时期海王之国的齐国,借助汉代人的描述,"齐景公游于海上而乐之,六月不归,令左右曰:'敢有先言归者,致死不赦'"⑦。国君的出游断不会单船独舟,必定前呼后拥、众扈相随,同时航程长达六个月(尽管六个月航程的真实性尚存疑问,但有着较长的海上航行时间,应该是可信的),没有高超的航海技术与强劲的补给能力是不能想象的,同时足以印证齐国更为突出的航海能力。

① 郭丹,程小青,李彬源,译注.左传:上册[M].北京:中华书局,2015:389.
② 郭丹,程小青,李彬源,译注.左传:中册[M].北京:中华书局,2012:1182.
③ 郭丹,程小青,李彬源,译注.左传:下册[M].北京:中华书局,2012:1853.
④ 郭丹,程小青,李彬源,译注.左传:下册[M].北京:中华书局,2012:2293.
⑤ 陈桐生,译注.国语[M].北京:中华书局,2013:674.
⑥ 周自强.中国经济通史:先秦(下册)[M].北京:经济日报出版社,2007:1000-1001.
⑦ 王天海,杨秀岚,译注.说苑:上册[M].北京:中华书局,2019:446.

（三）战国时期的水陆交通

由于科学技术的发展,广泛使用的铁制工具不断地提升着社会生产力水平。战国时期各诸侯国经济、政治以及军事力量及其对比关系日益发展变化,加之东周王室进一步衰微、"天下共主"之名尚难维持,整体政治地理格局较之春秋时期多极化态势更为显著。在各诸侯国经济都会兴起、政治中心林立的时代背景之下,战国时期交互沟通的道路网络体系无论是布局还是品相都"显得日新月异"①。同时,由于水上交通较之陆上交通更为便利,天然水道的利用相较于逢山开路、遇水架桥的陆上道路修建,投入成本更少、技术要求更低,天然水道适航性较强,一苇之航足以延伸不止,而且与农田基本建设的水利工程兴修又具有天然相融性,因此,水乡泽国历来皆重视水路交通、河网水系的沟通。实际上,战国时期的水陆交通中,"水道也较陆道便利"②。

就陆上道路交通而言,积淀于三代时期以王都为原点辐射四方的道路交通网络体系,经由春秋时期经济政治尤其战争需要而产生的诸侯都邑中心化的巨大推进,在社会经济不断发展、政权形态日益分化、城市网络逐渐形成、国家地理格局逐步调整的宏大场景中,战国时期的道路网络体系就其布局而言,因诸侯政治势力的扩张日渐多极化发展。各国诸侯为集聚物资、投送力量、合纵连横,在国内筑路架桥以勾连四境、通接八方。据史学家的潜心研究与梳理,战国时期史称的"战国七雄"皆构筑有以国都为中心辐射全境直至全国的路网,如秦国以国都咸阳为原点向四周辐射的大道就有七条;从齐国临淄一路向西即可直抵咸阳。③ 纵横捭阖政治角力的需要使得列国不仅国内路网日渐稠密,而且列国之间连通道路也日益通达,从《张仪为秦连横说魏王》即可见一斑:"魏地方不至千里,卒不过三十万人。地四平,诸侯四通,条达辐辏,无有名山大川之阻。从郑至梁,不过百里;从陈至梁,二百余里。马驰人趋,不待倦而至梁。"④而且史籍中一再提及的"午道""太行之路""成皋之路""夏路"以及"通于蜀汉"的千里"栈道"等⑤,都在静静地呈现战国时期各诸侯国之间道路交通的发达。通向周王洛邑中心的"周道"不但没有褪色,反而因为串联列国路网备受重视。其次,由于经济的发展、交换的发展、商

---

① 白寿彝.中国通史(第三卷):上古时代(上册)[M].2 版.上海:上海人民出版社,2015:625.

② 周自强.中国经济通史:先秦(下册)[M].北京:经济日报出版社,2007:1240.

③ 白寿彝.中国通史(第三卷):上古时代(上册)[M].2 版.上海:上海人民出版社,2015:593–608.

④ 缪文远,缪伟,罗永莲,译注.战国策:下册[M].北京:中华书局,2012:681.

⑤ 周自强.中国经济通史:先秦(下册)[M].北京:经济日报出版社,2007:1242.

业的繁荣,作为诸侯列国政治堡垒和手工业生产、商品交换与商人活动重要场所的城,在战国时期各国诸侯对市的价值已有了充分的开发,黄河流域以及长江流域这种经济繁荣、商业发达、规模巨大的经济在当时已经是星罗棋布。"燕之涿、蓟,赵之邯郸,魏之温、轵,韩之荥阳,齐之临淄,楚之宛、陈,郑之阳翟,三川之二周,富冠海内,皆为天下名都。"①这些天下名都就主要兴起于战国时期。在后人眼中名都之所以崛起,是因为"居五诸之冲,跨街衢之路也"②。地处五大都城之间,占尽交通要冲之利。所谓"利在势居,不在力耕也"③。战国时期最负盛名的陶邑亦因"朱公以为陶天下之中,诸侯四通,货物所交易也"④。地处水陆道路交通之中心,与各地诸侯列国四通八达,交流货物十分便利,故居于天下中心。交通的发达便利造就了经济名都,经济名都的扬名天下必然引动八方贾货云集。而八方商贾可以接踵而至、四方货物能够如潮云集,品相优越的水陆交通是其基本因素,更是为其后秦皇嬴政兴驰道、车同轨奠定了坚实的物质技术基础。

而对于战国时期的水路交通,基于"冶铁鼓风炉的重大进步"⑤、冶铁手工业的快速发展,加之金属工具制造技术的巨大进步,农业生产领域和手工作坊逐渐普遍应用铁制生产工具,社会生产力整体水平获得较大幅度提升。在夏商西周三代尤其春秋造船技术发展以及水路和海上交通不断拓展的基础上,战国时期水路交通最杰出的成就应在于春秋修建邗沟连通长江与淮河的前提下,挖开鸿沟运河以沟通黄河与淮河,终使长江和黄河两大流域连通畅行、无碍无阻。恰如《史记·河渠书》所云,鸿沟不仅把宋、郑、陈、蔡、曹、卫各国通连起来,而且沟通济、汝、淮、泗等水系。楚国西部修渠连通汉水与云梦泽,楚国东部则用沟渠使长江与淮河相连等。这些水利工程"皆可行舟,有余则用溉浸,百姓飨其利"⑥。行舟之余还能趁机灌溉农田,百姓获益不止。水运航线的扩展与通畅,铁制工具的发展与进步,加之各国经济交流的增强、政治交往的增多以及军事行动及其规模的增加,有力地推动着战国时期各诸侯国造船技术与造船业的快速繁荣。透过张仪略带夸耀的文字"秦舫船载卒……一日行三百余里……不至十日而距扦关"⑦可以捕捉到其时秦国对于长江航道的使用已颇为纯熟,以及西周时期唯有大夫级朝官方能乘

① 陈桐生,译注.盐铁论[M].北京:中华书局,2015:29.
② 陈桐生,译注.盐铁论[M].北京:中华书局,2015:29.
③ 陈桐生,译注.盐铁论[M].北京:中华书局,2015:29.
④ 司马迁.史记全本新注:第五册[M].张大可,注释.武汉:华中科技大学出版社,2020:2212.
⑤ 杨宽.战国史[M].上海:上海人民出版社,2016:45.
⑥ 司马迁.史记全本新注:第二册[M].张大可,注释.武汉:华中科技大学出版社,2020:838.
⑦ 司马迁.史记全本新注:第四册[M].张大可,注释.武汉:华中科技大学出版社,2020:1457.

用的舫船及至战国已为通用运载工具,足见造船技术与造船行业以及水运能力发展之迅疾。战国时期水路交通的发展成就还表现在水路运输国家管理上,尽管《周礼》已有载:"凡通达于天下者,必有节。"①不过在这些符节凭证中,出土于寿县的楚国"鄂君启金节"是当前能见年代最早的青铜节实物。据学者的研究,金节所属鄂君启乃楚国怀王胞弟。作为水陆商队水陆通行和免税凭证符节,鄂君启金节涉及免税、免税期限和额度、禁运以及路线使用规定等内容,"是迄今为止我国发现的最早的关税和免税通关证件。……是战国时期一种重要的经济管理制度"②。金节所铸铭文内容具体详尽,足见其时楚国对水运的管理规制至少是较为完整的。其实,观测战国时期水上交通的发展,更应该重视沿海各国对于海上交通的大力开拓。早在春秋时期,主动面向并规模化走向海洋的齐国、吴国以及越国,他们在海上开拓的沿海航线,南起浙江,北至辽东,绵延数千里。《史记》载:范蠡与其徒属等众"浮海出齐"③,从海上亡命至齐以至埋名致富,出逃之时走的应该就是这条成熟的沿海航线。常常由于人们"已经得到满足的第一个需要本身、满足需要的活动和已经获得的为满足需要而用的工具又引起新的需要,而这种新的需要的产生是第一个历史活动"④。及至战国时期,在经济活动、政治交往与军事行动之外,北方齐、燕海上活动又有了新的追逐。自齐威王、齐宣王、燕昭王以来,不断"使人入海"⑤,为了找寻神山、仙人与仙药,方士们常常冒险出没全新海域,而这种避常趋异的海上冒险行动,恰恰是开辟新航路的主要形式。《战国策》有记,欲使六国在洹水之上会商以至"通质刑白马以盟之"⑥,苏秦献计合纵抗秦,盟中约定:在秦攻燕、攻赵时,齐须"涉渤海"相助。可见当时齐国海军已谙习于渤海及其航线。《山海经·海内北经》有载:"盖国在钜燕南,倭北。倭属燕。"⑦学者研究认为,盖国即指"对马岛",倭"实际是指日本列岛"⑧。这说明战国时期,造船能力与航海技术已然有了相当程度的发展与提升,先民已经足以克服对马海流,而直航至日本北九州。而在此时的南方沿海,及至公元前323年被楚国攻灭之前,越国实际控制着山东半岛以南直至现今浙江东岸的海上交通线。随着越国

① 徐正英,常佩雨,译注.周礼:上册[M].北京:中华书局,2014:328.
② 徐家久.浅析鄂君启金节的价值及意义[J].遗产与保护研究,2017(7):108-111.
③ 司马迁.史记全本新注:第三册[M].张大可,注释.武汉:华中科技大学出版社,2020:1087.
④ 中共中央马克思恩格斯列宁斯大林著作编译局.马克思恩格斯文集:第一卷[M].北京:人民出版社,2009:531-532.
⑤ 司马迁.史记全本新注:第二册[M].张大可,注释.武汉:华中科技大学出版社,2020:807.
⑥ 缪文远,缪伟,罗永莲,译注.战国策:下册[M].北京:中华书局,2012:537.
⑦ 方韬,译注.山海经[M].北京:中华书局,2011:280.
⑧ 曲金良.中国海洋文化史长编:上卷[M].典藏版.青岛:中国海洋大学出版社,2017:268.

的灭亡,海上航线控制权亦即转至楚国。而浙江以南直至现今福建、广东、广西一带沿海交通依次为东瓯、闽越、扬越与骆越所控。①《山海经·海内南经》有记:瓯闽俱在海中,而且闽的西北方有座山。"一曰闽中山在海中。"②在《山海经》的视域里,浙江与福建沿岸山脉延伸入海,海水缠绕山间,山海相连,俱在海中。"山在海中"应为岛屿,表明在东南沿海及众多岛屿之间,百越人已用往来航行、不辍穿梭,彰显他们于浙闽直至两广航线的实质控制。

　　总体而言,作为"交错相通""交互流通"的社会利益共同体及其民族文化共同体的抟构方式,纵横交错的陆上道路与水上航线将先秦社会不同地域物质产品及其生产技术、各处一方的族群及其文化与生活方式,甚至氏族部落构建态势直至诸侯国家政治结构,具体而完整地呈现于相同的历史场景。物品交换及其效果变迁规划着社会分工的取值与产业发展的趋向,决定着部落氏族以至诸侯方国的物质财富、经济实力、战争潜力以及力量对比关系格局,进而影响诸侯方国政治结构及其变革;产品流通与效能实现引发市场需求及其结构的改变,这个业态指示器明确地展现着社会人群与产品生产的相互依赖及其程度状况。产品依赖实质为物资生产技术的依赖,是社会生活方式的依赖进而为族群共同文化的依赖。依赖对象的相同实则为利益的相同,相近的物质生产方式奠基相同的社会生活方式,相同的社会生活方式实质是思想价值观念的相近、相通甚至相同。因此,先秦时期,不断延展的水陆道路航线,将原本散居各地的诸国先民基于生活物品的相互交换、物质生产技术的彼此交流进而生活方式的交互交流直至思想文化的交汇交融,抟构成社会利益的共同体乃至民族文化的共同体。夏商时期从王畿通向四境的陆上干道以及由四方朝向主要都邑的水路航线,是夏商时代王朝利益共同体以及华夏文化共同体总体整合与整体表达的基本形式;西周时期,基于封土建国的政治利益建构,王朝交通网络更为发达,在王邑路网中心枢纽的基础之上,诸侯道路都邑枢纽中心不断发展,以致王朝利益共同体与诸侯利益共同体逐渐共存并日渐分化。王朝利益共同体经由春秋进一步分裂、诸侯利益共同体逐步发展,战国时期王朝利益共同体最终为并存的各诸侯利益共同体所取代。作为思想上层建筑的文化价值观念系统,尽管源自社会经济基础,但因其专注于一般性或规律性的揭示与反应,并保持有相对独立的发展轨迹,并不与社会经济利益关系的变更同步,因而即便是在共同利益整体呈分化状态的春秋战国时期,文化共同体依旧保持着整体性活力,并最终在新的层面以新的形式促成社会整体利益共同体,即统一的多民族国家的形成。

---

① 曲金良.中国海洋文化史长编:上卷[M].典藏版.青岛:中国海洋大学出版社,2017:266.
② 方韬,译注.山海经[M].北京:中华书局,2011:255.

第三章　先秦社会的发展走向

　　鉴古知今,不断静心回顾自身走过的历程,全面反思盛衰成败的过往,是中华民族和中华文明愈挫愈奋、勇往直前、延绵不绝的优良传统。习近平总书记强调:"中国当代是历史中国的延续和发展。新时代坚持和发展中国特色社会主义,更加需要系统研究中国历史和文化,更加需要深刻把握人类发展历史规律,在对历史的深入思考中汲取智慧、走向未来。"[①]作为中华文明的筑基阶段,先秦时期的社会基本结构及其发展进化是早期中华文明原初内涵的基本展现。中华文明早期尤其夏商周三代时期积淀起来的政治原则、哲学思想以及道德精神,成为古代中华社会治理结构、生活方式选择以及社会发展走向的基本依据。先秦时期无论是社会规模的增长、社会结构的变化,还是族群文化融合发展以及社会发展走向的确定,都清晰地反映着中华古文明的内涵结构、内生特质、发展规律和总体取向。先秦时期华夏先民在向自然求生存、以交融求发展的历史演化中,不断积淀起来的民族融合的总体诉求与共同繁荣的基本向往一直是中华文明内涵丰厚与延续发展的强大内驱力所在。可以说,先秦时期是族群融合不断增长着华夏和谐共生的社会,是勤劳创新不停推进着先秦华夏社会生活关系的变革发展,是作为社会经济基础根本动力的物质技术进步决定着作为上层建筑基础内涵的文明具体表现及其演进趋向。因此,要探寻中华海洋文化的原初生长、厘清中国海洋文明的基因生成,就必须立足清晰中国上古社会的融合增长、明了先秦社会的发展走向,尤其需要了然中国上古族群的向海努力。

一、先秦社会的融合增长

　　从本质上讲,文化就是人的文治教化与过程及其对象化的存在,文明的主体始终是人。文明的具体历史形态实质上就是历史中人群的具体生活关系和特殊

---

　　① 习近平.致中国社会科学院中国历史研究院成立的贺信[EB/OL].新华社,2019-01-03.

生活状态。先秦时期荀子就敏锐察觉到,尽管人的力量速度等自然本能方面远不及牛马,但人却能随意驱使牛马,其根源就在于人能够结成群体、整合力量,"故人生不能无群"①。马克思主义将社会属性作为人本质理论的突出重点,因而特别强调人的本质"是一切社会关系的总和"②。基于人与社会的现实关联,人的社会本质属性之核心归根结底是人对于社会、群体的生存依赖。因此,对社会、群体的依赖是人的根本生存样态,尤其在生产工具原始、劳动效能低下、个体独立性孱弱的远古甚至上古社会,依赖或依附族群是个体存在的基本方式。而族群依赖的本源性根植于共同利益对个体生存的必要支撑与发展的充分支持。个体生存与发展的稳定性预期引发共同利益的可靠认同和广泛维护,进而在族群与个体之间建立起牢固的情感连接与稳定的行为范式,形成命运攸关的利益共同体及其更深层次的文化共同体。先秦时期华夏族群的共同体意识经由三代时期的酝酿与巩固、历经春秋战国数百年的战火淬炼与生活融会,最终形成华夏民族共同体的宽厚基础与核心内涵,并由生长于渭水流域、发展壮大于中原地区的华夏民族杰出代表秦人,将此华夏民族共同体意识内化在一统中国的伟大历史过程之中,进而推行于大秦帝国整体领域之内,积淀为中华文化共同体绵延不绝的深厚根基。族群的存在产生共同利益,族群的发展丰富共同文化,而利益的共同体进而包括文化的共同体则引导和规定着族群的结构关系与发展走向。

(一)三代时期华夏族群的基本形成

多系并存、多元融合是中华民族起源与发展的基本特性。并存体现出虔敬平等、自信包容,融合则意味着革故鼎新、开放创造,自信包容、革新创造正是中华民族一路走来绵延不断、发展壮大的根本原因。在农业文明的传统叙事模式里,炎黄族属的发展积淀及其创新成就是中华文明的根源性主题,东夷、苗蛮以及百越族属文明成果的融会价值往往被描述为锦上添花般的璀璨。因此,梳理中华文明早期发展脉络及其内涵色彩,不能不把观测的目光回溯至远古的炎黄族属集团所在的前夏时期,这样方能在根源系属的进化演变中,窥测到中华文明的原始基因图谱,进而缕析华夏文化的发展脉络及其逻辑规律,在厘清"从哪里来"的基础上,明确"到了哪里"进而清晰"要到哪里去"。进一步而言,要实现中国特色社会主义海洋强国、世界海洋命运共同体乃至人类命运共同体的愿景勾画以及加快完成

---

① 方勇,李波,译注.荀子[M].2 版.北京:中华书局,2015:127.
② 中共中央马克思恩格斯列宁斯大林著作编译局.马克思恩格斯文集:第一卷[M].北京:人民出版社,2009:501.

中华民族复兴的伟大事业,在文明的源头上、历史的辉煌中找寻海洋文明发展规律,于社会进步的现实里、文化多元竞争的困境下发掘向海图强的持续动力,是知识界必须承担的责任与必须修行的功课。

事实上,当中华文明溯源直至远古之时,我们可以发现仅中原地区就生活有成千上万的氏族部落,司马迁在《史记·封禅书》中就肯定,在黄帝时代有"万诸侯"①。而发祥于渭水流域的炎黄部族也只是万千部族的其中之一。在工具能力不断改进、生存独立性逐渐增强的持续性历史进程中,人类文明总体遵循着从热带到温带、从高原山地森林向河岸高地,进而向河谷平原直至蓝色海洋延伸发展的基本演进逻辑。炎黄部族正是这种发展逻辑的忠实践行者,气候温和、水草丰美、宜农宜牧、沃野宽坦且临近原初活动中心的河北大平原及中原地区,便成为其族属扈从的适彼乐土。对于炎黄部族自身的流变,史学家综合考古发现和文献典籍研究,多认为伏羲氏、神农氏、炎帝、蚩尤、太昊、少昊、共工、大禹应为见诸史籍最早世系相承的华夏族属;经由陕西黄土高原沿黄河南岸一路自西向东进入河南进而扩展到山东半岛南部地区,是其接续衍生的空间路径。而黄帝、颛顼、帝喾、尧、舜则为稍后崛起的另一华夏族属集团。与前者不同,他们在文明演进的地理路径上则是沿黄河以北、由山西而入华北平原,亦有部分经河南进而入山东。自此,两大族属集团在地理空间上沿黄河、济水一线南北展开,并于河南北部、东部以及山东西部呈交叠重合状态。当然这种交叠重合原初阶段不可避免伴随有冲突乃至战争,但最终必然走向融合。或许正是在这个意义上白寿彝先生才有结论:在打败蚩尤之后,这个来自渭水流域的黄帝部族便扩展到了中原地区。② 及至尧舜禹时期,炎、黄已经没有了族系的界限,两大族属集团已然实现了完全融合③,由此构筑起华夏民族坚实的物质技术与民族文化根基。典籍记载与考古发现也证实:炎黄部族是率先进入农牧社会的大型族属集团,有着超越当时其他游牧族属的先进农耕技术与农牧文明。《易传·系辞传》有载,神农氏斫曲木树而制造耒耜为农耕之用,因"耒耜之利,以教天下"④;进而黄帝、尧、舜则顺应时代演进变化,为警醒族众避免倦怠制度法则,应时顺势,革故鼎新,健全完善文物制度,宜民度用而各尽其力,因之"垂衣裳而天下治"⑤;禹帝更是因治平滔天洪灾,声教齐至四海,夏夷诸族遍被其恩利,合万国诸侯于涂山。然而,与尧舜时代靠着道德精

---

① 司马迁.史记全本新注:第二册[M].张大可,注释.武汉:华中科技大学出版社,2020:823.

② 白寿彝.中国通史(第三卷):上古时代(上册)[M].2版.上海:上海人民出版社,2015:145.

③ 袁祖亮.中国人口通史:先秦卷[M].北京:人民出版社,2007:87.

④ 杨天才,张善文,译注.周易[M].北京:中华书局,2011:607.

⑤ 杨天才,张善文,译注.周易[M].北京:中华书局,2011:610.

神和人格魅力这些偏重文化的因素而实现族群融合与部落一统不同,大禹则是凭借政治、经济与贡赋制度等新型统治方式获得的最高政治权力,实现着社会统一与族群融合。正是因为大禹治水这并非简单治水兴利而是具备浓烈经济管理与社会教化政治行为的至圣伟业,《国语》里才记有,舜帝嘉许大禹,以其统治天下,并"赐姓曰'姒',氏曰'有夏'"①,以褒奖大禹福泽四方、化育万物。"有夏"不仅是对大禹的封号,更是对其治下的指称呼号,至此,中原地区具有相对发达文化、处于先进农耕生活的大禹治下部众皆为夏族。《说文解字》因之有"夏,中国之人也"②之说。民族不仅是物质生活的共同体,更是文明文化的共同体,上古夏族不仅仅为大禹治下的中原农牧生活群体,更主要是具有深厚"惟精惟一"③道德情感与人文精神,尤其为"正德""利用"与"厚生"政治哲学与政治实践透彻涵养的文化共同体。因此《尚书·大禹谟》有载:帝德修养的根本在于妥善处理政治事务,而"政在养民",在于"正德、利用、厚生"④,由此"民为邦本,本固邦宁"⑤的民本政治思想抟铸起华夏民族融合发展强大的核心凝聚力。

作为文化的共同体,华夏族群一直崇守厚生民本为社会治理的最高政治原则,在宏观国家政治实践中始终将"厚生""养民"奉为善政王道,以至社会微观个体生命发展层面逐步形成修齐治平的行为范式。在夏商周三代时期,无论太康失国、夏桀亡政,抑或商汤维新、武王克商,皆归结于"顺乎天而应乎人"⑥,都在意是否顺应天命,更在乎能否契合人心,即能否满足人们基本生活利益,也就是族群延续发展的需要。夏时的最初,国家社会整合能力有限、文化抟铸力量不足,国家利益共同体尚在初始构建之中,夏王部落首长性质浓厚,禹夏时期积淀的洪水治平之功、万国诸侯号令之力在时间持续维度上必须仰赖后继夏王的"正德"支持。太康失国,即因尸位灭德而"黎民咸贰",终被后羿"距于河"⑦;夏桀亡政根源亦在于其道德灭弃、刑威滥用,"以敷虐于尔万方百姓"⑧。相反,商汤则收贮食衣广济饥寒困顿之人,仁德直达极致,恩惠甚至泽被飞禽走兽。因此"天下归汤若流水"⑨。

①　陈桐生,译注.国语[M].北京:中华书局,2013:112.
②　许慎.说文解字:第二册[M].谦德书院,注译.北京:团结出版社,2018:648.
③　司马云杰.中国精神通史:中国文化精神的源头及演变:第 1 卷[M].北京:华夏出版社,2016:95.
④　王世舜,王翠叶,译注.尚书[M].北京:中华书局,2012:355.
⑤　王世舜,王翠叶,译注.尚书[M].北京:中华书局,2012:369.
⑥　杨天才,张善文,译注.周易[M].北京:中华书局,2011:429.
⑦　王世舜,王翠叶,译注.尚书[M].北京:中华书局,2012:368.
⑧　王世舜,王翠叶,译注.尚书[M].北京:中华书局,2012:386.
⑨　李山,轩新丽,译注.管子[M].北京:中华书局,2019:1029.

灭德虐民,夏桀因之败走鸣条;修德养民,成汤所以代夏而起。中国国家史上第一次的政治权力彻底更替,成功地完成了以人心向背作为政权合法性基础的政治伦理原则的有效确立。经过夏商时代的融合嬗变,两大发源东西两地原本器物礼制、文化气质及人文精神颇为相异的华夏支族在共同文化哲学的基础上,获得了根本精神文化的统一性,也为周代政治理性的自觉奠定了坚实的政治文化基础。更重要的是,这种统一的根本精神文化,也就是孔子念兹在兹不可损"大者""显者"的国家政治体统、伦常礼制及其文化原则,已成为华夏民族的基本文化符号和身份认同叙述,成为华夏民族向心力的基础。正是民族文化的发展及凝聚力的增强,夏商时代王权所及民族融合不断深入,《战国策》以及《吕氏春秋》等文献都记有,大禹时天下万国诸侯,及至商汤之时,仅"诸侯三千"①,由此足见族群融合的卓著成效,当然我们须尤为重视其中战争兼并这种强制但快速融合方式的主要作用。

在中原地区发展生产、融合族系、丰实文化的同时,华夏族属也不断南迁、东进和北拓。早在尧舜禹时期便有华夏族属支系南迁进入江淮流域,同样是以战争为主要方式实现与当地土著的快速融汇。《史记·五帝本纪》有载:因江淮流域及荆州一带的土著三苗族作乱不断,尧帝便依允舜的请求建议,"迁三苗于三危"②,以期移易西戎的风俗。为促动南蛮民风与习俗的移变,尧帝还把有罪的驩头流放至长江以南的崇山,即孔颖达所注的衡山以南。同时为改变东夷、北狄的社风与族俗,尧帝分别流放鲧与共工到羽山和幽陵。《韩非子》也有载:舜帝执掌部族之际,"有苗不服"③,大帝并未采纳禹诉诸武力讨伐的主张,而是推行道德教化,三年归服了苗族。在不断南来的华夏族属以及长期地武力德行的影响之下,江淮流域华夏与苗族界限日渐模糊,及至夏商时期"三苗"的民族指称已不见于史籍,代之以地域标示的荆、楚。如在《古本竹书纪年》里就已这样的记载:夏桀二十一年"遂征荆,荆降"④;商武丁三十二年,"伐鬼方,次于荆"⑤。对于长江下游以及江浙地区,尧舜禹时代便有炎黄族属进入该区域,尧帝流放鲧的羽山即在苏鲁交界之处。大禹治水之时,文献记载反映禹帝的足迹亦涉及江浙吴地。王充在《论衡》

① 缪文远,缪伟,罗永莲,译注.战国策:上册[M].北京:中华书局,2012:320.

② 司马迁.史记全本新注:第一册[M].张大可,注释.武汉:华中科技大学出版社,2020:55.

③ 高华平,王齐州,张三夕,译注.韩非子[M].2版.北京:中华书局,2015:702.

④ 王国维.今本竹书纪年疏证[M]//皇甫谧,等.帝王世纪·世本·逸周书·古本竹书纪年.陈吉,等点校.济南:齐鲁书社,2010:61.

⑤ 王国维.今本竹书纪年疏证[M]//皇甫谧,等.帝王世纪·世本·逸周书·古本竹书纪年.陈吉,等点校.济南:齐鲁书社,2010:71.

中讲到"禹入裸国,裸入衣出"①。大禹所到须脱掉衣服进去、出来后再穿的裸国,《太平御览·服章部》引《风俗通义》说:"裸国,今吴即是也。"②也有学者认为,相当一部分吴地居民源于中原有虞氏族。③足见早在尧舜禹时期的长江下游及江浙地区已有不少中原族属迁徙进入。及至夏商时代,按司马迁《吴太伯世家》所记:大约公元前1123年,来自炎黄始源之地的姬氏泰伯为礼让季历承继王位,携其弟仲雍"乃奔荆蛮"④,文身断发坠入蛮荒以示斩断文化连接,并以"句吴"自称,不想其本源文化优越、义节突兀当地,引得土著千余户竞相追随顺附,终以句吴太伯立尊,成为吴国创世主君,为东吴文化宗主,可见东吴文化的根渊仍为中原华夏。同时,华夏族属与北方民族交往流动也非常密切,夏时即有西北民族入居华夏族属生活领地。仅就畎夷而言,《古本竹书纪年》载,夏帝泄在其为王的第二十一年有封侯"畎夷"诸夷。⑤《通鉴外纪》也有引:帝泄二十一年,"加畎夷等爵命"⑥。但殷商时期即帝癸三年"畎夷入于岐以叛"⑦。《后汉书·西羌传》更是对夏商时代畎夷与华夏王朝的交往状态有较为完整的勾勒:夏朝时因太康亡德而失国,畎夷等四夷尽数反叛,及至帝相登顶王位,便开始征讨畎夷,用力七年方使其归顺。但直至帝泄时因王朝加封爵位,畎夷才完全归服夏朝。夏末动乱之际,畎夷便"入居邠岐之间"⑧。其次,华夏族属亦因败亡国政移迁至化外而游牧北方。如三家注《史记·匈奴列传》载:夏桀死后,其子獯粥以他的一众姜室为妻,并"避居北野"⑨,追逐水草以游徙放牧为生计,中原人称其为匈奴。当然,根据学者研究,夏桀亡国之后,除大部分留居原住地外,尚有不少夏族人迁往四方。⑩不可否认,在这些外迁夏人族群中,少不了部分世族贵胄主导其中,尤其在主动迁徙的情形中,族裔的渊源以及文化的相对先进与技术的比较优势是决定迁徙方向与迁徙归属的基本考量。这种先进文化力量的外流,一方面使得中原文化影响力大为拓

---

① 黄晖.论衡校释:上册[M].北京:中华书局,2018:363.
② 李昉,等.太平御览:第三册[M].北京:中华书局,1960:3106.
③ 袁祖亮.中国人口通史:先秦卷[M].北京:人民出版社,2007:89.
④ 司马迁.史记全本新注:第三册[M].张大可,注释.武汉:华中科技大学出版社,2020:880.
⑤ 张洁,戴和冰.古本竹书纪年[M]//皇甫谧,等.帝王世纪·世本·逸周书·古本竹书纪年.陈吉,等点校.济南:齐鲁书社,2010:4.
⑥ 张洁,戴和冰.古本竹书纪年[M]//皇甫谧,等.帝王世纪·世本·逸周书·古本竹书纪年.陈吉,等点校.济南:齐鲁书社,2010:4.
⑦ 王国维.今本竹书纪年疏证[M]//皇甫谧,等.帝王世纪·世本·逸周书·古本竹书纪年.陈吉,等点校.济南:齐鲁书社,2010:60.
⑧ 范晔.后汉书:第四册[M].北京:中华书局,2012:2308.
⑨ 司马迁.史记[M].裴骃,集解;司马贞,索隐;张守节,正义.北京:中华书局,2014:3484.
⑩ 袁祖亮.中国人口通史:先秦卷[M].北京:人民出版社,2007:91-93.

展、华夏文明向心力大为增强，为进一步的民族融合与社会整体进步积累了先决条件；另一方面也使华夏文明因及时融汇更多异质元素而更显活力，使得流入地生产技术、社会政治以及文化竞争力都有了较大提振，由此积淀起与中原族属政治角力、社会竞争的物质技术与制度文化基础，甚至后世一度发展成为中原政权和中原文化的巨大威胁。或许正是有着这样的权衡，周武王灭商之后，对商族贵族势力原籍封建委任重臣莅临管理，即《逸周书·作雒解》载：封蔡叔、霍叔于殷都，"俾监殷臣"①，对于平民以及叛乱的士族则是强制迁徙充为功臣受封侯国基本人口，亦即"俘殷献民，迁于九里"②。按《史记》记载：西周末年，犬戎乘配合申侯攻杀周幽王于骊山之机夺占周王朝焦获之地，滞留聚居于泾水和渭水之间，自始屡屡"侵暴中国"③。

西周时期，随着经济技术的进步、社会结构的繁复、政治统治的发展以及文化整合力的提升，华夏族群文化构造达至空前高度，民族抟铸力前所未有地增强，周族基于较为强大的文化自信心，频以中国、华夏自称。周族始祖后稷姓姬名弃，黄帝世系帝喾为其父，其母姜嫄乃炎帝世系姜姓支族有邰氏之女。可见，周族本就是炎黄世系通婚衍生族裔，本身就是民族融合的结晶。周族自禹时起源，经夏时积淀、殷商崛起以至商末代之而立国天下，因后稷播百谷、王季司牧正而农牧文化沉积厚重，在社会生产力水平不断发展的基础上，其对社会利益共同体的解析与构建有着天然的优势，这就为进一步抟铸文化共同体、创新文物制度构筑起坚实的物质技术基础。西周时期社会制造工具能力极大发展，个体独立性逐步增加，群体力量快速提升，个体需求、群体利益以及社会共同利益分界日渐显现，社会共同体价值构成及其稳定性要求越发提高，群体利益的平衡满足已逐渐成为影响甚至决定社会利益共同体乃至王朝国家稳定的最为主要的因素。同时夏桀失德亡国犹在、殷纣暴虐失政不远，在此新型社会利益关系格局之下，如何维新乃至重新界定国家政治权力避免其异化而实现政治理性自觉，是西周王朝以社会政治结构改造进而解析建构新型文化共同体的历史责任。以周公为代表的西周王朝，顺时应势，封土建邦，以藩屏周；制礼作乐，理治天下，本德立政。作为经国济世的圣贤明哲，周公在清晰王朝整体利益的基础上，尊视诸侯集体利益，完善井田制度发展个体利益，具体实化养民之政，礼贤下士，并以人之生存权利为匡济天下本根，将"天下为公"的政治哲学原则转换成实实在在的政治实践行动。至此，三代以来华

---

① 黄怀信,张懋镕,田旭东.逸周书汇校集注:上册[M].上海:上海古籍出版社,2007:511.
② 黄怀信,张懋镕,田旭东.逸周书汇校集注:上册[M].上海:上海古籍出版社,2007:518.
③ 司马迁.史记全本新注:第五册[M].张大可,注释.武汉:华中科技大学出版社,2020:1930.

夏族群孜孜以求的文化共同体抟构基本完成,其因以正德、利用与厚生为根本,既重视作为基础的整体利益构建需要,也尊崇个体利益的发展诉求;既开物成务又各尽其才,由此形成华夏民族团结统一强大凝聚力的文化基因,成为中华民族海纳百川、万川归海从而不断发展壮大的不竭的内在驱动力。

(二)春秋时期华夏族群的不断融合

春秋时期,华夏族群居住的黄河流域中下游地区物质生产技术相对发达、社会生活设施较为完整,加之三代以来积淀起来的民族道德精神传统以及政治文化体系不断丰实完善,这些周王室分封而建的诸侯国家与比邻而居或者杂错相处,甚至不少尚处于前国家时代的其他族属相较,形成不小的技术文明特别是民族文化的落差,在古代典籍文献之中封建诸侯常常自称中国、华夏,而对后者则以夷、蛮、戎或狄相指。当然,就当时而言,指称夷、蛮、戎、狄也仅是区别性意义而非从优越褒贬着眼。然而,正如前文所言,华与夷只是一个相对且共时性的集体概念,而非稳固历时性的具体指称。事实上,在民族历史演进长河中,由夷变夏与自夏变夷都时有发生,但以前者为主流。以发达的物质生产技术、成熟的社会治理体制尤其先进的民族文化系统支撑起的华夏民族感召力与凝聚力异常强劲有力,不断地吸引着周边夷众融入,这正是中华民族繁荣并不断发展壮大的根源所在。春秋时期华夏族群之所以不断融合夷民族众,除却经济技术的发达、华夏文化的先进这些深层根源外,其最为直接的催生原因应在于当时的社会政治生态以及地缘政治环境。在史学家的视域中,如前文所言,由于周王室政治控制能力衰弱,分封诸侯国家实力不断增长,称雄争霸此起彼伏,以致中原地区兵燹连天,春秋时期成为中国上古历史中一个变动不居的时代,一个较为剧烈的由华夷交错进入华夷分立的历史阵痛期。

战争是民族融合最为快捷的方式。春秋时期,中原国家与西北少数民族的生存空间争夺战以及中原诸侯国家之间的争霸战是其时战争的主要形式。前者推动民族之间的大融合,后者则是民族内部的大整合。据历史地理研究,西周时期我国气候处于温暖期与寒冷期交替变化时段。西周末年中国北部发生较大旱情,游牧生存环境变得较为恶劣,加之中原地区水草丰茂、地广人稀,多有尚未开发之地,导致北方与西北游牧民族大量内迁,逐渐形成华夷错居之势,甚至在一些区域形成夷多夏少的局面。如《国语·晋语》有记,宰孔谈到献公时期晋国的地缘政治环境状况时就用"戎、狄之民实环之"①叙述,说明其时戎狄人已然环晋而居。即

---

① 陈桐生,译注.国语[M].北京:中华书局,2013:325.

便是到了鲁昭公十五年也就是公元前 527 年的时候,晋国依然是"戎狄之与邻"①。华夷杂处、利益交错,不可避免地产生民族矛盾,导致民族冲突,挑起民族战争。上文已言及西周末年,犬戎就已屡次侵扰中原地区。周平王宜臼东迁国都就与其无力驱逐犬戎极为相关。另据《史记》所载,春秋初期,"山戎越燕而伐齐"②,大军一度兵临齐国城下。公元前 663 年,"山戎伐燕"③,因齐桓公应燕庄公急告而出兵北上,山戎方败退而去。仅二十余年后,戎狄再度进犯周东都洛阳,里应外合打败周军攻克王都,周襄王败逃郑国氾邑。四年之后,因晋文公兴兵成功驱逐戎狄,周襄王方能重返洛都。北方戎狄内迁吞并华夏弱小诸侯,进而干预周室王政乃至兵戈相向,严重危及中原华夏政治统治,加之南方荆楚不断北上,致使"中国不绝若线"④,中原华夏族属国家政治形势岌岌可危。由此引发华夏诸侯大国高擎"尊王攘夷"大旗,进而内修政治、扩展疆域、强大军事,外盟诸侯、联合力量,共御夷狄,正是华夏诸侯的先后强势继起并由此形成华夷力量对比均势,继而在历史的时间长河中通过华夏先进文明的强大吸纳力融合了这些非周势力,最终完成对夷狄的华夏化,建立起华夏民族及其文化发展的新维度。

当然,除战争兼并之外,文化的相互交流也是促进民族融合的基本条件。春秋时期华夏族系与夷狄族属长期的散居错处,彼此生活的频繁交流、生产的相互影响在所难免,生存与发展压迫而互相取长补短的需要终使华夷走向融合。《左传·襄公十四年》载:晋国范宣子在一众诸侯朝会之上指责并意欲拘留的姜戎族首领驹支,而这位机智的夷酋则"赋《青蝇》"⑤喻示范宣子应为"无信谗言"的"恺悌君子"之事而脱困。《青蝇》为《诗经·小雅》中的作品,这足以说明驹支首领已然深受中原文化的影响。《左传·昭公二十六年》还有公元前 516 年深秋,周王子朝及一众人臣携王室典籍投奔楚国的记载⑥,文化典籍会同掌握典籍文化的社会精英组团南下荆楚,中原文化对荆楚文化的影响应该不能忽视。此外,由于长江下游以及江浙地区最迟也是五帝时期就与中原炎黄族属有往来,三代时期的交往就更为密切,周姬太伯立吴以华夏文明精粹奠定东吴文化根基,也使得东吴文化在本源上就获得了与中原文明共融相通的基因,春秋时期吴公子季札在鲁国对周

① 郭丹,程小青,李彬源,译注.左传:下册[M].北京:中华书局,2012:1822.
② 司马迁.史记全本新注:第五册[M].张大可,注释.武汉:华中科技大学出版社,2020:1930.
③ 司马迁.史记全本新注:第五册[M].张大可,注释.武汉:华中科技大学出版社,2020:903.
④ 黄铭,曾亦,译注.春秋公羊传[M].北京:中华书局,2016:251.
⑤ 郭丹,程小青,李彬源,译注.左传:中册[M].北京:中华书局,2012:1187.
⑥ 郭丹,程小青,李彬源,译注.左传:下册[M].北京:中华书局,2012:2000.

朝乐舞的独到评价与深沉感悟足见中原文化对东吴文化的巨大影响。① 中原华夏文化在不断扩散其影响力的同时,也在不断吸纳其他文明的精华成果而丰富自身。《管子·戒》记载,齐桓公北上讨伐山戎,"出冬葱与戎菽,布之天下"②,将其截获的戎菽(胡豆)在各诸侯国广为推种。另外,族系之间相互通婚对民族融合有着极大的推进作用。春秋时期,华夷错处,生产相关,生活渐近,加之战火蔓延常需同舟共济,相互通婚以并力是这个动荡时代的普遍现象。在反映这个时代活动的文献中,记载通婚的文字随处可见。如《左传》记有晋国之献公曾"娶二女于戎"③,公子重耳便是其中大戎女狐姬所生,夷吾则由小戎女所出。其后献公攻打骊戎又获献骊姬,王子奚齐就是班师回国后骊姬所生养。正是因为图立奚齐,骊姬才设计诬陷公子重耳与王子夷吾,重耳被迫逃亡至白狄。公元前 655 年,白狄打败廧咎如并俘其女儿叔隗、季隗献与公子重耳,重耳便"取季隗"④入室。《左传》还记有,鲁僖公二十四年(公元前 636 年),周襄王不顾臣属反对执意立狄君的女儿为王后之事。⑤ 当然,除了夷女嫁给中原士人之外,文献亦有中原士女下嫁夷族记载,如《左传·宣公十五年》中就有记"潞子婴儿之夫人,晋景公之姊也"⑥,即晋景公的姐姐嫁与赤狄潞子婴儿之事。在东南,中原各国与吴楚也多有联姻通婚现象存在。正因为如此,白寿彝先生才有血统混合是春秋时代普遍现象的论断。

　　总体而言,在春秋这个大兼并时代,兼并战争不仅极大地改变着诸侯割据的格局、诸侯国家实力及其对比关系,也是一个巨大的社会整合运动、宏大的民族融合历程、急剧的文化革新创造过程。历经春秋近三百年的岁月激荡,华夏民族与戎狄蛮越各族的界限区分已不再如先前那般明确清晰,华夏民族文化的辐射力、影响力及其抟构力得以空前提升。春秋初年诸侯国家 1200 有余,到春秋中期尚存 140 余国,及至春秋末年仅几十国有存。⑦ 据人口学者的审慎研究,西周时期中国大约 1000 万人口,春秋时期大约为 1500 万人。⑧ 可见,春秋时期中国大地一方面是国家数量不断减少、国土疆域逐渐扩大,另一方面则是人口规模显著增加、国家实力日渐增强。国土面积以及国民数量等国家规模的增加固然是兼并发展的

①　郭丹,程小青,李彬源,译注.左传:下册[M].北京:中华书局,2012:1470.
②　李山,轩新丽,译注.管子:上册[M].北京:中华书局,2019:470.
③　郭丹,程小青,李彬源,译注.左传:上册[M].北京:中华书局,2012:273.
④　郭丹,程小青,李彬源,译注.左传:上册[M].北京:中华书局,2012:454.
⑤　郭丹,程小青,李彬源,译注.左传:上册[M].北京:中华书局,2012:477.
⑥　郭丹,程小青,李彬源,译注.左传:中册[M].北京:中华书局,2012:842.
⑦　袁祖亮.中国人口通史:先秦卷[M].北京:人民出版社,2007:115.
⑧　袁祖亮.中国人口通史:先秦卷[M].北京:人民出版社,2007:168.

必然结果,但也应该看到国家实力并不自然同步增长。国家自然物质资源的变化,需要对物质生产及其过程进行重组与整合,也需要对分配、消费与交换关系进行必要调整,更需要对新兴人群进行界分与整合,需要对新型利益关系进行梳理与调配。因此,春秋时期的剧烈变动不仅仅在于诸侯的兼并战争,也不只是社会生产技术的巨大发展,甚至不在于民族的广泛融合、政治权力的深层异化,共同体文化内核的嬗变尤其是人文精神的觉醒、哲学创造性的发展以及由此引发的华夏族群文化演化路径与国家发展走向的变化,才应该是我们把握这个火热历史时代的重点。

(三)战国时期华夏族群的逐渐发展

战国时期是中国古代历史中最为重大激烈的变革时代,也是极为重要的承上启下的历史阶段,在社会物质生产技术上完成了对前代的总结与超越,在政治统治方式上细致地对过往经验反思并不断尝试开启崭新治理结构的建树,于文化哲学的层面立基人本精神,不断吐故纳新,力图贯穿大道真脉以憧憬刻画华夏文化共同体的至善远景。战国时期华夏族群的逐渐发展,不仅体现为物质技术层面的不断改造与日渐发达,社会生产构成、生产过程控制以及由此形成的利益关系的不断调适与渐趋稳定,也表现在社会表层构造诸如疆域范围进一步扩大、人群规模不断增长、层级分化日渐明显,尤其政治与社会资源的向下流动等形式缓缓展开的变化。更为核心的发展则是社会深层结构,诸如政治统治方式与政治伦理原则的革新创造,以及社会历史文化哲学体系,乃至人本精神的批判反思与人文体统的重新抟铸。如果将春秋时期华夏族群发展的重点定位于华夷融合、以华化夷而扩展族群的外在规模,那么战国时期华夏民族发展的核心则可以归结为重在升级建构族属文化品位的内在品相与整体文物结构的精致硬核。

与春秋时期不同,历经近三百年的华夷融合,战国时期的政治地理重心不再辗转于华夷杂错的华夏文明边缘地带,中原逐鹿才是这个时代最为重要的主旋律。近三个世纪的战火洗礼,春秋时期千百诸侯国家湮灭于历史风尘,战国初年见诸文献典籍的诸侯国家仅有以"战国七雄"为代表的十余国。在战国时期两个半世纪的历史烟云里,"征战"是这个时代典册文献的关键词。相较于春秋时期,战国时期的战争尽管频率相对较低、卷入国家相对较少,但由于职业将领加入、集体步战等新军事技术的进步,加之争夺资源与土地进而一定天下的战争目的的牵引,战争的规模、强度以及持续时间大为增长,战争对于国家地缘政治优势以及地缘政治关系直至国家生存影响巨大,战争能力的提升便成为这一时期各诸侯国家持久的战略擘画。因此,战国时期各诸侯国家纷纷在越来越广阔的统治疆域里、不断增长的人口中,革新物质生产工具,发展物资生产能力,广罗贤能才俊,进而对内革新变法、修整政治,对外纵横捭阖、广结联盟,力图加快发展国家实力,急速增强战争能量。也正是在这样的地缘政治生态之下,变革一跃成为时代的最强音。铁制农具、牛耕技术的推广宣示着物质生产技术的革命,常备军制下的群体步战相对车战的优势颠覆代表着新军事技术的革新,郡县制度推进、职业吏官队伍产生以及律法法典化表征的是行政政治的变革,尤其社会政治权力的社会下层移动打破了世族政治的垄断格局以及新兴地主与官吏阶级逐渐主导政治舞台,标志社会阶层结构以及政治权力分享关系的重大变革。这些立基于社会生产力水平重大发展基础上的社会阶级结构、经济利益关系、政治行政权力、武备军事技术的革新创造,其基本的旨趣就在于更大范围整合各诸侯国家各类社会政治、经济、军事资源,最大限度激发各类资源活力,进而提振国家整体实力,以图在一统天下的国家发展竞争中脱颖而出。当然,在马克思主义唯物史观的语境里,这种重在物质生活条件甚至政治上层建筑方面的整饬与抟合,尽管为华夏族群的发展壮大提供了坚实的物质技术基础和较为广阔多元的演化路径选择,然而民族政治文化思想以及道德哲学理论等思想上层建筑发展成对华夏民族的延绵发展与持续强盛更具有决定性价值。

马克思曾经指出:"理论一经掌握群众,也会变成现实物质力量。"①华夏族群巨大的精神抟铸力正是经由民族精神文化对族属众生的不断浸润方才充分显现,而战国时期的王官失守继而诸子兴起,便是此种常常描述为中国精神文化史册上绚烂的奇绝文化景观的浸润高潮。众所周知,在战国时期这个肴然昏乱、竞争惨烈的动荡时代,功利富强之说、倾诈攻伐之谋才是满足时君世主一统天下、御临八方、阿谀一时急需的灵丹妙药。当然,这些功利霸道的因时应势术说毕竟只是百花齐放中、百家争鸣里的几许分支,尽管基于道器贯通而道体下行,在器物用度上也已激荡起科学发展、技术进步,甚至也曾反向激发过形而上层面对道体现实的深沉思索。事实上,在勘破政教合一、文治教化的大道功用形式之下,亦有不少明哲贤俊本守大道真脉,仰俯天地,观察人文,共同开创出一个社会变革、文化创新的璀璨大时代。这个时代的绚烂璀璨重在学术文化对于更为广泛的社会民众教养与育化,在于对社会族群层级通达的积极建构与人文化育的深度恰合,其最不能忽略的深层根由即为王官失守继而诸子兴起,致使学术流于民间的历史现实。上古自三代以来,学术即为朝官王府所垄断,政治与教化合二而一,文治即为政

① 中共中央马克思恩格斯列宁斯大林著作编译局.马克思恩格斯文集:第一卷[M].北京:人民出版社,2009:11.

制,教化即在治政,文治教化尽管不忘江湖之远但其重心尚居庙堂之高,社会文化资源为官府垄断亦主要在社会上层流转。然而春秋以降,东周王室势力日渐式微,礼崩乐坏,诸侯蜂起争霸战争连年,尽管王室天下共主名号犹存、政权余威尚在,但文教风气与礼治光彩正逐步暗淡,王官携典投奔已不绝于道,社会文化资源由周王室逐渐向诸侯分流,不过学术却尚未流落散布民间。及至战国时期,甚至早自公元前 606 年楚庄王"使人问九鼎"①开始,东周王室治下诸侯已逐步成长为"独立国家"②,此际的晚周王室已是"裂其地不足以肥国,得其众不足以劲兵"③,伴随王朝衰微以及一众诸侯国家在征战中的败亡覆灭,"三后之姓,于今为庶"④,王公贵胄纷纷落至市井,加之文教体制崩塌,史官朝吏及典藏遂散乱四方,仅凭学识苟全性命聊以传承继世,乡鄙民间始为学术文化流布至所,于是《史记·太史公自序》有记"明堂石室金匮玉版图籍散乱"⑤,仲尼有"学在四夷"⑥"礼失而求诸野"⑦之言。在乡学普遍、士人骤起的战国时期,中国上古文化已然破除专有走向共享、破除封闭步入开放。逐鹿之势的愈演愈烈,生存与毁灭的历历在目,也使得这个时代对才能的重视达至无以复加的程度。朝为田舍郎而暮登天子堂、"学而优则仕"⑧已然成为这个时代舞台最畅行的脚本,所以有中牟之人抛却耕作田圃转而追随私学人士,规模竟然占到"邑之半"⑨,官府贵胄之学转身为民间世俗追捧之术。列国周游从容淡定的饱学师徒、雄心勃勃步履匆匆的游说之士,已是当时常见的经典人文风景。林立学派,尚有平民束脩可趋的阔华门庭;诸子百家,不乏秉承有教无类的博大胸襟。战国时期的百花齐放、百家争鸣,体国经野为民立极之说依旧润物无声,然而最是上古贯穿大道真脉的老子之学与契天合地的儒学精神深深地影响了中国人群精神信仰的性灵世界,成为道德伦理的行为典范。

　　总体而言,经由近两个半世纪的历史风云激荡,在物质生产能力完成对春秋革命性超越的基础上,战国时期中国上古社会地缘政治格局已然有了颠覆性变革,千百诸侯竞相逐鹿的场景已湮灭于历史风尘,王室衰颓、七雄争霸是这个时代

①　司马迁.史记全本新注:第一册[M].张大可,注释.武汉:华中科技大学出版社,2020:122.
②　崔瑞德,鲁惟一.剑桥中国秦汉史:公元前 221—公元 220 年[M].杨品泉,等,译.北京:中国社会科学出版社,1992:23.
③　司马迁.史记全本新注:第三册[M].张大可,注释.武汉:华中科技大学出版社,2020:1073.
④　郭丹,程小青,李彬源,译注.左传:下册[M].北京:中华书局,2012:2079.
⑤　司马迁.史记全本新注:第五册[M].张大可,注释.武汉:华中科技大学出版社,2020:2281.
⑥　郭丹,程小青,李彬源,译注.左传:下册[M].北京:中华书局,2012:1846.
⑦　班固.汉书:第二册[M].颜师古,注.北京:中华书局,2012:1546.
⑧　杨伯峻.论语译注[M].典藏版.北京:中华书局,2015:291.
⑨　高华平,王齐洲,张三夕,译注.韩非子[M].北京:中华书局,2015:418.

最为璀璨的政治风情。王官失守继而诸子兴起,学术辗转流布民间,饱学之士游历四方、王孙贵胄藏于市井、金玉图籍散乱都鄙已然成为这个时代极为经典的文化风情。百花竞相绽放、百家诸子接踵争鸣,极为深沉地影响了上古华夏社会的文明结构、文化品相与人文情怀,尤其以承载炎黄文化生命精神而贯通大道真脉的原始道家老子与秉承主流文化精神大端的原始儒家孔子为代表的文化理性自觉,依凭深邃明睿的道体哲学思辨,立足历史与时代、国家和民族,站在大道天下的宇宙本体论高处,携尽宇宙万物,纵论社会人文,以性命之理支撑人之存在,觅普遍法则矢志天下达治,成就了中华文明上古精神文化历史蓬勃发展的璀璨辉煌。尽管诸子百家于天道性命之理知感颇有异、用度亦多有别,甚至有门派在器物倾伐之谋上用力甚重,但在思辨深邃与知性道德的形而之上本体大道的理性自觉体认上却有着内在的高度同质。正是出于大道本体自觉理性的共同体认,奠定了华夏族群文化共同体的不朽硬核。作为天下之学根由的生民为本,已然积淀为华夏民族身份认同硬核的基因密码。唐虞以至三代累积而成的"正德"从而"养民"并不断革新的政治统治原则以及日渐完善的社会道德体统,进而日益细化鼎新的日常社会生活程式与规则,便是这大道本体的外在相对稳定的表达符号的系统,亦即华夏民族自我认同的基本根据以及华夏民族自我区别的符号文化。华夏民族一路走来从未迷失、中华文明自古迄今不曾间断,最深层根源即在于民族文化基因的稳固以及由此促成的文化革新创造能力的强大,在于革故鼎新、厚德载物、刚健有为的基因文化对先秦社会从物质生产技术、社会政治统治、族群结构勾连直到道德人伦本体乃至精神信念世界的全面而强劲整合,从而将华夏族属抟铸为结构精密但又开放包容、视野宏阔的文明文化共同体,初步实现了对华夏文明主体在集体层面的组织构造。

二、先秦社会的向东演进

在马克思主义哲学的视域里,不断认识自然、顺应自然进而利用自然、改造自然的持续向前过程,是人类社会的基本特质,自然是人类存在的基础,也是社会发展的前提。在社会生产力构成要素中,劳动对象的自然禀赋状况极大地影响着社会生产力的水平及其发展,尤其在早期人类制造工具能力十分有限的情况之下,劳动对象自然禀赋及其所决定的产出能力对社会生产力以及由其派生的社会生产关系亦即社会物质资料生产方式状态有着决定性意义,进而一定程度上影响到社会上层建筑以及社会意识形态的结构状况,甚至在一定层面上决定着社会文明文化发展的大致走向。我们讲中华文化早期总体表现为沿河流进而沿海岸依次展开的农耕文明、游牧文明和海洋文明的特色特征,无不基于基础自然禀赋及其演变状况。就先秦社会而言,自然地理及其禀赋分布状况,甚至在一定程度上决定先秦国家政治地理分布,以及国家能力状况与社会政治地理格局及其发展走向,尽管并不赞同地理环境决定论,但我们绝不会忽视地理环境对社会及其文明发展的基础性价值。事实上,人们在界定地理环境及其价值时,立论的基础前提就是专注于作为人类存在的生活空间和社会发展的物质基础的必要性。因此,探讨先秦社会的自然地理基础,进而厘清先秦国家政治地理及其发展格局,不能不说是明确中华上古文明发展走向的必修功课。

(一)先秦社会的自然地理基础

"人靠自然界生活""人是自然界的一部分"①,这是马克思主义在人与自然关系上的明确结论,马克思尤其看重土地对人类社会"共同体的基础"②意义。恩格斯不仅把地理条件看作经济关系的组成部分并且视其为经济关系"赖以发展的地理基础"③。与自然界不间断的物质能量交换、同自然环境不停歇的交互作用是人类以及人类社会存在和发展的基本前提。人类社会发展史在一定意义上就是与自然界物质的能量交换史、与自然环境的交互作用史。越是人类社会早期这种交互作用就越直接,交换方式就越简单,人与自然环境的距离就越贴近,自然环境与资源特质对人类发展的控制力就越强劲,人类对于自然的离去能力就越孱弱,自然环境及其禀赋状况对人类族群的生活方式、结构类型、数量规模甚至流动范围及趋向一直有着基础性的意义。恰如李约瑟博士所说的,自然地理不仅是中国文明发展的基础舞台,也是中华文化与欧洲文化差异的极为重要的决定因素。④作为文明发展的基础性背景,先秦时代的自然地理以及气候特点及其变化,不仅对先秦社会物质生产状态与社会生活方式特色、社会构成形式与人口规模及分布状况有着直接影响力,而且对先秦国家政治结构模式与政治地理格局以及文明发展的地理走向也有着不可低估的推动作用。

就华夏文化的中原根源与中心演进而言,自然环境的优越性是不可排除的重

---

① 中共中央马克思恩格斯列宁斯大林著作编译局.马克思恩格斯文集:第一卷[M].北京:人民出版社,2009:161.

② 中共中央马克思恩格斯列宁斯大林著作编译局.马克思恩格斯全集:第四十六卷上[M].北京:人民出版社,1979:472.

③ 中共中央马克思恩格斯列宁斯大林著作编译局.马克思恩格斯选集:第四卷[M].北京:人民出版社,2012:731.

④ 李约瑟.中国科学技术史·导论[M].袁翰青,王冰,于佳,译.北京:科学出版社,1990:55.

要因素。众所周知,中国上古地理环境的根本特征就是以西部的帕米尔高原、西南青藏高原以及喜马拉雅山脉、西北阿尔泰山以及东北长白山、北部的戈壁荒漠和东部的大海,在亚欧大陆东端分隔而成相对独立但幅员辽阔的地理大单元。区域内总体地势西部高耸东部低平,自西向东大多是山脉与主要河流的基本走向,各种气候兼具、多样气温并存、总体雨量充沛,农作物与动植物资源异常丰富。加之史前地理变化巨大,区内地质条件多元,矿产资源丰富。域内中东部的黄河中下游和长江中下游地区,以其优越的地理区域位置,与地质构造条件、特殊的自然资源禀赋,在我国史前文化多元起源、多样发展中尽显优势,尤其黄河流域以其优越的地理条件及资源禀赋,在中华文明发展演进的绵长进程中谱就出恢宏瑰丽的历史篇章。西自陇山而东迄泰山、渭水下游以至黄河流域中下游与济水上中游之间广大区域上,中华远古文明尤为繁盛,不仅仰韶文化遗址以及龙山文化遗存稠密分布其中,而且上古夏商西周王朝先后兴起进而立鼎建国的历史进程亦主要呈现在此范围。最早见诸典籍文字中植被丰茂、郁郁苍苍的上古黄土高原,虽然整体地形高亢,但地势低下的平原、沿岸开阔的河谷亦占相当的分量,并且这里土壤未经淋滤非常肥沃,因保墒能力强劲而对雨水要求不高,栽植旱地作物多不施肥亦能收获丰硕,成为“中国古代农业的最古老的中心地区”①。黄河中下游地区以及河济之间的广阔区域,由于植被丰富、森林茂盛、气候温润、土质肥松而易于耕种,加之春秋之前黄河河道稳定,极少成灾,成为当时耕作农业发展的最好所在。这正是炎黄族属率先步入自主生存的农耕文明、华夏民族开启上古阶级社会与国家历史先河的自然地理基础。

夏商时期,尽管中原部族开始步入青铜时代,制造工具能力有所发展,阶级社会逐步进化,国家机构渐次成形,但毕竟只是文明社会征途的初始,社会生产力整体水平尚处提速发展的起步阶段,个体生产能力以及生存能力并未出现革命性飞跃,人对自然的依赖性进而对群体的依存性亦未根本性改观。因此,夏商时期,社会国家对于地理条件以及资源禀赋的关系依然处在整体面对的时代。尤其在刚刚脱胎原始部落以采集为主要生活方式的夏王朝时代,尽管已然出现少量铜制劳动工具,社会分工亦有所发展,但以石木生产工具为主体的农业生产能力不得不凭借劳动力规模来支撑其发展,国家整合与社会总体实现是这个时代社会生产的基本特征,行业分工、手工业官营亦是王朝整合社会资源共同面对来自自然的危险以及由自然支持的社会威胁的基本方式。及至殷商时期,虽然青铜农具使用和耜耕技术发明增强了社会生产能力,进一步推进社会分工,不断加剧对自然资源

---

① 李约瑟.中国科学技术史·导论[M].袁翰青,王冰,于佳,译.北京:科学出版社,1990:68.

的分割利用,也在一定程度上拉开了族群之间特别是人与自然之间的一丝距离,但对自然及其资源禀赋依赖性较强的农业生产部门仍然对商王朝有着决定性的意义,王朝整体经营、共同面对的总体生存范式没有彻底打破,社会国家对自然地理及其禀赋的整体使用统一面向的基本范式尚能维持。

西周时期,由于重农传统源自其先周始祖弃,相传后稷自幼以农作为嬉戏,成人之后更是专务农耕之事,能够"相地之宜,宜谷者稼穑焉"①,能根据土地性能特质选择恰当的品物施以种养培植,因此被尧帝举用为农师,继而由舜帝封邰地赐姬姓。经过夏商世代重视农耕种植能力的积累,西周甫一开国便以农为"民之大事"②并广设农官精细化农业生产技术及过程,以青铜工具制作的精致木质耒耜为基础、耕效更高的耦耕方法的普遍采用以及休耕制度的不断推行,加之粮食作物种类及产量的相应增加,单位土地农业产出能力亦即单位土地人口支撑能力极大提升。据学者考证,西周时期整个中国的人口应不下 1000 万。③ 周初封土建邦制度之所以能够推行,不能说与这没有一定的关联。西周封建亲戚是以屏护王室,土地可耕、人口能繁、国力常在是亲藩诸侯现实武装驻防而拱卫周室的基本前提。周初封土建邦七十余国,体国经野,实现对王国疆土的控制统辖;制礼作乐、熟悉宗法,完成对社会文化的匡正整饬。西周在政治统治上成功实现由诸侯之长到诸侯之君华丽转身的同时,也进一步推动地理环境的粗略整体直接面对向禀赋资源的精致分割间接享有转换。当然,在西周前期,周王室在克商过程中累积与展现出来的强大道德文化优势以及经济军事实力,尤其在平定三监治乱之后的强劲社会政治构建与统治匡济能力,足以震慑非周势力,加之分封也使得宗亲与臣属摄取有较为丰实的获得,也需足够的时间消化与增长,因此,这种对整体的分割转化以及诸侯国家给予西周王室社会整体抟铸力的干扰并不强烈,这正是西周能够开启一个大匡大济的时代④的根本原因。

春秋战国时期,在东周王室逐渐衰微、社会整体抟铸力江河日下的大背景之中,诸侯国家借助于农业生产技术的不断创新、社会整体工具能力的长足发展、个体生产能力的大幅度提升,便将这种以地理分割为基础的社会政治资源分享发挥到了极致,逐渐挤占东周王室对社会物质利益与政治资源控制权力的有效范围,尤其经由战国两个半世纪历史风雨的不断侵蚀,东周王室最终彻底丧失对社会政

① 司马迁.史记全本新注:第一册[M].张大可,注释.武汉:华中科技大学出版社,2020:99.
② 陈桐生,译注.国语[M].北京:中华书局,2013:16.
③ 袁祖亮.中国人口通史:先秦卷[M].北京:人民出版社,2007:168.
④ 司马云杰.中国精神通史:中国文化精神的源头及演变:第 1 卷[M].北京:华夏出版社,2016:258.

治资源的总体控制。然而,地质条件的复杂多样、资源禀赋的程度差异,进而社会经济文化的发展不平衡,使得各诸侯国家自身的社会物质产出能力以及立基其上的社会经济政治资源整合与摄控能力呈现为颇具差异的状态。就春秋时期而言,社会生产力发展仍然处于量的积累阶段,并没有突破度的界限而实现革命性质改变,各诸侯国家整体实力仍处发展增长期。再者诸侯间的争霸战争尚夹杂攘夷的政治诉求,尊王的必要让东周王室保有一线抟铸的能力,加之众多竞争力量的相互掣肘,使得春秋时期国家政治版图不堪动荡。及至战国时期,由于铁制工具的使用和牛耕技术的推广,社会生产力水平已然实现了革命性的飞跃,自然产出能力也相应获得了极大提升,历经春秋争霸、战火洗礼尚存的诸侯大国无论在疆域范围、人口规模,还是在对自然地理条件的应用效能、社会利益关系的调适能力等方面都有了前所未有的提高,尤其随着冶铁技术的发展,个体劳动对于自然条件的改造能力以及劳动效益的不断增长,以地理条件相对独立性以及连通技术手段有限为基础的诸侯国家独享自然与社会经济发展成果的态势在此时趋于顶峰。当然,物极则必反,否极而泰来,在劳动及其过程的深度和广度均大幅度拓展的基础上,与独立性国家逐鹿中原、一统天下的政治理想相适应,战国七雄对社会公共工程能力以及社会整体政治资源整合的需求不可抑制地成长起来并逐渐演变为建立在地理条件整体性基础之上中华文明"天下为公"大一统情怀的主干支撑。也正是建立在工具能力革命性跃升基础上的生产社会化程度的持续发展,生产资料配置的广域性要求已然成为不可逆转的趋势,加之民族共同文化的强力精神抟铸,更高层面对自然环境的整体面对进而实现社会政治资源的重新整合,便成了历史发展的必然选择,中国古代的大一统趋向已经不可阻挡。

(二)先秦国家的政治地理格局

俄国著名马克思主义者普列汉诺夫有过关于地理环境与社会历史关系的较为深入的研究,尽管很多的论点不免偏颇错误,但在地理环境是对社会人类有着很大影响的一种"可变量"以及在生产力不断发展、历史不断进步的前提下,人类与其周围地理环境的关系也会发生改变等问题的看法却应给予充分肯定。[1] 马克思主义也从未否认过,在决定社会意识的社会存在中,尽管地理环境与人口因素对人类社会性质与发展不起决定作用,但其客观的影响力却不应该忽视。事实上在视为决定性因素的物质资料生产方式中,无论是在于生产力本身还是透过生

---

[1] 普列汉诺夫.马克思主义的基本问题[M].张仲实,译;叶女雄,校.北京:生活·读书·新知三联书店,1961:32-33.

产力看生产关系,地理环境的影响力与制约作用都不可能抹去。恩格斯说过:"土地是我们的一切,是我们生存的首要条件。"①越是人类文明早期,越是人的依赖性时代,地理环境的影响力就越强劲,地理资源质量的意义就越显著。先秦时期地理条件的基础价值不仅充分展现于炎黄族群的融合演化、华夏文化的敦厚丰富、社会经济关系的差序变化、阶级国家文物制度的解析建构,也在一定程度上决定着先秦社会的政治地理格局,甚至还在一定意义上影响了先秦社会的地缘政治走向。

夏商时期,由于炎黄族属以稼穑立身、凭农耕建国,在与自然的交互关系中,借助较为先进的工具技术与累积丰实的认知成就建立与禀赋优越的地理环境较为牢固的互动联系及其稳定的生产生活方式,发展相对游牧采集文明更为发达的农耕文明,并率先步入阶级社会与国家时代,成为中国远古文明发展的先锋引领集团。基于对地理环境主动适应、主体选择乃至积极改造而获得自然丰足的回馈,华夏族群不仅人口规模、生产技术以及社会文化较周边民族都有了相对的优势,而且形成华夷相对而立的政治地理总体格局。在整个夏商时代由于有着较为先进的青铜文明持续发展的强力支撑,中原华夏不仅保持着引领文明发展的地位,而且在华夷分立的地缘政治总体态势中始终处在主动主体的位置之上,也一直保持着对四夷诸族的文明吸引力。及至西周时期,在夏商时代近千年文明积淀基础上,西周王朝进一步将中原华夏上古国家文明推进到全面鼎盛的阶段,无论是体现对地理条件主动利用、积极改造的农业生产能力,还是展现对地理环境深刻认知、系统把握的科学艺术成就,较前代都有了十分显著的进步,尤其基于社会的整合与人群的改造而创建政治文物制度体系所造就的以天下民本政治道德原则为核心的华夏文化,不仅成为后世中华民族文化基因内核,而且进一步拉大华夏民族与周边民族的文化差距,从而在华夷对立的政治地理竞争中自始保持主动态势,并不断增强对四夷诸族的民族文化吸引力。当然,正如任何事物都是一体两面一样,西周王朝所建筑的封土建邦、以藩屏周社会政治构造,尽管实现了对王朝领域的完整辖控,完善了社会政治文化的崭新塑造,推进了社会人群对各种地理资源的充分利用,强化了华夷对立政治地理格局中西周王朝的主导优势,但也使基于地理条件自然禀赋差异而形成社会政治与经济文化的发展不平衡,在屏周诸侯方国中逐渐蔓延并由此在华夷对立的政治地理生态中植入新的变量,使得西周相对辽阔的疆域交通不便、本就区隔而立的诸侯国家的参差实力更是分化不

---

① 中共中央马克思恩格斯列宁斯大林著作编译局.马克思恩格斯文集:第一卷[M].北京:人民出版社,2009:70.

已。到了西周晚期王室昏聩,政治掌控力大为下降,加之四境诸夷尤其北方夷狄因气候灾害所迫,内迁不断,伺机侵暴中原,终使周王朝前期建立起来的较为稳固的政治地理格局轰然坍塌,陷入春秋战国时期华夷错处、诸侯分化整合进而谋求安定统一的政治地理动荡历程之中。

春秋战国时期是中国上古的大分裂、大动荡、大改组、大变革的重要时期,也是政治地理格局的剧烈震荡岁月。春秋时期中国上古的政治格局最大特点就是东周王室作为天下之主的政治地位仍在,甚至整个春秋时代鲜有诸侯有问鼎中原之心,但挑衅王权之事频出以致王室至上的权威日渐式微。春秋之初,王室东迁,王权至上便已不再,公元前707年,因周桓王削夺郑庄公权力,郑庄公旋以不朝觐而挑衅周礼相抗,郑国与东周王室由此交恶,是年秋季周桓王便率领一众诸侯讨伐郑国,郑庄公领其精兵与战,绞杀中郑国大将祝聃一箭射中周桓王的肩膀,周军大败,祝聃欲请命乘胜追击,但郑庄公尚能以君子挽救自己国家免于危亡为限,不希望欺人太甚,"况敢陵天子"①相拒。直至公元前606年楚庄王问鼎,诸侯方才生有并表露谋求天下之念想。纵观春秋三百年,诸侯相互征伐最是平行用力,相互兼并,旨在争田夺室,王权觊觎即便有心亦是无力,加之华夷错处,夷狄屡犯中原,危及华夏,诸侯大国又需尊王以攘夷,以致王权尚能维持存在但日渐衰微已为定势,东周之初便有诸侯"射王中肩"以致"王室之尊,与诸侯无异"(《毛诗正义》卷四),继而王室因失去贡纳而屈尊于诸侯求"车""金""财",直至晚周王室地"不过百里……裂其地不足以肥国,得其众不足以劲兵"②,终为诸侯所抛弃。在一定的意义之上,正是王室的衰微,才导致连年的争霸战争、不断的弱肉强食,才使得春秋时期的政治版图不断变化、政治地理格局动荡不堪。当然在史者的研究中,我们也可以清楚看到,春秋时期的大分裂、大动荡根源实则在于社会生产能力的发展,尤其是工具能力的跃升,各诸侯国家以此充分利用自身资源禀赋激发物产、滋养人口、扩展军力。春秋之初,齐、鲁、宋、卫等诸侯国家已然与周王室一样盖皆"千乘之国";春秋中期,齐、鲁、宋、卫、郑、秦、晋、楚、吴、越、燕等大诸侯国家兵车近3万乘、兵士280万,整个中国人口可达1500万之众。③ 一方面是社会经济总体发展、人口规模不断扩张,新兴的利益群体与新型利益关系不断涌现,社会总体利益格局急需整合与再造;另一方面却是人口数量不断增长、国家军力日渐扩展,土地兼并与资源争夺更为激烈,其结果必然是诸侯国家数量的急剧下降与诸侯国

---

① 郭丹,程小青,李彬源,译注.左传:上册[M].北京:中华书局,2012:125.
② 司马迁.史记全本新注:第三册[M].张大可,注释.武汉:华中科技大学出版社,2020:1073.
③ 袁祖亮.中国人口通史:先秦卷[M].北京:人民出版社,2007:172.

家力量对比关系的重构、整体政治地理格局不断解构与建构。学者研究称,春秋之初诸侯方国存有 1200 之数,及至春秋中后期尚有 140 余国①,春秋末期战国初年见诸文献的诸侯仅剩十余国②。由此可见,春秋之际政治地理格局动荡的剧烈程度。

到了战国时期,这种不断震荡的政治地理格局则又呈现新的特色。经由春秋近三百年历史风尘尤其长期战火洗礼、狂沙吹尽,不仅错处杂居的夷族戎狄逐渐融入中原华夏,而且成千华夏诸侯国家被兼并重组,中原政治版图已由华夷错处、诸侯蜂起的称霸时代步入华夷分立、大国争锋进而一统天下时期。日益成熟的冶铁技术,日渐发达的制造工具能力,百万级计的人口规模③,战火锤炼的车骑甲士,纵横捭阖的名士谋臣,百战成钢的职业将帅,逐鹿中原直至统驭天下的宏图帝王,将这一时期的政治地理版图不断刻画、不停重构,使得中国上古的政治地理关系与政治地理格局于战国前期在局部不断改组的基础上呈现总体的相对稳定,而在战国后期则于漫天战火中完成根本的整体涅槃。初入战国之际,各诸侯国反思前代君权下替、宗法贵族弄权失国之惨痛教训,大都直面国是、向内用力,发展社会物质生产,招贤纳士,整饬修葺政治统治,变法维新调适新型利益关系,终致七雄并立。这一时期各国诸侯专心积蓄国力,政治地理格局呈现总体稳定之势。及至战国中期,基于迫切释放前期苦心累积的国家能量,更为扩展国力与势力范围,各诸侯国家纷纷向外用兵,"合纵"与"连横"不断,战火蔓延不止,致使此际政治地理格局局部震荡不已、改组不断。尤其秦昭襄王嬴则任用范雎为相,并以"远交近攻"之计破除对秦不利的"合纵"之策,不仅削弱了敌对六国的力量,而且强化了秦国自身的军力与国势,秦国国力一跃成为七雄之首。及至秦始皇临朝执政,嬴政任用虎将王翦、王贲等人于公元前 230 年至公元前 221 年十年间依次扫灭韩、赵、燕、魏、楚、齐六国诸侯,再次一统中国,重建中国上古政治地理崭新格局。秦能再统中国,在史学家眼里与地理之利不无关系,贾谊在《过秦论》中开宗明义就讲到秦皇之所以能"吞二周而亡诸侯"④,就在于六世以来秦国君臣能"据崤函之固,拥雍州之地",在于"秦地被山带河以为固"⑤。加之"秦之好兴事"因重农业灌溉而兴修郑国渠,从此沃野千里的关中再无饥馑之年,"秦以富强,卒并诸侯"⑥。

---

① 袁祖亮.中国人口通史:先秦卷[M].北京:人民出版社,2007:115.
② 白寿彝.中国通史(第三卷):上古时代(上册)[M].2 版.上海:上海人民出版社,2015:37.
③ 袁祖亮.中国人口通史:先秦卷[M].北京:人民出版社,2007:173-175.
④ 曾国藩.经史百家杂钞:第一册[M].古书生,标点.北京:国家图书馆出版社,2014:57.
⑤ 贾谊.新书校注[M].阎振益,钟夏,校注.北京:中华书局,2000:16.
⑥ 司马迁.史记全本新注:第二册[M].张大可,注释.武汉:华中科技大学出版社,2020:838.

可见,立足地势,用够地利,突出人力,大秦所以自西而东横扫六国、一统天下,重塑政治地理版图,成就万世不朽伟业。

(三)先秦文明的地缘演进趋向

连续性是社会历史的基本特质,人类文化文明总体上一直都是接续发展的渐进过程。然而正如马克思所说的:"思想一旦离开利益,就一定会使自己出丑。"①在马克思主义的理论视域里,不论是社会物质文明的演进,还是国家政治文化的延续,必定都离不开物理空间,离不开自在的环境,离不开实实在在的社会物质生活条件。在人类历史发展的早期阶段,无论是石器时代的聚落部众还是青铜时代的都邑华族,也不管是以采集渔猎为主的部族社会还是农耕游牧立身的阶级国家,由于自身活动极大的局限性、非自由性存在,其发展延续的方式、内涵乃至路径无不为自然环境所吸引、为地理资源所指引。透过上古乃至中国远古技术文明与精神文化的发端起源和流变发展,我们可以真切感受到这种牵引的无时不在、无所不及。如果说前夏之事有待考古发现支持而尚无信史可撑,那么三代以降的文献史籍尤其是地理、货殖等经书典册所提供的信息,足以让我们对夏商周时代华夏族群与自然地理的纠缠牵绊以及中原文化的主体发展脉络及其地缘演进趋向有着较为完整的精细探查与清晰的深入体认。在整体向东向海的中国文化地缘演进的漫长历史之中,先秦时代中原文化的起步与定向对后世中国文明,尤其是对中国海洋文化发展与繁荣的积极意义以及对中国海洋文明退化与凋敝的消极影响都是值得深入探究的重大课题。

在史学家的普遍研究中,中国史前文化的基本特征呈现为以中原文化为核心的多元一体状态。就中国文化核心的中原文化而言,根据目前考古发现以及史学家研究,无论是新石器时代的早期代表裴李岗文化、磁山文化、老官台文化,还是各个时期的仰韶文化及其继之而起的庙底沟文化以及中原龙山文化,其中心或者集中呈现的地理区域主要在黄河中游及渭河流域,及至二里头文化以降夏启开启的上古国家时代,中国文明的中心依然在黄河中游。根据张之恒先生对于夏王朝都城变迁的研究来看,无论夏代前半期的山西襄汾陶寺以及河南登封王城岗,还是后半期的河南偃师二里头②,夏王朝国家的主体活动区域都是集中在黄河中游。进入商朝时期,开国之都在亳即今商丘,其后商都辗转迁徙于嚣(今郑州)、相

① 中共中央马克思恩格斯列宁斯大林著作编译局.马克思恩格斯文集:第一卷[M].北京:人民出版社,2009:286.

② 中国先秦史学会,洛阳市第二文物工作队.夏文化研究论集[M].北京:中华书局,1996:109.

(今安阳内黄)、庇(今临沂费县)以及奄(今山东曲阜)等地,盘庚时始定都于北蒙即殷(今河南安阳),即司马迁所谓"乃五迁"①。由此可见,商王朝的活动重心与夏时中心伊洛相较已悄然东移,集中于今河南东部及山东西部一线。到了西周王朝时代,这种向东经营更显实质化特质。周起于西岐,武王灭商定都镐京(今西安),自文王起不断东进,周初建藩屏周,其重要封国多为东扩所需。诸如武王之弟康叔封国卫,都城在朝歌(今河南卫辉);太公吕望封于齐,国都在营邱(今淄博临淄);周公长子伯禽封国为鲁,国都于奄。周平王东迁,进一步推进了王朝重心整体向东的趋向。《山海经》有关"盖国"及"倭"的记载足以说明战国时期的中国先民已将海洋经略触角延伸至日本。而山东半岛以南直至今广东、广西的沿海海上航线上,则是百越人往来穿梭的忙碌生产生活身影。自此足见,海洋中国已融为上古中国有机整体的重要组成部分。

先秦时期,中华文明的整体向东发展趋向,不仅有着自然地理环境的影响因素、社会族群心理的牵绊条件,而且更为重要的是与物质生产技术的不断发展、社会生产力水平逐渐提升以及由此而来的社会治理能力与文物制度建构水平的逐渐增长直接相连。在中国上古文明整体向东的历史进程之中,如果说前夏及其夏商时期自然地理条件的指引与牵拉作用较为显著的话,那么自周代商而起始的漫长岁月中,文王东征、建藩屏周以及平王东迁,尤其正德、厚生、民本政治统治理念的确立与推行等政治文明的主动擘画应是文明向东的最根本动力。尽管这些重在观照国家地理整体性要求的政治行政措施于实际推进过程中被自然地理区分性所冲击,并最终导致国家政治权力完整性崩析、国家政治至上权威分解、社会政治秩序总体动荡。正所谓"疾风知劲草,板荡识诚臣",在晚周这个社会生产力经过丰厚量的积淀转向实现新质剧烈扩张的大时代,自先周一路向东走来的上古华夏主体文明在晚周时节于黄河长江中下游直至大海的广袤区域上充分展开全新的涅槃再造,百花齐放、百家争鸣成为这个铸就中华思想文化根骨的轴心时代的别样东方风景,也可以说中国上古文明至此真正实现了"东渐于海,西被于流沙,朔南暨声教,讫于四海"②,完成了中国上古海洋文明的基础构造。

三、先秦社会的向海努力

占据地表面积71%的海洋不仅标定了地球在茫茫宇宙中的基本色彩,而且慷慨地赋予这颗蓝色星球生命,孕育出肤色有别的种族人群乃至成就了类型各异的

---

① 司马迁.史记全本新注:第一册[M].张大可,注释.武汉:华中科技大学出版社,2020:91.

② 王世舜,王翠叶,译注.尚书[M].北京:中华书局,2012:91.

文化文明。放眼寰球,是海洋无私的赐予成就了人类及文明的一切。或许正是海洋赋予了生命的一切,以至于不仅人类个体生命一直以简洁方式不停演绎这个生命孕育过程来铭记与感怀海洋的恩赐,甚至各型人类文明迄今还都不曾割舍蓝色海洋源源不断的馈赠。广袤无垠的海洋通过沧海桑田、海陆变幻以及气候、雨量、土壤植被及其地力产出等因素,在赋予人类及其文明发展基础与引导文明演化趋向的同时也规定着文明的特殊内涵与表达形式。对中华文化文明而言,海洋更是有着特殊的意义。西高东低面向大洋而展开的地势,能为广阔的陆域广泛地接纳数量更多的来自东南海洋暖湿气流携带的雨水。海陆间循环及其大陆内循环所带来的充沛降水不但保障了广袤陆地水草丰美、森林茂密,而且使得向东奔流入海的江河常年保持源源不断的巨大流量,这些江河拓展、浇灌以及连通着中国古文明的发展演化。或许正是基于该种意义,学者才充分肯定是"海洋成就了中华民族的早期文明,海洋维护了灿烂而悠久的中华文明史数千年辉煌"[1],才信守"中华古文明中包含了向海洋发展的传统"[2]的忠实结论。作为中华文明的筑基起始阶段,先秦时期中国先民就已经开启向东向海的文明创造历程,并就此标定了海洋文明在中华文明体系中的基础位置与基本范式。因此,梳理先秦时期中国上古社会向东向海努力的基本进程,明确向东向海的主要努力成果,了然中国早期海洋文明的基本生成状态,尤其是春秋战国时期沿海国家海洋政治思想,对于把握中国古代海洋政治思想发展繁荣、近代中国海洋政治思想曲折演进尤其对切实推进落实中国当代"坚持海陆统筹,加快建设海洋强国"的社会主义海洋事业都有着十分深远的理论意义与重大的实践价值。

(一)先秦社会向东向海的基本进程

禀赋优越的地质环境,得天独厚的海陆区位,是大自然对中华民族的最深眷顾,更是中华文明源远流长、博大精深、绵延不绝的基础前提。中国先民正是在契合自然的生存发展历程中,顺势应时勾画出中华古代文化文明的总体框架与鲜明特色,并在文化文明整体向东向海的演进过程中不断丰实内涵、增添色彩、整合结构、完善体系。总体而言,无论是先夏时期中国先民"东望于海"、夏商时代华夏族众"东渐于海",还是西周时期中原文明"东进于海"以及春秋战国时期沿海国家的"东经于海",上古时代中国社会国家向东向海的基本进程都清晰而果决。在中华文明的早期筑基阶段、农业文明的总体框架之下,是大陆农耕主题的"黄色文

---

① 李磊.海洋与中华文明[M].广州:花城出版社,2014:3.
② 李明春,徐志良.海洋龙脉:中国海洋文化纵览[M].北京:海洋出版社,2007:3.

明"与沿海渔盐核心的"蓝色文明"共同调就了中国上古文明的基础色彩。正如同大陆农业文明不能简单等同自给自足的自然经济一样,海洋文明也并非一开始就是全然的商业文明,并且大陆文明与海洋文明也并不是天然分隔的文明类型,而是民族文明整体中相容相通、相互促进的两个部分。历史与现实已充分证实:海陆一体统筹才是文明持续发展、长盛不衰的不二法门。因此,要探寻中国古代文明持续发展、长期屹立世界文明之巅的根由,就必须梳理先秦社会向东向海的基本进程,进而明了中华海洋文明的原初生成生长机制机理。

1."东望于海":先夏时期华夏先民向东向海的视野聚焦

在不少史学家眼里,早在新石器时代初期,黄河流域的中国早期文化系统中,磁山、裴李岗文化便是重点发展于黄河以南泰沂地区的面向海洋文化系统的基本类型。① 当然,在多元一体的中国史前文化格局中,面向内陆的中原文化总体占据着核心主导的地位。然而,即便是在中原主导性文化的视角中,基于中原中心论所构建起来的层层环绕中原中心的非均衡四方圈层结构,也由于黄河东流"保持着向东方倾斜的整体态势"②。而且经宋镇豪先生研究,崛起于黄河中游的夏人,在追随大禹疏导河水东流入海的漫长治水历程之中,不断对大河奔向不止、太阳始终升起以及温湿海洋季风吹来的"东方奥秘产生兴趣"③。加之当时东夷族属经济物质文化水平较中原夏人明显领先,有着海洋支持的东方文化文明所具有的强大吸引力,使得中原夏人在环顾四方之时不得不将渴望的目光聚焦于东方。"东望于海"便成为中原夏人向东向海的强劲集结之号角。东方以及东方的海洋基于对中原农耕文明的独特支撑意义与巨大的地理空间价值,在学者看来,甚至这个存在于东方的大海,在当时其世"也就此成为人生美好归宿的象征,成为人的世界观念和价值理想不断打开并最终需要达至的宏阔之境"④。以至有夏一代,夏人族属部众盖因"神往东部海滨地区"进而始终"着力于自西向东横向发展"⑤。

2."东渐于海":夏商时期中国先民向东向海的现实起步

公元前 21 世纪,夏王朝开启中国上古国家文明时代,中国文明也步入终结"满天星斗"状态转向中原一元文化自黄河流域逐渐外向延展的发展快车道。众

① 张培忠,乔梁.后冈一期文化研究[J].考古学报,1992(3):261-280.
② 刘成纪.中国社会早期海洋观念的演变[J].北京师范大学学报(社会科学版),2014(5):112-121.
③ 宋镇豪.夏商社会生活史:上册[M].北京:中国社会科学出版社,1994:45.
④ 刘成纪.中国社会早期海洋观念的演变[J].北京师范大学学报(社会科学版),2014(5):115.
⑤ 宋镇豪.夏商社会生活史:上册[M].北京:中国社会科学出版社,1994:45.

所周知,夏启之所以能建立国家开启中国上古社会文明历史,并不在于表面上打败东夷族和有扈氏势力的历史成绩,其最深层根由则是在于夏禹丰功伟业的庇荫延护及其深远睿智的政治谋划。大禹能加厚国家时代文明基础,其功业不仅限于疏导滔滔洪水平静东流入海、变肆虐洪灾为造福沿岸的水利工程,而且更为重要的是大禹刻意吸取了其父鲧不注重团结聚集各部族力量最终导致治水失败并招致被放逐的惨痛教训,因"广泛联系各个部族的力量"①,用自身的率先垂范、艰苦卓绝,以诸众部族共同面临的巨大生存危机为契机,分工协作进而整合起部族联盟的全体力量,不仅赢得广大部众氏族的拥戴支持,而且事实上实现了对部落联盟社会经济结构的充分改造。尤其在此基础上,大禹还通过平定三苗之乱,"别物上下,卿制大极"②,区别事理上下秩序、章明文物根本度则,而跻身联盟权力中心并赢获禅让继之以会稽诸侯大会杀戮后至之防风氏③、建筑起联盟公权力"王"之权威。一句话,是大禹帝杰出的德、勤、能、绩整合了天下万邦诸侯,再造了部族经济社会,重构了联盟政治权力,在自然地理统一的基础上抟铸起一个全新的利益攸关族群共同体,禹帝亦因之功德无边、誉满天下。正是在大禹帝耀眼光芒之下,加之夏禹"明传天下于益,其实令启自取之"④的刻意政治筹划,夏启才最终完成从"公天下"到"家天下"的转变,开启中国上古国家文明时代。尽管夏王朝建立并没有根本改变族群共同体利益格局,但毕竟国家公共权力的存在对族属利益关系影响甚巨,因此国家公器掌控权力的争夺在所难免。有夏一代无论太康失国、少康中兴,还是夏桀亡政,总体来看皆为中原华夏族属"同东方夷人的社会交往或剧烈斗争"⑤,而正是在不断地交往与斗争中,中原华夏的制造工具能力、经济技术、物质文化以及社会文明皆于不断吸取反思中逐渐发展,并不断向东向海扩展蔓延。若按《古本竹书纪年》记载帝杼"征于东海,及三寿,得一狐九尾"⑥,至少说明在夏王朝鼎盛的帝杼时代,其势力已经扩展到了王畿东部的大海之滨。《古本竹书纪年》还记有杼芒十三年,"东狩于海,获大鱼"⑦,因狩而获鱼,使得我们有理由相信此际夏王朝的"生产经济"已有向海而渐的初步举动。

商王朝是继夏而起的中国上古第二个王朝国家时代。对于执掌王朝国家的

① 晁福林.夏商西周的社会变迁[M].北京:北京师范大学出版社,1996:51.
② 方勇,译注.墨子[M].北京:中华书局,2015:173.
③ 陈桐生,译注.国语[M].北京:中华书局,2013:27.
④ 缪文远,缪伟,罗永莲,译注.战国策:下册[M].北京:中华书局,2012:935.
⑤ 宋镇豪.夏商社会生活史:上册[M].北京:中国社会科学出版社,1994:45.
⑥ 范祥雍.古本竹书纪年辑校订补[M].上海:上海古籍出版社,2018:9.
⑦ 范祥雍.古本竹书纪年辑校订补[M].上海:上海古籍出版社,2018:10.

商族,学者认为发祥于辽西、冀北①,自始祖契时逐渐南迁至黄河下游的冀东和冀中平原,并与中原华夏族属有了较为密切的互动联系,史籍亦有契因"佐禹治水有功"而被命"为司徒"②的记载。相土时已迁居至今冀中豫北一带。其后商族继续沿今太行山东麓南迁,及至成汤方完结先商"八迁","汤始居亳"③。正是在这避开夏王朝中心伊洛地区的豫东平原,成汤发展力量、剪除夏羽并最终灭夏建商。早商时期,经由几代人的艰苦努力,王朝西边已然安定无敌,是故自中丁开始王朝都城屡屡东迁,商人专注向东经营借以强化与东夷方国的联系,祖乙时商都已迁至"庇",即今临沂费县西南,是为商都中最东所在,商王祖乙也因东拓疆土成就卓越而成为殷人心中神灵。晚商帝乙、帝辛时期,王朝战略重点再次东移,大肆用兵征伐淮夷人方、盂方,"为虐东夷",东夷被迫据海而居,但商纣王也因"克东夷,而陨其身"④,是东夷的反叛促成了商王朝的失败以及商纣王的死亡。《史记·齐太公世家》也有"太公博闻,尝事纣。纣无道,去之。……隐海滨"⑤的记载。如果结合《逸周书·王会解》伊尹受命商汤而制《四方令》规定正东方九夷十蛮等族"以鱼皮之鞞,乌贼之酱,鲛鰂利剑为献"⑥,亦即商王所要求的依据土地所出作为贡物,如容易到手又不珍贵的以鱼皮制刀鞘、乌贼鱼酱、鲨鱼皮制盾牌、利剑等东方特产作为贡物。而且,史学家研究也表明,甲骨卜辞中殷商在东方与南方的战事记载并不常见。⑦ 由此可见,殷商时期王朝的政治军事以及文化等控制与影响力事实上已然"东到大海"⑧,超越于采撷经济的生产经济亦有逐渐指向大海的趋向。

3. "东进于海":西周时期华夏文明向东向海的初步成果

公元前 11 世纪建立的西周王朝,逐步使中国上古步入宗法封建时代的国家文明鼎盛时期。中国上古国家文明经夏朝起步、由殷商时期发展,到了晚商时期不仅国家社会组织结构发生了巨大变化,而且国家政权机构更加完整、权力体系更为完善、王权内涵更为拓展,商王军事首领的地位不仅牢固,而且政治首脑的地位日益强化,以至晚商之际王朝百事处置皆须"出自王的名义"⑨。这种国家权力

① 晁福林.夏商西周的社会变迁[M].北京:北京师范大学出版社,1996:71.
② 司马迁.史记全本新注:第一册[M].张大可,注释.武汉:华中科技大学出版社,2020:84.
③ 司马迁.史记全本新注:第一册[M].张大可,注释.武汉:华中科技大学出版社,2020:85.
④ 郭丹,程小青,李彬源,译注.左传:下册[M].北京:中华书局,2012:1738.
⑤ 司马迁.史记全本新注:第三册[M].张大可,注释.武汉:华中科技大学出版社,2020:897.
⑥ 黄怀信,张懋镕,田旭东.逸周书汇校集注:下册[M].上海:上海古籍出版社,2007:912.
⑦ 许倬云.西周史[M].增订本.北京:生活·读书·新知三联书店,1994:25.
⑧ 晁福林.夏商西周的社会变迁[M].北京:北京师范大学出版社,1996:326.
⑨ 许倬云.西周史[M].增订本.北京:生活·读书·新知三联书店,1994:26.

的逐渐集中取向,为周王彻底改变前代国家王权"诸侯之长"的政治定位转而成长为"诸侯之君"的政治权威奠定坚实的政治统治理论与政治实践基础。作为一个古老的族属,周自后稷开族,以农事立族,虽不窋时期居戎狄之间而"弃稷不务"①,但至公刘时期"复修后稷之业,务耕种,行地宜"②,赢得百姓仰赖、感戴其恩德而多迁居投靠,在集合起农耕与游牧的精粹之后,周人自此开始治道的大兴之端。自古公亶父迁族至岐山之下,周人力竞农事,广积善德,多行仁义,不仅旧地豳人举国扶老携弱来投,其他旁国亦多来归服。再加之与大姓姜族的稳固姻连,周人已然积淀起丰实的族属实力与厚重的发展基础。尤其经由长远"太伯奔吴"经营南土③、季历屈隐事殷④的翦商筹划,历经三代忍辱负重、审时度势、苦心经营,终致"三分天下有其二"⑤,遂克商而立周。西周王朝建立之后,姬氏王室在继承殷商王朝基本政治统治体制的基础上,通过完善宗法体例、推行井田制度、实施建藩屏周等一整套政治、经济以及军事政治措施,使得西周国家专权统治体制获得了极大的发展。特别是分封建邦制度的有效实施,"使得周王室与各地区之间形成了较之商代更为稳固的政治隶属关系"⑥。经由建国之初的短暂政治波动之后,西周政治的稳定、军事的强大,加之青铜文明的高度发达、生产能力的快速发展,王室有着足够的精力筹划国家经略方略,向东向海经营不断推进,成效初显。

作为崛起于中原西垂渭水流域的蕞尔小邦,周人在吸纳草原游牧文明的基础上发展活力更盛的农耕文化,并立基部族共通的天命信仰构筑起超越部族权威,甚至周王权力的至上天神体系作为其政治力量扩张部族势力的理性主义精神基础,使其治下不仅疆域范围远远大于作为"大邑"的殷商王朝,而且社会性质已演变为华夏文化共同体支撑的治政"天下"。因之,克商之后的西周王室得以稳固东向经略。尤其三监之乱平定之后,大规模的封土建邦,使西周国家经营急速向东扩展,直至大海。尽管就其整体而言,西周王朝对其"天下"也四向拓展与经略,但对西北草原异质的游牧文化一直总体保持守势,而对同质的东南农耕文明区域,西周王室凭借依政治权力继承夏商文化而掌控中原腹地的社会经济及文化资源并以其支持商周合流的核心力量则以积极的攻势推崇。燕、齐、吴、越等沿海屏藩封国的建立,使得西周国家武装驻防的触角、中原文化影响的范围以及社会族群改造的实效已然实实在在东

---

① 陈桐生,译注.国语[M].北京:中华书局,2013:3.
② 司马迁.史记全本新注:第一册[M].张大可,注释.武汉:华中科技大学出版社,2020:99.
③ 许倬云.西周史[M].增订本.北京:生活·读书·新知三联书店,1994:87-88.
④ 徐中舒.西周史论述:上[J].四川大学学报(哲学社会科学版),1979(3):89-98.
⑤ 杨伯峻.论语译注[M].典藏版.北京:中华书局,2015:124.
⑥ 曹德本.中国政治思想史[M].北京:高等教育出版社,2004:32.

进于海。自西及东的周道及其奔走往来的车马、东流江河及其穿梭其上的舟楫以及船载使中原华夏物质技术与成就以及社会文化影响与改造之力源源不断东及东渐。因此,在中原腹地生产发展、社会进步、文化繁荣的同时,经由西周近三个世纪分封网络自西而东、无往不至的中原文明及华夏意识的持续渗入,在吸收与反哺的双重对流中东南沿海已全然融入更为开放包容、活力迸发的华夏文化体系、深层汇合于西周华夏世界物质利益整体圈层与精神文化共同体认同。尤其太公吕望在其封地齐国的向东向海经略,专注"通商工之业,便渔盐之利"①,依海富齐、以海强齐,不仅开启了先秦海洋政治之先声,为后世确立"力心山海而家国富""通海裕国"以及"官山海"的海国治理及政治理念提供了丰实的实践经验,而且终使华夏民族与中国文化的海洋之旅有了更为可靠的制度文物的持续强力支持。

4. "东经于海":春秋战国时期中国上古向东向海的努力展开

经由夏商时期的不辍地向东推进、持续地向海延展,以及西周时期沿海诸侯国家日渐成形的以海兴邦、日益平稳的向海经略,及至春秋战国之际中国上古海洋文明体系尤其海洋政治思想类型已然完成胚胎孕育,只待破壳而出。如果说夏商时期中原先民对东望的大海是立基于对东夷族属采撷经济渔猎效益的大胆向往及不断追求,以及对于东来渔获珍馐与鱼骨利器的神往惊异及现实追逐,进而于国家政治地理勾画上主动契合自然资源禀赋而做出的自觉政治行为的话,那么西周时期王朝的"东进于海"进而春秋战国时期的"东经于海"则可以视为姬周这个"领地国家"②刻意政治措施安排的必然结果。尽管作为支撑周王朝整个社会上层建筑两大柱石的宗法与封国制度③在八个世纪的漫长王朝演进历程中历经了"成也萧何,败也萧何"的跌宕起伏,加之王朝东部封国原本与周族并不存在密切的血缘联结,因而东南沿海诸侯国家统治者对土地、劳动力以及其他资源的占有控制更为得心应手,进而在春秋战国"死亡政治秩序"④背景下争霸的浩荡大势中,沿海国家向海而兴、依海图强的海洋政治经略实践却应时因势揭开中国古代社会海洋政治思想形成发展的大幕,并由之生成中华海洋文明尤其中国海洋政治"向东、向海、向全球"发展路径的蓝色基因,也使得中华文明整体内涵更为丰厚、整体结构更加完整、整体活力更为强劲。

---

① 司马迁.史记全本新注:第三册[M].张大可,注释.武汉:华中科技大学出版社,2020:899.
② 万志英.剑桥中国经济史:古代到19世纪[M].崔传刚,译.北京:中国人民大学出版社,2018:33.
③ 赵光贤.周代社会辨析[M].北京:人民出版社,1980:110.
④ 万志英.剑桥中国经济史:古代到19世纪[M].崔传刚,译.北京:中国人民大学出版社,2018:34.

　　春秋战国时期上古中华文明向东向海的主体努力与主题展开,齐、燕、吴、越、楚等沿海邦国是其最为核心的战队。经由西周一代的深厚积淀,在周王室及其一众异姓功臣诸侯国家的勠力协同中,开拓出中国上古历史文化蔚为壮观的匡济大时代,为春秋时期社会发展铸就起以空前宏阔的疆域、远胜前代的生产能力、摩肩接踵的万千族众以及以自觉理性的道德政治文化为基础特质的坚实政治舞台。然而由于西周时代尤其王朝后期周王室在中央集权与诸侯分治的博弈中日渐失势,以致整个春秋时代在此舞台上上演的却是在“死亡政治秩序”旋律下“你方唱罢我登场”的霸权争夺剧目。在这一众事实上已相对独立于周王室的诸侯国家之中,沿海邦国凭借政治上畅行无阻向东向海的发展路径优势,经济上资源禀赋丰富多样的产出支撑便利,军事上舟车楫马来去从风的多重战略战术选择,在春秋争霸的历史舞台上各领风骚。齐桓公之所以能“九合诸侯,一匡天下”①成为公认的春秋五霸之首,即在于自太公治国便因山海之势而“通商工之业,便渔盐之利”②,由此厘定齐国发展基本路径、奠定齐国大国的深厚经济基础,齐桓公更是采用管仲以“官山海”③的国家专营山海资源之治理要策,“设轻重鱼盐之利”④“通轻重之权,徼山海之业”⑤,终使齐国成为“膏壤千里……人民多文采布帛鱼盐”⑥富甲天下的东方强国,齐桓公亦因之成就一世不朽霸业。而就吴、越这样的“僻陋之国”来说,之所以能够“威动天下,强殆中国”,亦不是简简单单的“信立而霸”⑦,国富而兵强依然是其所依仗的基础,尤其是支撑吴、越这样域内水网纵横沿海国家霸业的国家新型军事力量舟师抑或海军,才是吴、越得以跻身春秋五霸之列的根本原因。至于渤海之滨的燕国,因与海洋大国齐国相交甚密,其向海经略也颇有心得。燕国海上舟师与海上交通亦早有发展,境内辽东海水煮盐业至少在春秋时期已名噪一时,《管子·地数》以至有记“燕有辽东之煮”⑧。总体而言,春秋之际齐、燕、吴、越等沿海国家立足于其各自地理环境与自然禀赋基础,力心山海,开辟出一条略别于中原内陆诸侯国家的发展路径,并在与内陆诸侯国家争霸过程中逐渐确立起以海上(水上)武装力量为重心的国家军事实力新体系,也使得齐、燕、吴、越统治者在国家利益构成系统中给以渔盐为核心的海洋性利益以相

---

①　司马迁.史记全本新注:第三册[M].张大可,注释.武汉:华中科技大学出版社,2020:906.
②　司马迁.史记全本新注:第三册[M].张大可,注释.武汉:华中科技大学出版社,2020:899.
③　李山,轩新丽,译注.管子:下册[M].北京:中华书局,2019:933.
④　司马迁.史记全本新注:第三册[M].张大可,注释.武汉:华中科技大学出版社,2020:902.
⑤　司马迁.史记全本新注:第二册[M].张大可,注释.武汉:华中科技大学出版社,2020:866.
⑥　司马迁.史记全本新注:第五册[M].张大可,注释.武汉:华中科技大学出版社,2020:2217.
⑦　方勇,李波,译注.荀子[M].北京:中华书局,2015:165.
⑧　李山,轩新丽,译注.管子:下册[M].北京:中华书局,2019:1003.

当的权重与足够的政治资源投入,由此在沿海诸侯国家及其之间形成较为清晰的以海洋权力、海洋权利和海洋权益为内容的社会关系体系以及国家关系类型,中国上古社会海洋政治思想及其初期实践亦自此滥觞。

及至战国时期,冶铁技术的重大发展与不断推广不仅变革了生产手段与战争方式,而且加速推进着国家权力的逐渐集中。规模更大、时间更长尤其强度更甚的战争所催生的战争物资储备及调运能力增长与军事技术及动员能力强化,使得国家必须集中政治、经济、社会,尤其是军事权力以便及时有效应对影响乃至决定国运的战争冲突,春秋时期的"城市国家政体"由此为战国时期君主专制的"财政国家"①所取代。尤其以齐、燕、秦、楚为代表的姬周外围国家通过一系列的政治变革逐步将贵族世袭权利转化为国家公共权力并交由君王基于"食有劳而禄有功"②而授任并直接对其负责的新型官僚队伍所执掌,实现了国家中央权力对经济资源的强力攫取与绝对控制。在东南沿海诸侯国家之中,齐、燕两国中央国家权力对于经济资源尤其战略性资源的直接攫取控制最具代表性,特别是齐国早在春秋时期更是以"官山海"进而"因人之山海"③的国家有限垄断政策快速踏上富强之路,不仅成就春秋霸业,而且奠定稳列战国七雄的雄厚根基。故而学者有论,海水煮盐是齐国"立国之本"④,国家独擅海盐之利使齐得以存在、发展。得天独厚的资源优势,积淀深厚的盐业传统,不断提升的生产技术,无可匹敌的竞争能力,持续增长的刚性需求,再配之以国家政治资源的稳定倾注,海水煮盐行业一直占据着齐国产业中的支柱地位,并带动农业、手工业、商业的迅速发展及人口的不断增长、水陆交通的日益发达、城市的加速膨胀。以至"临淄甚富而实,其民无不吹竽、鼓瑟、击筑、弹琴、斗鸡、走犬、六博、蹹鞠者;临淄之途,车毂击,人肩摩,连衽成帷,举袂成幕,挥汗成雨,家敦而富,志高而扬"⑤。向海而兴、因海而强,战国时期鼎盛的齐国经济发达、交通便利、商业繁荣,国富而兵强。作为滨海国家,燕国尽管也有一定规模的煮盐产业,但与楚国煮盐业一样都无法与积淀深厚、技术领先的齐国煮盐产业相提并论。与吴、越相近,燕国的海上舟师以及海上交通倒是在史籍中尚有记载。地处山海相衔之间、身栖水网之中,舟车楫马、稻饭羹鱼的吴越海国对海水的亲近、对舟船的执着已然渗透至血骨。在将国家实力通过战船在

①　万志英.剑桥中国经济史:古代到 19 世纪[M].崔传刚,译.北京:中国人民大学出版社, 2018:67.
②　王天海,杨秀岚,译注.说苑:上册[M].北京:中华书局,2019:352.
③　李山,轩新丽,译注.管子:下册[M].北京:中华书局,2019:936.
④　吕世忠.先秦时期山东的盐业[J].盐业史研究,1998(3):10-15.
⑤　缪文远,缪伟,罗永莲,译注.战国策:上册[M].北京:中华书局,2012:260.

内河之上与大海之中充分展示以后,史籍经典中战国时期有关造船、战船与海战的浓墨重彩也多为吴、越所占据。《越绝书》记载的吴国水师的兵力、阵法以及法度已颇是周备①,其大翼战船长已达27.6米、宽3.68米,能够承载的各类战辅人员"凡九十一人"②。这种由3个舳舻工、50名划桨手奋力操纵而行走迅疾的船体修长战船,不仅拓展了古代国家战争的地理空间以及战术维度,而且使得国家权力与国家利益获取了更宽阔的延伸和更可靠的保障。吴国宿敌越国的水师也是颇为强大的存在。《吴越春秋》有记:勾践伐吴的大军之中,仅谙习水战之兵亦即"习流"者就有两千之众;在为文种送葬的越国队伍里,也有"楼船之卒三千人"③。正是借助于舟师的强大,在成熟的沿海航行基础上包括吴、越在内沿海国家的越海航行、海外贸易以及远洋探索亦有了新的进展。④

可见,在战国征伐不断、征服不止的时代主题之下,面对中原大陆诸强国携铁器文明支持的强盛农业文明自西向东扑面而来的生存压力,山海之间、河网之上的东南沿海国家立足独特地理资源条件在秉持农耕文明传统的同时,以广袤的河江湖海作为文明发展的崭新舞台,并将国家权力的掌控力尤其保障力充分倾注其中,演绎出一条有别于中原文明的国家发展"蓝色"路径,不仅在与中原诸侯列强的争霸过程中借助错位发展以强大舟师为硬核的新实力体系保持着一定国家军事均势,而且凭借以渔盐为核心的海洋性利益在国家经济实力竞争中甚至保持有相对的优势。沿海诸侯国家也因此将蔚蓝色的海洋审慎地纳入国家政治、经济与军事的常规筹划之中,国家海洋权力、海洋权利和海洋权益由此成为沿海国家统治者心头日夜萦绕、冥思苦想的重大课题与孜孜以求、不遗余力的现实追求。中国先秦社会对海洋及海洋社会的认知、海洋政治理论的思考及其海洋政治行为的展开均因此实现了前所未有的突破,在一定意义上对后世中国海洋文化尤其海洋政治思想的基本类型与发展方向都产生了较为深远的影响。

(二)先秦社会向东向海的主要成就

在马克思主义看来,生产力是人类社会发展的根本性动力。正是在以不断革新的劳动工具为标志的社会生产力水平快速发展中,人类社会生产无论是在广度还是深度上一刻也未曾停止拓展。人类也由之在与自然世界以及人群社会交往、交换、交流、交际的繁复过程中,在永不停歇攫取生存自由能力的同时也在日益累

---

① 孙光圻.中国古代航海史[M].北京:海洋出版社,2005:72.
② 李昉,等.太平御览:第二册[M].北京:中华书局,1960:1450.
③ 崔冶,译注.吴越春秋[M].北京:中华书局,2019:285.
④ 孙光圻.中国古代航海史[M].北京:海洋出版社,2005:77.

积发展自主的能量。尽管在人类文明的早期这种攫取能力相对孱弱、自主发展能量积累相当有限,但毕竟是人类文明在发展开端的现实挣扎,是人类社会发展方向与路径的基础构筑。在路径方面颇为需要指引的人类社会发展进程中,国家文明文化早期发展的筑基意义尤为重大。先秦时期,中国社会及其中国文明向东向海发展及其最初成就,对后世中华文明的整体内涵、发展模式、演化路径,尤其中华海洋文明的基础内涵、基本模式与总体路径的建基价值尤为突出。因此,梳理先秦社会前后相继各个时期向东向海的主要发展成就,缕析三代时期中国上古社会海洋文化尤其海洋政治思想发展演进的基本脉络,探求中国上古社会海洋文明生成进化的内在逻辑规律,在鉴古知今的意义上观照新时代海洋强国建设的中国特色社会主义海洋事业,应该成为当今海洋文化学者特别是海洋政治思想研究工作者的基本责任。

1. 夏商时代向东向海的主要成就

夏商时代是中国国家文明的最初阶段。自公元前 21 世纪夏启建立夏朝,中国上古由此迈入国家文明的新时代,在将部落联盟公共权力初步重构为国家权力并辅之以日渐完整强制性掌控力体系的基础上,夏商国家对支撑王朝公共权力的共同经济利益基础倾注了极大的建构努力。无论是夏王朝“任其土地所有,定其贡赋之差”①的税赋制度,还是殷商时代建基“内外服”区分的多元贡赋体制,都是在农业文明的叙事模式下利用不断强化的国家公共权力极力抟铸尽可以掌控的以核心生产资料土地为基柱的社会利益共同体以及文化共同体。作为攫取经济脱胎而来的生产经济的早期阶段,仍然以石木工具为主体且个体社会生产能力严重不足,对生存与发展利益的强烈渴望驱使着夏商王朝不得不遵循自然资源禀赋特质不断整体向东向海缓慢扩展。在中原华夏文明东望于海进而东渐于海的历史演进中,经由与亲近大海的东夷族属的长期交往、交流以及交融,海洋以及海洋文化也逐渐融入包容开放、锐意进取的华夏文明文化之中。海洋疆域意识产生、海洋资源认知增强、海洋利用能力发展便是夏商时代中国上古社会向东向海主要成就的基本表达。

所谓疆域,其基本含义重在领土范围,其内涵实质应在于国家权力所能有效覆盖的最大区域。所谓疆界,也就是社会国家强制性排他能力自由投送的终极边界。人类生命源自海洋,但人类社会的历史则是以大陆为坚实的物质基础,由此山岭河川便成为不同族属相互区隔的最初自然屏障。尽管远古时代为数众多的中国先民族群就已经生活繁衍在东南沿海地区,自北而南海岸线上大量留存的贝

---

① 孔颖达.宋本尚书正义:第二册[M].北京:国家图书馆出版社,2017:115.

丘遗址力图给我们呈现远古先民亲近海洋、依海为生的海洋文化概貌,然而在中国古文明中原中心论的传统叙事模式中,先夏时期中原华夏族属虽然对大河奔涌而去、太阳由此升起的东方充满着热切向往,并且在大禹治水的特殊背景之下也与东方世居族众有过不少的交往亦即《禹贡》所言及"东渐于海",但满天星斗抑或多元一体的中华远古文明还是以黄河及长江中下游为核心舞台。因此,无论我们借助辑录上古传说的涉海典籍文献可以展开多么丰富的联想,先夏时期远古中华文化对于海洋的意识总体朦胧还是毋庸置疑的。只是延及夏商时期上古中华文化整体步入国家文明时代,在社会结构体系再造、公共权力内涵重构、政治统治体制变革的宏大背景之下,夏商王朝将不断强化的国家权力尽力向王畿四周拓展覆盖,尤其在中原文明发展整体向东的历史大势中,华夏文明的掌控力范围逐渐扩展至东部沿海(首先是渤海)。夏时王朝不时征伐东夷,至姒芒时王朝即能"命九夷,东狩于海"①,中央王朝已能在沿海组织方国居民大规模海上捕鱼作业,初步经略于海洋。由此足见,夏时王朝东方疆域已远届海洋,只不过对海疆的管控是通过间接控制东夷方国来实现的。殷商时期由于族系源自渤海湾沿岸的"殷人素习水上航行,其统治者已将航运作为立国大计之一"②,加之商人祖先较为浓烈的海洋神祇崇拜以及颇为清晰的"四海"观念尤其木板船技术的出现③,无不渗透出殷商王朝对海洋的进一步经略以及王权对海洋疆域的控制远超前代的强大实力。

正是经由先夏时期华夏先民"东望于海"深谋远虑的文明勾画,夏商时期在"东渐于海"的文明现实进程中,在中央王朝主导的华夏文明尤其中国海洋文化创新创造历程里,中原华夏文明进一步接纳、汲取和融会东夷海岱文明的挑战、冲击与反哺,及至殷商时代终使海岱文明成功融入华夏文明体系④,也使得中国上古文明对海洋的认识有了较为明晰的拓展,不仅"海""四海""东海"等概念已然成为含义具体的文化地理符号⑤,而且沿海方国的海鱼、海盐等海产以及珍珠等海珍已为夏商中央王朝赋予了更多的国家资源意义。据《尚书·禹贡》记载来看,九州之中临海四州所须进献贡物亦多为海产。而商汤时期伊尹所定正东沿海族属

---

①　范祥雍.古本竹书纪年辑校订补[M].上海:上海古籍出版社,2018:10.
②　孙光圻.中国古代航海史[M].北京:海洋出版社,2005:56.
③　曲金良.中国海洋文化史长编:上卷[M].典藏版.青岛:中国海洋大学出版社,2017:148-149.
④　卜宪群.中国通史·从中华先祖到春秋战国[M].北京:华夏出版社,2016:48.
⑤　曲金良.中国海洋文化史长编:上卷[M].典藏版.青岛:中国海洋大学出版社,2017:35.

土贡"以鱼皮之鞸,乌贼之酱,鲛鱼利剑为献"①的有关记载表明,最迟在商汤时期王朝的中央权力对于海洋以及海洋资源已有了充分的观照。而且现代考古也证实:河南安阳殷墟妇好墓出土的红螺出产于沿海;墓中出土的7000多枚作为货币的海贝,并非我国大陆沿岸出产而是产于台湾、南海等地。② 再结合《吕氏春秋·本味篇》对商汤与伊尹关于海味"鱼之美者……东海之鲕"③的讨论以及《周礼·天官·渔人》"凡渔者,掌其政令""凡渔征,入于玉府"④的记载,依据三代政治统治体制的因袭关系,说明殷商时期王朝已经设置专司渔政的吏官以及已颁专范渔业的政令。由此可见,夏商时期中原王朝基于对沿海海洋资源的更大需求及其更深认识,不仅在思想信仰上给予海洋与海洋神灵愈加尊崇的地位,而且在现实的国家政治权力体系构成中不断增强海洋资源及其开发、管理的适时权重,尤其注重主动推进海洋资源在国家利益格局中现实占比的日益增长。在一定意义上,夏商时期的海洋利益和其支撑的海洋文化一样,已然成为夏商王朝国家利益的重要构件。

与此相应,伴随海洋资源的价值认知能力提升特别是海洋资源的需求满足实力展现,夏商王朝在社会工具技术尤其是在青铜技术不断发展进步的基础上,适应海洋实践活动及其范围的拓展需要,王朝的海洋能力日益增强,海洋航行实力逐渐增进,夏商王朝对海洋的利用并不局限于经济领域,已悄然涉及政治与军事的范围。夏时,臣属王朝的滨海"巢山潜海"一众夷族便莫不长于海上航行,《古本竹书纪年》就有记述芒时曾"命九夷,东狩于海,获大鱼"⑤,足见东夷族众海上航行技术与航行能力的不俗以及夏朝王权对东方夷族及其沿岸海域的扩展和控制。而殷商族众因"素习水上航行",舟车楫马在其"汤灭夏以至于受,二十九王,用岁四百九十六年"⑥的王朝历程中所展现的海洋能力已然远胜前代。商王盘庚迁都动员举用"若乘舟,汝弗济,臭厥载"⑦的谕示,充分表明驶船行舟已是殷商生活日常。再依据《古本竹书纪年》以及甲骨卜辞的记载,商朝一代四出举兵、征伐不已,向东对荆楚尤其人方的讨伐,数千甚至逾万规模王朝军士常须渡河、过江与涉海,如若不具高超的水运技术与强大的水上航行能力,此类军事行动恐难遂行。其

---

① 黄怀信,张懋镕,田旭东.逸周书汇校集注:下册[M].上海:上海古籍出版社,2007:912.
② 周自强.中国经济通史:先秦(上册)[M].北京:经济日报出版社,2007:350.
③ 陆玖,译注.吕氏春秋:上册[M].北京:中华书局,2011:418.
④ 徐正英,常佩雨,译注.周礼:上册[M].北京:中华书局,2014:99.
⑤ 范祥雍.古本竹书纪年辑校订补[M].上海:上海古籍出版社,2018:10.
⑥ 范祥雍.古本竹书纪年辑校订补[M].上海:上海古籍出版社,2018:27.
⑦ 王世舜,王翠叶,译注.尚书[M].北京:中华书局,2012:113.

时,夏商时期尤其殷商时代海洋利用能力的发展,其主要推力源自殷商时代以左右侧板、隔板与底板构建而成的木板船为代表的造船技术相对成熟。物质技术的提升促进了夏商水上懋迁向东向海的自然延伸,安阳殷墟出土的海贝、象牙、鲸鱼骨以及来自马来半岛用作占卜的龟甲无不展现着殷商远洋贸易不断向东海、南海以及南洋延展的洋洋大观。或许正是殷商海洋利用能力的快速增强,史学家才以"箕子朝鲜"断定"商朝一代已超出近海,而在渤海以东发展了海上交通"①,殷人渡航美洲也由之更使学界兴趣盎然。

总体而言,作为上古国家文明的初始阶段,夏商王朝无论是社会经济技术、物质生产能力,还是在国家结构体系再造、公共权力内涵重塑、政治统治体制变革、文物文化体系建树等方面,皆为探索起步阶段,尤其国家政治权力覆盖范围与有效展开的物质技术支撑有限,夏商王朝致力向东向海的文明发展进程尽管较为缓慢但坚定执着。伴随青铜文明的到来与逐渐发展,夏商王朝始终执守中原文明发展整体向东的历史大势,极力扩展华夏文明的掌控范围终至东部沿海。尽管王朝国家政治影响力东延于海,尤其殷商时代华夏文明成功融合海岱文明进入自身体系,赋予"海""四海""东海"等文化地理符号概念以具体含义,大大拓展中国上古文明对海洋的清晰认识,夏商中央王朝甚至还给予沿海方国海鱼、海盐等海产以及珍珠等海珍更多的国家资源意义,再加之相对成熟的以左右侧板、隔板与底板构建而成的木板船为典范的造船技术的坚实支撑,王朝特别是殷商王朝以远洋贸易、海上交通甚至海上军事行动为基本内涵的海洋利用能力也大为增强。然而无论国家政治致力于海洋的影响力多么努力地延伸,也不论中央王朝对海洋资源尝试附加多少国家政治意义于其上,夏商王朝终究只是国家政治文明的起始阶段,真正意义上的国家政治文化构造还不完整,与社会政治理性品相欠缺的现实状况相适应,此时的国家海洋利益观念还比较模糊,海洋权力与海洋权利认识还颇为朦胧。但是就对后世中华海洋文明发展尤其中国古代海洋政治思想演进筑基价值意义而言,夏商时期华夏王朝向东向海的努力及其成就是无论如何不应忽略的。

2. 西周时期向东向海的主要成就

公元前1046年周王朝建立,中国上古由此步入宗法封建时代的鼎盛时期,开启中华文明历史进程中理性自觉、极富建树的文化历史崭新时代。② 建基人性觉醒与精神发展,周王朝重拾唐虞"天下为公"的政治伦理精神,在翦商立周的政治

---

① 席龙飞,杨嬉,唐锡仁.中国科学技术史·交通卷[M].北京:科学出版社,2004:23.
② 司马云杰.中国精神通史:第一卷[M].北京:华夏出版社,2016:255.

作为中,刻意贯穿天道法则的道德理性自觉,并以殷鉴不远专注正德厚性立国、至情养民治世,不仅王朝权力革命性更替为时人所顺利接纳,而且在社会政治结构的维新、国家文物统治的创新以及物质生产技术的革新等方面成就斐然,尤其西周时期基于宗法礼教、建藩屏周以及井田制度等一系列政治经济、社会文化制度体制的创新创造,奠定周王朝800年天下一统盛德伟业的文化历史结构与文治教化传统的内在合理性与强劲生命力基础,王朝中央国家权力政治抟铸力空前强劲,尽管晚周政治衰败、国家治政失序,但周王朝所构筑的坚韧内部抟聚力与强大包容力的华夏文化体系,在后世漫长历史延续中始终保有历史性共同意识并持续推动着中华文明及中国社会的成长壮大。可以说,先秦时期是中华文明最为重要的筑基时期,中华文明的主体内涵与基本品格在此铸就,而西周便是筑基阶段提速换挡的加速期,尤其在大陆文明和海洋文明的交融整合上姬姜王朝极富建树。

西周时期尤其周公平定三监之乱以降,武装驻防性质的封邦建藩使得王朝权力最终通过受封诸侯完整实现了对东南沿海地区的有效覆盖。尽管与夏商时期情况相近,西周中央王朝与海洋在总体上仍然保持间接的关系,但由于国家统治体制的变革与完善,中央王朝对地方诸侯国家社会的成功改造与有效的政治控制,在中央王朝与海洋的间接联系上,西周时代与夏商时期已然有了较大的差异。特别是有关疆域划分管理制度的创立与逐渐进步、疆域概念的日益清晰,极大地增强了其后国家海疆管理的制度理性与实践基础。由于西周诸侯国家不仅仅是东向驻防领地拱卫王畿的武装殖民、不同族群人口的再编组,而且最为重要的是新建封国在本质上实为姬周亲贵、殷商旧民及当地土著三种文化整合而成的地缘性政治权力单元,在文化层面总体表征为统治族群与土著族属的重叠关系。这种"分封制下的诸侯,一方面保持宗族族群的性格,另一方面也势须发展地缘单位的政治性格"①,成为晚周列国并立政治生态的根基。因此,在基层地方社群政治权力顽强延伸延续的大背景下,东部沿海诸侯国家土著夷族海洋文化性格以其地域性优势不可避免地植入诸侯国家政治文化体系,进而经由封国与中央王朝的政治联结通道渗透进西周国家政治文化系统。也正是这种远胜夏商的国家结构构造,使得周王朝早期阶段尽管与海洋总体上也是保持间接的联系,仍然没有形成真正的海洋疆域观念和完整管理制度,但在国家文化及政治实践中对海洋的关注与认知因建立与统辖沿海封国而远超前代。尤其西周通过设置"掌天下之图,以掌天下之地"的职方氏用以掌管天下土地,辨识一众诸侯国家人民财用,以至九州各国

---

① 许倬云.西周史[M].增订本.北京:生活·读书·新知三联书店,1994:150.

"使同贯利"①,临海四州的现实掌管及强化更是为春秋以降中国国家海洋疆域观念的形成与管理历史的开启奠定了坚实的文化制度与政治行政实践基础,使得中华上古文明体系中蓝色海洋文明逐渐开启国家政治权力的正式支持。

西周时期尤其西周早期,姬姜王朝执着于向东向海持续不断地扩张发展。《孟子·滕文公下》有载:"周公相武王,诛纣伐奄,三年讨其君,驱飞廉于海隅而戮之,灭国者五十。"②周公东征直到康王时召公卫侯平定东夷大反,西周王朝才终使东方沿海夷部完全臣服。知己知彼方能百战不殆,战争本就是特殊的文化交融方式,于长期的讨伐征服与封建改造过程之中,姬姜王朝对东方一众夷族海洋文化以及海洋资源意义及其物产经济价值有了更为清晰的认知,即便是相对远离日常劳作的海洋风暴、海洋季风,商周时期国人也有了初步的认识③,这也进一步证实西周时期上古国人对于海洋的亲密关系无论是在广度还是深度上都要远超前人。正是基于与海洋更为密切的联系以及由之而来不断增进的海洋认知,周王朝不仅大量悦纳海产贡奉、重视舟船航行与海外交通,而且王朝通过沿海封国如齐国等"因其俗,简其礼,通商工之业,便渔盐之利"④,积极组织海洋生产与海洋贸易,使社会政治权力进一步向海洋延伸,不断扩展海洋资源以及海洋利益在国家经济利益中的政治意义及价值权重,以至西周时期海产品不仅是沿海诸侯国家进献中央王朝的主要贡赋,而且成为沿海与内地交换的重要商品。所以《荀子·王制》记载:"东海则有紫、絺、鱼、盐焉,然而中国得而衣食之。西海则有皮革、文旄焉,然而中国得而用之。故泽人足乎木,山人足乎鱼。"⑤也有学者认为,自西周以至战国,海洋渔业一直是沿海诸侯国家的主要经济产业乃至国家富强的根由,大凡致力于海洋渔业发展区域皆为富庶的鱼米之乡。⑥ 商周之际山东沿海开始出现人工海水煮制散盐即海盐,并很快就成为上古海洋经济的新生长极,成为沿海诸侯国家财富的重要来源,不仅为春秋战国海洋盐业飞速发展奠定了基础,也为上古国家盐务政制创新完善打开了大门。同时,西周王朝与东南海外的交往通联也有了雏形。《韩诗外传》有载,成王之时"越尝氏重九译而至,献白雉于周公"⑦。《后汉书·南蛮西南夷列传》亦有载:"交趾之南,有越裳国。周公居摄六年,制礼

---

① 徐正英,常佩雨,译注.周礼:下册[M].北京:中华书局,2014:696.

② 方勇,译注.孟子[M].北京:中华书局,2015:120.

③ 曲金良.中国海洋文化史长编:上卷[M].典藏版.青岛:中国海洋大学出版社,2017:105-109.

④ 司马迁.史记全本新注:第三册[M].张大可,注释.武汉:华中科技大学出版社,2020:899.

⑤ 方勇,李波,译注.荀子[M].2版.北京:中华书局,2015:125.

⑥ 曲金良.中国海洋文化史长编:上卷[M].典藏版.青岛:中国海洋大学出版社,2017:177.

⑦ 韩婴.韩诗外传[M].谦德书院,注译.北京:团结出版社,2020:201.

作乐,天下和平,越裳以三象重译而献白雉。"①再结合王充在《论衡》中"成王之时,越裳献雉,倭人贡畅"②的说法,足以说明至少不晚于西周时代周王朝与南方的越裳和东方的日本之间就已经开始了通过海上的交往与文化的通联③。

《论语》有言:"工欲善其事,必先利其器。"④西周时期王朝之所以能将华夏文明影响力完整覆盖沿海地区,进一步包容、接纳与整理海洋文明并向海外延展华夏文明,与周王室极度重视舟船和航行紧密相关。建基于对前代文明成就的大胆因袭与精心兴革,周王朝的政治文化与文物制度远盛前朝,就海洋文明的继承与开拓而言,正是西周的承上启下才使得春秋战国海洋政治思想与海洋政治实践达至先秦时代的顶峰。不论是周文王姬昌"造舟为梁,丕显其光",还是武王姬发"以四十七艘船济于河",在伐纣克商以及姬周王权接续不断地向东向海推进过程中,王朝对舟船政制的打造都颇为用心尽力。《尔雅·释水》言明:"天子造舟,诸侯维舟,大夫方舟,士特舟,庶人乘泭。"⑤此时的舟船已然载负着重大的社会政治意义,承担着塑造社会等级秩序的国家治政责任。严苛的舟船配用制度辅之以"舟牧""五覆五反,乃告舟备具"⑥的舟船核检体制,使得周王朝的舟船政制较为完整并颇具操作性。正是在这个意义上,"于越献舟"⑦的社会政治价值与物质技术的文化意味才更为凸显,学者因此有江浙越人实质上是"献了宝贵的造船技术和航海知识。这对周人的造船与航海技术当有重大推动"⑧的见地评论。

当然,作为社会经济技术与政治文物制度的浩大建树时代,西周王朝所面对的社会政治与经济文化事务庞杂而繁重,不会也不可能专注于沿海区域及海洋事业,但在王朝整体向东向海的扩张之中以及成功实现"率土之滨,莫非王臣"⑨的盛德伟业之后,海洋作为政治权力边界便出现在王权视野的尽头。尽管与夏商时期一样,周王朝与海洋依然保持的是间接的联系,但中央王权在改造社会结构、整合社会既有权力、吸纳不同文化用之抟铸以姬姜集团利益为核心的国家利益共同体以及以华夏文化为基质的文化共同体的过程中,在国家整体的视角下必然会给予海洋以应有的关注,更何况夏商时代海洋有着对华夏文化的长期有力支持以及

① 范晔.后汉书[M].颜师古,注.北京:中华书局,2012:2278.
② 黄晖.论衡校释:下册[M].北京:中华书局,2018:726.
③ 孙光圻.中国古代航海史[M].北京:海洋出版社,2005:60.
④ 杨伯峻.论语译注[M].典藏版.北京:中华书局,2015:237.
⑤ 管锡华,译注.尔雅[M].北京:中华书局,2014:466.
⑥ 胡平生,张萌,译注.礼记:上册[M].北京:中华书局,2017:306.
⑦ 欧阳询.宋本艺文类聚:下册[M].上海:上海古籍出版社,2013:1845.
⑧ 姚楠,陈佳荣,丘进.七海扬帆[M].香港:(香港)中华书局有限公司,1990:12.
⑨ 王秀梅,译注.诗经:下册[M].北京:中华书局,2015:488.

商周之际海外对前朝遗臣的不同程度收容接纳,因而在"普天之下,莫非王土"①的政治文化理念下,国家政治权力必然尽收海洋于视野之中,以回应王权威仪的完满整齐以及保有潜在的扩张冲动。因此,无论是设置职方氏以掌管土地辨识财用、将重臣封遣沿海,还是重视舟船航行与水陆道路以通联王畿与诸侯,都是意在以共同体抟铸来确保天下的完整。正是在这个意义上,夏商西周向东向海文明发展的地理趋向,尽管更多的成分应是契合自然禀赋的客观应对,还不能看作执着海洋的主动策划,但在国家政治权力尤其是通过诸侯国家权力给予海洋的正式关注,为春秋战国时期在列国政治背景之下沿海国家将这种关注直接转化为政治权力对海洋的政制附加奠定了坚实的基础、指明了前行的路径。春秋战国时期沿海国家及其之间所形成的以海洋权力、海洋权利以及海洋利益为内容的海洋政治关系与海洋政治实践,充分喻示着中国上古海洋文明体系尤其中国海洋政治思想及其类型已然完成胚胎孕育,破壳而出只待时日。

3. 春秋战国时期向东向海的主要成就

众所周知,春秋战国时期是中国上古历史发展进程中的激烈变革时代。在社会物质生产技术快速发展尤其是冶铁能力提升、铁器推广使用的大背景之下,社会生产关系特别是社会利益格局以至国家政治建构都面临前所未有的巨大挑战,维持旧有政治格局还是构建新型政治生态是这一时期各方社会政治势力无法回避的基本抉择。然而在最活跃的社会生产力不可阻挡的历史推动力面前,构建适应其发展要求的社会政治新生态便成为春秋战国时期社会发展的基本趋势与必然取向。就海洋政治发展而言,经由夏商西周漫长而深厚的积淀,尤其经过西周王朝政治权力对沿海的完整覆盖、中原社会与沿海地区社会经济和政治文化的有效通联,不仅沿海诸侯国家海洋经济得以重大发展,海洋文化多为中原华夏文化所熟悉、所接纳,而且海洋权利与海洋权力在沿海邦国国家竞争力系统中的权重亦不断提升,国家海洋实力特别是海洋军事实力甚至一度成为国家竞争成败的关键。春秋战国作为中国上古先秦社会华夏文明向东向海成就的巅峰时期,其间所生成的海洋文化基本品相、所奠定的海洋政治基础母版对后世中国海洋政治思想及其发展有着不容低估的决定意义,尤其在人类社会技术演进与制度变迁路径依赖的发展预设中,这种筑基价值则更为凸显。概括而言,春秋战国时期华夏文明整体向东向海的主要成就集中体现在沿海国国家权力对海洋经济的积极干预、国家政治对海洋力量的极力推崇、国家社会对海外交通的努力开拓以及社会海洋文化的浓郁氛围上。

---

① 王秀梅,译注.诗经:下册[M].北京:中华书局,2015:488.

春秋战国的五个半世纪是中国上古社会海洋经济的快速发展时期。作为自然的一部分，人对自然的仰赖具有基础性与终极性的意义。在靠山吃山、靠水吃水的采撷经济依赖性生活时代，东南沿海的远古先民以海岸沿线为画板、以贝丘为笔墨描绘了中国初始海洋生活的生动画卷。夏商时代，东夷族属的海洋文化气息也不断地吸引着华夏文明执着地向东直至向海进发，甚至早在夏王姒芒时即能制命九夷，东进大海捕获大鱼，王朝便开始了零星初步的海洋生产经济。而安阳殷墟出土的海贝、象牙、鲸鱼骨以及来自马来半岛用作占卜的龟甲充分说明及至殷商时期中央王朝不仅较为观照海洋经济，而且其所关注的远洋贸易亦有较大发展。

春秋战国的近550年也是中国上古国家海洋力量尤其是国家海洋军事力量的发轫阶段。自平王东迁王都，东周政治失序，王室权威式微，诸侯竞相蜂起，争霸战火连年，不尽的兵燹迫使各方诸侯极尽所能富国强兵。尽管河川湖荡以及便利来往其上的舟船在很早的时代就为先民所重视，甚至在夏商西周时期舟船对战争胜负的意义人们亦有所把握。船舶用作军事运输的最早记载有商末武王伐纣集兵于盟津，周军统帅师尚父号令各部时就强调"与尔舟楫，后至者斩"①，其后大军以47艘大船渡河东进直捣商都朝歌，但所用船只也是临时征调而来并非专用水战兵备。春秋时期建立在铁器使用基础上的造船技术与造船能力空前发展，临江滨海诸侯国家造船行业日渐兴盛，尤其随着列国中原弭兵、诸侯争霸主战场转向江河密布、水网密集的东南地区，江河湖海亦为战火覆盖范围。为制胜江河湖海、称霸东南沿海，齐、楚、吴、越等诸侯国家纷纷装备与建造战船，抽调兵士组建水上作战部队，中国上古国家水上军事力量自此产生，具体时日与地点虽不曾见诸文献，有学者还是确信《左传·襄公二十四年》"楚子为舟师以伐吴，不为军政，无功而还"②的水战记载为最早见诸典籍的资料③。但按元代马端临考证：自公元前584年获得楚国流亡大夫教习兵术战法，吴国便开启对楚国的征战讨伐，公元前560年"暨共王卒，继侵楚。明年，败楚于皋舟之隘。是吴利在舟师，楚惧无以敌吴。后十年，康王以舟师以略吴疆"（《文献通考·兵考一》卷149）。案史马说应属可信，由是充分表明楚康王建立舟师的十年之前吴国已组建谙习水战舟师且战力颇让楚国惧惮。由此足见，距今约2600年的中国古代就已经建立起规模与能力都颇为可观的正规国家水上武装力量。经由长时间浓烈战火的洗礼以及物

① 司马迁.史记全本新注：第一册[M].张大可，注释.武汉：华中科技大学出版社，2020：103.
② 杨伯峻.春秋左传注：第四册[M].北京：中华书局，2016：1201.
③ 曲金良.中国海洋文化史长编：上卷[M].典藏版.青岛：中国海洋大学出版社，2017：160.

质技术的飞速发展,春秋战国时期东南沿海各国的舟师不仅拥有区分作战任务与作战水域的装备精良的战船,而且发展有专用于水上作战的兵器。《墨子·鲁问》记载:"公输子自鲁南游楚,焉始为舟战之器,作为钩强之备,退者钩之,进者强之,量其钩强之长,而制为之兵。"①尽管这种兵器具体形状史籍尚未见诸明确记载,但结合古代冷兵器条件下水上作战常用接舷战与撞击战的基本战法来看,可以判定现场根据战场情势在进攻和防守两端皆有大用颇具匠心的水战专属利器。我方做攻势时,为防止敌方脱逃用以"钩之"进而接舷攻船;我方做守势时,为与敌保持距离或撤离战场则以"强之"即抵住敌船使之无法撞击和接舷近战。春秋战国时期,舟师水面战斗已经不止于江河,相当规模的海上行动甚至直接海上作战也有见诸史册。《左传·哀公十年》就有载,吴王联合鲁、邾、郯三国攻打齐国。吴王夫差亲率主力由邗沟入淮水而北上,又令大夫"徐承帅舟师,将自海入齐,齐人败之,吴师乃还"②。此次吴齐黄海海战就是目前学者认定的我国史籍中最早的海战记录。③ 此外,《国语·吴语》也载吴越争霸期间,越王勾践乘吴王黄池会盟国内守备兵力有限之际,亲率主力进攻吴都,同时下令大夫范蠡、舌庸"率师沿海溯淮以绝吴路"④。这次长达1000多千米越海跨江的成功阻击行动,所展现出的越国水上军事力量已相当强大,正是依凭舟师武装的强大战力,越王勾践最终得以成功歼灭宿敌吴国。

春秋战国的500多年还是中国古代海上交通大发展及其海外交通大拓展的时期。恩格斯曾指出:"社会一旦有技术上的需要,则这种需要就会比十所大学更能把科学推向前进。"⑤春秋战国时期争霸战争此起彼伏、绵延连年,毁灭的恐惧与生存的渴望迫使着各诸侯国不得不执着于发展技术、变革政治以强大国力。六个月的海上欢愉流连,足以说明齐国对沿岸航线的良好把控。而《孟子·梁惠王下》记有的齐景公"欲观于转附、朝舞,遵海而南,放于琅琊"⑥,所言及的海路便是这条沿岸航线从渤海湾口的转附(今烟台芝罘)经朝舞(今威海成山)到琅琊(今青岛)的一段。吴国攻齐时徐承领舟师沿海北上的线路以及越国大夫范蠡、舌庸自浙江北上转淮河以截断吴军回路的海上路线,应是这条沿岸向北直达辽东半岛

① 方勇,译注.墨子[M].北京:中华书局,2015:465.
② 杨伯峻.春秋左传注:第六册[M].北京:中华书局,2016:1846.
③ 曲金良.中国海洋文化史长编:上卷[M].典藏版.青岛:中国海洋大学出版社,2017:163.
④ 陈桐生,译注.国语[M].北京:中华书局,2013:674.
⑤ 中共中央马克思恩格斯列宁斯大林著作编译局.马克思恩格斯全集:第三十九卷[M].北京:人民出版社,1974:198.
⑥ 方勇,译注.孟子[M].北京:中华书局,2015:27.

的北洋航线的南段。《史记》记载的范蠡由越亡命于齐的出逃之路,应该就是走的这条成熟的沿海航线。① 尤其战国时期,齐威王、齐宣王、燕昭王等国君不断"使人入海"②,探险寻仙,以避常趋异的海上冒险行动,不断开辟出渤海海域条条崭新的海上航路。

① 司马迁.史记全本新注:第三册[M].张大可,注释.武汉:华中科技大学出版社,2020:1086.
② 司马迁.史记全本新注:第二册[M].张大可,注释.武汉:华中科技大学出版社,2020:807.

第四章　先秦时期的海洋社会

中国是一个具有悠久深远海洋文化传统的文明古国,得天独厚的海陆复合地理构造不仅使华夏陆域文明在这片广袤辽阔、温润肥沃的土地上快速产生、发展,获得了深厚的自然基础,而且平缓绵延的海滩、风轻浪静的海湾也在很早便为中国海洋文化的生长进化备足了充分的资源条件。不仅远古炎黄部属日出而作、日落而息,用勤劳勇敢与睿智包容在广阔的中原腹地创造了享誉世界的农业文明,而且东南沿海的东夷族众倚岸逐浪、以海为田,凭借刚毅执着与革新创造在无尽的蓝色海洋开拓出影响深远的海洋文明。无论是山顶洞人佩戴的青眼鱼骨及海蚶壳等海洋饰物,还是自北而南沿海岸线分布的巨量远古贝丘遗迹,都在充分展现辉煌绚丽的中华文明,即便是远古多系并存、多元一体的源头阶段,蓝色海岱文明都是这璀璨绚烂文明体系的重要色彩构成。甚至夏王朝时期因海岱文明无论物质技术手段还是经济文化水平总体上较之中原更为领先,以至中原华夏文明眺望的目光与前行的步伐为东夷文化牢牢牵引,经由殷商西周两代向东向海的执着推进,尤其在中原华夏文化体系的强力整合之下,东夷海岱文明自商代便整体成功地融入华夏文化系统。① 与此同时,在夏商周三代中原华夏国家政治文化东望、东渐、东进的持续观照与日渐强化的影响中,东南沿海海洋社会从浅层的基本概貌特征、物质技术构成到深层的思想文化建构都在经历浴火重生与涅槃再造,并由此勾画出中华海洋文明基因图谱的主干经纬。尽管不认同海洋社会仅局限于沿海及岛屿等固定性海洋社群与舟师、海盗与海商等流动性海上社会,我们还是倾向海洋社会应包含因涉海或者海洋影响所及的广阔区域,然而前者为海洋社会主体或者典型海洋社会应是不争的事实。因此,梳理中国上古典型性海洋社会发展演进主体脉络,把握其内在演化逻辑,特别是在晚周社会经济关系剧烈变革、政治文物治体重大变化、历史文化结构根本变动大背景下的演绎规律,在以史鉴

---

① 卜宪群.中国通史·从中华先祖到春秋战国[M].北京:华夏出版社,2016:48.

今的意义上,对于处于百年未有之大变局中的新时代中国海洋社会乃至中国特色社会主义海洋建设事业,都有着十分重大的理论参考价值与实践借鉴意义。

一、先秦海洋社会的基本形成

在马克思主义唯物论的语境里,人在根本意义上只是自然界的一部分,是自然界长期进化发展的必然结果。自然是人及其组成社会的基础。海陆复合的优越自然地理条件,是中国远古文化多系并存、多元一体起源结构模式的地缘基础。中国远古不仅陆域社会悠远绵长、绚丽多姿,而且海洋社会起源与发展同样久远深厚、精彩纷呈。更为重要的是从山顶洞人使用的青眼鱼骨及海蚶壳等海洋饰品来看,中国上古大陆文明和海洋文化在源头上就存在着相连相通的特性。进入文明社会以后,在夏商中原华夏文明整体向东向海的持续演进历程中,中国上古大陆文明对海洋文化特质的认知及包容逐渐增长的同时,东南沿海海洋文明对中原华夏文化精髓的吸纳与认同也在同步增强,殷商时期海岱文明完整融汇华夏文明体系便是这种相连互通、吸纳认同的经典。西周以降,中国上古国家文明渐臻先秦顶峰,国家政治权力对社会及其构造的规定作用日益凸显,不仅陆域社会利益关系与历史文化结构的抟整成就前所未有,而且东南海洋社会物质利益格局与政治文化关系构成的规制成效更是空前提高。尤其春秋战国时期,中国上古东南沿海海洋国家的正式形成,使得先秦政治国家对海洋社会的经济技术功能发挥与政治文化结构再造几近极致。“海王之国”齐国的统治集团更是力倾山海、统筹海陆,不仅以国家海洋权力统治国家海洋权利与海洋利益,而且重视将国家海洋优势转化为国家海洋力量直至支持起整体国力不断强盛,并由此长期稳定立身那个风云激荡、竞争惨烈时代的最前列,也为后世国家治理视野的开阔以及与海外交流互通的拓展确立了可资借鉴的参照与可为援引的先例。

要探讨先秦海洋社会的形成、构造及其特质,一个基本的理论前提就是必须首先清晰厘清海洋社会的本质内涵。然而对于何谓海洋社会,不同学者依其既定的研究目标以及特有的研究视角甚至立足特色的研究方法往往有着自己的独到见解。基于社会不过是人与环境形成的关系总和的属概念界定,在我们看来,海洋社会不外指人们基于或依赖海洋所形成的一系列较为稳定社会关系的有机整体。在历史唯物主义中,人的本质为社会关系的总和,人类社会的基本形态总是被归于某种或某几种主体的社会关系,甚至还原为某些具体的重大物质技术与文化精神利益关系。因此,海洋社会在本质上就是一系列重大海洋利益关系的稳定整合,或者说是基于或仰赖于海洋利益关系而存在与发展的较为稳定的人群组合。稳定的海洋利益关系是区分海洋社会主体与海洋社会客体的根本标准,而基于海洋或者依赖海洋则是进一步界定海洋社会主体类别的基本尺度。如前文所言,广义的海洋社会应是指称与海有涉或海洋影响力所及的社会。但由于海洋影响力是一个颇为变动不居以及程度范围牵涉很广且颇难拿捏的概念,甚至超越我们的研究能力,因此,本书所及海洋社会仅局限于典型性海洋社会即狭义的海洋社会。所以,在狭义的海洋社会语境中,基于海洋而形成的较为稳定海洋利益关系的舟师、海商以及海盗等海洋社会群体与依赖海洋而存在与发展、拥有稳定海洋利益关系的沿海及岛屿的渔民社会群体是中国古代海洋社会的基本构成。其中,沿海及岛屿的渔民、船民社群是最为稳定的海洋利益关系亦即海洋社会核心构成部分,同时是流动性海洋社群构成的最初起点与最终归途;舟师、海盗以及海商社群则是基于海洋利益关系而存在、人员颇具流动性的海洋社会人群,也是海洋社会的重要构成部分,同样,这些流动海洋社会人群在沟通、交汇及交换不同物质生产技术、政治文物制度以及文化生活方式等方面相较于固定性海洋社会而言存有无可匹敌的优势。由于考古佐证以及文献资料的匮乏,加之先秦时期社会物质技术水平的局限以致海洋活动无论行为规模、开展频度与涉及范围等都相对有限,因而对中国上古先秦时期海洋社会的探讨,我们主要着眼于作为核心构成部分的固定海洋社会,即渔民、船民社会以及与国家政治权力直接相连的流动性海洋社群、舟师社群,而对于作为海洋流动社群的海盗,尤其是海商群体在此仅简略言及。

(一)固定性海洋社会的形成与发展

固定性海洋社会,即沿海及岛屿渔民社会尤其沿海渔民社会,作为海洋社会的核心构成部分、海洋技术文化以及海洋精神文明的创新创造主体力量,与其创造的中国海洋文明一样绚烂悠久、源远流长。无论是山顶洞人所拥有的海洋饰品,还是自北而南绵长海岸线上存留的大量贝丘遗址,都足以说明中国先民自史前便与海洋保持有久远而亲密的联系。亲近海洋而走近海洋、走近海洋而走入海洋、走入海洋以至依海而生,直至成长为庞大的海洋族群、抟结成完整的海洋社会,这便是中国远古"满天星斗"般迈向文明社会之际东南沿海众多族群特色文化演绎衍传的基本逻辑路径。早在传说时代,黄帝时期数万诸侯之中,在东海之外的大壑,便存有"少昊之国"①,海洋社群已初显端倪。及至大禹别分天下九州

---

① 方韬,译注.山海经[M].北京:中华书局,2011:286.

疆域,献贡来朝四方之中,临海各州皆是海产入贡。冀州乃"岛夷皮服"①、青州则"厥贡盐绨,海物惟错"②、徐州"淮夷蠙珠暨鱼"③、扬州"岛夷卉服,厥篚织贝"④。

西周时期,经由与中原华夏政治国家长期不断的交流、交际、交汇与交融,东夷海洋社会无论社群结构组织、生产生活能力,还是政治文物统治文化都有着相应的快速提升,甚至部分社会族群组织已经发展起足以与中原诸侯国家争锋的政治实力,莱夷便是其中的典型代表。莱夷本是虞舜时期一支来自中原腹地炎帝之后以种植小麦(古时称之莱)而闻名的姜姓莱人与东夷人融合而成的新部族,因其拥有农耕文化与渔猎文明的双重技术优势而快速扩张于山东半岛北部,夏初便成为东夷最为强盛的部族并基本统治了山东半岛北部地区。"莱夷作牧"⑤也因之出现在《尚书·禹贡》之中,在文明史籍上更是留下最早的记载。商汤时期,王朝歼灭来自中原姜姓莱人所建莱国而改委商王子为莱国掌国之君,子姓莱国自此见诸史籍并且成为殷商王朝的忠实附属。中商时期,黄河泛滥为祸,王朝被迫东移,子姓莱国追随东迁山东半岛以拱卫王国奄都(今山东曲阜),一并先后征服中原逃亡姜姓莱人重建于潍河流域的姜姓莱国和半岛北部的莱夷部族,在中央王朝授意之下重构莱子国亦即莱夷国。晚商时期,因王朝重心西转中原,东夷乘势反叛不断,姜姓莱人趁机而复国(史称"西莱国"),子姓莱国被迫向东退却(因居东,故史称"东莱国"),自此东、西莱国并立。西周初年,姜姓莱国因协助太公吕尚平定东夷反叛有功,也曾收获西周王室的认可。但其后由于西周王室为震慑东夷各部便"封师尚父于齐营丘"⑥,在嬴姓齐国旧地建立姜姓齐国,并将国都营丘择址于淄河岸西。淄河东岸自恃助灭嬴齐反叛有功的姜姓莱国对此极为不满,遂与原驻嬴齐密谋出兵,意图夺占营丘,阻止姜齐落籍,此即《史记》所载"莱侯来伐,与之争营丘,营丘边莱"⑦之事。齐、莱两国因之从此对立冲突不断,直至春秋时期的公元前567年"齐侯灭莱"⑧姜姓莱国基本覆灭,公元前500年前后,齐景公大举征伐莱夷,不仅彻底剿灭姜姓莱国势力,而且歼灭已龟缩至半岛西北沿海的子姓莱国,齐国至此一统山东半岛,东南沿海海洋社群自此悉数纳入华夏国家政治文化直接

---

① 王世舜,王翠叶,译注.尚书[M].北京:中华书局,2012:56.
② 王世舜,王翠叶,译注.尚书[M].北京:中华书局,2012:61.
③ 王世舜,王翠叶,译注.尚书[M].北京:中华书局,2012:63.
④ 王世舜,王翠叶,译注.尚书[M].北京:中华书局,2012:65.
⑤ 王世舜,王翠叶,译注.尚书[M].北京:中华书局,2012:61.
⑥ 司马迁.史记全本新注:第三册[M].张大可,注释.武汉:华中科技大学出版社,2020:898.
⑦ 司马迁.史记全本新注:第三册[M].张大可,注释.武汉:华中科技大学出版社,2020:898.
⑧ 郭丹,程小青,李彬源,译注.左传:中册[M].北京:中华书局,2012:1097.

管制范围。在摆脱内在战火蔓延、区域政制阻隔、物资技术流动不畅的种种弊端之后,沿海海洋社会以相对完整的资源性集合一举成为沿海独立性诸侯国家政治权力基础支撑系统,尤其在各沿海诸侯国家海洋社会中很早便开始的海洋经济生产、海洋政治实践、海洋军事活动在春秋战国时期获得了前所未有的机遇与接续不断的发展。以燕、齐、吴、越等诸侯列国为杰出代表,尽管不可避免战火侵染、兵燹破损,但在国家政治权力的彻底改造、精致重组、强力推动之下,沿海海洋社会及其海洋生产逐渐整合于国家机器及其运行体系,成为国家力量不可或缺的构成部分,并因国家经济生产、财富积累、实力运作、争霸竞雄等方面的优越表现而备受国家政治文化重视,海洋社会也自此完成由社会主要经济生产组织向国家基本政治文化构成的完美转型并日益走近国家政治舞台的聚光中心。春秋战国时期贯通南北洋沿海航线的开辟、海上军事行动以及海战的频发、海上懋迁的关注与发展甚至海上休闲游乐的出现、中日以及中国与东南亚海外航路初步完成等一系列的海洋文明文化成就,无不在向世人展示这一时期中国上古海洋社会的组织结构完整与功能发挥成熟。

对于岛屿渔民社会而言,我们在此只是着眼于近岸小型具有生存性的渔民聚落,台湾、海南等腹地辽阔的巨型涉海生活聚落尽管与大陆沿海社会有着不小差异,但共性特质依然占据主流,我们由斯归诸沿海渔民社会。因而在小型聚落语境中我们认为,立基规模性存在的远古及上古时代,岛屿渔民社会的历史文化意义尚不足以与沿海海洋社会比肩,虽然其海洋航行能力以及海洋生产能力等海洋技术性文化相较沿海社会存在着局部的领先特性,甚至在社群微观组织行为层面也存有可资参酌的对策资源,但囿于个性化对策普遍存在可复制性欠缺的先天不足,单纯的岛屿渔民社会对整体海洋性历史文化的贡献应该不宜高估。然而,有鉴于海岛渔民社会主体非原生性的根本特性以及生存发展技术性的基本状态,岛屿渔民社会毕竟是海洋社会的重要组成部分,它与沿海社会以及其他海洋社群往往存有天然的紧密联系,甚至是沟通其他海洋社群,特别是流动性海洋社群不可取代的桥梁纽带,尤其在关键时间节点以及重大历史事件当口的蝴蝶效应作用下,其历史文化价值必须加以重视。在这个意义上,简要探讨先秦时期的岛屿渔民社会,还是具有相当的必要性。

作为历史文化悠久深厚的古老民族,中华先民以其特殊的勤劳勇毅、团结奋进、革故鼎新的民族品性,在东亚大陆这片西高东低面向大海逐级展开、河网密织、水草丰美的富饶辽阔疆域上,创造出一系列辉煌灿烂、彪炳千古的人类文明奇迹。海陆复合的自然地理构造所提供的蜿蜒绵长海岸线与星罗棋布的近海岛屿,为中华民族在古代世界海洋文化和航海事业上独领风骚 2000 多年提供了丰实的资源禀赋条件。正是在因采集渔猎而依山傍水的聚落居住状态之下,经由对水的特性与物的浮性长期持续观察,收获"以跑济水""包荒冯河"①的理论认知与实践体验,进而在历经"桴""筏"艰辛航行的经验积累之后,伴随石斧与火的熟练使用,祖国远古先民便开启了"变乘桴以造舟楫"②,继而由近岸短线及其毗邻岛屿之间到沿岸长线以及往来半岛海峡之间直至走向"蒙昧航海"③时代。凭借非凡的智慧勇气与简陋的渡海工具,先民们频繁往来于沿岸与岛屿之间,先是季节性、临时性短暂停顿滞留于岛屿,其后因渡海规模扩大、航路拓展、物质补给与渔获转运以及急迫交易等需要,固定航线上滞留条件适宜的岛屿便逐渐成为稳定的物资集散、交易交换、渔民会聚以及群集留居的处所,岛屿渔民社群自斯发轫。随着沿海社会物质生产水平的不断提升、海洋工具能力的日益增强,尤其航海技术的持续增长,原本作为沿岸社会向海延伸部分的岛屿渔民社群因其海洋功能性质的纯粹以及向东向南的深度拓展而逐渐分隔沿岸涉海社会成长为相对独立的海洋社会新群落,也为后世文明时代企图摆脱国家暴政压迫、逃避战火兵燹残害的人群提供可资选择的现实去向,但同时更为另一流动性海洋社群如海盗提供了联结增长的极点。

　　根据有限的文献,夏商时代与沿岸海洋社会一样,岛屿渔民社会已经发展成形。《尚书·禹贡》在论及临海州贡之时已用"岛夷皮服""岛夷卉服"等语,按上古以地域指代人群尤其非华夏族群的语词使用习惯,结合其所贡献物以及贡献行为本身,我们有理由相信最迟在夏初海岛渔民社群就已形成规模并具有较为成熟稳定的组织结构体系。夏时少康帝庶子"封于会稽,以奉守禹之祀"④,王朝政制以及东海地域,帝杼时王朝又兴师"征于东海及三寿"⑤,不甘臣服者逃亡出海相继以图卷土重来,成为壮大岛屿社群的重要力量。殷商时期王朝疆域已然东及大海,以至史籍有晚商时节"商人服象,为虐于东夷"⑥之记,尤其帝辛更是倾兵力征东夷以致朝歌防卫空虚,最终为周武王破国而焚身,《左传》因而有"纣克东夷而陨其身"⑦之言,由此足以窥见东夷反抗之剧烈,同时折射出在殷商王朝强大军事压迫之下沿海夷人陆上退路匮乏、族群生机渺茫的窘境,由此凭借海洋技术退向海岛乃至海外已是不得已的选择。周初因"管、蔡、武庚等果率淮夷而反,周公乃奉

①　杨天才,张善文,译注.周易[M].北京:中华书局,2011:118.
②　孙光圻.中国古代航海史[M].北京:海洋出版社,2005:25.
③　孙光圻.中国古代航海史[M].北京:海洋出版社,2005:30-45.
④　司马迁.史记全本新注:第三册[M].张大可,注释.武汉:华中科技大学出版社,2020:1078.
⑤　范祥雍.古本竹书纪年辑校订补[M].上海:上海古籍出版社,2018:9.
⑥　陆玖,译注.吕氏春秋:上册[M].北京:中华书局,2011:154.
⑦　郭丹,程小青,李彬源,译注.左传:下册[M].北京:中华书局,2012:1738.

成王命,兴师东伐"①,"凡所征熊盈族十有七国,俘维九邑"②,不甘臣服的"震溃"殷人"多逃亡海上"③。商末周初也因此成为海岛社会急速扩张的重要时期。这一时期,一些贵族名流如太公望因为商纣虐政所累而"隐海滨"④逃离中原政治中心避难东海之滨,加之氏族豪士譬如泰伯基于政治筹划而奔来沿海经略势力的长期努力,在族群奔涌以及物质技术与政治文化快速堆积之下沿海社会沿岸急切扩展的同时,海岛社会无论海洋技术水平还是社群规模以及组织构造都获得了前所未有的发展。经由周初周公等人苦心孤诣的经略与经年累月的积淀,总体而言西周一代政治文物制度昌明、物质经济技术进步、社会思想文化繁荣。东汉王充的"成王之时,越裳献雉,倭人贡畅"⑤之言传以及文献"于越献舟"⑥的记载充分表明沿岸海洋社会无论在社会组织构造与平稳运行,还是在海上生产与航行能力方面都有着极大的提高,对于与沿岸海洋社会紧密相连的岛屿渔民社会而言,何尝不是整合吸纳沿海力量而平稳快速的较长机遇期。

　　春秋战国时期,中国上古政治虽然总体动荡不堪、征伐兵燹蔓延不止,但社会物质技术飞速进步发展、生产经济关系激烈革新变动、族群利益格局急剧增长变迁,与中原烽火连天、国破政亡接续上演相应,东南沿海诸国也彼此征讨不已。战火不仅在陆上持续燃烧,而且即便是江河湖海也不再是远离将士嘶吼拼杀的净土。当舟师成长为诸侯列国新型战力、海战作为新式战术直至左右整体战局胜负之时,沿海海洋社会被战争侵扰便不可避免。然而在战旗漫卷沿岸海洋社会、战乱击溃渔村船民之际,海岛社会却不得不敞开怀抱容纳惊魂未定的各色人群,岛屿渔民社群也由之规模增长、结构重组、品质再造。岛屿社群力量的增长,加之与沿岸海洋社会的天然联结又相对隔离,在中原战火弥漫的春秋战国时期,岛屿渔民社会成为相对平静稳定、预期明确的人群聚落。孔子"道不行,乘桴浮于海"⑦的政治慨叹何尝不是当时沿海社会首肯岛屿社群的普遍心理倾向呢?再结合"仲尼见沧海横流,故务为舟航"⑧以及昔日鲁人"见仲尼及七十二子游于海中"⑨的

① 司马迁.史记全本新注:第三册[M].张大可,注释.武汉:华中科技大学出版社,2020:923.
② 黄怀信,张懋镕,田旭东.逸周书汇校集注:上册[M].上海:上海古籍出版社,2007:518.
③ 上海中国航海博物馆.新编中国海盗史[M].北京:中国大百科全书出版社,2014:39.
④ 司马迁.史记全本新注:第三册[M].张大可,注释.武汉:华中科技大学出版社,2020:897.
⑤ 黄晖.论衡校释:下册[M].北京:中华书局,2018:726.
⑥ 欧阳询.宋本艺文类聚:下册[M].上海:上海古籍出版社,2013:1845.
⑦ 杨伯峻.论语译注[M].典藏版.北京:中华书局,2015:64.
⑧ 李昉,等.太平御览:第四册[M].北京:中华书局,1960:3416.
⑨ 崔鸿.十六国春秋辑补:下册[M].汤球,辑补;聂溦萌,罗新,华喆,点校.北京:中华书局,2020:1073.

传说记载,说明对于胸怀经国济世政治抱负而执着游说列国的圣人及其门徒而言,绝非游乐于海中,极有可能是颇为庞大的海上族群社会牢牢钳住了潜藏在他们心中时刻跃跃欲试的政治雄心进而促成这不成功的冒险尝试。中国上古无论人群规模还是社会发育最为成熟的岛屿社群当数山东半岛与辽东半岛之间,渤海、黄海交界线上的拥有蓬莱、方丈、瀛洲"三神山"所在的今庙岛群岛。考古发现这个最迟在公元前5000年开始就不断有人类居住的海中世界,在春秋战国时期因各色方士、各方海客为王入海求仙而往来穿梭更是闻名遐迩。《史记·封禅书》有记"自威、宣、燕昭使人入海求蓬莱、方丈、瀛洲",并且确信"此三神山者,其傅在勃海中,去人不远"甚至"尝有至者"①。《山海经·海内北经》亦有载:"明组邑居海中,蓬莱山在海中,大人之市在海中。"②"明组邑"按清嘉庆郝懿行的注疏实为"今未详"之"海中聚落之名"③。海岛的聚落、海上的仙山、海中的集市都向世人宣示岛屿社群不仅真实存在,而且较为繁盛。其时"闽在海中"④的记载也真真切切映射着闽越族群的海洋生活方式与包括海岛的主题存在状态。

春秋战国之际,有关沿海岛屿社群的物质生产技术与社会组织能力的发展壮大及其对沿海社会的政治影响增长,我们还可以通过沿海国家的治政行为与政治策略进行了解。按《越绝书》所载,自先君无余接受封赐建立越国始,经由千余年的苦心经营,到越王勾践时已是能"引属东海内、外越"⑤的一方海洋强国。外越即为越王所领有的东海之外的岛屿社群。这些发育成熟的岛屿社群在国家政治稳定、国力强盛之时是王权的有力支撑,但在王权衰微、战乱开启之际往往成为沿海反叛、暴乱力量落脚地的不二选择。譬如"秦始皇并楚,百越叛去"⑥,即一些士兵渡海叛逃去到外越。一统天下的始皇帝还于公元前210年"徙天下有罪適吏民,置海南故大越处,以备东海外越"⑦。甚至75年之后亦即西汉建元六年(公元前135年),汉军开始讨伐进攻南越的闽越时,闽越还能抱有"不胜,即亡入海"⑧举国出逃岛屿的图谋,由此足见岛屿渔民社会的有效治理已经成为国家政治权力完整与王权治政安稳的基本要求。另外从春秋战国时期越人组织性、规模化、主

---

① 司马迁.史记全本新注:第二册[M].张大可,注释.武汉:华中科技大学出版社,2020:807.
② 方韬,译注.山海经[M].北京:中华书局,2011:281-282.
③ 吴侪.亡诸考(上)——以秦、汉之际环庐山—彭蠡泽地区为中心[J].江西科技师范学院学报,2010(2):1-17,76.
④ 方韬,译注.山海经[M].北京:中华书局,2011:255.
⑤ 李步嘉.越绝书校释[M].北京:中华书局,2018:206.
⑥ 李步嘉.越绝书校释[M].北京:中华书局,2018:37.
⑦ 李步嘉.越绝书校释[M].北京:中华书局,2018:214.
⑧ 司马迁.史记全本新注:第五册[M].张大可,注释.武汉:华中科技大学出版社,2020:2002.

动性经由澎湖列岛往返横渡台湾海峡可知,亦为越王外越领地的澎湖此际应有了较为齐整的开发与足够的基础建设。可见春秋战国时期,随着中国上古社会整体物质生产能力的不断提升、工具能力的快速发展、手工制造的持续进步,在海洋社会总体被国家政治权力充分关注的前提下,岛屿社群及其职能发挥有了极大的提高,无论是在经济生产、社会生活,还是沟通融通、政治辐射等方面因有着与沿岸海洋社会错位互补的特性,岛屿海洋社会在这一时期的政治功能发展显得尤为突出。从海上航线的临时停靠点到相对固定的补给集散与短期滞留所直至固定的交易集市与族群聚落,从单纯的生产生活支撑点到族群的存在发展庇护所进而成长为影响社会政治稳定的力量源,春秋战国时期的岛屿海洋社会已然基于沿岸渔村社会的海洋延伸触角发展为相对独立的社会单元,成为大陆社会政治力量投送外海的最前沿和大陆国家连通海洋流动社会的崭新关节点。

(二)流动性海洋社会的形成与发展

随着社会生产力水平的持续进步,工具能力的快速提升,尤其是造船业与航海技术的飞速发展,华夏文明向东向海的持续推进与成果显现,东南沿海社会经由前夏时期的长期积累、夏商西周的持续开发,尤其春秋时期沿海国家政治权力对海洋社会的不间断发力,在沿岸渔村社会与岛屿渔民社会等固定性海洋社会日益发展成形成熟的同时,以舟师、海盗以及海商为典型形态的流动性海洋社会获得了相应的发展,尤其海洋舟师从无到有并急速发展成为沿海国家最为重要的军事与政治力量,舟师社群随即成为对海洋社会及其发展走向有着重大影响力的特殊组成部分。舟师作为中国古代专务于水面作战的国家后起军事力量,由于作战区域的特殊性、作战任务的有限性与战术方法的技术性,尽管在先秦社会总体大陆型政治文明发展中对中原内陆诸侯国家的政治军事价值并不明显,但对于沿海国家而言却是有着重大的战略价值与非凡的战术意义。作为国家政治力量的重要构成尤其是作为沿海国家实力的重要标志,以国家资源为后盾的舟师一经问世,便迅疾地改变海洋社会的既有力量对比关系与原初社会结构形态,并一跃成为海洋社会的主导性力量,舟师群体亦成为海洋社会最为独特的构成部分,相对于比它产生更早的另一流动性海洋社群海盗而言,由于舟师群体所具有与其他海洋社群紧密而顺畅联结的天然优势,尤其基于与国家政治权力的直接联系而对整个社会历史发展有着的巨大影响力,其海洋历史文化意义更为重大。

舟师社群的出现当然须以舟师的产生为前提。作为国家军事力量,维护国家政权稳定、政治统一的暴力机关最为重要的组成部分,舟师亦是适应国家专政职能尤其是对外发动战争、对内镇压反抗的需要及其发展变化而产生与发展起来的。作为水面作战的技术性军种,舟师与作为中国上古主体军事力量的"陵师"(陆军)不同,它并未与国家同步出现。当中国上古国家文明初期阶段夏商国家发展重心徘徊于中原腹地、日益强盛的陵师为王权开疆拓土而东征西讨之际,尽管舟楫之用也早已纳入军阵行伍之中,司职于水上军事运送行动甚至因其功能独特而获王权重视由来已久,商王武丁就曾遣属乘船追捕逃亡海上的奴隶,周武王终结商纣王朝牧野之战的关键便是"总尔众庶,与尔舟楫"的"苍兕"①率领旗下舟船47艘于六天之内将武王的庞大军队渡运过黄河,但春秋战国之前军中的舟楫多为战事之需临时征用而已,并非军队的常备工具,更遑论具有独立建制的国家力量。只是到了春秋时期,尤其春秋中后期中原弭兵争霸战争转向河网如织、江河密布的东南及沿海地区,江河湖海业已卷入战火覆盖范围。为制霸东南及沿海、决胜江河湖海,齐、楚、吴、越等实质独立的诸侯国家纷纷建造与装备作战船只,征调与训练兵士组建水面战斗部队,自此作为中国上古国家水上军事力量的舟师开始登上历史舞台,耀眼军事史册。《左传·襄公二十四年》有载,这年(公元前549年)夏天"楚子为舟师以伐吴,不为军政,无功而还"②。再以元代马端临考证(公元前560年)"暨共王卒,继侵楚。明年,败楚于皋舟之隘。是吴利在舟师,楚惧无以敌吴。后十年,康王以舟师以略吴疆"(《文献通考·兵考一》卷149)为据,自此中国古代建立起规模与能力皆可观的正规国家水上武装力量,距今已近2600年。中国上古舟师的军事行动与华夏文明整体向东向海的发展趋向高度一致,最初战斗展开于内陆江河之中,其后方蔓延至海洋之上,《左传·哀公十年》载"徐承帅舟师,将自海入齐,齐人败之,吴师乃还"③,便是中国上古海军的首次海上军事即战争行动。春秋战国时期随着水面战争频度、强度的不断升级,舟师作战技能与武器装备日益发展,舟师建制相应扩展壮大,舟师群体亦随之逐渐扩张。由于"同舟涉海,中流遇风,救患若一,所忧同也"④的职业行为特定性及其从业条件的技术性,舟师群体作为基于海洋而形成的较为稳定的特殊利益关系人群,自其产生之日起便是以较为强烈的同质性行为集合体面貌以及整体技能型状态呈现在社会视野之中,并因与其他海洋性群体保持有天然亲缘性与耦合力而在总体社会层面尤其海洋社会凸显出强大的影响力。同时舟师群体往往与海盗社群留存有出入通联的管道,与海商群体也能保持正态的流动连接。并且上古舟师群体还往往因为代表当时社会海洋技术乃至国家海洋实力的最高水平、凭借对毗邻海域的娴熟

① 司马迁.史记全本新注:第三册[M].张大可,注释.武汉:华中科技大学出版社,2020:898.
② 郭丹,程小青,李彬源,译注.左传:中册[M].北京:中华书局,2012:1333.
③ 郭丹,程小青,李彬源,译注.左传:下册[M].北京:中华书局,2012:2293.
④ 欧阳询.宋本艺文类聚:下册[M].上海:上海古籍出版社,2013:1845.

把握以及基于职业能力的强大自信,常常充当着连通海外的基础桥梁。

另外,海盗社群也是海洋社会的较为古老的构成部分。作为基于海洋而产生的较为稳定的海洋利益关系群体,海盗社群与海洋社会一样古老,海盗的历史同步于人们海洋活动以及舟楫制作与航海技术的发展。由于常常有着与其他海洋社群相互对立直至冲突的利益关系以及较为独特的交往行为,在中国主流文化语境里海盗社群往往被视为与主流海洋社会并不相融的特殊构成群体。但海盗社群毕竟是人类历史中客观存在的社会现象与社会组织,并在其形成与发展的各个阶段,不仅不可避免地会对国内社会海洋政治文化、海洋经济生产尤其海洋军事技术等领域产生重大影响,而且在对外货物懋迁、族群跨海流动以及人文文化交际方面也有存不容低估的历史价值。中国作为海洋历史、文化皆丰厚久远的海陆复合型东方大国,背靠大陆、面向大海的优越自然地理区位,绵延漫长的海岸线与平静优良的海港,星罗棋布的近海岛屿,积淀深厚的造船能力与航海技术,四通八达的海上航线,再加上大陆农业文明的博大精深、绚烂辉煌,不仅为中国上古沿岸及岛屿等固定性海洋社群提供了海洋活动的自然地理环境与物质文化基础,而且也为舟师、海盗以及海商等流动性海洋群体的海洋行为提供了广阔壮丽的历史舞台。尽管学者认为中国古代海盗正式登上历史舞台始于东汉末年①,但在先秦时期阶级社会、国家文明背景之下东南沿海逃亡出海、啸聚海岛、时常出没近岸与海上反抗暴政、劫掠财物的东夷族众、百越渔人及其海上活动,已经具有"海盗行为的性质"②,崔鸿《北凉录》有言及春秋时期孔子率领一众弟子七十二人渡海时救起落水鲁人并"使归告鲁侯筑城以备寇"③。此际之寇为海上之寇即海盗。④ 战国时期,沿岸及海上战火蔓延,家园破碎、生计艰难的渔民以及兵败溃散、去路无多的军士等散乱于东南海上、流落荒岛孤屿,结伙成伍常以掠劫过往与沿岸财货为生,此即中国古代早期海盗社群的雏形。

至于先秦社会流动性海洋社群的海商群体,因为直接史料证据的不足,尚不能明确其具体样态。但基于零星的材料、先秦文献中出现的有关出自深海的物产以及遗迹考古发掘发现远离中国的热带海品,尤其作为交换媒介的货币(海贝),从中原社会较大范围流动的情形来看,中国上古海外懋迁以及海商群体的存在并非臆想。在中原华夏文明执着向东向海发展的漫长历程中,从史前内陆遗址出土

---

① 上海中国航海博物馆.新编中国海盗史[M].北京:中国大百科全书出版社,2014:15.
② 上海中国航海博物馆.新编中国海盗史[M].北京:中国大百科全书出版社,2014:14-15.
③ 崔鸿.十六国春秋辑补:下册[M].汤球,辑补;聂溦萌,罗新,华喆,点校.北京:中华书局,2020:1073.
④ 上海中国航海博物馆.新编中国海盗史[M].北京:中国大百科全书出版社,2014:39.

海洋饰品、夏商时期留存在中原海洋贡物里出现来自台湾与南海的红螺、绶贝①以及西周成王时期"越裳献雉,倭人畅贡"②的记载所折射出来的信息分析,早在夏商西周时期,祖国东南沿海船民就已经开始与海外地区航海贸易③,海商社群已然出现。春秋战国时期,更为繁荣的列国商业经济、日渐发达的冶铁技术支撑的造船行业以及更加高超的航海技术、南北沿海航线的贯通、直航日本海路的开辟,皆为海商社群的发育发展创造了更加优越丰厚的环境基础。春秋战国时期楚王的"黄金、珠玑、犀象出于楚,寡人无求于晋国"④的豪迈之言以及南方越人在此际已将珠江口的番禺经营为"珠玑、犀、玳瑁、果、布之凑"⑤的货物贸易集散都会,以致秦始皇嬴政一统天下之后,因"利越之犀角、象齿、翡翠、珠玑"⑥(贪图越地的犀牛角、象牙、翡翠和珍珠),而派遣国尉屠睢率兵五十万征伐南方越地。犀角、象齿、翡翠、珠玑皆是当时之世海外传统奢侈商品,能集散于番禺,由是当知南方沿海航海贸易的盛景空前,推测内外海商群体的规模盛况。

二、先秦海洋社会的基本构造

先秦时代是中国上古文明社会发展的起步阶段,也是华夏国家文明的筑基时期,作为中国上古文明社会的组成部分,先秦海洋社会自然也是刚刚迈出文明发展的脚步。无论是在社会组织的结构构造、社会生产的技术构成,还是社会品相的文化构建等方面,先秦海洋社会的文明步履都显得颇为踟蹰踯躅。然而先秦海洋社会毕竟是中国海洋文明发育发展的初始阶段,其所勾画的发展方向、演进版式尤其构造的内在品相在文化文明发展演化路径依赖的语境里,对其后世的继续演进关系重大甚至直接决定着后世文明发展的品质高度与价值权重。因此,潜心梳理先秦海洋社会的基本构造,倾力探查先秦海洋社会的技术支撑,仔细咀嚼先秦海洋文明的内在品相,在华夏历史文化整体建构中明确其发展价值,从上古国家政治文明进化序列里找寻其成就动机,于物质生产能力基础支撑层面探查其成长机理,对于精确把握中国古代海洋文明全景总貌是非常必要的功课。立基完整回顾先秦海洋社会的全貌,我们当从组织结构构造、生产技术构成以及精神文化结构等层面对先秦海洋社会的基本构造予以分解探析,以期透过缕析先秦海洋社

---

① 曲金良.中国海洋文化史长编[M].典藏版.青岛:中国海洋大学出版社,2017:37.
② 黄晖.论衡校释:下册[M].北京:中华书局,2018:726.
③ 孙光圻.中国古代航海史[M].北京:海洋出版社,2005:57.
④ 缪文远,缪伟,罗永莲,译注.战国策:上册[M].北京:中华书局,2012:444.
⑤ 司马迁.史记全本新注:第五册[M].张大可,注释.武汉:华中科技大学出版社,2020:2218.
⑥ 陈广忠,译注.淮南子:上册[M].北京:中华书局,2012:1090.

会主体特质了解先秦海洋政治思想萌芽生长的基础环境进而准确掌握中国古代海洋政治思想理论演进的逻辑路径与实践贯穿，深刻理解中国近代海洋政治理论与实践根本落伍的历史根由以及透彻把握中国当代海洋政治奋进崛起、海洋强国建设如火如荼的厚重深沉之文化积淀。

（一）先秦海洋社会的组织结构

对于先秦海洋社会组织结构的构造，从发生意义的视角看不外由沿岸及岛屿社群、舟师社群、海盗社群以及海商社群所构成的有机整体。其中，沿岸渔民社会是海洋社会的基础与主体构成部分，是海洋社会性质与状态基本面的主导者与肯定者。作为海洋社会基础与主体构成部分，沿岸渔民社会不仅是海洋社会的基本历史起点以及海洋社会与陆域社会联结的主体，而且是其他海洋社群尤其是诸如海盗、海商流动性海洋社群物质生产生活技术发展的基础支持原点及其政治文物制度文化安排的主要参酌原版。无论在面积数量规模的拓展前景、人群成分构成的变动布局，以及在国家政治统治体系中影响力权重的持续抟铸等方面，沿岸海洋社会因具有极大的纵横捭阖空间进而影响整体社会国家实力甚至国家存在从而从未脱离国家政治视野，同时沿岸海洋社会作为海外社会以及海外力量西来陆域的最初驻泊点及其中央王权安全的缓冲地带而多受王朝的政治关注，再加上沿岸海洋社会在经济财赋价值上所具有其他海洋社会无法拥有与不可取代的独特性质，沿岸海洋社会在整体海洋社会中的核心地位与主导价值因此无可匹敌。倘若立基王朝政治控制与王权政治传导效能的专有视角，应该更能证实与明确沿岸渔民社会对整体海洋社会性状基本面的主导与决定意义。在"普天之下，莫非王土；率土之滨，莫非王臣"①的政治理念之下，国家王权威仪对其域内无隙覆盖的恣意追求，自然不会给予本就作为陆域社会组成部分的沿岸社会游离王权政治任何理由，中央王朝也总是在国力极限范围之内通过物质技术与社会力量倾力延展国家权力控制边界，进入文明时代中国上古中原华夏王朝由夏及周凭借优越的金属冶炼技术并裹挟西高东低、居高临下的地理优势而执着于向东向海的文明拓展，伴随一次又一次政治权力的东征东进、国家文物治体一浪高过一浪的东渐东及，华夏国家"尽东其亩"②的政治改造最终如愿"东临碣石"延及沧海。由始至终沿岸海洋社会都置身于陆域政治文化疾风暴雨的整体之中、中原国家文明风云雷电的全景之下，殷商时代东夷海岱文明西向华夏文化的整体融入、西周时期周王

①　王秀梅，译注.诗经：下册[M].北京：中华书局，2015：488.
②　郭丹，程小青，李彬源，译注.左传：中册[M].北京：中华书局，2012：883.

朝直面东南沿海社会文化的彻底封建改造乃至春秋战国沿岸区域事实上政治独立的海洋国家出现,沿岸海洋社会总是界定为东经大海的岸基、东向外海的腹地、东迎海外的前哨以及西进中原的后援。一句话,每个历史时期中国沿岸海洋社会性质特征就是该时代中国整体海洋社会性质主体特性的重要主宰与基本主导。

而对于同属固定海洋社群一部分的岛屿社群而言,在一般意义上则是沿岸海洋社会在生产技术与海洋利用能力不断发展基础上向着海洋增溢而出的组织群体,首因临近海岸的地缘构造与社会结构特点,继而始终与沿岸海洋社会保持着人员以及物质技术与政治文化的最为密切的交流与联结,使其内在结构形态与运作方式于总体层面延续沿岸渔民社群的组织机理与成长机制。然而岛屿社群毕竟相对远离大陆并常常与外海有着渠道连通,进而成长为海岸社会直至陆域文化与海外社会乃至异域文明交汇、交接的中间地带。作为不同海洋性生活方式与异质物质技术文化的重要连接点,岛屿原驻文化腹地狭窄、辗转腾挪能力不足而致使本土感染力与抗拒力有限,被侵吞蚕食的惨状时有发生,再加上海洋性生活方式与生产技术文化的总体同质性远远超越于大陆农耕文化与游牧文化之间的差异性,岛屿社群往往被选择为外来文化的首要锚点进而成为向沿岸社会延伸的跳板,继而成为外来物质技术与生活方式向沿岸社会传导的前沿存在甚至前沿部署。正是岛屿海洋社会所具有的游离大陆、隔海相望的地缘结构特性,使其在深受沿岸海洋社会物质技术和政治文化影响与制约的同时,也常常持有对社会政治文化等的疏离进而成就自身相对独立的历史文化演进逻辑。尤其作为沿海社会与海外世界的中间地带,面临抉择困境的经常性压迫,岛屿社群对外来物质技术与生活方式乃至政治文化总体呈现的开放心态与包容情怀,在不断地打破旧有文物体制与建构崭新社会的艰难历史进程中,海洋社会整体性创新活力得以充分激发与释放。一方面对外来异质世界的器物文化与生产生活基于足够好奇而果敢采纳及大胆尝试,另一方面又对沿海社会制度文物因有根源联系而保有特殊眷念并苦苦持守。因此,处在不同文化板块相互剧烈碰撞带上,作为整体海洋社会有机构成部分,岛屿社群在沟通融通海岸经济生产与社会生活、辐射文物治体与政治文化价值等方面因有着与沿岸海洋社会错位互补的特性、承载着特有的政治功能而成为海洋社会整体结构稳定及变换发展的基本风向标。纵观先秦岛屿社群发展流变的历程,无论是处于最初海上航线的临时停靠点,还是成长为相对固定的补给集散与短期滞留所直至固定的交易集市与族群聚落,也不管是单纯的生产生活支撑点,还是族群的存在发展庇护所直至成长为影响社会政治稳定的力量源,伴随着中国上古社会整体物质生产能力的不断提升、工具能力的快速发展、手工制造的持续进步,在国家政治权力影响与改造力充分注入总体海洋社会前提下,岛屿社群及其政治经济乃至文化职能获得越来越广大的施展空间,尤其在春秋战国这个海洋政治快速而野蛮生长的时代,岛屿海洋社会已然摆脱沿岸渔村社会向海洋延伸触角的尴尬身份而一跃发展为功能特异、相对独立的社会单元,在跃身大陆社会政治力量投送外海最前沿的地缘政治构造前提下,赫然成为大陆国家连通海洋流动社会的崭新关节点。

　　舟师社群作为海洋社会的物理流动组织构成部分,因结构根由与组成成分较为特殊,其社会政治稳定性最为突出。基于国家重要暴力工具的社会政治定位,舟师一经举办往往以国家政治权力与国库资源作为强力支撑,其武备装配水平往往与其政治价值目标直接紧密契合。在春秋战国争霸逐鹿时代丛林法则的主题背景之下,诸侯军事的实力意味着国家生存的概率,东南沿海诸国由此倾尽全力发展壮大舟师水军。舟师不仅是国家海洋实力的集中展现、社会海洋技术的最高成就,更是海洋社会整体发展的基本政治风向标、海洋社会物质技术总体进步的核心推进器。国家舟师的存在不光影响着海商社群的存在状态与内涵走向,更重要的是作为海盗社群的天敌,舟师的存续态势无疑还是海盗社群及其活动范围的基本规定。因此,在海洋社会总体组织构成中,舟师社群作为一种政治性技术存在,基于其特有的粘连效用与渗透能力,在铆合沿岸海洋社会与岛屿社群、沟通海商群体与海外社会甚至粘连海盗社群于海洋社会整体组织等方面,存有天然优势而成为海洋社会组织结构中的不可或缺功能区。相对舟师社会而言,同样是海洋流动性组织的海盗社群与海商社群不论是物理流动性还是政治流动性都确实极为突出。海盗社群的流动性源自其政治利益与经济利益不仅与政治国家相左,而且其劫掠性本性存在亦使沿岸及岛屿社群乃至海商社群倍感威胁而颇为憎恶,在政治权力打击以及其他海洋社会组织生存排挤之下,海盗社群回以经常性流动以赢取存在机会与成长空间。作为私有观念、人类海洋活动以及航海技术的伴生物,在财产私有尚在以及政治权力间隙存在、海洋公共空间留存的前提之下,海盗及其海盗社群就会执着跻身世界海洋社会。同时作为海洋社会的"牛虻"性组织存在,海盗社群不断地刺激着海洋社会的组织结构、物质技术以及海洋掌控能力的发展前行,这种客观性社会历史文化意义也为海盗社群在海洋社会整体组织构造中获取了更多的存在支持理由。而海商社群因经济利益与主流政治和海洋社会颇为一致而其总体流动性则集中于政治流动性一侧,在农业文明整体重本而轻末的政治文化氛围之中,国家政治利益对末的时常挤压是海商社群向内回归以及向外流离流动性姿态最深沉的主体根由,但只要海洋社会保有商品物资流动的需求、互通有无的需要,海商社群就同样不会消失。

　　由此可见,先秦海洋社会由沿岸及岛屿社群、舟师社群与海盗社群、海商社群所建构的稳定性与流动性对立统一的组织结构构造中,无论政治利益或者经济利益皆总体保持同质稳定的沿岸及岛屿社群与舟师社群不仅结构规模占比极大而且发展前景清晰明确,因此是先秦海洋社会的主导性构造、海洋社会基本面的决定性因素,它们的组织构造性状与器物形态水准尤其精神文化状态直接构成先秦海洋社会的基本面,成为中国上古海洋文化的基础母版。而海盗社群以及海商社群主要因政治利益与政治国家及主流社会主体利益时常对立,面临不断挤压而不断流动,故而往往被迫游走于社会海洋世界边缘,但因其特有的组织社群沟通作用与文物器用输送功能,仍不失为中国先秦海洋社会基本构造的有机组成部分与基本面的重要影响因素,故而要把握先秦海洋社会全貌就不应忽视这些流动性特殊海洋社群的客观实在。当然,在系统论视域中,必须基于整体构造来把握部分的方法论立场,才是完整准确把握海盗社群组织结构价值乃至历史文化意义的不二法门。

（二）先秦海洋社会的技术结构

关于先秦海洋社会的基本构造,我们还可以从社会物质技术及其性状形态的角度来观察。马克思在观察人类社会及其发展规律的时候,基于历史唯物主义的理论视角就曾明确指出:"生产以及随生产而来的产品交换是一切社会制度的基础。在每个历史地出现的社会中,产品分配以及和它相伴随的社会之划分为阶级或等级,是由生产什么、怎样生产以及怎样交换产品来决定的。"[①]先秦海洋社会产生、存续及其与大陆社会的区界,即在于生产的过程与状态以及交换方式及其内涵结构的根本差异。以海为田、耕海牧洋,朝拨晨曦踏浪去,晚载满舱渔获归,这就是海洋社会基本的生产过程及其基础效果样态。因船而生,依船而在,以船而兴,海洋社会其实就是船与海的世界,海洋社会的历史文化本质上即为舟船与航行文化历史的演化,归根结底是人与海的相互抗争,是人向海求生存与发展、在人海关系史上谱写和谐华丽的文明篇章。因此,舟船的形态品相,即社会的状态境界,海洋社会的历史实质说到底就是海船及其海上航行技术的进化史以及因造船航海而深入海洋由此拓展海洋物资认知及海洋资源开发利用的历史。

1.先秦海洋社会的舟船技术

作为一个"水性"的民族,中华民族大家庭中的多数组成分子自远古以来皆与水(海)有着不解之缘,甚至不少支系皆因水而生、以水而兴。远古时期,祖国先民

---

① 中共中央马克思恩格斯列宁斯大林著作编译局.马克思恩格斯文集:第三卷[M].北京:人民出版社,2009:547.

便已有"木在水上乘风而行"的体察认知,有"利涉大川,乘木有功也"①的感慨领悟,有"见窾木浮而知为舟"②的思索考较,继而已能"刳木为舟,剡木为楫,舟楫之利,以济不通"③。作为中华民族主体的炎黄华夏族属更是崛起于与洪水抗争的伟大斗争之中,大禹积以治水伟业而跃尊万千部族之首并由之奠定华夏国家文明的深厚根基,引领开创上古社会民族文明风气之先河,依史籍的记载,少昊帝之母"娥皇泛于海上,以桂枝为表,结薰茅为旌,刻玉为鸠,置于表端,言鸠知四时之候"④,而禹帝治水之际便已"陆行乘车,水行乘船"⑤。在中国文明多元一体、中原核心的起源与发展结构之中,海岱文化区域的东南沿海东夷部族就是凭借简陋的渡航器具与非凡的勇气出没在远古的风浪里、辗转于史前岸海间。河姆渡出土的距今7000年做工颇为精细之木桨、萧山跨湖桥出土的距今约8000年的独木舟与系列体量各异的有段石锛,以及沿海各地甚至少数近岸岛屿考古发掘的史前各时代的舟形陶器以及大量人类涉海的生活遗迹,充分说明不仅沿海社会海洋生活技术积累历史久远,而且先民们能利用日月星辰测定行船方向的航海技能往来近岸岛屿之间甚至出没在离岸较远的海洋里。⑥ 由此可见,独木舟及其不断地进化完善再加上日益累积的海上冒险经验、丰富的航海知识与航行技术,已经支撑起史前沿岸及岛屿海洋社会生产的总体框架、构建起史前沿岸及岛屿海洋社会生活的基本轮廓。

及至夏启王朝开启中国上古社会国家文明时代,基于王朝政治权力对社会资源强大整合力所掌执的舟楫制造及操行技术,帝杼时王朝已然能够"东征于海"⑦,姒芒时王朝更是足够"命九夷,东狩于海,获大鱼"⑧。无论是向东征伐至海还是王命海洋族属兴师动众入海狩渔,规模化的海洋行为倘若没有相应器械设备与操行能力支持还不足以留诸史籍。而据《尚书·禹贡》所载,扬州贡物"沿于江、海,达于淮、泗"⑨即顺江渡海逆河而上方至王邑,足见夏时舟船制造与航行技术已然飞速发展以至前所未有。经由夏王朝舟船制造技术与航行能力的深沉积淀,及至殷商时代,根据客观实体特征写实描绘性质的象形甲骨文"舟"及其相关

---

① 杨天才,张善文,译注.周易[M].北京:中华书局,2011:510.
② 陈广忠,译注.淮南子:下册[M].北京:中华书局,2012:942.
③ 杨天才,张善文,译注.周易[M].北京:中华书局,2011:610.
④ 王兴芬,译注.拾遗记[M].北京:中华书局,2019:24.
⑤ 司马迁.史记全本新注:第一册[M].张大可,注释.武汉:华中科技大学出版社,2020:67.
⑥ 席龙飞.中国科学技术史·交通卷[M].北京:科学出版社,2004:12.
⑦ 范祥雍.古本竹书纪年辑校订补[M].上海:上海古籍出版社,2018:9.
⑧ 范祥雍.古本竹书纪年辑校订补[M].上海:上海古籍出版社,2018:10.
⑨ 王世舜,王翠叶,译注.尚书[M].北京:中华书局,2012:65.

文字所展现的社会物质生活情景生动状态,足以表明最迟在殷商王朝时期木板船技术已在中国出现①,而且殷人的造船技术已经足够支撑王朝沿江向东向海的政治扩张与军事征伐,商末周初的箕子朝鲜说明殷人的舟船能力与航海技术已经能够支撑起开辟出渤海近海海上交通的现实可能。

　　而西周一代,由于来自中原西部的周王朝一直重视舟船制造及使用技术与航行能力。周文王就已拥有浩荡的船队而且已能"造舟为梁"②即"比船为桥",连接固定多舟形成渡水桥梁。《诗经》里频繁出现材质各异的"杨舟""柏舟""松舟"以及用途有别的"舠"等各型舟船,都在宣示周王朝快速增进的舟船驾驶技术与空前强劲的制造能力。同时周王朝不但将舟船使用政治化即所谓"天子造舟,诸侯维舟,大夫方舟,士特舟,庶人乘泭"③,以舟船使用规格及其方式来区别社会人群层级,而且在官僚体系中特设职官"舟牧"或"苍兕"专司舟楫查验所谓"五覆五反"④以确保舟船安全适航。由于王朝对舟楫的极度专注,西周成王时才有"于越献舟"⑤载籍以示对此专注的认同首肯。其实,深究起来越人献贡之真正价值当不在舟,贡舟的建造技艺与献舟的航路开辟尤其献舟的航行技术以及对西周物质技术能力与舟船规制视野的拓展才是最大历史文化意义之所在。纵观西周一代,对西周海洋社会发展进化最具历史文化意义的历史事件应该还是齐太公"因其俗,简其礼,通商工之业,便鱼盐之利"⑥的治国之策而为齐国奠定向海而兴的发展路径。齐国能成为纵贯整个春秋战国的强力大国,根本原因就在于立基海洋社会政治权力改造的海洋资源充分开发利用技术,尤其是强大造船能力支持的海洋军事实力保障的综合性海洋技术体系。尽管文献典籍有关齐国造船的技术专史并不多见,但借助相关史籍记载我们还是可以知晓一二。齐景公游于海上六月而不归的传说,充分反映出海洋齐国强大的海船制造与操控能力;齐国打败南方强大对手吴国海军船队的简短文字,足以表示其作为北方老牌海洋霸主高超的武备水平与强劲的支持体系;境内沿海航线的全线贯通与完整掌控、涉海援燕的盟约以及终使歼灭吴国的越国复弃都城琅琊而浮海南下甚至强秦横扫五国之后方可倾力兵锋向齐等史例,无一不在折射彰显"海王之国"海洋物备技能尤其舟船制造能力的强盛乃至海洋文明的绚烂辉煌。事实上,对于战国时期舟船制造能力的急

---

① 席龙飞.中国科学技术史·交通卷[M].北京:科学出版社,2004:21-22.
② 王秀梅,译注.诗经:下册[M].北京:中华书局,2015:488.
③ 管锡华.尔雅[M].北京:中华书局,2014:466.
④ 胡平生,张萌,译注.礼记:上册[M].北京:中华书局,2017:306.
⑤ 欧阳询.宋本艺文类聚:下册[M].上海:上海古籍出版社,2013:1845.
⑥ 司马迁.史记全本新注:第三册[M].张大可,注释.武汉:华中科技大学出版社,2020:899.

速提升与空前发展,现代考古发现已有了充分的例证。1974年至1978年河北平山中山王墓葬船坑出土的战国游艇,不仅比例协调、横剖线均匀,而且流线型船体结构优美、水线流畅飘逸,尤其利用铁片绕扎并灌注铅液固封的船板拼联工艺,更是完整体现出战国时期冶铁技术、工具能力与舟船制造水平的崭新高度。① 更为重要的是,这些纹饰如此瑰丽的游船和这般高超的造船技艺,却是出自地处北陲的中山这样一个内陆千乘小国,由此足以观测齐、楚、吴、越等滨海大邦强国的舟船制造之鼎盛状况。总之,简略搜索先秦时代的史籍文献,透过诸如"柏舟""松舟""扁舟""轻舟""余皇""楼船""舫船""戈船""金船""大翼""中翼""小翼""突冒""飞云""苍隼",以及"舟牧""苍兕""木客""船宫"等这些表达特定船系、船型、船制等经济技术价值、社会政治意义及投射深层文物统治体系与社会关系结构的各色器物概念,呈现在我们面前的就是一幅经由舟船制造技术支撑的先秦海洋社会生产生活构造的全景图画。同时需要明确,我们观察先秦海洋社会技术构成状态及辉煌成就之时,不能小视春秋战国时期往返台湾海峡的越海航行、渡航日本的远洋探索新进展以及南海海外贸易盛况空前②,尤其是作为这些史实的基础支持系统之物质技术能力,即舟船制造技术及其不断进化我们更是不应该有半点的忽略。正是在这个意义上,我们说先秦海洋社会的历史实质就是舟船的历史,先秦海洋社会的基本结构也因此可以归结为舟船制造技术及其航行技术空间分布与时间流淌的系统框架。

2.先秦海洋社会的航海技术

正是由于先秦社会舟船制造能力的持续快速发展,舟楫之便在社会生产生活中效能价值不断彰显,借助于舟楫技术的不断进步,祖国先民的生产生活范围与内涵结构直至质量品格逐步扩展、逐渐进化与日益提升。经由史前简陋浮筏漂航即所谓"燧人氏以匏济水,伏羲氏始乘筏"的艰苦探求及其实践经验与惨痛教训的长久积淀,在生产生活"变乘桴以造舟楫"③的强烈愿望驱使下,熟练于石斧与用火之际的远古先民既可"刳木为舟,剡木为楫"④,又能凭借"舟楫之利,以济不通"⑤。远古采撷经济时代,族群的日渐扩大、生存的热切渴望、资源的相对稀缺驱使着祖国先民不断扩展生活的范围,冒险走向陌生的地理区域以探求生活的新资源、博取生存的新机会。借助基于鲜血甚至以生命为代价而不断改进的物备器

①　席龙飞.中国科学技术史·交通卷[M].北京:科学出版社,2004:30-33.
②　孙光圻.中国古代航海史[M].北京:海洋出版社,2005:77-82.
③　王兴芬,译注.拾遗记[M].北京:中华书局,2019:16.
④　杨天才,张善文,译注.周易[M].北京:中华书局,2011:610.
⑤　杨天才,张善文,译注.周易[M].北京:中华书局,2011:610.

具的极力支撑,先民们开始离开近岸浅滩逐步尝试着向较深与较阔的水面拓展推进。正是在这一点点开拓之中,祖国各族先民逐渐积累起对水域状况的认知以及由之而来的行进方位判定与操作方法掌控等专项技术与能力。由于对陆域强烈的安全依赖以及对大海一望无际的极度恐惧,沿海先民便以目光所及为限展开沿岸或者沿岸与邻近岛屿之间的海上航行活动。辽东半岛及其沿海岛屿、河姆渡及舟山群岛等新石器时代独木舟、船桨以及大型鱼类骨骼残骸的考古发现就清楚表明,距今六七千年中国沿海先民就已熟练驾驶制造精细的独木舟开始了较深近海水域的迁徙航行与海上捕捞活动。① 尽管蒙昧时代先民操纵舟筏已有小心翼翼的较远距离的沿岸航行,甚至亦有跨越半岛与横渡海峡的成功尝试,但是航行与操作极度有限的舟筏工具以及极其简单的陆标定位与相当粗浅的天文知识极大地限制了远古先民航海技术的增长速率与拓展空间。

进入文明时代,青铜文明的开启使得中国上古社会物质经济技术以及社会政治文化步入发展的快车道,帝启建立夏王朝致使华夏社会动辄以国家政治权力聚合社会物质技术资源、整合社会人群组织形成空前规模的社会大分工进而产生相对强大的社会生产能力和丰富的社会生产成果,一举奠定中国上古社会飞速发展的坚实基础。正如恩格斯所指出的:"当人的劳动生产率还非常低,除了必要生活资料只能提供很少的剩余的时候,生产力的提高、交往的扩大、国家和法的发展、艺术和科学的创立,都只有通过更大的分工才有可能。"②正是由于这种以国家政治权力为后盾的社会范围内的分工及协作,中国上古社会生产力得以长足进步;农业、畜牧业以及手工业的迅速发展、社会产品的相对有余,催生了商品交换与货币的产生与发展;较大规模、较远距离的懋迁有无及商品运送,终使水上运输成为时代的强烈需要。而"社会一旦有技术上的需要,这种需要就会比十所大学更能把科学推向前进"③。夏商时代海洋活动的不断增加、航海实践及海洋认知尤其木板船技术的出现,为航海技术的发展积淀了丰厚的感性经验与理性知识储备,累积起深厚的物资器备条件,奠定了坚实的操作技术基础。商周时期海洋社会的进一步发展,海洋活动无论类型还是范围都有着前所未有的拓展,尤其与南方越裳以及东方日本的海外远域交往的出现,使得航海技术的发展有了更为强劲的推动力。及至春秋战国时期海洋社会的成熟特别是独立海洋国家的产生,在争霸逐

① 孙光圻.中国古代航海史[M].北京:海洋出版社,2005:31-32.
② 中共中央马克思恩格斯列宁斯大林著作编译局.马克思恩格斯文集:第九卷[M].北京:人民出版社,2009:189.
③ 中共中央马克思恩格斯列宁斯大林著作编译局.马克思恩格斯文集:第十卷[M].北京:人民出版社,2009:668.

鹿的国家至高政治目标牵引下,东南沿海国家更深、更广地走向蓝色海洋的国家政治行为使得航海技术获得了前所未有的发展机会与支持平台。

作为极其强调实践性的应用技术与操弄能力,航海既是"人类应用一定的水上运载工具,从海洋的此岸运动到海洋的彼岸的过程"①,也是一门"引导船舶安全地从地球水面一地到另一地的艺术"②,更是人对船舶操驾能力与技巧的综合体系。从生存意义出发,效益是人类实践活动的基本追求。航海的基本效益就在于按预期尽快安全地实现航行目的。而按预期并尽快实现航行,需要适时定位船舶及航向以保持航线不至于迷失而使航程实现;安全更主要在于避碰即熟悉航道避免与海中礁石、浅滩碰撞搁浅以及与其他船舶和海岸异常接触而保障航行有效。在摆脱史前航海的蒙昧状态之后,经由长期"仰则观象于天,俯则观法于地"③的知识与技术积淀,进入文明社会的夏商西周时代,在海船定位与定向上不再是目光所及为限而是拓至以陆上目标来辅佐记忆航线,同时三代时期先民们已经能够利用太阳时辰方位与恒星观测来确定船只方位与航行方向,依据《周礼·夏官》"挈壶氏掌挈壶……皆以水火守之,分以日夜"④的记载,西周时代祖国先民很有可能已经使用水漏计时器具配合航行计时计程⑤。至于船只的操纵方面,驱动能力尽管有了极大提升,但在驱动方式类型上依然主要表现为传统的划桨、撑篙以及牵引,而且这一时期的甲骨文分析研究也有发现航向控制的舵桨问世之例证。此外,殷商时期先民们对水流影响航向也有了较为深刻的理解,透过反映该时期生产生活的典籍里所谓"泛舟"以及"牵舟"的记载,即可推出其时上古先民对顺流而下之简易与逆流而上之艰难的深刻理解与深入体悟。

春秋战国时期,作为先秦海洋社会的巅峰时代,由于成熟冶铁技术支持的制造工具能力极大增强,舟船制造水平与能力空前提高,加之沿海诸侯争逐政治的强烈军事需求,尤其海洋国家之间频发海战的直接刺激,大规模的海上军事行动以及长距离的海上力量投送不断出现,日渐推动着海洋能力与航海技术的成长成熟。认识的基础与来源在于实践。伴随造船技术的提升、船舶使用的扩展以及海上航行的频繁,中国上古先民对于海洋地理、海洋气象、海洋水文以及海上天文有了更为深刻的认知与思考,这使春秋战国时期的船舶定位导航能力与船舶操纵控制技术获得了更高层次的航海认识论基础。邹衍"大九州"说的流传以及《尚书·

---

① 孙光圻.中国古代航海史[M].北京:海洋出版社,2005:1.
② 席龙飞.中国科学技术史·交通卷[M].北京:科学出版社,2004:350.
③ 杨天才,张善文,译注.周易[M].北京:中华书局,2011:607.
④ 徐正英,常佩雨,译注.周礼:下册[M].北京:中华书局,2014:696.
⑤ 孙光圻.中国古代航海史[M].北京:海洋出版社,2005:62.

禹贡》《周礼·职方氏》等地理文典的现世，为上古先民航海行为提供了较为宏大而科学的江河入海、海外有海、海中有陆的新型海陆地理结构的观念体系，使其海路拓展延伸、航线框架开辟有了可资依托的现实平台。同时这一时期祖国先民对风的体认有着重大的突破，不仅《吕氏春秋》有了"风有八等"①划分的记载，而且《周礼·春官》的"十有二风"②经由阴阳五行学说干支、时令和方位的紧密结合与细致阐发，"风顺时而行，雨应风而下"③的季节变化规律已赫然呈现于时世。根据《诗经》记载的"北风其凉，雨雪其雱""北风其喈，雨雪其霏"④以及"习习谷风，维风及颓"⑤等诗文，可以看出这一时代先民已能通过观测气象与时令、天文以及各种气象之间的联系进行天气的预报判断。《周礼》中已有专司"掌十辉之法，以观妖祥，辨吉凶"，亦即观察多种天气现象预测吉凶妖祥的职官"眡祲"⑥，学者研究由此即有战国时期中国上古"已经开启海上风帆时代"⑦的重要推论。对于海洋水文，马桥文化的原始海塘表明早在史前时期祖先们就对海洋潮汐有了初步的认识并开始了筑堤防潮的水利工程。经由漫长岁月的海上航行实践与持续不竭的观察积淀，及至春秋战国时期先民们对于潮汐与潮流的体认更为深入明确并且已能熟练"就波逆流，乘危百里"⑧。在海洋天文方面，基于海洋经济的不断增长、海洋政治的快速发展，尤其海洋军事的急迫需要，春秋战国时期急剧增加的海洋行为对海上航行的质量与效益提出了更高的要求，在海洋水文知识不断增长的同时，天文学尤其海洋天文的运用也获得了巨大的发展推力及耀眼成就。《晋书·天文志》对此有过较为全面的描述与肯定："其诸侯之史，则鲁有梓慎，晋有卜偃，郑有裨灶，宋有子韦，齐有甘德，楚有唐昧，赵有尹皋，魏有石申夫，皆掌着天文，各论图验。其巫咸、甘、石之说，后代所宗。"⑨这一时期不仅用以度量日、月运动空间位置参照坐标的黄道、赤道二十八天区划分及二十八星宿体系皆已齐备，而且石申星表较为准确地测定了 121 颗恒星的赤道坐标值和黄道内外度以及二十八宿的距度和一些恒星的入宿度与去极度，这为航海天文定向与定位技术提供了较为科学的理论依据与操驾坐标。更为重要的是，这一时期上古先民对于北极星的

①　陆玖，译注.吕氏春秋：上册[M].北京：中华书局，2011：367.
②　徐正英，常佩雨，译注.周礼：上册[M].北京：中华书局，2014：559.
③　李昉，等.太平御览：第一册[M].北京：中华书局，1960：52.
④　王秀梅，译注.诗经：上册[M].北京：中华书局，2015：82-83.
⑤　王秀梅，译注.诗经：下册[M].北京：中华书局，2015：471.
⑥　徐正英，常佩雨，译注.周礼：上册[M].北京：中华书局，2014：526.
⑦　林华东.中国风帆探源[J].海交史研究，1986（2）：85-88，2.
⑧　李山，轩新丽，译注.管子：下册[M].北京：中华书局，2019：769.
⑨　许嘉璐.晋书：第一册[M].上海：汉语大词典出版社，2004：195.

观测和辨认已然相当精细并有较为科学明确的记载。《史记》有载"中宫天极星,其一明者,太一常居也"①以及"北斗七星,所谓旋、玑、玉衡以齐七政"②。北斗七星和正北极的精准辨别,无疑让海上导航变得更加准确。此外有研究表明,战国时期我国航海天文定位极有可能已经开始使用仪器测量天体高度。③ 由此可见,及至社会生产力飞速发展、科学技术日新月异、政治制度急剧变革的春秋战国时期,先秦海洋社会的海洋技术及海洋事业空前繁荣,不仅海洋国家国力强盛、舟船制造技术发达,而且立基其上的航海技术无论是在海船驱动方式能力还是操纵控制手段上均已远盛夏商及西周时代。桨楫的完善、船舵的创造、风帆的使用无时无刻不在驱使中国上古先民不断走向更为宽深的海域,精准的地文定位配之以确定的天文导航,加之对海洋水文、海洋气象的了然谙习,春秋战国时期的海洋先辈们在面对广袤无际——即便是陌生的海域也显得十分自信、从容与淡定。齐景公流连海上六月不思归并曾"欲观于转附、朝舞,遵海而南,至于琅琊"④、吴国大夫徐承率舟师自海入齐、范蠡乘舟浮海出齐而终不返、越王勾践戈船三百而迁都琅琊并起观台七里、周赧王三年"越王使公师隅来献舟三百,箭五百万及犀角、象齿"⑤等史记典载,完整地呈现出这条起自渤海沿胶东半岛成山头转而南下黄海胶州湾琅琊,继之南下江浙沿岸直至福建广东沿海的贯穿南北的漫长沿海航线的全景。再加上沿渤海经朝鲜进而连通日本的两条跨海航线,春秋战国时期中国上古海洋社会及其高超的航海技术的全景便跃然纸上。

3.先秦海洋社会的渔盐技术

在一般的意义上,海洋社会就是一个因海而生、以海而成、依海而兴、凭海而旺的人群综合利益共同体。因此先秦海洋社会的历史不仅可以通过梳理造船技术发展线索与航海技能增进历程来探看,也能够凭借缕析先秦社会海洋经济生产及生活方式演进路径来探查。因迎面向海的自然地理构造,中国社会自远古时代起都不曾与海洋有过天然隔阂,中华文化也在起源之初便与海洋有着亲密的关系。距今6000年之前,几次海陆剧烈变动、沧海桑田的洗礼使得海洋元素已然深深融进入远古祖国先民的生产生活直至思想行为的不同环节。山顶洞人用青眼鱼骨和海蚶壳串联而成的海洋饰品的出土,不仅表明大海没有远离他们目光所及

① 司马迁.史记全本新注:第二册[M].张大可,注释.武汉:华中科技大学出版社,2020:756.
② 司马迁.史记全本新注:第二册[M].张大可,注释.武汉:华中科技大学出版社,2020:757.
③ 孙光圻.中国古代航海史[M].北京:海洋出版社,2005:89.
④ 汤化,译注.晏子春秋[M].北京:中华书局,2015:240.
⑤ 王国维.今本竹书纪年疏证[M]//皇甫谧.帝王世纪·世本·逸周书·古本竹书纪年.济南:齐鲁书社,2010:130.

的生活范围,而且表明渔猎海洋生物资源已经是支持这些晚期智人步履蹒跚地迈
向文明的重要条件。前文已提及在辽东半岛及其沿海岛屿、河姆渡及舟山群岛等
史前遗址考古发现的新石器时代的独木舟、船桨、骨镞、陶网坠以及大型深水海鱼
骨骼残骸已充分展现距今六七千年中国沿海先民就已熟练驾驭精细的独木舟开
始了较深近海水域的海上捕捞等渔猎活动①,再加上沿南北海岸线展开的巨量史
前贝丘遗址所彰显的远古先民开发利用海洋蛋白资源的历史资料,以海为生是史
前祖国相当部分先民的重要生活方式。及至上古文明的前夜,从《禹贡》所反映的
九州来献盛况之中、临海五州的赋贡海产来看,禹帝时代的滨海各州先民或是"厥
贡盐绨,海物惟错"②,或是"蠙珠暨鱼"③,以海而成、依海而兴的海洋社会简洁渔
猎生活图景清奇而明晰。

　　随着新石器时代生产经济的逐渐发展,生产力水平的不断提升,工具能力的
日益进化,夏商时期先秦社会阔步迈入青铜文明时代。河南偃师二里头遗址出土
的铜镞、铜鱼钩等足以说明夏时先民们在渔猎活动中已经使用了铜制工具④,《古
本竹书纪年》有载夏时姒芒"命九夷,东狩于海,获大鱼"⑤,即众人以铜制的箭镞
射杀而猎获大型海鱼⑥。到了殷商时代,包括海洋渔业在内的渔业生产部门已经
是殷商社会经济的重要组成部分,鱼不仅是商人的重要食物品种,更是重要的祭
祀用品,安阳殷墟墓葬亦常见用鱼随葬,而且在这些出土的鱼骨中,尚有海水鲻鱼
的骨骸。有研究表明,殷商王朝已开始将海贝作为货币⑦,殷墟妇好墓出土的
7000多枚海贝货币经鉴定多产自中国台湾地区、海南省以及阿曼湾、南非果阿湾
而非大陆沿岸⑧。同时,学者基于大量甲骨卜辞与考古发掘实物分析研究,发现
商人对于网捕、钓、射等几种基本捕鱼方法也有了全然的掌握。尤其是网、钓、射、
筍这些海河通用的捕鱼技术手段以及沿海地区经由这些技术手段猎获的海鱼多
以贡品的形式向中原流动,使得殷商王朝的政治影响力与社会改造力及至沿海海
洋社会,中原社会也在经受着海洋社会生产生活方式因子的渐次渗入。殷商时期
对于海洋渔业有着特殊意义的事件应该是木板船的出现。由于解决了独木舟承
载空间狭小与抗击风浪能力孱弱的问题,木板船使沿海渔人获得了更为阔达的大

---

① 孙光圻.中国古代航海史[M].北京:海洋出版社,2005:31-32.
② 王世舜,王翠叶,译注.尚书[M].北京:中华书局,2012:61.
③ 王世舜,王翠叶,译注.尚书[M].北京:中华书局,2012:63.
④ 周自强.中国经济通史:先秦(上册)[M].北京:经济日报出版社,2007:108.
⑤ 范祥雍.古本竹书纪年辑校订补[M].上海:上海古籍出版社,2018:10.
⑥ 周自强.中国经济通史:先秦(上册)[M].2版.北京:经济日报出版社,2007:243.
⑦ 周自强.中国经济通史:先秦(上册)[M].2版.北京:经济日报出版社,2007:347.
⑧ 周自强.中国经济通史:先秦(上册)[M].2版.北京:经济日报出版社,2007:350.

海活动范围与渔获能量。荀子所言"东海则有紫、绤、鱼、盐焉,然而中国得而衣食之"①,足见商周以降东部的海产渔获已能够在当时中原普遍地懋迁交换。到了春秋战国时期,海洋渔船的广泛使用,使得这一时期的海洋捕捞有了长足的发展。《管子·禁藏》载有"渔人之入海,海深万仞,就波逆流,乘危百里,宿夜不出者"②,从渔人已能就波逆流百里、深入万仞深海且宿夜而不出的不免夸张之描述中,即可窥知其时沿海渔民的海洋捕捞船只的物具配备水平之好与捕捞能力之强,与商周时期已不可同日而语,无怪乎荀子有"山人足乎鱼"③之感慨。

先秦时期,对于海洋资源的开发利用,沿海社会从来都是渔盐之利并重。作为人类日常十分重要的生活必需品,食盐很早就进入人们的关注视线,影响族群生产生活。尽管其来源众多,但海水用盐是最为重要的渠道之一。在上古文献中,炎帝时期的宿沙氏(夙沙氏)已开始煮海为盐,因此被后世尊崇为盐宗。④《禹贡》载有海岱青州"厥贡盐绨,海物惟错"⑤,说明夏时及其之前山东海滨人工海盐已经出现。商代的山东地区已使用地下卤水制盐,不仅制盐设施完整,而且已出现专职人工制盐家族。特别是莱州湾南岸地区富含地下卤水,于是人们在近岸凿井汲取地下卤水,后经坑池储存蒸发提高盐度,以盐灶煮制食盐⑥,只是由于质量品相或数量偏少等因素在整个殷商时期并不为商人所关注⑦。西周时期,建蕃屏周,太公吕望封于营丘建立齐国,但"地潟卤,人民寡,于是太公劝其女功,极技巧",尤其"通鱼盐,则人物归之"⑧。渔盐的贩卖使人群与财物纷纷流归,齐国逐渐繁盛富庶,并为齐国称霸春秋战国造就坚实经济体系与社会结构基础。此时,海盐生产已经采用淋煎法工艺,以陶制盔形器为煮盐工具⑨,并且制盐家族聚宗而居、举族而工,世代皆为齐侯官匠。不过西周时代,海盐产量仍然颇为有限,特别是中原地区的东来海盐依旧被视为稀缺贡品。所谓物以稀为贵,按《周礼·盐人》记载的"祭祀共其苦盐、散盐。宾客共其形盐、散盐。王之膳羞共饴盐。后及世子亦如之"⑩,姬周王室也只是在庄严整肃的祭祀以及隆重热烈的宴会时才供

① 方勇,李波,译注.荀子[M].2版.北京:中华书局,2015:125.
② 李山,轩新丽,译注.管子:下册[M].北京:中华书局,2019:769.
③ 方勇,李波,译注.荀子[M].2版.北京:中华书局,2015:125.
④ 王明德.盐宗"宿沙氏"考[J].管子学刊,2013(2):57.
⑤ 王世舜,王翠叶,译注.尚书[M].北京:中华书局,2012:61.
⑥ 李大鸣.先秦时期盐业生产与贸易研究[D].长春:吉林大学,2015.
⑦ 曲金良.中国海洋文化史长编:上卷[M].典藏版.青岛:中国海洋大学出版社,2017:178.
⑧ 司马迁.史记全本新注:第五册[M].张大可,注释.武汉:华中科技大学出版社,2020:2209.
⑨ 李大鸣.先秦时期盐业生产与贸易研究[D].长春:吉林大学,2015.
⑩ 徐正英,常佩雨,译注.周礼:上册[M].北京:中华书局,2014:128.

给使用散盐也就是人工海盐,即便是君王以及后妃世子平常之时也只是食用天然
岩盐或池盐。当然亦有后世注解海盐品相较低即所谓"散盐则味微淡,用多而品
略贱"①的说辞,倘若将"味淡""用多"与献贡遥远相结合考量,姬周王室在海盐使
用上的谨慎完全可以理解。由此亦可以揣测,这一时期地处山东半岛朝贡中央王
朝的海盐数量,还相当有限。

　　春秋战国时期,铜铁冶炼技术的相对发达、金属工具能力的日渐提升,社会生
产力的普遍提高,使得这一时期滨海地区海洋盐业的发展步入上古时期的崭新阶
段,不仅海盐生产范围不断拓展,生产技术持续进步,海盐运销等商务活动十分活
跃,而且国家政治权力对盐业事务的倾注更是前所未有。就海盐生产空间范围而
言,不只是"齐有渠展之盐,燕有辽东之煮"②,而且江浙沿海吴楚等国亦在"东煮
海水以为盐"③。齐国在先后歼灭纪、谭、遂、莱、棠等诸侯国家,将整个山东半岛
及鲁北地区尽数纳入自己的版图之后,尽收各国海水煮盐生产资源,加之管仲倾
力推行"官山海"政策,在盐业生产上总体施行民产而官收以及盐业资源国家控制
与生产时间官府限制的政治管理政策,自此一举将海盐生产纳入国家规制。正是
在国家"有计划组织生产,由官府统一收购、统一定价、统一销售"④以及国家垄断
的盐外贸体制的强力支持下,海水煮盐成为齐国的支柱性产业,甚至被视为齐国
立国之本。同时齐国除在生产环节施以国家规制之外,对于无论本国出产抑或国
外输入的海盐的运送皆统制经营,这突出在经济上的独擅其利,进而在政治军事
等方面借以谋取竞争优势。这便是管仲献策、齐桓公限产统购,甚至"通齐国之鱼
盐于东莱,使关市几而不征"⑤的原因。囤积食盐,待价以沽,而后或"枲之梁、赵、
宋、卫、濮阳"⑥,或"修河、济之流,南输梁、赵、宋、卫、濮阳"⑦等,进而凭"守圉之
本,其用盐独重"⑧的战略资源调控赢取具有优势的政治地位。可以说,正是凭借
"通商工之业,便鱼盐之利"⑨,尤其独擅盐利,齐国迅速走上了富强之路,齐桓公
亦因此成了春秋五霸之首。然而,春秋末期齐国姜姓王室背离先王民制官营盐策

① 李大鸣.先秦时期盐业生产与贸易研究[D].长春:吉林大学,2015.
② 李山,轩新丽,译注.管子:下册[M].北京:中华书局,2019:1003.
③ 司马迁.史记全本新注:第五册[M].张大可,注释.武汉:华中科技大学出版社,2020:2068.
④ 曲金良.中国海洋文化史长编:上卷[M].典藏版.青岛:中国海洋大学出版社,2017:186.
⑤ 陈桐生,译注.国语[M].北京:中华书局,2013:268.
⑥ 李山,轩新丽,译注.管子:下册[M].北京:中华书局,2019:1040.
⑦ 李山,轩新丽,译注.管子:下册[M].北京:中华书局,2019:1003.
⑧ 李山,轩新丽,译注.管子:下册[M].北京:中华书局,2019:1003.
⑨ 司马迁.史记全本新注:第三册[M].张大可,注释.武汉:华中科技大学出版社,2020:899.

而实行官制官营政策,尽夺民利政策,"征敛无度"①。相反,陈氏(田氏)则是"以家量贷,而以公量收之"政策,即大量贷而小量收、让利于民,以致"公弃其民,而归于陈氏"②,最终陈氏(田氏)成功代齐。可以说在很大程度上是盐政决定了齐国政权由姜姓向田姓的转换,这也充分说明了海盐业对于齐国经济以及政治的重大支撑性价值。正是因为如此,战国时期的田齐政权十分重视海洋盐业,加之此际的齐国已经完全控制胶东半岛海岸线无尽的盐业资源以及使煮盐能力得到极大提高的鼓风设备,并配之以深厚的煮盐传统尤其是政令的统一,战国时期市场里的燕国与楚国的海盐、河东及西北的池盐,都无法与齐国的海盐相提并论。③

(三)先秦海洋社会的文化结构

对于先秦海洋社会的基本结构,我们还可以基于文化构成的视角略做观测与探讨。本质上,文化即为人化。简单而言,文化即指人与自然世界继而与人类社会的双向互动交流中表达与实现的以人的需要为核心的人之对象化与对象之人化的动态状况及其静态结果。社会的结构,实质就是社会精神文化结构状态。因而在社会精神文化层面,海洋社会不外乎是作为主体的人与被视为客体的海洋之间,在人们依海而生、以海而兴的交流互动中而展现与宣示的人之海洋化的动态状况以及海洋之人化的静态成果。因此,对于先秦海洋社会的文化层面结构,我们可以简单归结为:在长久的人与海洋交互中形成的关于海洋的初步认知,囿于物质、技术短缺而产生的对于超验海洋现象的无奈与恐惧的臆想性勾连活动方案及其对象化结果,以及旨在叙录交互对象、交互过程和交互结果的符号系统及其再现活动等几个部分。在概括性的精神文化意义上,先秦海洋社会的文化构造包括先秦社会海洋认知、海洋信仰以及海洋文学艺术所挬筑的文化共同体体系三方面。其中,先秦海洋社会的海洋认知是基础,它对于同时期的海洋信仰与海洋文学艺术有着基础构造规制性意义以及发展方向引导性价值。在基础的意涵上,海洋信仰不外乎是建立在海洋认知基础上并对海洋认知的坚信不疑及其身体力行的执着笃定心理状态,其在主体结构上一般表现为立基海洋认知信赖而产生的浓烈情感、坚定意志与执着行为完整而坚韧的统一。而所谓海洋文学艺术,实质上也就是对海洋认知的真实性叙录与形象化表现。同时在较为宽泛的意义上,海洋认知还是海洋社会组织构成基本品质与总体位相的内在构件,是海洋社会技术构

---

① 郭丹,程小青,李彬源,译注.左传:下册[M].北京:中华书局,2012:1897.
② 郭丹,程小青,李彬源,译注.左传:下册[M].北京:中华书局,2012:1597.
③ 曲金良.中国海洋文化史长编:上卷[M].典藏版.青岛:中国海洋大学出版社,2017:187.

成本质状态的真实表达。因而,明白海洋认知是打开先秦海洋社会文化构造系统,尤其是开启先秦社会海洋政治实践系统与海洋政治思想体系宝库的一把金钥匙。

1.先秦社会的海洋认知

在马克思主义理论视域中,人们的思想认识"在任何时候都只能是被意识到了的存在,而人们的存在就是他们的现实生活过程"①。依据辩证唯物主义认识论"从物到感觉思想"能动的革命的反映论路线,"我们的感觉、我们的意识只是外部世界的映象;不言而喻,没有被反映者,就不能有反映,但是被反映者是不依赖于反映者而存在的"②。毛泽东同志明确提出:"人的正确思想,只能从社会实践中来,只能从社会的生产斗争、阶级斗争和科学实验这三项实践中来。人们的社会存在,决定人们的思想。"③由此可知,先秦时期先民们对于海洋的认知,无论是对海洋的事物认知还是对海洋的哲学思考,都是来自或脱胎自他们的海洋生产与生活的真实场景与现实过程,都只能是他们的海洋生活与生产的实时反映与现实表达。总体而言,先秦时期海洋社会的先民们在依海求生存、以海谋发展,与海洋经年累月、漫长艰辛的反复双向互动交流中,不仅收获了诸如海洋风暴与海洋季风等海洋气象的众多感性材料,包括海洋潮汐以及海水盐度在内的海洋水文的不少粗浅认识成果,而且对于海洋地貌、海上航行方向的确定亦即海上地文定位以及初步天文导航,尤其是海陆循环等方面都有了较为深刻的感悟与思考。战国时期,邹衍创立的新型开放型海洋地球观便是这一时期海洋哲学思考的主要代表成就之一。事实上,先秦社会对于海洋的认知成果不仅体现在对海洋事物、海洋现象的客观地理与总体物理的大量直观感性记叙以及不少初步的理性思索结晶上,而且包含相当数量的较为深层的关于海洋思想价值的抽象理性思维结论。

就海洋事物与海洋现象的地理物象认知层面而言,先秦社会尤其是先秦海洋社会,先民们在长期走向海洋、走近海洋直至走入海洋的生产生活实践历程中,基于不同的生产价值的目标取向与满足各色的生活诉求的现实追逐,特别是限于早期工具水平低微、实践能力欠缺的无奈背景,经由与海洋及其各个领域和不同侧面实质而深入的具体交流、交际、交汇的苦难历程,由于生存的压迫和发展的企望而对于作为生产生活基础背景的海洋事物以及各种复杂的构成现象和变幻的感

① 中共中央马克思恩格斯列宁斯大林著作编译局.马克思恩格斯选集:第一卷[M].北京:人民出版社,1995:72.
② 中共中央马克思恩格斯列宁斯大林著作编译局.列宁全集:第十八卷[M].北京:人民出版社,2007:65.
③ 毛泽东.毛泽东文集:第八卷[M].北京:人民出版社,1999:320.

悟体认,甚至深层思索在时间持续流逝的同时不断地累积与增进,并在目的性海洋生产与海上生活实践中反复验证与不断修葺而逐渐形成较为科学的海洋气象、海洋水文、海洋地文与海洋天文以及众多海洋生物的初步而丰富的认知成果体系,作为海洋文明成就已细致载于汗牛充栋的历史典册之中。研读这些海洋社会丰硕的文化成果,因敬畏先民的海洋文明创见而追逐其步伐,本就是后世海洋文明承继者的责任与担当。

基于抗争海洋必然的压迫与获取海洋自由的渴望,中国沿海先民在长期的海洋实践中,经由反复观察海洋气象与海洋水文的综合联系与持续变化,适应海洋生产生活与社会政治的急切需要,早在夏商时期便开始而展开对于海洋天气预知进行控报的海洋占候活动。商代大量有关风雨、阴晴、霾雪、虹霞等天气状况的甲骨卜辞就是这种占候行为的基本记录,而到了西周时期,由于生产生活实践能力的提升、人们认知水平的增长,尤其是文明文化的长足进步,这种认知新成果在历史典籍里显得更为清晰完整。于是《诗经》里便有了多种多样的天气预报:"月离于毕,俾滂沱矣"[1]即月亮靠近天毕星,大雨滂沱汇成河;"朝隮于西,崇朝其雨"[2]即彩虹出现在西方,整早都是雨茫茫;"上天同云,雨雪雰雰"[3]即冬日的阴云密布天上,那雪花坠落纷纷扬扬;"零雨其蒙,鹳鸣于垤"[4]即小雨蒙蒙雾满天,白鹳丘上轻啼唤。正是这些或以星月位置变化,或就虹云方位色彩,或借禽鸟行为等预测风雨的诗文所反映的事物行为与风雨现象客观联系的气象认知成就,较为完整而清晰地展现了西周时代海洋社会气象认知能力的快速发展。到了春秋战国时期,先秦社会的海洋生产生活实践无论是广度还是深度皆远盛于夏商西周时期,伴随频繁而深入的与海洋的紧密联系,海洋先民们对于天气变化的规律有了更为准确的把握。对于"昼风久,夜风止"[5]"飘风不终朝,骤雨不终日"[6]等天气规律的认知已然广为流传,《汉书·艺文志》中的《海中日月彗虹杂占》(十八卷)[7]更加充分说明了先秦海洋气象认知能力获得了前所未有的提升,并为后世奠定了坚实的认知基础、开拓了进一步深入探索的清晰路径。同时,先秦时期先民对于海洋气象中作为灾害性天气的海洋风暴也有着初步的体认。《尚书》有载周成王二

---

① 王秀梅,译注.诗经:下册[M].北京:中华书局,2015:572.
② 王秀梅,译注.诗经:下册[M].北京:中华书局,2015:102.
③ 王秀梅,译注.诗经:下册[M].北京:中华书局,2015:506.
④ 王秀梅,译注.诗经:下册[M].北京:中华书局,2015:313.
⑤ 陈曦,译注.孙子兵法[M].北京:中华书局,2011:222.
⑥ 汤漳平,王朝华,译注.老子[M].北京:中华书局,2014:89.
⑦ 班固.汉书:第二册[M].颜师古,注.北京:中华书局,2012:1558.

年"秋,大熟,未获,天大雷电以风,禾尽偃,大木斯拔,邦人大恐……王出郊,天乃
雨,反风,禾则尽起"①,即时间是庄稼成熟但尚未收获的秋季,先是出现雷电与大
风而无雨,其后不仅下了雨而且风向也反转了。风向发生反转变化是风暴气旋的
重要特征。从"天大雷电以风"到"王出郊,天乃雨,反风"的风暴过程持续时间不
短,说明这并非一般的持续较短的锋面雷雨。季节、气旋特征、持续时间、强度大
等因素都在证实这是一场较强烈的雷雨台风。《古本竹书纪年》也有"秋,大雷电
以风"②的明确记载,进一步证实了周初这场大风暴的真实可信。由于处在欧亚
大陆东部且毗邻太平洋、热力季风发育充分的地理区位,加之深受南北推移行星
风系的影响,我国沿海地区季风特别发达。生活在季风区域以及季风气候中的中
国先民很早就对风、风向乃至季风有了清晰的认知。前文已论及不仅《吕氏春秋》
有了"八风"划分的记载,而且《周礼·春官》的"十有二风"经与阴阳五行学说干
支、时令和方位的紧密结合和细致阐发以及春秋战国持续的认知积累,晚至秦汉
之际先民已能十分明确掌握季风规律③,长距离的沿海航行以及成功开辟东渡日
本的海上航线就是先秦季风航海的杰出成就。

其时,中国古代先秦海洋社会还对海市蜃楼、海洋潮汐现象及其成因甚至海
洋异常自然现象都有着清晰记载与深入探讨。譬如《史记·天官书》就有"海旁蜃
气像楼台,广野气成宫阙然"④的记载。事实上《周礼》载有眡祲所掌"十辉之法"
之"十曰想"⑤,我国气象学者就认为这"是指'海市蜃楼'现象"⑥。《山海经·海
内北经》所言"大人之市在海中"的"市"也有人将其解释为海市蜃楼,"大人"有学
者解释为负责观察记载的王朝职官⑦。而对于海市蜃楼现象的成因,先秦社会也
有探究,其普遍的结论是由海中动物蛟蜃吐气而成的。虽然海市蜃楼成于蛟蜃之
气的说法有误,但和水汽相关的认识与其科学本质大体相符。⑧ 关于海洋水文尤
其海水出现周期性涨落的潮汐现象,先秦时期的探究已然十分丰富。《周易》坎卦
中"习坎有孚"的经文,有学者认为其所描写的就是潮汐现象⑨,并且在天、地、人

① 王世舜,王翠叶,译注.尚书[M].北京:中华书局,2012:164-165.
② 王国维.今本竹书纪年疏证[M]//皇甫谧.帝王世纪·世本·逸周书·古本竹书纪年.济
　　南:齐鲁书社,2010:83.
③ 曲金良.中国海洋文化史长编:上卷[M].典藏版.青岛:中国海洋大学出版社,2017:108.
④ 司马迁.史记全本新注:第二册[M].张大可,注释.武汉:华中科技大学出版社,2020:786.
⑤ 徐正英,常佩雨.周礼:上册[M]. 北京:中华书局,2014:526.
⑥ 王鹏飞.中国古代气象上的主要成就[J].南京气象学院学报,1978(1):141-151.
⑦ 曲金良.中国海洋文化史长编:上卷[M].典藏版.青岛:中国海洋大学出版社,2017:110.
⑧ 曲金良.中国海洋文化史长编:上卷[M].典藏版.青岛:中国海洋大学出版社,2017:110.
⑨ 曲金良.中国海洋文化史长编:上卷[M].典藏版.青岛:中国海洋大学出版社,2017:111.

紧密相连的天命自然观之下,对于潮汐与月球运动变化的关系在先秦社会先民的认知中已有非常清晰的脉络,成书于战国末期的《黄帝内经》中"人与天地相参也,与日月相应也,故月满则海水东盛……至其月郭空,则海水东盛"①的记载,便将这种相关相应的联系描述得异常清晰明确。关于海洋自然异常现象的材料虽然很少,却是先民关注大海现象重要的直接证据。《淮南子·天文训》里就有"鲸鱼死而彗星出……贲星坠而渤海决"②的记述,虽然该书成书于西汉,但其对鲸鱼死因的探究当然后于鲸鱼搁浅现象出现的时间,再结合殷墟出土鲸鱼遗骨的情况,这些充分说明先秦时期人们对于鲸鱼意外搁浅现象早有了观察与记忆。

至于对海洋地貌的认知,实则与对海洋水文和海洋天文的体认一样,本就是渔民与水手安身立命之根本、生存发展之本分,先秦时期海洋社会对此颇为关注。作为地文导航时代对景领航的基本参照目标体系,海洋地貌包括海上及大陆边缘海区地貌形态直至海底地貌,因其关系着甚至决定着航海效益实现尤其是航海安全保障而备受海洋社会重视。在反复勘测校验、持续实践核查之中,先秦海洋先民对于沿岸港湾、近岸岛屿以及浅海地貌获取了清晰明确的认知,甚至还对高深莫测的大洋深处展开了大胆猜测与无尽想象。在《庄子·秋水》中"天下之水,莫大于海,万川归之,不知何时止而不盈;尾闾泄之,不知何时已而不虚"③的文字里,"尾闾泄之"即海底的尾闾向海外排泄海水。所谓"尾闾",《文选·养生论》给出的解释是"水往海外出者也,一名沃焦,在东大海之中"④。而先秦时期海区与中原文明整体向东向海的发展紧密相连,再加上东夷海岱文化的整体汇融,东方的海洋一直不曾脱离先民的视线,虽然有着四海的确实划分与区别,但往往只以其生活所处的地理位置来命名指称。《左传》中的"表东海者,其大公乎"⑤、《孟子·尽心》中的"太公辟纣,居东海之滨"⑥以及《荀子·正论》中的"坎井之蛙不可与语东海之乐"⑦等记载中的"东海"皆泛指东方的大海。《左传·僖公四年》中楚王遣人出齐游说齐桓公时有"君处北海,寡人处南海,唯是风马牛不相及也"⑧之语以及《孟子》中载有"伯夷辟纣,居北海之滨"⑨,依然是在概指北边的海与南

① 姚春鹏.黄帝内经:下册[M].北京:中华书局,2010:1446.
② 陈广忠,译注.淮南子:上册[M].北京:中华书局,2012:107.
③ 方勇,译注.庄子[M].北京:中华书局,2015:259.
④ 阮毓崧.重订庄子集注:下册[M].刘韶军,点校.上海:上海古籍出版社,2018:452.
⑤ 郭丹,程小青,李彬源,译注.左传:中册[M].北京:中华书局,2012:1470.
⑥ 方勇,译注.孟子[M].北京:中华书局,2015:268.
⑦ 方勇,李波,译注.荀子[M].2版.北京:中华书局,2015:285.
⑧ 郭丹,程小青,李彬源,译注.左传:中册[M].北京:中华书局,2012:330.
⑨ 方勇,译注.孟子[M].北京:中华书局,2015:268.

边的海。先秦时期关于人类海洋地理概貌最值得称道的思想认知应该首选邹衍"大九州"的海洋开放型地球观猜想。在邹衍看来,"中国外如赤县神州者九,乃所谓九州也。于是有裨海环之,人民禽兽莫能相通者,如一区中者,乃为一州。如此者九,乃有大瀛海环其外,天地之际焉"①。作为自然哲学世系的标志性成就,邹衍的海洋地球观猜想不只是建立在先秦社会物质技术空前发展、社会海洋能力前所未有增强、社会海洋实践深度与广度极大拓展基础之上,还建立在春秋战国时期中国社会与朝鲜、日本及东南亚等海外社会不断拓展的交互连通进一步开阔世人的眼界基础之上,更是建立在"海王之国"齐国宣王专为邹衍等人"皆赐列第,为上大夫,不治而议论"②的政治支持以及由此而来的"是以齐稷下学士复盛,且数百千人"③不断浓厚的自由学术风气与学术氛围基础之上。正是这些坚实的物质技术基础与牢固的社会思想支撑,终究将邹衍的海洋地球观猜想推进到先秦海洋地理认知的崭新高度。

先秦社会对海洋认知颇值表彰的成就,还在于对海陆循环的探索与揭示。众所周知,商代甲骨文中多有涉及云、雨的象形记载,说明在殷商时期先民就已经知晓雨来自云。《诗经》中有"英英白云,露彼菅茅"④,以及名句"蒹葭苍苍,白露为霜"⑤都充分表明了西周之时霜露来自白云这种"水上轻清之气"已为世人所知悉。而"地气发,天不应曰雾,雾谓之晦"⑥即所谓云雾不外乎是地气升发而成,《管子·度地》中更是明确了"天气下,地气上,万物交通"⑦,《太平御览》有引《范子计然》"风为天气,雨为地气。风顺时而行,雨应风而下,命曰:天气下,地气上,阴阳交通,万物成矣"⑧。此时在阴阳交通、万物生成的进程里水分以雨气循环的状态已然清晰明确。《吕氏春秋》更是基于"精气一上一下,圜周复杂,无所稽留"⑨的原则明确宣示"云气西行,云云然,冬夏不辍;水泉东流,日夜不休。上不竭,下不满,小为大,重为轻,圜道也"⑩,将一幅恢宏的海陆水体循环完整图全然呈现在世人眼前。同时,这一时代不仅有着梓慎、卜偃、裨灶、子韦、甘德、唐昧、尹

① 司马迁.史记全本新注:第四册[M].张大可,注释.武汉:华中科技大学出版社,2020:1495.
② 司马迁.史记全本新注:第三册[M].张大可,注释.武汉:华中科技大学出版社,2020:1188.
③ 司马迁.史记全本新注:第三册[M].张大可,注释.武汉:华中科技大学出版社,2020:1188.
④ 王秀梅,译注.诗经:下册[M].北京:中华书局,2015:563.
⑤ 王秀梅,译注.诗经:下册[M].北京:中华书局,2015:253.
⑥ 管锡华.尔雅[M].北京:中华书局,2014:399.
⑦ 李山,轩新丽,译注.管子:下册[M].北京:中华书局,2019:793.
⑧ 李昉,等.太平御览:第一册[M].北京:中华书局,1960:53.
⑨ 陆玖,译注.吕氏春秋:上册[M].北京:中华书局,2011:89.
⑩ 陆玖,译注.吕氏春秋:上册[M].北京:中华书局,2011:90.

皋、石申夫等一大批杰出的天文研究名家,而且这一时期有体系齐全的以度量日、月运动空间位置为参照坐标的黄、赤道二十八天区划分以及二十八星宿精确命名,甚至是 121 颗恒星的赤道坐标值和黄道内外度以及二十八宿距度和一些恒星入宿度与去极度的准确测定,任何一项成就都堪称中国古代天文史伟大的里程碑。并且这一时期先民对于北极星的精细观测和科学记载,更是令现代人刮目相看。

此外,先秦社会关于海洋的认识成就还体现在对海洋生物及海洋资源的利用价值的初步探究之上。自辽东直至广东的漫长海岸线上的贝丘遗址中,堆积如山的海产贝壳以及其中夹杂的海鱼骨骸、鱼鳞和捕捞工具,不仅充分证实远古先民"作结绳而为网罟,以佃以渔"①的生存史实,而且雄辩地表明祖国先民在远古之时已有对海贝、海鱼及其食用价值的认知。进入上古文明时代之后,在物质生产技术飞速发展的支撑下,海洋实践能力得到快速提升、海洋实践广度与深度得到持续拓展。先秦社会对于海洋生物及海洋资源的利用价值的深入认知与重视利用也全速展开,尤其是在金属工具性能突飞猛进的春秋战国时期,争霸逐鹿、国破政亡的政治压力日见沉重,诸侯国家急切渴望国富兵强的强盛实力,以齐国为代表的海洋国家向海图强,凭借商工之便驱使渔人入"海深万仞""乘危百里",不仅对本国的渔盐之利倾力追求,而且"使关市几而不征"②,以致"因人之山海假之"③,即借助他国海洋生物等资源富国强兵。先秦时期先民对海洋生物资源的认知发展不仅体现在对日益增强的经济价值的重视上,而且对非经济意义的作用也在不断深化。对珍稀海洋生物及其审美价值的关注自然毋庸赘言,就是鱼类食用安全以及医用价值的考量也日渐受到重视,譬如《山海经·北山经》就载有滑鱼及鳡鱼"食之已疣"、何罗鱼"食之已痛"、鲭鱼"食之已狂"、鮆父鱼"食之已呕"、鳖鱼"食之不骚"、鳛鳛鱼"食之不痒"、人鱼"食之无痴疾"以及师鱼与鮨鮨鱼"食之杀人"④等效用揭示与警醒结论。除此之外,关于海洋生物的工具性价值与材料性作用的体认,先秦先民对此亦颇有建树,如殷商的海贝货币、西周时的"象弭鱼服"制作箭袋的鱼皮、春秋时"宋文公卒,始厚葬,用蜃炭"⑤作墓室的建修材料以及"楚人鲛革犀兕以为甲"⑥缝制军士服甲的鲛革等。只有认知达到准确深入才

---

① 杨天才,张善文,译注.周易[M].北京:中华书局,2011:607.
② 陈桐生,译注.国语[M].北京:中华书局,2013:268.
③ 李山,轩新丽,译注.管子:下册[M].北京:中华书局,2019:936.
④ 方韬,译注.山海经[M].北京:中华书局,2011:68-104.
⑤ 郭丹,程小青,李彬源,译注.左传:中册[M].北京:中华书局,2012:888.
⑥ 方勇,李波,译注.荀子[M].2 版.北京:中华书局,2015:242.

能有使用价值的多方实现,可见在先秦时期上古海洋社会对海洋认知发展的迅疾程度。正是如此,先秦时期甚至萌生了海洋生物资源保护思想的幼芽。春秋时期齐相管子所倡导的"江海虽广,池泽虽博,鱼鳖虽多,罔罟必有正,船网不可一财而成也"①,孔子所强调的"钓而不纲"②,《吕氏春秋》所提示的"竭泽而渔,岂不获得? 而明年无鱼"③以及荀子所肯定的"鼋鼍、鱼鳖、鳅鳝孕别之时,罔罟毒药不入泽,不夭其生,不绝其长……洿池、渊沼、川泽谨其时禁"④等,即已蕴含重视保护与合理节制利用海洋生物资源、人与自然和谐发展、生态平衡维护的自然哲学思想。当然,探讨先秦社会丰富的海洋生物认知成就,我们自然不能忽视先秦先民对于海洋动物诸如海洋哺乳动物、海洋鸟类、海洋鱼类以及海洋爬行动物、软体动物甚至海洋藻类等初步而丰富的认识结晶,只是考虑到本书的涵盖界限就此略过。

若从海洋思想价值等的抽象理性思维层面来看,从远古一路走来、接续不断地向东向海的历史进程,中国文明对于海洋的深沉情感经由东望、东渐、东及、东进直至东经的厚重生产生活实践的长久累积,及至春秋战国时期华夏文化的螺旋式生长结构之中已经牢牢嵌入了蓝色海洋文明异常活跃的基因因子。作为先秦社会海洋文明发展的顶峰时期,春秋战国时期由社会生产力水平的迅速发展而引发的社会生产关系直至社会上层建筑的剧烈变革,即诸侯国家之间为争夺发展资源与拓展生存空间而进行的争霸战争。什么样的社会就会产生什么样的社会意识,春秋战国时期社会经济政治的大动荡、大变革、大改组与大发展,必然引发社会思想认识的大爆发、大创造、大繁荣与大进步。基于从感性到理性、从具体到抽象、从丰富多样个性到稳定单调共性的人类思想认识发生发展规律,在物质技术水平逐渐提升、海洋实践范围持续拓展、海洋认知能力日益增强的现实背景之下,先秦社会的海洋认知尤其是海洋政治思想也在日渐丰富的感性材料、不断增进的文物制度、日益增长的主体参与中经历着由此及彼、由表及里、去粗取精、去伪存真的破茧成蝶的阵痛过程。虽然夏商西周时期先民对于海洋有过甚至不乏深沉的体认与思考,但更广泛、更集中而且更深入地对海洋及人海关系尤其是海洋资源价值以及海洋思想价值的认知与探究是春秋战国这个"百花齐放、百家争鸣"的时期圣哲辈出的轴心。春秋战国时期,主要来自沿海海洋社会或深受海洋社会影响的诸子百家对于海洋的普遍关注与深层思考,不仅丰富了其自身学派的思想学

①　李山,轩新丽,译注.管子:上册[M].北京:中华书局,2019:243.
②　杨伯峻.论语译注[M].典藏版.北京:中华书局,2015:108.
③　陆玖,译注.吕氏春秋:上册[M].北京:中华书局,2011:432.
④　方勇,李波,译注.荀子[M].2版.北京:中华书局,2015:128.

说体系,更重要的是使先秦社会海洋思想文化体系整体获得了更为阔达的理论视野、更为丰富的思维逻辑、更为厚重的内涵品相以及更为完整的体系结构。以儒、法、道等学派为代表的先秦思想显学基于各自的理性逻辑及价值体系构建与阐发的需要,对于海洋及其思想价值皆有着充分的观照以至各色海洋政治思想之理性由此滥觞。

在儒家仁爱思想的框架之下,于信义、忠恕的核心价值观的阐释之中,由于社会政治伦理体制创新构建的现实需要,儒家学者虽然无暇开展关于社会海洋资源及其思想价值的专题探究,但孔子及其学生主要出生与游历于深受海洋文化浸润的齐鲁大地,海洋社会及其海洋文化开放包容、宽广豁达和深沉厚重的理性自然而然地渗透于儒家仁爱思想之中。于是,在孔子、孟子、荀子等儒家学者的思想之中,海洋作为一种特殊的理性资源,成为连接他们政治伦理思想与现实社会实践的桥梁。从孔子的"道不行,乘桴浮于海"①,到孟子的"非挟太山以超北海"②,再到荀子的"假舟楫者,非能水也,而绝江河"③和"不积小流,无以成江海"④,儒家政治哲学将海洋与海洋社会的宽广厚重、深远辽阔、包容开放等特性直观地呈现于世人面前,并且将物理特性融到人际关系之中,以物象性状引导世人领悟、接纳伦常世界。自此,儒家学派便在自然主义基础上逐步完成了对于海洋及海洋社会从基本器物层面的感性认知到相关道统思维视域的理性价值判断的构造过程。

与儒家学派对待海洋及海洋社会一样,道家学说同样关注但不停留于人们的海洋感性物理物质性态。基于自身理性性灵世界体系构筑的辩证思维及价值目标,老庄对海洋物理性状的体认更偏向于对其表象特征的整饬与修葺,在"玄之又玄"的精微境界中,描摹出海与道之间的联系。在老子的视域里,"江海之所以能为百谷王者,以其善下之,故能为百谷王"⑤。江海之所以能成为百川之王,根本的缘由即它善于在势位上甘取其下并容纳众川,以外在浅显的具体表现接引内在的抽象理性本质,于是自在亦即自为,无为便是无不为。在关尹子的性灵世界里"一蜂至微,亦能游观乎天地;一虾至微,亦能放肆乎大海"⑥,在庄子的逻辑世界里"海不辞东流,大之至也",是以"知大备者,无求,无失,无弃,不以物易己也"⑦,

---

① 杨伯峻.论语译注[M].典藏版.北京:中华书局,2015:64.
② 方勇,译注.孟子[M].北京:中华书局,2015:12.
③ 方勇,李波,译注.荀子[M].2版.北京:中华书局,2015:3.
④ 方勇,李波,译注.荀子[M].2版.北京:中华书局,2015:5.
⑤ 汤漳平,王朝华,译注.老子[M].北京:中华书局,2014:259.
⑥ 张景,张松辉.黄帝四经·关尹子·尸子[M].北京:中华书局,2020:368.
⑦ 方勇,译注.庄子[M].北京:中华书局,2015:420.

是故"至人无己，神人无功，圣人无名"①。于是，在道家巨擘的道性建构与人性描画中，海洋的物理感性特质逐渐褪色、模糊，其个性特征支撑起了共性本相，道家的海洋哲学思考已然超越思维具体的层面，在契合天道自然的逻辑目标之下，将先秦社会的海洋具象认知与海洋抽象哲学思维推到了无以复加的地位。

与儒道两家学说大相径庭，法家的海洋思维更具现实主义和实用主义色彩。相对于儒家深耕个体内圣而外王和上行下效的漫长治理历程，以及道家致力于由外而内启动性灵的玄之又玄、无为而治之治政选择，在实时直面生存或者毁灭的争霸逐一、兵燹接天的春秋战国时期，富国强兵时代急迫的政治需求等不及儒家学说绵长舒缓的沉淀积累进程，也容不下道家清静自然无为的出世消极治方，需要的是法家建立在趋利避害、人性本恶基础之上的政治统治方案，及时回应时代的急迫呼唤与尽救君侯的燃眉之急。按照史者的说法，法家起源于夏商理官，《汉书》因而有"法家者流，盖出自理官"②之说。法家发迹于春秋，成熟于战国。作为齐法家的代表人物，管仲极力主张国家治理应"威不两错，政不二门。以法治国，则举错而已"③，同时管仲也十分清楚"刑罚不足以畏其意，杀戮不足以服其心"④，立国"四维"便在于礼义廉耻，倘若"四维不张，国乃灭亡"⑤。然而，民众只是"仓廪实，则知礼节；衣食足，则知荣辱"⑥。面对王权"何以为国"的急切追问，管子给出的是"唯官山海为可耳"⑦的明确答案，在齐太公"通商工之业，便鱼盐之利"⑧的基础国策之上进一步强调了"海王之国，谨正盐策"⑨，不仅本国海盐之利"百倍归于上，人无以避"，还应"因人之山海假之"⑩，进而凭借海盐流通操纵所谓的"正而积之"以影响甚至控制那些"尽馈食之"的依赖进口的诸侯国家。自此，在齐法家的认知里，海洋的资源价值已不只是经济领域的检视，还有争霸政治的视域里海洋及其资源更长远的战略价值与战术功用。战国时期，法家思想集大成者的韩非子也有过"历心于山海而国家富"⑪的深刻感慨。虽然两者的根本意涵

① 方勇,译注.庄子[M].北京:中华书局,2015:3.
② 班固.汉书:第二册[M].颜师古,注.北京:中华书局,2012:1539.
③ 李山,轩新丽,译注.管子:下册[M].北京:中华书局,2019:707.
④ 李山,轩新丽,译注.管子:上册[M].北京:中华书局,2019:6.
⑤ 李山,轩新丽,译注.管子:上册[M].北京:中华书局,2019:2.
⑥ 李山,轩新丽,译注.管子:上册[M].北京:中华书局,2019:2.
⑦ 李山,轩新丽,译注.管子:下册[M].北京:中华书局,2019:933.
⑧ 司马迁.史记全本新注:第三册[M].张大可,注释.武汉:华中科技大学出版社,2020:899.
⑨ 李山,轩新丽,译注.管子:下册[M].北京:中华书局,2019:934.
⑩ 李山,轩新丽,译注.管子:下册[M].北京:中华书局,2019:936.
⑪ 高华平,王齐州,张三夕,译注.韩非子[M].2版.北京:中华书局,2015:315.

有着巨大差异,但对于海洋的关注有着惊人的一致。可以说,齐法派对于海洋实用主义的观照,使其与儒道尤其是道家形而上的抽象思考区界明显、功效悬殊,它让海洋重新以社会存在的实在形态回归于人们的感性观照视域及理性思维界区。对海洋经济价值的深沉理性认知成为管子学派富国强兵政策的思想理论基础,也正是基于对海洋这样的物质资源及其社会经济价值以及国家政治意义的本真认知,使其建章施制精准且及时应和时代呼声。法家法教兼重的政治统治体制成功地避免了因无视生民生存诉求而粗暴建基发展需求的柔弱不足与消极错位,以其理性指向社会生存需要满足进而一跃成为春秋战国这个战乱时代的显学。虽然法家学派内部也存在分歧,但就总体而言,尤其是齐法家对于海洋及其社会经济价值与政治意义的唯物主义认知与社会历史意义的关注,是中国上古社会关于海洋价值真理性认知的最高成就。

2.先秦社会的海洋信仰

海洋大国 18000 多千米的海岸线逶迤绵长,超过 6500 座的岛屿缀满近海,平坦宽阔的大陆架,富庶丰饶、得天独厚的自然地理禀赋,不仅为先民亲近海洋继而走进海洋、拓展海洋生产经济、聚结海洋基础社会、开创海洋思想文化奠定了坚实的自然地缘基础,而且广袤无垠的海洋在充实海洋社会多种多样物质生活的同时,也丰富了海洋族群多姿多彩的心灵世界。自远古直面大海以来,在海洋时而温婉平静、时而狂暴的莫名神秘中,一代又一代的中国沿海先民执着而毅然地走向大海,不断创造出种系各异、精彩绝伦的观念外化之物,继而借用这些常用的精神慰藉方式,勾连物质与精神、通达现实与心念、辗转人世与神国。沿海先民在征服自然能力低下、高度依赖自然环境的无奈困境里,构想出种种奇绝超验的自然神灵,无不是他们孜孜以求的自我精神护佑。在先秦社会先民的精神世界里,一切"山林、川谷、丘陵,能出云,为风雨,见怪物,皆曰神"①,但凡能吞云吐雾、兴风作浪之物事或者怪诞异禀之现象皆被奉为神祇灵祉,并赋予其特定性灵蕴含。沿海先民所谓的海洋神灵,其实是他们在走近海洋继而走入海洋、依海而生、与海同进共退的过程中"对异己力量的崇拜,也就是对超自然与超社会力量的崇拜"②。本质上,这些海洋神祇不外乎是海洋社会先民们在艰辛苦顿的海洋生活中,为了慰藉安抚自身而勾结擘画出的观念存在及其外化之物,并且这种内在的观念存在的结构及其外在的显化形式的形态还因海洋社会整体能力的提升,尤其是人海关系的性状的改变而不断丰富继而形成。《礼记·学记》记载,盖因河是水之本源、

---

① 胡平生,张萌,译注.礼记:下册[M].北京:中华书局,2017:885.
② 王荣国.海洋神灵:中国海神信仰与社会经济[M].南昌:江西高校出版社,2003:28.

海为水之归宿,所以"三王之祭川也,皆先河而后海"①。《山海经·大荒东经》载有"东海之渚中,有神,人面鸟身,珥两黄蛇,践两黄蛇,名曰禺䝙。黄帝生禺䝙,禺䝙生禺京。禺京处北海,禺䝙处东海,是为海神"②,其已然将海洋神祇世系明晰,且与四海对应而区域化定位落籍。这些人形兽体的海神图腾符号及清晰形象,便是先秦海洋信仰和海洋崇拜观念及心灵世界性态的真切展现与及时宣泄。一般来说,神怪的世界不外乎是现实社会及其关系的多重心灵折射,海洋神灵及其世系所映照的总体画面,其实就是海洋社会的初始概貌在思想文化层面的隐喻再现,而社会文化结构在其根本层面就是社会现实利益关系的状态结构。因此,透过海洋信仰来观测先秦海洋社会的文化结构也颇具深沉的学理价值。

在马克思主义者看来,"观念的东西不外是移入人的头脑并在人的头脑中改造过的物质的东西而已"③。人们对于对象事物的认知过程,就是赋予其社会时代文化意义的渐进历程。前述先秦社会上古先民对海洋的认知及其进程,实质上就是海洋先民在漫长艰辛的涉海生产生活中,逐渐赋予海洋丰富多样的特有的社会文化理念的过程。自从人类诞生,世界便划分为物质现象与精神现象这两大既相互关联又相对区别的类别或领域。一切物质现象只要进入人类的视域总会根据人们的需要被赋予特定的时代精神意涵;一切的时代精神现象也总有一定的物质现象为其主要根源与基础支撑,尤其在人类社会早期阶段,孱弱的工具能力无力追逐人类快速前行的步伐之际,根源性状就表达得更直接、支撑勾结就体现得更明显。在总体层面上,先秦时期先民的海洋信仰无论是各色的海洋祭祀,还是各种海洋神祇的信奉,都体现了这种早期普遍存在的根源性状与支撑价值的体认不足或认知错位,但这种认知的错位与不足也正是那个时代海洋文化结构形态及层级性状的正常表白。

单就海神及其祭祀而言,《礼记》中"三王之祭川"④的"三王"实则夏商周三代王朝,这说明中国古代自文明时代开启,有关海洋的国家祭祀行为便已展开。虽然这种政治意味浓烈的海洋仪式随着时代更替、王朝交迭而变换不已,正如《史记·封禅书》所言:"自五帝以至秦,轶兴轶衰,名山大川或在诸侯,或在天子,其礼损益世殊,不可胜记"⑤,但我们依然能够从中缕析出先民海洋思想文化的演化路

---

① 胡平生,张萌,译注.礼记:下册[M].北京:中华书局,2017:710.
② 方韬,译注.山海经[M].北京:中华书局,2011:292.
③ 中共中央马克思恩格斯列宁斯大林著作编译局.马克思恩格斯文集:第五卷[M].北京:人民出版社,2009:22.
④ 胡平生,张萌,译注.礼记:下册[M].北京:中华书局,2017:710.
⑤ 司马迁.史记全本新注:第二册[M].张大可,注释.武汉:华中科技大学出版社,2020:808.

径、窥测到先秦海洋社会基本文化建构及其主体性状的变迁概略。根据有关学者的研究,我国早期的海神应是《山海经·大荒东经》记载的"东海之渚中,有神,人面鸟身,珥两黄蛇,践两黄蛇,名曰禺䝞。黄帝生禺䝞,禺䝞生禺京。禺京处北海,禺䝞处东海,是谓海神"①。作为观念的外化物,海神同样是其创造者心灵世界对现实社会文化关系的基本折射。就海神形象性状及其变化传递出来的信息来看,在构造海神形象的人、鸟、龙(或者说是蛇)三种元素符号体系中,人状符号只是人作为创造者抑或被抚慰者的信息映照,鸟状符号则是主导地位与宣示主宰存在的符号元素,而蛇(龙)状符号更是居于从属或者说被支配地位的元素符号。结合《山海经·海内经》中"帝俊生禺号(禺䝞)"②的说法,可以清晰观测到鸟图腾的在海神形象符号体系中的正统性即主导地位。通过这部成书于战国时期③、通篇体现着东夷族系鸟图腾的优势地位与族群优越心态的百科奇书投射出来的社会文化信息可以发现,作为海洋世界的主宰者、海洋社会的护佑者,东海之神全然是海洋主导族群东夷族属的心灵折射。同时,其在夏商时代与中原华夏族属的交流互动以及生存竞争中,不仅来自东夷的后羿"革孽夏民"④,而且出自东夷鸟图腾的商族最终代夏而起、定鼎中原成为时代的主导者,民族自豪、民族自信心在该书中随处尽显,通过这些也能够探查到创作者自然流露出来的对于殷商主宰时代的深沉眷念。依据《山海经·海外西经》所言的"轩辕之国……人面蛇身"⑤,再加上禹以治水奇功成就万世伟绩而奠定夏朝根基,其父鲧于羽山"化为黄龙"亦被崇之为河神,因而龙(或蛇)便是华夏族属的基本图腾文化符号。按《左传》中"昔有夏之方衰也,后羿自鉏迁于穷石,因夏民以代夏政"⑥的说法,夏时东夷后羿就曾使"帝太康失国"⑦,因而致使屈原发出"帝降夷羿,革孽夏民。胡射夫河伯,而妻彼雒嫔"⑧的天问。可见,东海海神珥两蛇、践两蛇执掌东海,实质上是东夷族属尤其是商人征服夏人立国中原主导历史之后,驱役夏人而福泽海洋渔众之强者心理的文化观照。

然而随着生产的发展、时代的变迁、认知的进化,东夷族群不断被征服、被融合,东夷文化也逐渐融入华夏文化,不仅海神禺䝞、禺彊威仪式微、声名不再,而且

---

① 方韬,译注.山海经[M].北京:中华书局,2011:292.
② 方韬,译注.山海经[M].北京:中华书局,2011:351.
③ 曲金良.中国海洋文化史长编:上卷[M].典藏版.青岛:中国海洋大学出版社,2017:320.
④ 林家骊,译注.楚辞[M].北京:中华书局,2015:87.
⑤ 方韬,译注.山海经[M].北京:中华书局,2011:234.
⑥ 郭丹,程小青,李彬源,译注.左传:中册[M].北京:中华书局,2012:1085.
⑦ 司马迁.史记全本新注:第一册[M].张大可,注释.武汉:华中科技大学出版社,2020:81.
⑧ 林家骊,译注.楚辞[M].北京:中华书局,2015:87.

海神神容复归完整龙蛇形象,再无鸟图腾符号踪迹。《拾遗记》便载有"羽渊与河海通源也。海民于羽山之中,修立鲧庙,四时以致祭祀。常见玄鱼与蛟龙跳跃而出,观者惊而畏矣"①。世人的礼神心态也随之有了奇妙的变化,司马迁笔下的始皇帝在梦中"与海神战,如人状"②。面对曾经威力无边的海神,时人的普遍心态此际业已悄然转化成"恶神,当除去,而善神可致"③。这种"有益于人则祀之"④的实用主义礼神理念已经暴露无遗,充分反映出春秋战国时期尤其是战国时期在日益增强的铁制工具能力支撑中、社会生产能力飞速提升前提下,先秦海洋社会历史文化结构中主体理性人文觉醒的基本性状。事实上,在先秦海洋社会的文化结构中,先民充满自然崇拜的精神世界里的一直存有祖先崇拜的序位,并且这种人文崇拜的位阶随着先民总体社会能力的增长而不断提升。那些亲近海洋、走近海洋、步入海洋历史进程中的勇毅开拓者与杰出贡献者,因改进社会生产、改善人们生活、推动历史发展而长久为世人所敬仰祭奠、缅怀流传继而尊圣塑神。先秦时期海洋世界里的行业杰出人物与海洋社会精英由人而神的实例(譬如盐宗宿沙氏等)不断涌现,便是上古先民精神世界主宰由外向内逐渐转移的最直接的写照。这种从基于仰赖自然存续而心生敬意、审视自然莫名而胸怀畏惧目光向外的自然崇拜,到有感于血缘延续族群与人事繁荣部属务必仰赖族属内求的祖先崇拜之信仰迁移历程,正是海洋社会人文理性觉醒和历史文化结构变迁的真切表达,也是先民对自身心灵世界重新构建的初步尝试。海洋神灵及其世系所映照的总体画面,其实是海洋社会的初始概貌在思想文化层面的隐喻再现,并且社会文化结构在其根本层面就是社会现实利益关系的状态结构。因此,当我们明晰了先秦海洋先民心灵世界的神灵世系及其演化流变,实质上就是完整地展开了海洋社会现实文化整体结构以及族群利益关系清晰性状的总体画面。

3.先秦社会的海洋文学艺术

作为凸显审美价值的精神性文化成果,文学自诞生之时起就不断自我完善,驱驰其内在本体的意向性存在、借助特殊文字符号充分显现,以期基于奇异自然景观信息的传递、特有社会生活人事的传达以及特定社会政治理想寄托的传播,来表现对自然美景的喜好之情感、表征社会正德的传承之要义、表彰政治理想的托付之意蕴。以写海、表海为标志的海洋文学,通过多姿多彩的海洋自然景象的生动还原再现旨趣迥异的海洋社会生活特殊的人事,表达了奇幻玄妙的海洋世界

---

① 王兴芬,译注.拾遗记[M].北京:中华书局,2019:61.
② 司马迁.史记全本新注:第一册[M].张大可,注释.武汉:华中科技大学出版社,2020:190.
③ 司马迁.史记全本新注:第一册[M].张大可,注释.武汉:华中科技大学出版社,2020:190.
④ 黄永年.旧唐书:第二册[M].上海:汉语大词典出版社,2004:695.

特定的海洋理想,凸显了审美精神价值的海洋文化成果。正是在引导认知、教育情怀及价值审美的社会功用层面对海洋社会生产生活的现实结构、演进趋向及其未来理想与理想未来的真切观照和热切展望,来完整实现其作为社会重要意识形态基础构成的功效与能力。作为人类社会生产生活显赫且耀眼的伴生物,海洋文学应远古人类涉海生活而产生、随先民海洋社会进步而成长,并遵循自身发展规律经口口相传的深厚积淀之后,凭借文字强大而系统的传承展播能力的编撰整饬与持续衍演,立足于形色各异的海洋生产生活实际与层域有别的海洋实践活动。从记录原始集体涉海劳作的号子歌谣到借助原始简单思维规则将心中对于海洋自然力量的困顿疑惑臆想为独立于思维之外的系统的对象性存在,再到以自身社会生产生活关系为参酌,赋之以独特源流与特定世系而保有自体性流变。作为中华文明的初始时期,先秦时期的海洋文学虽然处于起源阶段,但一批写海、表海的文学作品已然陆续面世。虽然这些包含海洋文化因子的作品在严格意义上还不能被称为海洋文学作品,但以《山海经》《诗经》《楚辞》等典籍里写海、表海的篇章为代表的经典文献资料中所表现与传达出来的先民的海洋思想观念、情操与海洋科学认知以及文字展现的精妙方式,不仅体现出先民对涉海思想的深刻启迪、对海洋世界的科学体察,而且在涉海审美及内容风格等方面对后世都有着筑基定向的历史意义与学理价值。尤其是作为展现先民包括涉海生活在内的多方位、全视域的劳动实践诗歌总集的《诗经》,其海陆一体视野下广角度、多层级、海洋意境所体现的海洋认知、海洋情感与海洋审美,为我们研究海洋社会人们精神世界的性状构造以及先民海洋实践的理性结构提供了丰厚的史典素材。此外,《楚辞》《山海经》《尚书·禹贡》《左传》《庄子》和《列子》等典籍亦是理解先秦海洋文学的精粹,进而把握先秦海洋社会的整体建构以及海洋先民内心世界的境界品相不可多得的史实材料。虽然并非立足于先秦海洋文学的专题研究,无法基于文学理论的视域品读海洋文学特殊的审美价值与文化意义,但出于对先秦海洋社会构成的完整性揭示的目的,我们还是试图通过《山海经》中的涉海篇章来窥探先秦海洋社会结构的宏大壮观以及中国海洋文明体系的博大精深。

作为猎奇搜逸类型的古典奇书,《山海经》看似荒诞不经的文字,不仅时间轴系超越了中国最早的历史记录文献《尚书》的追溯界限,引领世人目光纵向行进至尧帝之前的远古历史时空,对人类的生存及生活环境予以多视角、全历程的详尽关照,而且在视野、视距方面已然横向突破亚洲圈"进而扩大到世界圈"①。《山海

---

① 胡远鹏.《山海经》研究最新动向述评[J].广西大学学报(哲学社会科学版),1995(2):53–60.

经》记述有方国 40 个、山峰 550 座、水道 300 条、历史传说人物 100 多位、神奇鸟兽 400 多种，全书十八卷，字数总计三万有余。《山经》五卷在前，《海经》八卷在中，其后为《大荒经》四卷，而以时空纵深无限、上古传说集大成的《海内经》为终卷。其实就其文意所及，《山经》也多有江海落笔，《大荒经》与《海经》亦并无二致，所以全书从海内奇观着手、海外奇闻着眼，聚集地理舆图、集成神话传说、记录土风异俗，成就了融汇地理、博物、方志、风俗、神怪等为一体大观的百科全书。作为成名已久的古代海洋经典，《山海经》尽数陈述远古先民之于海洋的初步认知、极度好奇、简单探索与深深向往，通篇呈现了海洋文学的畅达通明、海洋文化的深沉浓郁。

从概览角度或者窥斑见豹的意义上来看，作为中国古代海洋文学经典，《山海经》首先以东西南北中剖分《山经》、用海内海外配以南北东西划清《海经》、凭借东西南北四至测度《大荒经》，立足于中国源点，借以山海确实坐标轴系表明远古人群三维生存空间视域，进而较为细腻地描摹其中部族的基准生存样态。在突破中国古代以海岸为轴线的海内世界而进入海外的基础上，《山海经》试图将视野向海外大荒无尽延伸。更让人惊讶的是，这种视野的拓展并非虚无缥缈，随着视域的连续扩展，山外不仅有山，海外也不只有海，与海内一般，海外有国，国中有人。例如《海外西经》有言：长股之国"在雄常北，被发，一曰长脚"①。《海外南经》有曰："周饶国在东，其为人短小，冠带……长臂国在其东，捕鱼水中，两手保操一鱼。"②而在《海外东经》之中，还有"东方句芒，鸟身人面，乘两龙"③的叙述。可见，《山海经》视野中的海外人国，不仅身形服饰异常，而且生产生活乃至图腾徽记同样特殊。倾力描写广袤的海洋世界的典籍，《山海经》透过海内外部族的习俗风尚的描绘，对于海边外海部族人群生存条件的艰辛与生活状态的窘迫也有落墨。不只有肃慎国取雄常树皮为衣，盈民国"有人方食木叶"④，还有蜪犬、穷奇皆以人为食且"食人从首始"⑤，甚至因缺少衣食，后嗣常常陷于无继状态，即所谓"无启之国在长股东，为人无启"⑥。正是在此语意境域，《山海经》中的故事叙述无论是逐日的夸父、浴日的羲和，还是填海的精卫、舞干戚的刑天，无不投射出远古部族生存发展艰辛的无助悲壮与无奈慨叹。

---

① 方韬，译注.山海经[M].北京：中华书局，2011：236.

② 方韬，译注.山海经[M].北京：中华书局，2011：227.

③ 方韬，译注.山海经[M].北京：中华书局，2011：253.

④ 方韬，译注.山海经[M].北京：中华书局，2011：301.

⑤ 方韬，译注.山海经[M].北京：中华书局，2011：271.

⑥ 方韬，译注.山海经[M].北京：中华书局，2011：239.

　　文化即为人化,历史实为人史,文学堪为人学。作为一部众多学者眼中的上古"信史"与"世界大观"①,《山海经》对于远古时代人类蒙昧与半蒙昧社会历史文化现象的搜罗及呈现亦有极大热情,甚至因之成为中国古代早期社会的文化经典。无论是对人类族群现实生活关系的耐心梳理、复杂生活现象的细致记叙,还是对部族总体生活状态的精当提炼、宏观生活环境的全域展现,《山海经》的文字记录与内容表述皆相当清晰且珍贵。不仅《东山经》中独山、泰山、峰皋等诸多山脉"其上多金玉"②,而且观看《九代》乐舞的夏后启已经"左手操翳,右手操环,佩玉璜"③。不但人君戴饰珠玉甚至神祇也环之以身,以致自太行山至无逢山的四十六座山中,"其十四神状皆彘身而载玉"④,亦即十四座山身形如猪的山神皆佩以美玉制品。人猿揖别,羞恶性起,审美不仅是族群人性的心理成长,更是社会人类的文化自觉、理性自醒。《山海经》正是透过异乎寻常的世系渊源与超乎想象的宏阔场景,对远古社会的此种审美文化心理及其自醒自觉给予了较为珍贵的记录与最是大胆的测度。除记录饰物配备与佩戴以反映早期社会人类的最初审美自觉之外,在通过多种原始乐舞及其演艺情景的刻意描述,具象性识别舞乐类别、器物品种、演绎形象乃至肢体动作等现实场景的基础上,《山海经》在抽象的层面引导读者的思维走向性情深处,用以探寻远古社会人群生活态度、社会心理以及社会意识的最初性状与起步发轫的原本趣向。因此,无论是呈现传说中中国歌舞之神的夏启在大乐之野以右手操环、左手执翳舞之以《九代》,还是记叙黄帝鼓之以夔皮、刑天舞之以干戚、雷神擂之以鼓腹的原始舞技,或是身处摇山的祝融——太子长琴"始作乐风"⑤、长唇反踵的枭阳国人的"见人笑亦笑,手操管"⑥,抑或是《海外北经》中对走路时脚跟不着地的"跂踵"与脚印方向和行进方向截然相反的"反踵"⑦等的描摹,与其说是重在陈述各种具象事物、展现一种生活姿态,还不如理解为重在释放某些抽象精神理性价值意蕴、提示某种幽深心性文化意念。

　　当然,作为博物经典,《山海经》亦堪称植物学、动物学的先导乃至中国古代格物致知的一切文化源头。基于海洋博物经典的视角,仅就与人类生活紧密相连的鱼类而言便有百十余种,包括这些鱼品在内的动植物对于部族生存发展的意义不

---

①　胡远鹏.《山海经》研究最新动向述评[J].广西大学学报(哲学社会科学版),1995(2):53-60.

②　方韬,译注.山海经[M].北京:中华书局,2011:110.

③　方韬,译注.山海经[M].北京:中华书局,2011:230.

④　方韬,译注.山海经[M].北京:中华书局,2011:107.

⑤　方韬,译注.山海经[M].北京:中华书局,2011:314.

⑥　方韬,译注.山海经[M].北京:中华书局,2011:256.

⑦　方韬,译注.山海经[M].北京:中华书局,2011:243.

仅仅体现为生物及医药价值,更为重要的是不少动物、鱼类还被赋予了重要的社会价值及政治意义。譬如鸾鸟"见则天下安宁"①;直如鳐鱼"动则其邑有大兵"②;恰如薄鱼、鲣鱼"见则天下大旱"③;诸如黄贝、蠃鱼"见则其邑大水";④状如鲤的文鳐鱼"食之已狂,见则天下大穰"⑤;鱼身犬首、其音如婴儿的鲐鱼则是"食之已狂";⑥状如鲋的黑文鲭鱼"食者不睡"⑦;苍文赤尾、状如鳜的䲢鱼"食者不痈"⑧等,通篇随处可见的结论与判定,虽无科学的实证,但在那个文明初现曙光的上古时代,丰厚经验的支持与深刻教训的比附并无不可,即便依附其中的自然科学光环逐渐减退,哲学认识论意义上的思维逻辑价值也能熠熠生辉。或许正是立基于此,后世诸学者多有索源至斯。不仅神话传说世系自兹开元、名物概象以此为宗,而且中国人文精神本旨也是展开、民族生命意涵更是一脉载存。夸父逐日的勇毅、精卫填海的执着、共工触山的奋争、刑天舞戚的不屈等,《山海经》蕴含与传递着这些深层厚重的人文精神价值与生命意义本旨。正是伴随这部经典的长久流传与连续演绎,中华民族创造、奋斗、团结等伟大民族精神重要的基本成分逐渐凝聚形成。

总而言之,《山海经》作为中国上古燕齐海洋社会的衍生文学作品⑨,较为全面地展现了中国上古社会海洋文化的基础特色以及中国上古海洋社会的基本文化特征。随着金属文明的深入发展、社会生产力水平的快速提高、族群人口规模的日渐增长、社会结构与政治统治的逐步完善,中国上古国家文明经夏商西周历史风雨的涤荡洗练,其内涵逐渐丰实厚重、活力日益增进加强,尤其在整合海岱文明、吸纳海洋文化、中国上古社会走完整体向东的基础历程之后,不仅中国上古社会文化的丰厚包容前所未有地增进,而且中国古代社会文明无论是眼界视域、境界品相还是进步发展动力、创新创造活力都获得了亘古未见的拓展。及至春秋战国时期,在全面实现"东渐于海,西被于流沙,朔南暨声教,讫于四海"⑩之后,蓝色海洋文明对上古中华文明的回馈异常丰足。在中国古代社会得以"东临碣石,以

① 方韬,译注.山海经[M].北京:中华书局,2011:37.
② 方韬,译注.山海经[M].北京:中华书局,2011:64.
③ 方韬,译注.山海经[M].北京:中华书局,2011:129.
④ 方韬,译注.山海经[M].北京:中华书局,2011:64.
⑤ 方韬,译注.山海经[M].北京:中华书局,2011:46.
⑥ 方韬,译注.山海经[M].北京:中华书局,2011:78.
⑦ 方韬,译注.山海经[M].北京:中华书局,2011:168.
⑧ 方韬,译注.山海经[M].北京:中华书局,2011:168.
⑨ 曲金良.中国海洋文化史长编:上卷[M].典藏版.青岛:中国海洋大学出版社,2017:320.
⑩ 王世舜,王翠叶.尚书[M].北京:中华书局,2012:91.

观沧海"①之际,广袤无垠的大海不仅给予了中国先民无尽的生存发展资源,而且极大扩展了族群社会的视野视域与文化心理空间。绵延漫长的沿海航线及其往来不断的船载,连接的绝不只是南北社会的物质生产生活,更为重要的是达成了相异族群文明文化的有效联通直至整合融汇。春秋战国时期社会政治的大变革、大动荡、大改组、大进步,在根本意义上实则社会文化的大融合、大创造、大发展、大繁荣。就是在中国古代"百花齐放、百家争鸣"文化大繁荣的轴心时代,活跃在社会文化大舞台中央、光耀史册、引领时代思想潮流的圣哲显达,也大多来自海洋社会或深受蓝色文明的熏陶。无论是主要活动于深受海洋沁润的中原东部的老子、庄子、列子,还是活跃在"海王之国"的齐国的管晏学派稷、下道家,抑或是深耕齐鲁、念兹在兹"乘桴浮于海"的儒家巨擘孔子以及"二度奔齐"的亚圣孟子。这些生活轨迹遍布渤海、黄海和东海海域的中国上古海洋思想贤哲,他们厚重的涉海人生历练不仅是其经世济国思想的根本支撑,更是其立足于内圣外王、引领一隅风气的现实材料。因此,在春秋战国社会政治风云激荡、学术资源散落民间、思想文化自由开放、理论价值备受推崇的时代大背景下,海洋社会与海洋文化皆获得了前所未有的发展际遇,《山海经》成书于此际便是这偶然中的必然。全书借助杂俎般的笔触,透过光怪陆离的事物、荒诞不经的形象、无边无际的空间所蕴含的厚重博大、开放包容、革新创造、勇毅果敢等海洋人文精神,反映了那个时代海洋社会与海洋族群对生存发展的复杂心态,契合中国上古幼年时代的海洋思想及海洋文化对体系逻辑的无欲无求。也正是这部博杂另类、百科全书般的奇典,凭借诡异浪漫、恍惚徜徉、光怪陆离的海洋文学特色,将海洋求异鼎新、多元并蓄的文化精神体现得淋漓尽致。《山海经》也因此成为海洋文学的起点乃至元典,成为先秦海洋社会文化结构的重要组成部分。

三、先秦海洋社会的主要特质

与中华文明彪炳史册、辉耀千秋一样,中国海洋文化同样悠久绚烂。山顶洞人的海洋饰品以及自北而南的海岸线上留存的大量贝丘遗址都充分展现了中国史前海洋文化的悠久绵长。进入文明时代,不仅中原华夏文明与海洋的联系日渐密切,而且沿海东夷族属的海洋文化也有了空前的繁荣。中原华夏文明在向东向海的过程中,与东夷海岱文明交流、交际、交汇、交融,夏朝杼时就曾"命九夷,东狩于海,获大鱼"②,殷商时期海岱文化已全然融入华夏文明。至此,融会了海岱

① 曹操.观沧海[M]//李越.中国古代海洋诗歌选.北京:海洋出版社,2006:6.
② 范祥雍.古本竹书纪年辑校订补[M].上海:上海古籍出版社,2018:10.

文明渔猎的生产生活方式之后,华夏文明已经不再是过往那种纯粹的农耕文化,而是演化成深受海洋文化影响的复合型文明。学者研究发现,商代的渔业已有了内陆水域渔业与海洋渔业之分。① 西周时期,中原王朝国家政治权力东至沿海地区,与同样有着中原根源的莱夷等沿海社会权力长期对峙,直至春秋战国时期,燕、齐、楚、吴、越等国家政治权力对沿海社会的强力构造,使中国上古典型海洋社会逐渐趋于成熟。然而,先秦社会毕竟仍整体处于华夏文明的初始阶段,先秦海洋社会难免存在文明起始时期普遍带有的松散、粗浅、初级甚至直观粗糙之痕迹。

（一）先秦社会海洋组织的松散性

诚如前文所言,远古时期的中国先民就与海洋有着亲密的接触,海洋影响了社会生活的方方面面,但由于先民自主生存能力的孱弱,加之海洋的生存方式对物质技术要求相对较高,因而先民主体的生活舞台还是首要定位于山阳水北、林木茂盛、水草丰美的高亢平坦之地。虽然采撷经济时代先民因从森林中获取动物蛋白的危险概率远高于渔猎失足溺水的概率而对河川奔流的东方充满敬畏与热望,甚至夏时还由于东夷各族经济文化优于中原文化而使华夏文化不断地向东向海趋近。但进入金属时代后,中原华夏工具能力快速提升,农耕生产能力的飞速发展使中原王朝因社会规模不断扩展、社会能量外溢而顺应自西向东面朝大海展开的自然地理禀赋持续向东向海推进。华夏文明在东望、东渐、东及直至东进的向海的进程中,不断吸纳、融合东夷海洋文化的有益因素来调适自身文化特性、社会生产结构与组织行为构造,进而回应来自蓝色海洋的文化影响力,然而其社会组织结构的主体与文化形态的核心并未因此发生改变。与此同时,生活在东南沿海生活的海洋族群虽然与中原国家文明保持长期持续的接触与交流,甚至有如泰伯等中原先进文化携带者强势落籍来推动海洋社会跨越式迈进,但东南典型沿海社会的总体面貌依然维持旧时性状,直至春秋战国时期东南沿海燕、齐、楚、吴、越等独立诸侯国家成长壮大,国家政治权力对沿海社会的强力政治再造,使沿岸海洋社会的松散组织结构呈现结构性变化。然而,争霸诸侯、逐鹿中原的政治军事战略造成资源财富的紧迫,以及列国之间的生死存亡祸患,不仅使沿海国家无暇顾及社会结构的再造,而且遭受奔来逃往人群的冲击,使原本结构尚未牢稳、风雨飘摇的沿岸海洋社会更显得脆弱不堪。

有学者认为,作为"与海洋经济互动的社会和文化组合"②,海洋社会实质是

---

① 周自强. 中国经济通史:先秦(上册)[M].2 版.北京:经济日报出版社,2007:239.

② 杨国桢.关于中国海洋社会经济史的思考[J].中国社会经济史研究,1996(2):1-7.

在与海洋不断较量的过程中形成的特定社群组织、特殊行为范式、特色生活类型、特殊思想意识以及特有文教治体的整合系统。它总体遵循着由最初依海而生的沿海散乱社群进而发展为民间社会的固定基层组成单元,最终发展为完整的地方社会直至全国性的社会结构的基本历史发展逻辑。在海洋社会与文化起于"组"止于"合"的发展历程中,由于远古乃至上古时代先民们海洋能力的孱弱,海洋族众须"救患若一"①才能应对凶险的海洋生活。在生活类型、行为范式等物理层面相对同质的前提下,海洋社群的微观聚合能力较为突出,但在上古工具能力相对有限的社会大背景之下,海洋生产能力对族群社会有效供给的支撑度不足,极大地限制了海洋社群微观聚合能力向宏观整合能力的进化发展,加之春秋战国时期无休止的战乱带来的流离失所对海洋社会族群存在稳定性的强烈干扰,更由于争霸逐鹿战争的紧急,沿海诸侯国家无暇顾及海洋社会组织构成的政治改造与政治整合,海洋社会特殊思想意识以及特有文化制度由此相对较为缺失。因此,上古海洋社会整体聚合度不高、分散性状明显。据现有文献显示,虽然自春秋时期起,作为地方政权性构造的郡县制度已经出现,但更多的是存在于中原内陆,沿海区域建县设郡的并不多见。由此可见,即便在春秋战国时期海洋国家兴起之后,诸侯王权政治极力向海洋社会渗透的前提下,沿海诸侯国家海洋社群的政治整合与组织改造成效依然不显著,以致上古海洋族群地方性民间社会基层组成固定单元的性状长期存在,无论是国家舟师建立、舟师社群的加入,还是国家"官山海"海洋经济制度的运行,都没有彻底改变先秦海洋社会分散性基层组织的特征。直到秦始皇统一六国之后,广设郡县经略海疆,海洋社会国家性整体构成部分的性状才真正形成,海洋政治才有了相对稳定且结构完整的社会经济与族群组织基础。

(二)先秦社会海洋政治的粗浅性

在一般意义上,政治因与国家相联系而体现为一种权力主体,并以国家权力为依托维护其利益。作为一种社会上层建筑,政治始终以阶级国家及其国家权力存在为基本前提,因而在文明时代以前,国家尚未现世,政治无所附丽。就此而言,远古时代无论中国先民如何亲近海洋、走近海洋甚至走进海洋,无论其海洋实践活动多么多姿多彩、生动厚重,甚至无论其海洋认知与海洋审美多么深刻全面、瑰丽灿烂,都与海洋政治无关,直到夏启开启中国上古国家文明时代,国家政治权力与海洋尤其是海洋利益深度相连相系之际,海洋政治才呈现于世。综观先秦时期,作为国家政治权力对海洋权益、海洋权利以及海洋利益的理性观照,海洋政治

---

① 欧阳询.宋本艺文类聚:下册[M].上海:上海古籍出版社,2013:1845.

须基于海洋社会的稳定结构与海洋国家的持续实践。因此，虽然夏商时期已有国家海洋行为零星呈现甚至其行为颇为规整，譬如夏时姒芒"命九夷，东狩于海，获大鱼"①就是上古历史中最为典范的依托国家政治权力以获取海洋利益为目的的海洋政治行为，但只有在春秋战国时期沿海诸侯国家为争霸东南、逐鹿中原向海寻财富、面海获国力而"官山海"以及"商工渔盐""通货积财""通海裕国"之时，先秦国家海洋政治才成为相对稳定的统治措施。

　　概览先秦时期，夏商西周时期海洋社会的发育还远未成熟。无论是东夷海洋民族面海而生的历史的悠远厚重、中原华夏诸族向东向海的执着果敢，无论是殷商时期海岱文明融会华夏文化而使上古中华文明的蔚蓝色彩更加鲜亮，甚至是姬周之初建藩屏周齐太公"通商工之业，便鱼盐之利"②致力于打造"海王之国"，夏商西周王朝国家权力的着力点始终局限于中原腹地。因此，这一时期沿海诸侯国家的海洋政治行为往往聚焦于权力的建设与利益的获取，尤其是为了实现争霸东南的政治目的与逐鹿中原的政治野心而在国家海洋军事实力的构筑方面有着更多的落笔，而对于国家海洋利益与国家海洋权利的系统谋获与完整规划却鲜有持续深入的观照，如海洋社会的国家培育、海洋经济的社会统筹等。同时在沿海海洋国家之间，海洋交往也集中在海洋军事力量上的交锋，间或存有的海洋利益交流也为民间海商与海民主导，国家层面的海洋利益交易罕有见诸文献，即便桓公任用管仲主导齐国"因人之山海假之"③而独擅盐利之际，也更多地含有借此操弄内陆诸侯进而获取竞争优势的政治利益考量。由此可见，先秦海洋社会的国家海洋政治行为乃至海洋政治政策尚处粗浅起始阶段。当然，在深远辽阔的历史文化视域中，先秦时期毕竟只是农耕文明占主导地位的中国上古沿海海洋社会以及海洋国家成长的婴幼时期，社会客观物质技术条件的相对匮乏与国家政治文化构建能力的绝对局限直接抑制了中国上古社会海洋政治文化的快速发展，但对中国古代海洋政治思想史而言，先秦社会海洋政治行为实践与思想理论的筑基意义依然光耀无比。尤其是"海王之国"的齐国实施的"官山海"国家治理方略，关注海陆一体发力的系统海洋政治思想，为后世海洋经略实践确立了可资依循的基本路径。由此亦可见，在历经五千年历史文化的透彻洗炼，遍尝面海而兴、背海而衰以及向海则盛、逆海则弱的残酷轮回之后，立足于当今政治多极化、经济全球化、社会信息化、文化多元化的大海洋时代背景，党的十九大提出的"坚持海陆统筹，加

---

① 范祥雍.古本竹书纪年辑校订补[M].上海：上海古籍出版社，2018：10.
② 司马迁.史记全本新注：第三册[M].张大可，注释.武汉：华中科技大学出版社，2020：899.
③ 李山，轩新丽，译注.管子：下册[M].北京：中华书局，2019：936.

快建成海洋强国"的战略目标是多么深厚悠远,作为中华文化自信重要构成部分的海洋文化自信同样有着浑厚的深层次涵养。

(三)先秦社会海洋经济的初级性

就海洋经济而言,先秦社会相当漫长的采撷经济时代里,海洋采集与海洋捕捞活动对远古时代沿海社会的生存与发展有着巨大的支持价值。沿着海岸线南北铺展的大量贝丘遗址以及出土其中的渔猎工具,马桥遗址发掘出的蚌窖以及古代历史文献中炎帝时宿沙氏煮海为盐①的传说等,所有这些考古发掘的实物与见诸史册的佚文,不仅是中国先民海洋渔猎文化的确切明证,更是远古先民对海洋经济价值的认识与有效利用海洋资源的充分展现。当先秦社会步入文明时代之后,金属工具能力支撑的生产经济的主导作用日益显著。夏商时期伴随社会生产能力的快速发展,海洋生产性渔盐经济有了长足的进步。渔船配以梭镖射杀技术的海洋捕捞,即所谓的"狩于海",已经有了足够"获大鱼"的能力。《庄子·外物》所言的"投竿而求诸海"以及"投竿东海,旦旦而钓"②,即该种渔获技术的演化版本。如果说姒芒时"九夷"尽出的驱船出海冒险狩渔是因应王命不得已而为之的偶发性生产经济行为,那么春秋以降广泛使用的海洋船只以及支持长时间入海作业的其他器物装备与适应远海捕捞的技术技能已经与之不可同日而语。《管子·禁藏》就有"渔人之入海,海深万仞,就波逆流,乘危百里,宿夜不出者"③的记载,此时的渔人为了入海求利,已然能够百里航行、冒险逆流、昼夜相继。同时,夏商时期,沿海地区已经使用海中出产物品以贡奉中央王朝。而至周代,诚如《荀子》所载"南海则有羽翮、齿革、曾青、丹干焉,然而中国得而财之;东海则有紫、紶、鱼、盐焉,然而中国得而衣食之"④,足以说明此世之中海产物品已经成为日常市场交换的重要商品。春秋战国时期,沿海诸侯国家中素有"海王之国"称号的齐国以及燕、楚、越国更是加倍重视海洋渔业与海洋盐业等海洋经济的快速发展,纷纷大力开发利用海洋资源,倚重以海富国。东方齐国就因"通商工之业,便鱼盐之利"⑤而一跃成为霸权强国,北方燕国也不曾辜负"鱼盐枣栗之饶"⑥,而南方楚、越之国

---

① 王明德.盐宗"宿沙氏"考[J].管子学刊,2013(2):57-61.
② 方勇,译注.庄子[M].北京:中华书局,2015:458.
③ 李山,轩新丽,译注.管子:下册[M].北京:中华书局,2019:769.
④ 方勇,李波,译注.荀子[M].2版.北京:中华书局,2015:125.
⑤ 司马迁.史记全本新注:第三册[M].张大可,注释.武汉:华中科技大学出版社,2020:899.
⑥ 司马迁.史记全本新注:第五册[M].张大可,注释.武汉:华中科技大学出版社,2020:2216.

更是"地广人稀,饭稻羹鱼"①,足见先秦社会尤其是沿海诸侯国家对海洋经济的整体重视,以及国家政治权力向海洋利益的大力渗透甚至是倾斜。然而,先秦社会毕竟只是文明发展的起始时期以及生产经济运行的早期阶段,尤其是在农耕文明发展保持总体优势的大背景之下,专注于海洋经济及其成效的东南沿海诸侯国家基于国家之间较量的惨烈现实压力,更由于在先秦社会总体生产生活技术水平有限发展的基础上,海洋社会耕海牧洋物质技术基础与实践能力的相对不足,先秦社会海洋经济无论是在价值认知与思想意识的系统完整等层面,还是政治治体与行业运作的详尽顺畅等方面都有着很深的初级的印记,即便是管子相齐之际以"官山海"为治也在反复强调立足"粟者,王之本事也,人主之大务"②,时刻关注"仓廪实,则知礼节;衣食足,则知荣辱"③。可见,即便齐国这样"唯官山海为可"④的海王之国在轻重政治、政策权衡之时,对于海洋经济价值的系统认知以及海洋事业的规划构造还是颇为远离人王本务、国是至策之核心的。

正是由于海洋经济价值认知、海洋经济制度架构的浅显,并且在海洋经济运行尤其是海洋行业生长及其业态构建与政治引导等方面还不曾见到政治国家的系统勾画与持续主导,因此,先秦社会海洋经济的自发生长态势一直表现得十分明晰。对于海洋经济价值的认知,自远古时期开始,中国先民便将"鱼盐之利"视为海洋价值的基本标签,即便是到了先秦社会文明最高峰的春秋战国时期,这种价值标签仍然不曾有过褪色。自大禹时代东夷"厥贡盐绨,海物惟错"⑤、夏时"东狩于海,获大鱼"及至商周时期"东海则有紫、绤、鱼、盐焉,然而中国得而衣食之"⑥,尤其是西周建藩屏周、太公封齐修"鱼盐、商工"之政,直至管仲"官山海"将海洋资源经济价值演绎到极致。虽然这一时期的海洋经济完成了从采撷经济主导向生产经济占优的成功转型,自足性海洋狩获日益为交换性海洋捕捞取代,海产加工也逐渐摆脱简单原始状态,有了面向社会需求的取向,海洋商业渐次展开甚至达至"山人足乎鱼"⑦的盛景,尤其是在立政集团"历心于山海而国家富"⑧的理念之下,以及"官山海"国家政策的强力推进下,先秦海洋经济达到空前繁盛。但是,先秦社会毕竟只是文明社会的起始阶段,独立的海洋国家尚处于发展初期,

① 司马迁.史记全本新注:第五册[M].张大可,注释.武汉:华中科技大学出版社,2020:2219.
② 李山,轩新丽,译注.管子:下册[M].北京:中华书局,2019:719.
③ 李山,轩新丽,译注.管子:上册[M].北京:中华书局,2019:2.
④ 李山,轩新丽,译注.管子:下册[M].北京:中华书局,2019:933.
⑤ 司马迁.史记全本新注:第一册[M].张大可,注释.武汉:华中科技大学出版社,2020:68.
⑥ 方勇,李波,译注.荀子[M].2版.北京:中华书局,2015:125.
⑦ 方勇,李波,译注.荀子[M].2版.北京:中华书局,2015:125.
⑧ 高华平,王齐州,张三夕,译注.韩非子[M].2版.北京:中华书局,2015:315.

社会总体生产经济还处于起步时节,社会海洋政治思想刚刚萌发,国家海洋政治实践才蹒跚学步,王朝政治权力倾注于海洋也相当有限。因此,海洋经济总体上还只是农牧经济占优的先秦社会经济结构中相对孱弱的部分,即便是齐、燕、吴、越、楚等海洋国家,由于争霸逐鹿、战争政治的疯狂挤压,其对于海洋经济的关注更多的是出于苟急之用,因而缺乏系统筹划与接续投入。而且海洋经济因其内在品相的权重结构中浓重的商业特性,在春秋战国时期战乱不止的现实场景中也缺少足够持续蓬勃开展的政治时间与地理空间,即便是管仲"官山海"的海洋经济政策在根本层面亦不过是为了国家赋税而来。正是在这个意义上,我们认为先秦社会海洋经济在整体特性上处于发展的初级性状之中,这也颇为契合学界关于海洋经济"低级层次只是与陆地经济空间地理上的分工,渐次成长为海洋产业的五大板块,即海洋渔业、海水制盐、海洋交通(造船与海运)、海洋贸易和海洋移民"①的层级划分。

(四)先秦社会海洋技术的局限性

就先秦海洋社会的海洋技术来说,尽管自远古以来中国先民在亲近海洋、走进海洋的历史进程里,以其特殊的创造能力和独有的坚韧勇毅在与无际海洋的搏斗中,凭借着经年累月的实践经验,积淀起独领风骚的海洋技术文明。无论是舟船制造技术、航海航行技术还是渔获煮盐技术,在先秦时期都获得了长足的发展与疾速的进步。从独木舟到木板船,从村社渔人的轻舟到王公贵胄的余皇,从民间生产生活使用的扁舟舴艋到国家舟师配备操弄驰骋海洋的大翼楼船,从划桨、撑篙、牵拽的艰辛前行直到顺流扬帆的"往若飘风"②,从短距离视野所及的近岸往返到长距离地文对景定位的沿岸航行直至简单天文导航的跨海渡航海外,从舟楫之便直至渔盐之利,先秦社会海洋技术支撑起了海洋社会的空前繁盛及日益辽阔。然而,对于先秦社会的海洋技术虽然不能以现代标准衡量,但在历史唯物主义历史分析理论的视域里,我们也可以清晰地见到这一时代海洋技术存在的诸多局限性。

就先秦舟船制造技术而言,虽然距今 8000 年之前中国远古先民就能熟练制作并操弄独木舟从容出没江河湖海,但也是到了商代才有了木板船面世,甚至周文王时期仍然只能"造舟为梁"③,亦即比船为桥,将小舟并联而成为浮桥。这些

---

①　杨国桢.关于中国海洋社会经济史的思考[J].中国社会经济史研究,1996(2):1-7.

②　李步嘉.越绝书校释[M].北京:中华书局,2018:206.

③　王秀梅,译注.诗经:下册[M].北京:中华书局,2015:585.

文字清晰地说明了在独木舟发明使用 5000 年之后,中国上古的舟船制造技术并没有突破性发展,单体船即便是木板船的体量规模至少在西周早期还是相当有限的。再透过上古文献所记的"昭王溺江"与其后王朝设定舟牧"五覆五反"的舟船检查制度也可以发现,周王朝早期的舟船制造技术在安全适航层面还不能让王公贵胄放心。若与《诗经》中出现的"杨舟""柏舟""松舟"等大量采用软性材质制造的舟船信息相联系,还能窥探到其时先民对于船体结构性状的理解与耐用性的追求并不是十分在意,而是注重简单工具条件下的易于炮制,这正好从另一个侧面佐证了在春秋时期铁制手工工具出现之前,夏商西周三代王朝工具能力的总体不足,也由此限制了舟船制造技术 5000 年来未有巨大突破。直到春秋战国时期,经过长期青铜冶铸技术的深厚积淀,伴随鼓风方法的革新、铸铁冶炼技术的出现以及铸铁柔化技术的发明,铁制手工工具逐渐得到推广。同时,斧、凿、锯等新型木作工具不断创制,手工制造能力也得到飞速发展。加之诸侯争霸、中原逐鹿竞争政治生态的强力推动,春秋战国时期的舟船制造技术与工艺水平方得以疾速提升。尤其是东南沿海独立海洋国家的形成、以海战为基本形态的海上争夺的展开、海洋资源开发需求的快速增长以及远海探求欲望的不断增强、各海洋国家舟师的建立与发展、专业造船基地"船宫"的设立,特别是在战国时期铁箍拼联船板技术在造船时的普遍采用、铁器作为造船材料的使用,才使得中国古代传统造船技术的演进有了划时代的突破,并奠定了坚实的物质技术基础。当然,这一时期尤其是春秋时期的舟船制造技术总体而言依然处于厚积阶段,以至于在李约瑟博士眼里,公元前 486 年吴国大将徐承北伐齐国时所率舟师也只是主要"由一些大型的荡桨独木舟组成"①。可见,到了新型铁制木作工具广泛使用的战国时期,中国上古舟船制造技术才有了划时代的突进。

对于先秦社会航海技术而言,这种局限性也表现得较为明晰。作为安全与效益并重且极其强调应用技术与操弄能力的实践性活动,航海行为自始至终关注着船舶实时定位及航线的正确保持,并持续要求熟悉航道尤其是必须倾力避免与海中礁石、浅滩碰撞搁浅以及与其他船舶、海岸异常接触,进而保障航程有效实现。虽然考古发掘于辽东半岛及其沿海岛屿、河姆渡及舟山群岛等新石器时代的独木舟、船桨以及大型鱼类骨骼残骸等已然充分证实,中国沿海先民在距今六七千年前已能熟练制造、驾驭精细的独木舟,并开始了较深近海水域的迁徙航行与海上

---

① 李约瑟.中华科学文明史:第三卷[M].上海交通大学科学史系,译.上海:上海人民出版社,2002:114.

捕捞活动①。但是,出于强烈的陆域安全仰仗以及普遍存有的对大海茫茫无尽的极度恐惧,远古沿海先民的海上航行活动还只是以视域所及为限,在沿岸或者沿岸与邻近岛屿之间展开。虽然蒙昧时代海洋先民操纵舟筏已有小心翼翼地较远距离沿岸航行,甚至有跨越半岛以及横渡海峡的成功尝试,但是基于航行能力与操作技术极度有限的舟筏工具,以及极其简单的陆标定位与相当粗浅的天文知识,远古先民航海技术的增长速率与拓展空间皆存有极大的规限。虽然夏商西周三代时期青铜文明的开启使得中国上古社会物质经济技术以及社会政治文化步入了发展的快车道,上古海洋先民也经过长期的知识累积与技术积淀,在海船定位与定向上已突破视域所及而采取陆上对景测位辅佐来确保航线记忆,并且已经能够借助太阳时辰方位与恒星观测来确定船只方位以及利用舵桨控制航向,甚至西周时期很有可能已经使用水漏计时器具来配合记录航程。但是先秦时期尤其是春秋战国时期之前,有鉴于社会生产力水平整体不高、舟船制造技术的发展有限、海洋社会发育的总体不足,中国上古海洋社会的航海活动无论是船只方位的确定、航行方向的测定以及航线保持的判定,还是舟船航行环境、适航状态的评估以及航程情势的评定,都更多甚至完全仰仗人力的推测判断乃至个人的经验独断,原始经验型航海意味依旧十分浓厚,即便是先秦海洋物质文明最高峰的战国时期,中国上古的航海技术仍然在为摆脱原始航海的臆想与揣测而苦苦挣扎。作为一种人的能力体现,船舶操驾技术在本质上并不是物质实体系统,而是建基于对航海物质系统及其基础性能精准认知与完整把握人的综合能力与技巧,是长期人与海及船之间深层交互关系的深厚累积。先秦时期,由于社会生产力水平的局限,先民走近海洋、走入海洋的深度与广度即便是战国时期依然有限,海洋社会总体发育不足,人海交互不够,对海洋甚至是简单的海洋事物、现象的稳定性状与基础规律缺乏深层认知与领悟。因此,技术与能力的双线欠缺是先秦社会航海技术发展有限的主要根由,原始、简单的沿岸航行成为这一时期航海技术有限发展的基本标签。

同样,无论是典籍记载表明抑或是学者研究发现,无论是时间纵轴的延续还是空间坐标的展开,也无论是在体现渔盐数量的技术效能还是反映渔盐品质的技术价值上,先秦社会的渔盐技术都不能摆脱较大局限的纠缠。从渔获技术来看,在时间纵轴缓慢推进的历程里,在华夏文明整体向东向海演绎的进程内,从山顶洞人的青眼鱼及海蚶到夏代姒芒的"东狩于海,获大鱼"②,从殷商时期盛行的"鱼

---

　①　孙光圻.中国古代航海史[M].北京:海洋出版社,2005:31-32.
　②　范祥雍.古本竹书纪年辑校订补[M].上海:上海古籍出版社,2018:10.

祭"及海贝货币到西周时节的"东海则有紫、紶、鱼、盐焉,然而中国得而衣食之"①,直至春秋战国时期方有的"山人足乎鱼"②。因上古社会渔获能力的增进有限,在长达数千年的历史风尘中,鱼尤其是海鱼往往被视为稀缺性存在的史实已经充分说明了至少在春秋战国时期之前,东南沿海地区因较为远离金属文明中心的中原社会,其渔获技术效能的提升显得相对不足,传统渔获工具革新与技术改进以至创新创造并未产生多少质的突破。而在空间坐标逐渐横向展开的漫长岁月里,自史迹所及的文明时代以来,东南沿海的海产海物,经过《尚书》所记的临海诸州"厥贡盐绨,海物惟错"③抑或"玭珠暨鱼"④,还有殷商时期海鱼祭祀及随葬的普遍兴起,直至周王朝时期东部的海产渔获的演变才最终降身成为中原普遍懋迁交换的重要商品。虽然海产海物成功完成了自"王谢堂前"至"寻常百姓家"的社会经济文化角色的基本转换,但在极度绵长西向物品输送的状态下,渔业"副之于农"的价值观念并未改变,海洋社会依然奉行"粟者,王之本事也,人主之大务"⑤的理念。无论在朝在野皆为民生国计之大经,即便历来"通商工之业、便鱼盐之利"的海王之国,侯君名相的目光也时刻聚焦于"谨正盐策"⑥,而对于"渔",国家政治权力在更多的时候习惯性保持沉默。由此可见,先秦社会基于渔获技术价值认知的视域拓展与品阶提升总体而言还是显得颇为片面局限与迟滞缓慢。

就海盐技术而言,与先秦社会生产能力发展水平和实时历程相一致,东南沿海海洋社会的海盐技术自身发展的局限性依然明显。虽然远古炎帝时期,盐宗宿沙氏就已经开启了海水煮盐的历史,经过漫长历史时空的生产实践积淀,甚至殷商时期的山东已开始利用一整套较为完备的制盐设施,并有专职盐工家族使用地下卤水制盐,但由于生产技艺与产出能力的局限,海盐无论在数量还是质量方面直至殷商时代都无法博取时人的关注。文字实乃活着的历史,金文里已有"卤"字,但不曾查得"盐"字存在⑦,这说明上古社会生活应是使用"卤"在先而食用"盐"在后。而"卤"在先秦的视域中是指天然的"池盐",即许慎《说文解字》中所谓的"天生曰卤,人生曰盐"。"盐"及稍后"散盐"始为人工"海盐"。商代的职官"卤小臣"也只是专司池盐的生产管理。这些作为人类真实生活积淀的文字及其

① 方勇,李波,译注.荀子[M].2 版.北京:中华书局,2015:125.
② 方勇,李波,译注.荀子[M].2 版.北京:中华书局,2015:125.
③ 王世舜,王翠叶,译注.尚书[M].北京:中华书局,2012:61.
④ 王世舜,王翠叶,译注.尚书[M].北京:中华书局,2012:63.
⑤ 李山,轩新丽,译注.管子:下册[M].北京:中华书局,2019:719.
⑥ 李山,轩新丽,译注.管子:下册[M].北京:中华书局,2019:934.
⑦ 曲金良.中国海洋文化史长编:上卷[M].典藏版.青岛:中国海洋大学出版社,2017:178.

内涵演化，以及国家政治权力的目标对象关注，也从一个侧面较为清晰地反映出海盐及其技术在相当长久的时间中并不为中央王朝所重视，也不为世人所熟知。及至西周时期，东南沿海的海盐即便有着自齐太公治国即修的"便鱼盐之利"的政策，虽然此际齐鲁之地已广泛采用以卤水溶解——用天然地下卤水与草木灰反应而成的盐花制成含盐度更高的人工卤水，并采用陶质盔形器蒸煮的淋煎法制盐，但是包括齐鲁在内的山东诸国朝贡给姬周王室海盐的数量也依旧"很有限"①。即便是到了春秋战国时期，在金属工具尤其铁制工具逐渐普及、社会生产力水平飞速发展，各诸侯国家为了国富兵强、争霸逐鹿的急切政治需求而不断变革治政、发展实力，囿于靠山只能吃山、靠水只有吃水的资源禀赋仰赖现实，东南沿海海洋型诸侯国家不得不立足于蓝色广袤、力图拓展发展依赖之路径。诸如底蕴深厚如斯的齐国亦是一再因袭"唯官山海""谨正盐策"的治政路径，放任重商型盐政一路经由独擅其利的"民制官营"径直向着尽夺民利之"官制官营"突进，尤其是仰仗快速累积的国力而不断吞并周边弱小进而一统山东半岛、尽收海洋制盐资源之后，齐国的海洋盐业亦是旨在量的扩张而少有制盐技术质的飞跃。依据量扩张以及长久积淀起来的商业网络，战国时期的齐国海盐在市场上几乎横扫一切竞争对手，或许正是这种数量规模加之稳定的商业网络支撑市场占有而形成的巨大竞争优势，使得齐国海洋盐业失去了快速革新技术的外在推动力，以致整个战国时期中国上古海洋社会的海盐技术突破性质变并不多见。

（五）先秦社会海洋文化的直观性

众所周知，文化的概念，既有器物及制度的涵盖，也有行为与心态的统摄。中国上古先秦时代，勤劳勇敢、执着坚毅、团结奋进、自强不息的先民在向外与自然抗争以求生存、向内经聚族结社而谋发展的苦难历程中，历经漫长的石木时期蒙昧文化的艰辛积累，尤其是步入金属时代之后国家文明快速而稳步发展，无论是物质生产活动方式的器物技术发展、社会实践关系规范准则的制度文明进步，还是族群社会行为方式习俗风尚的成形稳定以及国家民族社会心理、社会意识、价值观念、审美情趣、思维方式及其表现形式的积极建构，社会文明文化成就举世瞩目。不仅陆域文明辉煌，而且海洋文化同样绚烂。先秦时代，中国海洋社会不仅组织制度构造逐步完整、技术文明内涵持续进步，而且思想文化建构也日益丰富。然而，先秦时期毕竟只是中国古代文明文化的起始时代，尚处于中华现代文明的筑基阶段，因而先秦社会文化尤其是海洋文化，无论是物态文化成就还是哲学思

---

① 曲金良.中国海洋文化史长编：上卷[M].典藏版.青岛：中国海洋大学出版社，2017：179.

想成果,都难免存在早期社会文化普遍存有的初级形态与直观局限。

就先秦社会海洋认知而言,无论是对于海洋事物、海洋现象的客观地质与总体物理感性记叙及总体思考,还是给予广袤海洋思想价值的抽象结论,在先秦工具能力比较孱弱、实践水平相对欠缺的现实场景之中,大都专注于表面现象、个体片段、外部联系甚至是偶然性描述。而对于海洋事物、海洋现象的内在本质、整体共性、内部关系以及必然规律等层面尚未见深入揭示与系统思考,即便是在春秋战国时期社会整体文明程度大幅提升、思想文化总体繁荣的时代背景之下,对海洋认知的感性直观与初级局限依然显而易见。海洋气象多重于表面现象、外部联系,尤其是灾难性教训的简单记叙;海洋水文则往往基于有限海域个体片段、某些偶然海洋性状的感性揣度;海洋地文大多为熟悉航线特殊地面景物的反复记忆;海洋天文也不过是航海生活观察经验的大体总结与初步提炼,即便是黄道、赤道28 天区划分等,颇具真理性的细致观测与大胆推演的天文成就,也只不过是充分显示了直观感性与科学真实的复杂关联。在先秦海洋社会海洋文化的体系之中,像海洋天文这样的真理性直观感性成果,还有关于海陆循环的观测与探寻,以及海洋生物及其食用安全与医用价值的初步经验记叙与考量。当然,直观感性并非始终与真理真实性相离,这种自始至终重在表达现象等认知层面存在及发展局限性的直观感性,正是人们认识进化无法绕开的基本路径甚至是重要障碍。此外,不论是邹衍的新型海洋地球观,还是儒家、道家关于海洋物理品格与精神价值的抽象思维,或是法家对于海洋尤其海洋资源的现实主义态度,虽然都有着基于海洋个性特征进而展开海洋共性本相的逻辑推理,甚至有过相对真理性的思维成就,但囿于当时社会海洋物质生产方式以及物质生活条件的相对供给不足,总体而言依然是以朴素、直观为其主要特征。

对于海洋信仰而言,海洋社会先民在艰辛的海洋生活中,为了慰藉安抚自身而擘画出的关于异己力量,抑或超自然能力崇拜的观念存在及其外化之物,无论是先秦社会各色的海洋祭祀还是各种海洋神祇信奉,都体现着早期社会国家普遍存在的根源性状与支撑价值的体认不足或认知错位。当然,这种认知错位与不足也恰恰能反映出先秦时期海洋文化关系及层级结构现实性状。在唯物主义的理论视域里,一切进入人类视域的物质现象,只要被认为具备满足人们欲望的功能属性,总会促使人们根据需要赋予其特定的时代精神意涵;一切时代的社会精神现象,也必定有一定的物质条件或物质现象为其现实根源与实际支撑。因此,海洋社会的神怪世界不外乎是现实社会生产生活关系与现实社会物质利益结构的多重折射,而社会文化结构在其根源层面就是社会现实的利益关系状态结构,海洋神灵及其世系所映照的总体画面,本质上就是海洋社会的物质现象及其结构样貌在人们思想文化层面的隐喻再现。总的来看,先秦社会海洋信仰重在迎合生产生活能力有限而初步形成的浅层观感、物质世界认知不全而不断累积的恐惧心态、精神世界构建不顺而急切找寻的性灵慰藉,以及社会文化发展不足而相对匮乏的价值指引。先秦海洋神灵世界无论是神氏、神系乃至神貌,还是神性、神行以及神态,都直接烙印着当时社会物质生产能力的基本性状。《山海经》中东海神禺䝞被塑形为"人面鸟身,珥两黄蛇,践两黄蛇"①,足见最早的海神神容的基础构造是直接的感性符号转嫁拼接的。同时,随着社会生产能力的提升、历史文化结构的发展、族群国家政治构成的变迁、总体社会利益构造的革新、社会意识主导力量的变化,不仅海洋神灵的构成符号发生了相应的变革,而且社会礼神心态也发生了对应的改变。不单是海神神容复归于完整的龙蛇形象直至"如人状",同时世俗人君甚至已能"与海神战"②,芸芸众生亦怀有"有益于人则祀之"③的礼神标尺,一改人神关系的消极被动状态,以"恶神,当除去,而善神可致"④的主动法则,积极自如地调适人神关系,逐渐主动抖落性灵世界的恐惧心理。由此可见,在铁制工具支撑下生产能力飞速发展、人对自然依赖性相对减轻的现实背景中,先秦海洋社会历史文化结构中人的主体理性、人文觉醒的基本性状已然直观简洁、完整彻底地展现出来。

　　根据客观生活事物重组整编而成并遵循特定文字规则表达出来的精神意识成果,本质上就是社会现实生活关系及其状态的集中体现,是人类心灵世界真实性状的直观展示。以《诗经》《山海经》《尚书·禹贡》《左传》《楚辞》《庄子》《列子》等为代表的先秦海洋文学,同样是中国海洋社会涉海生产生活关系及其基本性状的集中展现,更是先秦社会先民心灵世界蓝色图景的直接临摹。然而,与上古社会物质资料生产方式及其发展水平相一致,随着先秦社会人们的海洋认知能力与海洋哲学思想发展的散乱节奏,先秦海洋文学尤其以《山海经》为代表的杂俎札记类作品,同样重在对生产生活经历经验的简单记录、光怪陆离的直观感性描述以及未知世界大胆幻想的直接扩散。通篇所记所及之物产金石、事件流变、族群龃龉等物理情事,看似离奇却又行迹可踪,多不外乎是对视力所及的模糊光影的大胆揣测、经验所及的情事的自我解读。普通物质构件与特殊文化符号的及时相遇甚至匆忙重组,天南地北社群部族与迥然相异的风土人情的时空错杂直至李代桃僵,现实生活关系与精神心灵世界的短暂沟通乃至简单混搭,《山海经》正是通过这样直观、直接的文字

---

①　方韬,译注.山海经[M].北京:中华书局,2011:292.
②　司马迁.史记全本新注:第一册[M].张大可,注释.武汉:华中科技大学出版社,2020:190.
③　黄永年.旧唐书:第二册[M].上海:汉语大词典出版社,2004:695.
④　司马迁.史记全本新注:第一册[M].张大可,注释.武汉:华中科技大学出版社,2020:190.

与笔触来展现先秦社会人们眼中的海洋空间的广袤无垠、海洋世界的深邃幽远、海洋社会的简洁质朴以及海洋文化的厚实丰富。当然,我们也应该看到,作为中国海洋文化的发轫性标志成果之一,《山海经》虽然直观、怪异甚至荒诞,但正是其关于地理、博物、方志、风俗、神怪等一体的记叙,清晰而贴切地展示出中华上古海洋社会开放包容、勇毅果决、执着坚韧、自强不息、革故鼎新的人文格局,这对于中华文明性格的稳定成熟与中国文化发展的路径选择,都具有一定的筑基意义与奠基价值。

第五章　先秦时期的海洋国家

作为世界最古老的中华文明之一,中华文明在源头上就与海洋有着密切的联系,蓝色海洋文明就是辉煌灿烂的中华文明体系的重要构成部分。作为组成中华文明两个基本部分的陆域文明和海洋文明,"几乎在同一时期形成,且相互促进、互为依存"[①]。公元前 21 世纪左右,国家由于初期工具能力不足、社会整体生产力水平有限,因此还是仰仗自然禀赋的馈予:宽阔河谷及平坦台地繁多,依循地势总体向东向海缓慢展开。由夏至商及西周,凭借农耕文化为基础支撑的中国上古国家文明,其中心一直设定在黄河中游的中原地区。然而,随着生产能力的不断发展尤其是金属冶炼技术的日渐提高,族群规模的日益扩大、生存空间拓展的需要、发展需求增长的压迫,中原文明基于地质构造的特色主要以东、南、北为基本向度,逐渐自发渗透进而自觉流动。

一、先秦海洋国家的产生

海洋国家,一般意义而言,就是指地理区位临海、发展资源涉海、社会进步用海、思想文化涵海的独立政治国家。在马克思主义理论视域中,国家乃是文明社会的概括。因此,严格意义上的海洋文明须以海洋国家的存在为基础,我们将海洋政治界定为海洋社会的权力指向,立基的主题对象在于海洋国家之间有关海洋权益的决策及执行,以及相互影响的社会活动及其关系总和,立论的基本重心在于以海洋国家确立、维护、扩大海洋权力、海洋权利和海洋利益为核心的所有政治活动。先秦时期是中国古代国家文化的起始阶段,也是中华文明的筑基时期,这一时期的社会族群组织框架、政治文物体制构建、文化精神构筑不仅对中国国家文物制度的类型特征及其发展方向有着奠基性意义,而且对于中华精神文化的基础内涵选择及主体流变阈值廓定亦有着根源性价值。因此,全面分析春秋战国时

[①]　李磊.海洋与中华文明[M].广州:花城出版社,2014:126.

期东南沿海海洋国家的产生、发展乃至覆亡的历史背景与过程,厘清隐没在起伏跌宕演化、盛衰存亡历程之中的共性条件与一般根源,究诘埋藏于金石典章呈现与文物统治昭示之下的理性价值与借鉴意义,揭示内含在人物活动及制度施行前后的重大经验与深刻教训,是我们探究先秦海洋社会政治思想精义及其历史文化价值要旨的基础性工作。

众所周知,虽然史前时代中国先民就已临海而居、依海而生,甚至夏商时期王朝的政治影响力不停地东渐东进甚至及于海,国家海洋实践活动也时常见诸史典古籍,夏王朝已然"东狩于海,获大鱼"以及"相土烈烈,海外有截"①,商纣甚至为"克东夷,而殒其身"②。但是此时无论是夏代还是商代,其中央政治权力的有效覆盖范围都没有真正"东渐于海"。直至西周时期,王朝不断东征尤其是以藩屏周的分封制的推行,齐、燕、吴、越等沿海国家的建立及发展,国家政治权力才正式有效覆盖至东部沿海地区。当然,西周一代包括上述沿海诸侯国在内的一众封国只不过是周王朝的地方性权力机构,尤其沿海封国本就是责成异姓诸侯为征伐开拓未服滨海夷族而来,因而在西面事王的总体政治格局之下,齐、燕、吴、越等诸侯国家虽然有着不少向海的用力甚至是卓有成效的海洋政治建设,但在周王朝政治谋划与治政实践的全局大势中,显得颇是细枝末节甚至微不足道。可见,在王朝国家海洋政治行为尚未成形的西周时期,海洋政治思想因缺乏基本的客观条件而无法产生。然而,透过《周礼·地官·司徒》以及《逸周书·大聚解》等"分地"③而耕的记载可见,小规模甚至一家一户的分散劳动已成为西周社会生产的基本趋势。正是因为建立在劳动工具不断改进、劳动方式逐渐革新的基础上的生产效能日益提升,由河湖山脉自然分割而成的相对分隔的地理单元逐步发展成为相对独立的经济区域,分散劳作对集体耕种的冲击瓦解,再加上封邦建国而产生的国家政治权力分化下移,西周时期尤其是西周末期姬周王室对外大举兴兵征伐四夷,对内肆意掠夺社会财富资源、胡乱废立列国诸侯臣公,以致"诸侯从是而不睦"④,"自是荒服者不至"⑤,"王室遂衰"⑥。及至春秋战国时期,一度至高无上的姬周中央王室"终于被它以前的属国所漠视,甚至实际上被遗忘了"⑦。曾经作为中央

---

①　王秀梅,译注.诗经:下册[M].北京:中华书局,2015:821.

②　杨伯峻.春秋左传注:第五册[M].北京:中华书局,2016:1467.

③　黄怀信,张懋镕,田旭东.逸周书汇校集注:上册[M].上海:上海古籍出版社,2007:407.

④　陈桐生,译注.国语[M].北京:中华书局,2013:25.

⑤　司马迁.史记全本新注:第一册[M].张大可,注释.武汉:华中科技大学出版社,2020:112.

⑥　司马迁.史记全本新注:第一册[M].张大可,注释.武汉:华中科技大学出版社,2020:114.

⑦　崔瑞德.剑桥中国秦汉史·公元前221年至公元220年[M].杨品泉,等,译.北京:中国社会科学出版社,1992:23.

王权向四方延伸的诸侯列国已经衍化成为事实上的独立政治国家。齐、燕、吴、越等临海诸侯国家,自立国之日起便立足于自身的自然禀赋实际状况,借助独有的海洋资源的强力支持,凭借海洋社会文化与海洋物质技术的相对优势,纵横捭阖于争霸逐一的春秋战国时期,不仅政治经济上长期尽领风骚,而且在思想文化领域也恒常占据前列,甚至开启了这个时期学术思想根本性革新风气之先声。

(一)先秦海洋国家产生的社会历史背景

公元前770年,刚刚登极的周平王宜臼因无力逐驱犬戎,不得已将河西、西岐之地赠予晋侯、秦伯,放弃丰、镐旧地,在秦、晋、郑、卫等一众诸侯兵马护卫之下,东迁洛邑赓续周王朝大统,以"晋、郑焉依"①,试图仰仗晋、郑等诸侯强国来维持周王朝日薄西山的政治统治。一方面,由于宗周的丧失,虽然平王初迁洛邑时王畿之地也在六百里之数,比之于列国尚占绝对优势,但这些土地其后或是被封赏,或是被赠送,抑或是被诸侯吞噬,再或是为戎狄侵占,姬周天子自有之地和自有之民所剩无几,最终落败至"裂其地不足以肥国,得其众不足以劲兵"②而为诸侯彻底遗忘的悲惨境地。原本王室以诸侯定期朝聘献贡为主要经济来源,但由于其自身实力不断下降、号令诸侯的权威日益式微而逐渐被废弛,以致王室常常不顾"丧事无求,求赙非礼也"③"求之者,非正也"④的成制而屈尊向诸侯求车、求赙(即助葬费用),甚至东周桓王死后因内库穷竭七年之后方得以埋葬⑤。另一方面,随着进入铁器时代,社会生产能力飞速发展,各诸侯国因地、因时、因势制宜发展本国农业、手工业以及商业等,促使国力不断增强,并以此对外武力征伐不断、扩张本国领土及其势力范围,经济实力与军事力量日渐增强,政治自主性与政权独立性日益膨胀。一升一降,中国上古政治生态结构逐渐产生根本性变化,政治权力日渐由中央王朝向强大诸侯国家移转,原本以地方性权力组织存在的诸侯封邦最终破茧而出成长为独立性的国家,从此"礼乐征伐自诸侯出"⑥,"政由方伯"⑦。

当然,这是一个缓慢、渐进、漫长甚至是艰难的过程。经过西周前期一大批圣哲的苦心经略,周王朝社会经济结构与物质生产技术相对进步,政治文物制度体

---

① 杨伯峻.春秋左传注:第一册[M].北京:中华书局,2016:55.
② 司马迁.史记全本新注:第三册[M].张大可,注释.武汉:华中科技大学出版社,2020:1073.
③ 黄铭,曾亦,译注.春秋公羊传[M].北京:中华书局,2016:26.
④ 徐正英,邹皓,译注.春秋穀梁传[M].北京:中华书局,2016:20.
⑤ 顾德融,朱顺龙,朱顺龙.春秋史[M].上海:上海人民出版社,2019:52-53.
⑥ 杨伯峻.论语译注[M].典藏版.北京:中华书局,2015:252.
⑦ 司马迁.史记全本新注:第一册[M].张大可,注释.武汉:华中科技大学出版社,2020:119.

系与政治思想文化相对成熟,即便遭受后期诸王的挥霍破败,东周之初姬周王室尚能保有对诸侯国家的威慑,诸侯朝觐周天子例制以及周天子号令诸侯的权威亦能基本维持。究其缘由,一方面西周大匡济时代的政治底蕴深厚、礼制文化浸润社会久远且余威尚存;另一方面春秋初期各诸侯国家皆处于成长时期,彼此力量对比关系呈相对平衡的均势状态,尤其是中原地区各姬姓诸侯国家国土面积不大,社会经济结构、技术发展水平乃至政治文化传统大致相当以致国家整体实力差别有限,加之戎狄内迁环处的地缘政治格局,使其存在共同国家利益而保有时常联合维持的需求。而东方异姓诸侯国家所封范围颇为广大但仍须武装征伐、生产开发与文化融合,国力尚在积累之中。因此,东周之初的 60 余年里,姬周王室依靠郑、晋两诸侯国家力量的支撑,在戎狄无力入侵、中原诸力量平庸且均等、沿海诸侯国家艰难成长的整体政治生态格局之下,依然能够维持着国家稳定的局面。然而,生产力始终是社会结构中最活跃、最革命的因素,生产力的不断发展势必引起生产关系的变革,引发上层建筑的解构与建构运动。在生产力所包含的劳动者、劳动工具和劳动对象的结构要素中,在劳动者、劳动工具要素的能力与水准大致相当的背景下,劳动对象(主要是土地)的禀赋特质往往左右着社会物质生产的基本效能。春秋战国时期,各诸侯国家封地的自然资源禀赋优劣有别以及开发利用能力强弱不同,因而经济发展水平以及综合国力逐渐呈现出强弱差异,春秋初期的平衡政治格局随即被打破,诸侯征伐以及联合征讨展开,兵燹连年一跃成为这个时期的关键词。最初姬周王室还能影响甚至主导诸侯征伐,但后期由于自身实力的急剧下降,经过"射王中肩"①事件尤其是"王子颓之乱"②之后,不仅姬周王室实力不及诸侯大国,而且东周王室之尊,与诸侯无异。自此之后,原先周王朝统驭之下作为王权地方性存在的诸侯国家逐渐"发展成为不同程度地具有共同语言和文化的独立国家了"③。作为诸侯国家存在的齐、燕、吴、越海洋国家就是在此严酷的政治条件、宏大的政治场景之中,顺时应势而逐渐成长发展起来的。

(二)先秦海洋国家产生的社会历史进程

先秦海洋国家产生的社会历史进程,与姬周王室失去统驭天下的能力以及地方诸侯国家成长为独立政治国家的过程完全一致。然而齐、燕、吴、越这些远离中央王权与中原文化的海洋诸侯国家的建立与发展,虽然在政治竞争与政治交互的

---

① 杨伯峻.春秋左传注:第一册[M].北京:中华书局,2016:114.
② 杨伯峻.春秋左传注:第一册[M].北京:中华书局,2016:230-232.
③ 崔瑞德.剑桥中国秦汉史·公元前 221 年至公元 220 年[M].杨品泉,等,译.北京:中国社会科学出版社,1992:23.

先秦海洋社会与海洋国家研究 >>>

重心"总体向西"方面与中原诸侯国家并无二致,但在其经济发展路径的筹划、国力积累方式的选择以及社会文化内涵的构建等方面与中原诸侯国家存在较大的差距。作为西周第一代封国的齐、燕尤其是齐国,自西周初年姜太公建国直至公元前221年齐国亡国的800余年里,"海王之国"更是以春秋五霸之首、战国七雄之冠而屹立东方,横贯春秋战国时期。案史所表,西周初年周武王为强化新服方国与殷商王畿之地的有效统治、防止殷旧叛乱与夷戎侵扰而分封战略要地于同姓宗亲以及功臣首辅,即如《史记》所载的"封诸侯,班赐宗彝……师尚父为首封。封尚父于营丘,曰齐。封弟周公旦于曲阜,曰鲁。封召公奭于燕。封弟叔鲜于管,弟叔度于蔡"①。特别是平定三监之乱之后,姬周王室着力向东、北、南三个方向推进王朝政治掌控能力,尤其是为了驱驭东方东夷部族,将一众骁勇善战、声名显赫的姜姓以及任姓、风姓等异姓贵族分封至山东半岛东部,负责武装驻防及疆土开拓。"夹辅周室"②的武装驻防与疆土开拓的征伐诉求和现实压力迫使姜齐政权必须建立一支较为强大的独立性军队。作为翦商克殷大军的统帅,吕尚不仅是杰出的军事家更是卓越的政治家。姜齐政权自创建之初便重视军事与军制建设,不但击退与之争国的莱夷并"因其俗,简其礼,通商工之业,便鱼盐之利,而人民多归齐",齐国由此开始成为经济大国;还因协助周公平定三监之乱有功而为王室授命"东至海,西至河,南至穆陵,北至无棣,五侯九伯,实得征之"③,齐国自此走入政治大国的行列。西周时期,因太公为开国重臣,齐国亦实为姬周王室驻守东方的重要诸侯国家,齐国在总体上与姬周王室保持着良性的稳定关系,并借助这种互动双赢的合作关系,在太公"尊贤上功"④政策的推动之下,凭借太公杰出的军政才能及其显赫的影响力与号召力集合一大批军事人才,加之尊重民族和睦、重视文化融会与注重手工业和商业发展,形成了雄厚的国力基础。

春秋时期,一方面社会生产进步,地方经济发展,另一方面"周室衰微,诸侯强并弱……政由方伯"⑤。姬周王室日渐失去掌控诸侯的能力,诸侯征伐不断,以致"社稷无常奉,君臣无常位"⑥,所谓"礼乐征伐自诸侯出"。春秋之初,戎狄大量涌入中原腹地并累累"侵暴中国"⑦,对诸侯各国构成严重的威胁,尤其是实力弱小

---

① 司马迁.史记全本新注:第一册[M].张大可,注释.武汉:华中科技大学出版社,2020:107.
② 杨伯峻.春秋左传注:第二册[M].北京:中华书局,2016:316.
③ 司马迁.史记全本新注:第三册[M].张大可,注释.武汉:华中科技大学出版社,2020:899.
④ 陈奇猷.吕氏春秋校释:第二册[M].上海:学林出版社,1984:605.
⑤ 司马迁.史记全本新注:第一册[M].张大可,注释.武汉:华中科技大学出版社,2020:119.
⑥ 杨伯峻.春秋左传注:第五册[M].北京:中华书局,2016:1692.
⑦ 司马迁.史记全本新注:第五册[M].张大可,注释.武汉:华中科技大学出版社,2020:1930.

208

的诸侯国更需要强大势力来抵御戎狄进犯,以重振中原华夏民族声威,这种客观政治生态环境也为大国争霸提供了现实舞台。然而,春秋早期的齐国南靠泰山、西据黄河、东依大海,领土易守难攻,虽有"鱼盐之利"但尚未得到很好的开发,总体势力大而不强,以致公元前706年"北戎伐齐,齐侯使乞师于郑"①。经过庄公、僖公、襄公三代的武力征伐以及结盟等战略措施与战术手段,齐国先歼灭纪国、郦国,威服鲁国,后又助力卫惠公复位,疆域扩展、势力大盛,已然成为东方小霸。其后桓公主齐任用管仲改革经济、政治、军事以及外交,相继推出并施行包括发展海洋经济与海洋实力在内的一系列政治举措,致使"国以殷富,士气腾饱",国家综合实力进一步强盛。国富兵强的齐国折服鲁、宋、郑国在先,迫使楚国妥协退让在后,"诈邾,袭莒,并国三十五"②,终以"尊王攘夷"为旗号,会盟葵丘"九合诸侯,一匡天下",开始登上春秋霸主之位。

春秋中期以降,随着争霸征伐战火的持续蔓延与强弱兼并的层出不穷,春秋社会不仅诸侯国家力量对比关系不断变化,社会政治格局难以稳定长久,而且诸侯国家内部也面临政治利益构造的调适与政治力量对比关系结构的重塑,政治主导权尤其是军事主导权争夺日益激烈,新兴卿大夫阶层势力急速膨胀,他们不仅诛杀公族、瓜分封邑,安插子嗣担任军中要职以掌控军队,而且极力架空国君政治主导权力甚至利用国家征伐谋求私人政治权力与经济利益。与此同时,新兴卿大夫还针对诸侯公室力量相对削弱而不断扩充家族武装、大肆豢养私人亲兵。据《左传》所载,季氏、孟氏与叔孙氏"三分公室而各有其一,三子各毁其乘"③。强大宗族甚至公然分割公室军队、军备收入私家武装,也因此最终成长为左右各诸侯国家政治格局的强卿大宗。盛极而衰,公元前643年冬天,随着齐桓公病逝,"五公子各树党争立。及桓公卒,遂相攻"④,内乱发生,齐国的霸主之位自此不复存在。然而,百足之虫死而不僵,曾经的霸业之主虽然不及鼎盛,但毕竟国力底蕴不薄。虽说公元前589年大败于晋,但直至齐灵公、齐景公时,齐国实力也仅略次于晋国,仍旧位列春秋强国。盖因国域偏东,既有近鲁牵制又有强晋虎视眈眈,桓公之后霸业难继,春秋中后期,于晋楚争霸中原间隙,齐国便专注于东方经略,伺机吞食周边,不断扩大疆域,到公元前567年灵公攻灭莱国之后,大海为其东迄,黄河为其西止,泰山为其南至,棣水(河北盐山)为其北境,山东半岛绝大部分地区已为其所据。

春秋末期,随着铁器时代的深入,手工业、农业、商业的长足进步,社会利益格

---

①　杨伯峻.春秋左传注:第一册[M].北京:中华书局,2016:122.
②　方勇,李波,译注.荀子[M].2版.北京:中华书局,2015:81.
③　杨伯峻.春秋左传注:第四册[M].北京:中华书局,2016:1084.
④　司马迁.史记全本新注:第三册[M].张大可,注释.武汉:华中科技大学出版社,2020:908.

局变动进一步加剧,尤其是第二次中原弭兵之后,各诸侯国内部卿、大夫相互兼并愈演愈烈,政治斗争重心日益向内移转。与其他诸侯国家一样,齐国自齐桓公辞世之日起,国内政治权力争夺日益激烈,不仅诸子结党争位相残,而且公卿连朋谋逆乱权,特别是崔杼、庆封之乱,不但使霸业日益中衰,而且君权逐渐旁落,"陪臣执国命"①,累世世宗大族已然成为齐国社会政治重心。其后虽有贤相晏子"强公室,抑私门"的艰辛努力以及齐景公试图恢复霸业的大胆尝试,但历经多次内乱洗劫的姜齐政权,已然危如累卵、大厦将倾、回天乏术。更何况强卿大宗陈氏(田氏)早已虎视眈眈,经由几代人的苦心孤诣深耕民心,"于民以小斗受之,其禀予民以大斗,行阴德于民"②,齐民因感恩于田氏"而归之如流水"③,陈氏(田氏)因而将齐国军政大权牢牢掌控在手中,恣意擅杀公族大臣,肆意废立国君王储。公元前386年流放齐康公于海岛并自立为国君的田和终为周安王"立为齐侯,列于周室"④,自此姜齐政权正式为田氏取代,田齐时期由此开启。

在春秋诸侯争霸的大舞台上,作为同样"边于海"的诸侯国家,历史积淀更为久远的"不能一日而废舟楫之用"⑤的吴国以及"以船为车、以楫为马"⑥的越国相对于春秋首霸齐国而言,却是真实的后来者。虽然吴国有着殷商末年自周原为让贤而远道奔来荆蛮的泰伯所建之"勾吴"起源,及至"周武王克殷,求太伯、仲雍之后,得周章。周章已君吴,因而封之"⑦,转而归宗姬周王室成为诸侯国家,但是"从太伯至寿梦十九世"⑧的漫长岁月里,"夷蛮之吴"总体偏居闭塞蛮荒地带而缓慢地自主发展,几乎与中原无涉。直至吴王寿梦二年即公元前584年,因怨恨大将子反而流亡于晋的原楚国大夫申公巫臣代表晋国实施"助吴疲楚"而出使吴国,教授吴国用兵之术及车战之法,吴王任用其子狐庸为吴国的行人之官,吴国方"始通于中国"⑨,逐渐走上诸侯争霸的舞台,开始征战不断。尤其是中原弭兵之盟以后,楚国的政治注意力转向吴国,吴楚之间角力不止、战事接连不断。由于长期与强大的晋国对峙,楚国国力耗费颇巨,加之大国多内乱的通病以及吴国股肱臣僚先有"助吴疲楚"的申公巫臣、后有背负弑父之痛的伍子胥等仇楚旧臣,步入中衰

---

① 杨伯峻.论语译注[M].典藏版.北京:中华书局,2015:252.

② 司马迁.史记全本新注:第三册[M].张大可,注释.武汉:华中科技大学出版社,2020:1178.

③ 杨伯峻.春秋左传注:第五册[M].北京:中华书局,2016:1367.

④ 司马迁.史记全本新注:第三册[M].张大可,注释.武汉:华中科技大学出版社,2020:1182.

⑤ 顾栋高.春秋大事表:第二册[M].吴树平,李解民,点校.北京:中华书局,1993:2069.

⑥ 李步嘉.越绝书校释[M].北京:中华书局,2018:206.

⑦ 司马迁.史记全本新注:第三册[M].张大可,注释.武汉:华中科技大学出版社,2020:880.

⑧ 司马迁.史记全本新注:第三册[M].张大可,注释.武汉:华中科技大学出版社,2020:881.

⑨ 司马迁.史记全本新注:第三册[M].张大可,注释.武汉:华中科技大学出版社,2020:881.

之际的楚国在多数的时节只是到处筑城以备、防守为主。不过，由于强敌世仇的越国在旁适时牵制、虎视眈眈，攻占楚国郢都的吴国还是不能入主长江中游、翦灭楚国，最终撤军返回旧地。由此可见，滨海小国吴国包括越国，虽然在吸纳中原物质技术与政治文化的基础上利用后发优势发展了本国的社会经济、增强了军事实力，鼎盛之时也曾有着成为春秋霸主的辉煌，但毕竟经济实力不足、国家潜力不够，无力长久征战。无论是吴国抑或后来的越国皆是北向争霸一时之后难以为继，如吴国的被迫作罢，或如越国的主动退却。没有雄厚经济技术实力做后盾，缺乏深层社会政治文化作为支撑，吴越的成就终究只是昙花一现。

　　正是基于西周后期姬周王室在中央集权与诸侯分治的博弈中日渐失控，"你方唱罢我登场"的争霸夺权成为春秋时期"死亡政治秩序"之下的时代主旋律。在一众政治上已经相对独立于姬周王室的诸侯国家序列里，凭借政治政令的畅行无阻、物质技术的坚实支持以及华夏文化的成熟映照，沿海邦国依据向东向海接续发展的路径优势、资源丰实产出多样海洋经济的支撑便利、舟车楫马来去从风战略战术的多重选择，在春秋争霸的广阔历史舞台尽领风骚。齐桓公更是以"九合诸侯，一匡天下"成为春秋五霸之首，吴王夫差、越王勾践也曾一时跻身于春秋霸主之列。齐国成就霸业并长期位列春秋战国强邦，根源即自太公建国因时顺势、制山海之宜而"通工商之业，便鱼盐之利"，划定齐国据山面海的基本发展路径，一举奠定厚实的大国经济基础，桓公更是倚重管仲"官山海"治理要策而由国家专营山海资源，不仅"设轻重鱼盐之利"[1]，而且"通轻重之权，徼山海之业"[2]，"膏壤千里，宜桑麻，人民多文采布帛鱼盐"[3]。公子小白亦因不朽霸业而成就一世英名，即便战国之时田氏代齐仍旧依循"山海之策"通便商工之业、广开渔盐之利，轻重经国富上足下，以至经济发达、百业俱兴，长期雄霸东方。而吴、越依"僻陋之国"起步，终究"威动天下，强殆中国"，简单的"信立而霸"[4]并不足以言明其根源。吴越纵横江南甚至剑指中原之际，不仅兵强国富、武备精良，而且在水网交错、湖海交接的东南泽国水乡来去如风、进退自如，其所仰仗的并不仅仅是战场适应性更强的新型军事力量舟师抑或海军，还有沟通不同水域、链接河海通畅的人工水道。既能调整水旱、灌溉农田、发展经济，亦能使货物懋迁畅通而集聚财富以及规模化投送国家力量的国家运河，才是吴、越这样域内水网纵横的沿海国家霸业的基础支撑，亦即吴越得以位列春秋五霸之列的根本仰赖。至于渤海之滨的燕国，虽不富史典经

---

① 司马迁.史记全本新注：第三册[M].张大可，注释.武汉：华中科技大学出版社，2020：902.
② 司马迁.史记全本新注：第三册[M].张大可，注释.武汉：华中科技大学出版社，2020：866.
③ 司马迁.史记全本新注：第三册[M].张大可，注释.武汉：华中科技大学出版社，2020：2217.
④ 方勇，李波，译注.荀子[M].2版.北京：中华书局，2015：165.

传,但因交往附和甚密于海王之国,在相对苦寒之地向海经略也颇有声色,尤其是在海洋资源、海上舟师与海上交通方面有着较早的开创与开拓,依《管子·地数》的"燕有辽东之煮"记载可以揣测,至少春秋时期燕国境内的辽东海水煮盐业已然名噪一时。因而,就总体意义而言,春秋之际的齐、燕、吴、越等沿海诸侯国家,因制宜于其各自地理环境的特色条件与自然资源的禀赋基础,着力用心于山海,并在与内陆诸侯国家政治角逐、军事征伐过程中逐渐确立起以海上(水上)舟师武装为特色的国家军事力量新体系,齐、燕、吴、越的各代统治主君亦在社会财富构成、国家利益结构系统中,给予了以渔盐为核心的海洋性利益以相当的权重与足够的政治资源投入,并由此在沿海诸侯国家及其之间形成了较为清晰的以海洋权力、海洋权利和海洋权益为内容的社会关系体系以及国家关系类型,不仅让中国上古社会海洋政治思想及其初期实践自此滥觞,而且也为这些海洋国家在战国时期的进一步发展奠定了坚实的物质技术与精神文化基础。

(三)先秦时期东南沿海的主要海洋国家

先秦时期,尤其是春秋战国时期之前,自夏王朝发轫之时,中国上古社会便走上了国家文明发展的快车道,甚至自禹帝时起,华夏文化已经对东南沿海产生了一定的影响力,《尚书·禹贡》中临海之州"厥贡盐絺,海物惟错"①的贡赋记载即可为据;史籍之中夏代帝杼"东征于海"乃至帝荒"命九夷,东狩于海,获大鱼"等记载,都在清晰显示夏王朝向东向海的持续用力。但强大的东夷部族依然牢牢控制着东部沿海的广大区域,不仅与中原华夏民族交互并存,而且在渔猎经济技术方面占据着一定的优势并对中原华夏民族形成压迫之势。因而,夏王朝时期,从中原华夏族群视角来看,中国上古还不能说是真正意义上的海洋国家。殷商时期,东夷海岱文明总体融入华夏文明之中,商代国家对东部沿海地区通过不断的军事征伐,使中央王朝的政治影响能力乃至政治掌控能力较之前代空前强化。商中期,因黄河泛滥为祸、王都东移至奄(今山东曲阜),中央王朝授建子姓莱国亦即莱夷国也在客观上提升了王朝对东部沿海的政治影响力乃至政治改造力。然而有商一代,汲取中原农业文明之后的东部沿海区域,虽然在文化上已融入华夏文明的体系,但对殷商王朝的政治权力体系始终抗拒不已,叛乱成为东夷部族的基本政治行为与主要政治标签。晚商多次征伐东夷未服部族以致商纣"而陨其

---

① 王世舜,王翠叶,译注.尚书[M].北京:中华书局,2012:61.

身"①,即便是政治构建力与文化构建力空前强大的周王朝,施行"封建亲戚,以藩
屏周"②以期强化中央王权对东南沿海的全力掌控,也要到周公兴师三年"东伐淮
夷,残奄,迁其君薄姑"③,方才将东部夷族占据之地纳入姬周国家领辖。后经太
公姜齐政权节制经略,再加之诸侯国家吴、越与燕的持续向海经营,东部沿海总体
才归入西周王朝国家权力统辖之下。当然,此时的姬周国家还只是涉海国家而非
海洋国家,因为在封建诸侯的政治体制之下,西周王朝实质上是逐渐离散的复合
制国家结构形式,有周一代其姬周国家结构总体一直在由周初的高强度中央统辖
的联邦制逐渐向中周的邦联形式直至晚周的独联体状态演化。即便是所谓"大匡
济时代"的西周前期,中央王权鼎盛之际,国家政治权力对于海洋及其海洋资源与
海洋利益也鲜有直接关注,只是沿海诸侯地方社会权力对于海洋政治意义与经济
价值多有直接观照,所谓的海洋利益、海洋权利与中央王权依然没有多少交集,国
家海洋权力、海洋权利及海洋利益尚在深沉萌芽状态之中,因此,疆域东渐于海的
西周王朝并没有成长为海洋国家,而仅停留在涉海社会的层面。先秦海洋国家真
正产生的时期,只能是沿海诸侯独立国家的出现并凭借海洋资源发展海洋利益、
壮大海洋实力、扩张海洋权力的春秋战国时期。

总览先秦历史,中国古代早期海洋国家以春秋战国时期的齐国、燕国、越国和
春秋时期的吴国以及战国时期的楚国为典型代表。齐国、燕国与越国特别是齐、
燕两国在时间上纵贯春秋战国,越国则是在公元前334年为楚国大败,分裂、臣服
而亡国。吴国则是在春秋后期强大起来并称霸中原的海洋国家,但在短暂的辉煌
后于公元前473年便为宿敌越国所灭。而楚国是在战国后期,尤其是大败越国之
后才正式全面走入海洋国家行列。在这一众海洋国家之中,尤以齐国的海洋经济
发展与海洋文化发育最为成熟成形、海洋政治思想与海洋政治实践最为整合完
备,齐国社会历史文化发展历程中"官山海"所体现的海陆一体发展理念,"通商工
之业,便渔盐之利"的海洋经济发展模式,重舟师通航线的海洋力量发展方案以及
开放包容、兼收并蓄、重视学术价值的海洋文化发展思路等皆是中国古代早期海
洋政治思想及实践的最高成就。当然,偏居苦寒之地的燕国在重视海洋经济、注
重越海航行、探索海外交往的海洋国家发展方向上的有益尝试,对后世中国海洋
政治视野拓展的启示价值是毋庸置疑的。而吴、越两国注重国家海洋力量建设、
重视海(水)上通道贯通、重视海洋力量综合运用、关注海洋基本防卫的海洋政治

---

① 杨伯峻.春秋左传注:第五册[M].北京:中华书局,2016:1467.
② 杨伯峻.春秋左传注:第二册[M].北京:中华书局,2016:459.
③ 司马迁.史记全本新注:第一册[M].张大可,注释.武汉:华中科技大学出版社,2020:110.

文化,也是中国古代早期海洋政治思想萌芽构建时期的重要养料。同样作为底蕴深厚的诸侯大国,楚国则以水路运输管理体制机制创新、海外贸易等方面突出的建树,在中国古代早期海洋文化发展史上占据着特殊的地位,尤其是"鄂君启金节"所展现的有关航运符节的若干细致规定,更是"开拓了其后千余年唐宋市舶管理制度之先河"①。先秦时期,中国海洋国家在长期的历史文化发展演进历程中积淀的海洋政治思想和海洋文明成果,作为中华海洋文化尤其是海洋政治思想起始阶段筑基意义的存在,植根于当时社会经济技术条件与社会文明进步现实而呈现出来的真实成就与真正失败、共性经验及一般教训,对于先秦海洋文明的文化历史价值、先秦海洋政治思想跨时空的实践理性意义,都是最基本的论据支撑与史料仰仗。

二、先秦海洋国家的发展

在马克思主义唯物史观的视域中,社会基本矛盾不断推动人类社会持续向前发展,生产技术的每一次进步哪怕是轻微的改进都会在社会文物制度层面引起相应的反响。生存的需求与发展的欲望驱使人类不停地调适进而改善物质对象与人们自身的现实联系,并通过血缘尤其是确实的共同利益而形成短暂或者长期的共同体,竭力将该种现实联系稳定维持甚至不断扩展以保障改善调适的持续以及成效的保有。在永无止境的欲求面前,为满足欲求而存在的能力总是处于不知疲倦的冲动之中,因而在社会结构之中,生产力总是最活跃、最革命的因素。在人类社会发展历程中,人们从简陋工具条件下依靠人群整合与不断变换物质对象的直接联系的生存状态,逐渐过渡到依靠劳动工具日益改进的生产效能持续提高而与物质对象保持相对稳定的现实连接的生产状态。在劳动者与劳动对象保持相对稳定的情况下,生产工具及其性能便成为生产力发展进步的根本性标尺及标志。石器时代、青铜时代、铁器时代以及多元材料时代,便是人们借助该标尺对文明进程所做的阶段划分。先秦时期,中国社会跨越石器时代、青铜时代并开始步入铁器时代,其文明文化发展的进程注定极其波澜壮阔、风起云涌、惊心动魄,尤其是处于工具能力根本性质变、社会关系革命性变革阶段的春秋战国时期,铁制工具的使用以及牛耕技术的推广致使生产能力急速提升,族群利益格局、国家政治结构、思想文化内涵皆处于大动荡、大改组、大变革、大发展、大繁荣的时代潮流之中。先秦齐、燕、吴、越、楚等海洋国家亦顺应这个"死亡政治秩序"的大时代适时成长、发展、壮大,最终有如百川归海般汇入重新统一的华夏文化大家族进而步入

---

① 孙光圻.中国古代航海史[M].北京:海洋出版社,2005:75.

中国古代文明的新时代,这些独立政治国家的海洋经济发展、海洋政治变革以及海洋文化繁荣成为该时代中华海洋文明最亮丽的风景线,并为后世中华文明尤其是中国海洋文明的发展谱就了原始的基因密码。

(一)海王之国齐国的发展

经济是政治国家与市民社会存在和成长的物质基础,更是社会国家与族群组织发展变化的根本。夏商西周社会政治与族群国家的接续演进、华夏文明与中原民族向东向海的持续展开,都是当时社会生产进步、经济发展的必然结果。春秋时期,姬周王室政权掌控力逐渐衰微、诸侯国家综合实力日渐增强,其中最为根本的缘由是"由青铜时代开始逐步进入铁器时代"①,亦即有冶铁手工业支持的铁制农具与牛耕技术的开始使用致使社会生产力突变,加之商业与都市经济的相应繁荣,春秋社会经济面貌、利益关系势态发生根本性改变,诸侯力量结构与政治格局随之发生连锁反应。海王之国首霸中原、称雄战国、与其后吴、越两国称雄春秋最后却落得惨淡结局;战国时期楚国向东向海始终保持强盛,都是经济整体发展路径与实践逻辑的基本遵循与实际表达。

1.齐国的经济发展

作为一个老牌的诸侯国家,齐国对于姬周王室承担着武装驻防东夷与向东向海开疆扩土的繁重政治责任,加上有着"国师"级统帅——太公的带领,远离祖源之地、骁勇善战的姜姓族人面对势力不俗的东夷莱人的争夺依然能够从容落籍生根。本就为"东海上人"②的姜齐太公有鉴于"地潟卤,人民寡"③之现实困境,在政治与文化上"因其俗,简其礼",对外促成和睦,向内以"尊贤上功"激励、凝聚功贤才能;在经济生产上直面土地资源禀赋不足而导致的系列难题,因地因势制宜,"劝其女功,极技巧,通鱼盐"④,以优先发展手工业、商业并融通相对优势的鱼类资源以及海盐产品,致使四方人民与财物"襁至而辐辏"般流归齐国,不仅一举破解齐国发展难题、奠定齐国经济大国的深厚基础,而且自此确立起齐国经济的基础发展模式和据山面海的一般发展路径,为包容开放的齐国文化构筑起坚实厚重的物质技术基础。通过协助平定"三监之乱"而获得姬周王室"东至海,西至河,南

---

① 顾德融,朱顺龙.春秋史[M].上海:上海人民出版社,2019:168.
② 司马迁.史记全本新注:第三册[M].张大可,注释.武汉:华中科技大学出版社,2020:896.
③ 司马迁.史记全本新注:第五册[M].张大可,注释.武汉:华中科技大学出版社,2020:2209.
④ 司马迁.史记全本新注:第五册[M].张大可,注释.武汉:华中科技大学出版社,2020:2209.

至穆陵,北至无棣,五侯九伯,实得征之"①的政治授权,姜齐政权"得征伐,为大国"②,成为名副其实的诸侯大国。但由于随后不断的内外矛盾、接连的权力争斗以及不停的王都迁移,齐国的经济难有较大发展,延及春秋初年国力依旧不强。直到齐桓公上台结束内乱,任用管仲为相,推行系列改革措施,齐国经济才得到快速发展,国力日益强盛,逐步奠定了齐国横贯诸侯列国,纵贯春秋战国经济社会、政治军事、思想文化深层厚重的物质基础。

管仲系列的经济改革基于深沉深邃、宏大贯通的思想理论。概括来说,"仓廪实而知礼节,衣食足而知荣辱"③,即经济是政治的基础、物质生活保障为社会精神文明前提的唯物主义政治哲学,这是管仲经济改革思想及措施的理论根源。在管仲(确切地说,是以管仲为鼻祖的管子学派)看来,政治国家施政理民必须以肯定民众趋利避害的本性为基础,需"与俗同好恶"④"顺民心"⑤,方能发展生产,进而通过"通货积财"而最终达至"富国强兵"⑥。可见,管仲相国的政治逻辑,即趋利避害是人的本性,满足基本的利益与规避可能的危害既是人们生产劳动的主要内在驱动又是民众社会活动的基本外在追逐。制度的供给是否有效取决于其对民众急迫需求的真切回应。因此,诸侯列国的主公君侯透彻洞察民众的多元现实需求,基于"知与之为取"⑦的治政原则,以富民为政治之先导与前锋,系统施策对应提供序列相宜的有效制度供给,是为海王之国"官山海"达至"富上而足下"国强民足之"至事"⑧最大的政治。治政理国如同去疾除疴,对症下药方能妙手回春。管仲施政治齐的治理逻辑正是对症下药。也正是因为如此,管仲在齐国的改革并没有局限于发展经济,而是立足于经济、政治、军事、外交甚至影响到了思想文化的宏阔视域系统治理。管仲系列改革的成就并不只在于使齐桓公"九合诸侯,一匡天下"成就不朽功业,还在于收获"不以兵车"⑨"五战而至于兵"⑩以至"民到于今受其赐"⑪的文治教化成效,尤其是"诸夏亲昵,不可弃也"⑫的血缘身

① 司马迁.史记全本新注:第三册[M].张大可,注释.武汉:华中科技大学出版社,2020:899.
② 司马迁.史记全本新注:第三册[M].张大可,注释.武汉:华中科技大学出版社,2020:899.
③ 司马迁.史记全本新注:第四册[M].张大可,注释.武汉:华中科技大学出版社,2020:1359.
④ 司马迁.史记全本新注:第四册[M].张大可,注释.武汉:华中科技大学出版社,2020:1359.
⑤ 李山,轩新丽,译注.管子:上册[M].北京:中华书局,2019:6.
⑥ 司马迁.史记全本新注:第四册[M].张大可,注释.武汉:华中科技大学出版社,2020:1359.
⑦ 李山,轩新丽,译注.管子:上册[M].北京:中华书局,2019:6.
⑧ 李山,轩新丽,译注.管子:上册[M].北京:中华书局,2019:741.
⑨ 杨伯峻.论语译注[M].典藏版.北京:中华书局,2015:218.
⑩ 李山,轩新丽,译注.管子:下册[M].北京:中华书局,2019:1030.
⑪ 杨伯峻.论语译注[M].典藏版.北京:中华书局,2015:218.
⑫ 杨伯峻.春秋左传注:第一册[M].北京:中华书局,2016:280.

份尊崇与族群文化认同的人文情怀。

管仲的经济改革体现于相继相应的具体措施体系。作为生于败落、起于困顿、逃于战场且长时间辗转于草根市井的杰出人物,管仲亲临四面云山、胸怀万家忧乐,谙熟齐,深知要"以赡贫穷,禄贤能,齐人皆说"①,要使国实仓廪、人知荣耻,势必依循太公既定强国之路以"设轻重鱼盐之利"以及"徼山海之业"。基于此,管仲对于农业、手工业与商业综合施策、系统推进。在作为"王之本事也,人主之大务"②的农业方面,管仲以土地与赋税制度为宏观要略,基于"与之(民)分货"立足于"均地分力"③直至"相地而衰征"④,即在与民共利的基础理念之下,公平分配土地并合理估算地租,实行分田至户推进个体分散经营农作,最后按照土地质量即肥瘠差别与产量差异相应逐级降低赋税征收标准,将农民收获的相应部分以赋税的形式交予国家,由此调动起农民的生产积极性,以至农户"夜寝蚤起,父子兄弟,不忘其功,为而不倦,民不惮劳苦"⑤,并最终达至"不使而父子兄弟不忘其功"⑥,劳动的创造性不断被激发。同时,为保障农业生产正常开展、农民收获如预期稳定,管仲还主张"无夺民时"⑦,即不能在农事之时兴兵起役扰乱生产。在微观农业经营上,设置"司田"职官以"相高下,视肥硗,观地宜……使五谷桑麻,皆安其处"⑧,具体指导个体农户因地制宜开展多种经营,并主张农户要在田间管理上下足功夫、抓紧相应时机以提高收成,即所谓"及耕,深耕而疾耰之,以待时雨;时雨既至,挟其枪、刈、耨、镈,以旦暮从事于田野"⑨。此外,管仲还对粮食桑蚕、家畜饲养、果蔬种植以及狩猎捕鱼等行业领域设有激励奖赏措施⑩。正是这些颇为完整、系统的促农利农措施,使齐国农业生产得以快速发展,并由此推动了手工业、商业的发展繁荣。

在春秋时期中原农业社会整体快速发展的时代大背景下,管仲虽然十分注重农业的根本性地位,强调所谓的"地者,政之本也"⑪,但在其极富系统性、综合性

---

① 司马迁.史记全本新注:第三册[M].张大可,注释.武汉:华中科技大学出版社,2020:902.
② 李山,轩新丽,译注.管子:下册[M].北京:中华书局,2019:719.
③ 李山,轩新丽,译注.管子:上册[M].北京:中华书局,2019:90.
④ 陈桐生,译注.国语[M].北京:中华书局,2013:254.
⑤ 李山,轩新丽,译注.管子:上册[M].北京:中华书局,2019:90.
⑥ 李山,轩新丽,译注.管子:上册[M].北京:中华书局,2019:90.
⑦ 陈桐生,译注.国语[M].北京:中华书局,2013:254.
⑧ 李山,轩新丽,译注.管子:上册[M].北京:中华书局,2019:61.
⑨ 陈桐生,译注.国语[M].北京:中华书局,2013:245.
⑩ 顾德融,朱顺龙.春秋史[M].上海:上海人民出版社,2019:73.
⑪ 李山,轩新丽,译注.管子:上册[M].北京:中华书局,2019:73.

的执朝理政思想体系中,仍然不忘对手工业即"工事""女事"赋予与农业同样的"富国五经"①的重要地位。如果说农业在管仲的心中是君主执政治国的根本,那么手工业则是诸侯国家存在进而发展壮大的充分条件,是其综合国力尤其是讨伐征战潜力的基本保障,况且"通商工之业"自太公治国修政起就一直被视为齐国的立国基础。因此,管仲相国掌朝之后便通过设置"工正""工师""铁管"以及"三服官"建立健全国家手工业管理机构及机制,强化对于冶铜、制铁、纺织等手工业的管理来推进并保障其稳步发展。明确界定工师的基本职责在于"论百工,审时事,辨功苦,上完利,监壹五乡,以时钧修焉。使刻镂文采,毋敢造于乡"②。这样一来,国家工师不仅须考核评定各种匠工技能技艺等次、了然工匠生产制造能力,审定明确各个时节的生产任务、合理利用产能,辨别作业产品质量优劣、保障器物性能,鼓励倡导精良完备产品生产、激励技艺创新,而且要统一均衡并监管国内五乡手工业生产,因时因势依照生产事项做出整体而合理的安排。此外,国家工师还须杜绝一味追逐雕刻精细、纹饰精美、浮华奢侈的工艺在所辖各乡出现,以确保手工业及其业态的健康发展乃至对社会经济进步的有效支持。同时,在春秋兵燹连天的现实场景之中,齐国"富国强兵"的政治需求同样急迫,大力发展金属冶炼手工业,以高质量青铜以及铁器制品优先武装军队和促进农业生产,亦是管仲主朝治政的核心价值目标。所以,管仲十分重视国家战争潜力的培育与保护,极力主张"美金以铸剑戟,试诸狗马;恶金以铸鉏、夷、斤、斸,试诸壤土"③。对于"山铁之利",管仲甚至施行"与民量其重,计其赢,民得其七,君得其三"④,将工商业者利益与国家利益捆扎为一体,"则民疾作而为上虏"⑤,民众顺从国家调遣并努力劳作。正是健全的手工业体制机制,构筑起齐国强大的制造能力,也奠定了齐国强大的海上实力的物质技术基础。春秋战国时期,齐国大败吴国海上舟师、开通沿海航线、长兴渔盐之利以及齐国的海盐业一直居于垄断地位等,都与管仲务实发展手工业以及重视"通货积财"的商业政策不无关系。

由于自身拥有较为丰富的商业实践经历,加之齐国有着深厚的重视商业发展的政治文化传统以及社会文化现实氛围,管仲重视商业从而发展商业尤其是对商业有着深邃理解,也就顺理成章了。基于"来天下之财,致天下之民"⑥以至"通货

---

① 李山,轩新丽,译注.管子:上册[M].北京:中华书局,2019:52.
② 李山,轩新丽,译注.管子:上册[M].北京:中华书局,2019:61.
③ 陈桐生,译注.国语[M].北京:中华书局,2013:259.
④ 李山,轩新丽,译注.管子:下册[M].北京:中华书局,2019:1058.
⑤ 李山,轩新丽,译注.管子:下册[M].北京:中华书局,2019:1058.
⑥ 李山,轩新丽,译注.管子:下册[M].北京:中华书局,2019:1027.

积财,富国强兵"①的基本治政目标,管仲非常重视利用货物懋迁、市场流通,着重强调国家应发挥流通市场商品、汇聚财富的基础功能,注重以轻重之术、市场价格变化系统经营国家商业,重视以商战而非兵战征服诸侯、称霸天下。这在诸侯列国普遍重视铁血杀伐的春秋时期,着实令人耳目一新。因此,基于齐国农业手工业的大力发展,管仲在商业方面明确主张培植商业市场、培育商人群体并设立国家专门机构管理以培护营商环境。在管仲的商事理论与商业逻辑体系里,"聚者有市,无市则民乏"②,因而百乘、千乘直至万乘规模的都国邑城,皆须"中而立市"③。与此同时,"令夫商,群萃而州处,察其四时,而监其乡之资,以知其市之贾,负、任、担、荷,服牛、轺马,以周四方,以其所有,易其所无,市贱鬻贵,旦暮从事于此"④,再配置以"弛关市之征,五十而取一"⑤的宽松营商环境不断招徕商贾,以保持市场运行平顺、市场交易繁荣。为使"通于轻重"⑥达至"官山海"政策"笼以守民"⑦的实效,管仲强调诸侯国家还须防止"蓄贾游市,乘民之不给,百倍其本"⑧,侯君国主须"守四方之高下,国无游贾,贵贱相当"⑨,所以善于管理商业的君侯皆是"市立三乡"⑩以及"省有肆"⑪,亦即由国家设立配置三乡主管商人、指派肆长管理店铺与集市。而且在管仲的宏伟蓝图之中,国家对于市场物价调控的施政目标并不局限于经济的稳定,而是直接指向积极运用"御谷物之秩相胜,而操事于其不平之间"以至"万民无籍而国利归于君也"⑫。事实上,管仲的商业规划还有更为宏阔的擘画,也就是以商为战征服天下即"所谓五战而至于兵者"之"战衡、战准、战流、战权、战势"⑬。在达至"以方行于天下,以诛无道,以屏周室,天下大国之君莫之能御"⑭的雄霸诸侯天下理想目标的路径选项中,伏尸百万、赤血千里伤及根本、动摇基础的战争之路并不是最优的选择,"来天下之财""致天下之

---

① 司马迁.史记全本新注:第四册[M].张大可,注释.武汉:华中科技大学出版社,2020:1359.
② 李山,轩新丽,译注.管子[M].北京:中华书局,2019:82.
③ 李山,轩新丽,译注.管子:下册[M].北京:中华书局,2019:1018.
④ 陈桐生,译注.国语[M].北京:中华书局,2013:244.
⑤ 李山,轩新丽,译注.管子:上册[M].北京:中华书局,2019:351.
⑥ 李山,轩新丽,译注.管子:下册[M].北京:中华书局,2019:941.
⑦ 李山,轩新丽,译注.管子:下册[M].北京:中华书局,2019:941.
⑧ 李山,轩新丽,译注.管子:下册[M].北京:中华书局,2019:941.
⑨ 李山,轩新丽,译注.管子:下册[M].北京:中华书局,2019:1012.
⑩ 陈桐生,译注.国语[M].北京:中华书局,2013:247.
⑪ 李山,轩新丽,译注.管子:下册[M].北京:中华书局,2019:1012.
⑫ 李山,轩新丽,译注.管子:下册[M].北京:中华书局,2019:946.
⑬ 李山,轩新丽,译注.管子:下册[M].北京:中华书局,2019:1030.
⑭ 陈桐生,译注.国语[M].北京:中华书局,2013:249.

民"免却硝烟蔽日、战火焚城的商市之战才是其追求所在。在商品贸易、通货积财成为时代刚性需求的大背景下,通过推行平衡市场物价的主动调控、制度体系规则标准的系统施行、财货流动市场流通的适时引导、经济生态宏观运行的相机权变以及主导产业发展优势的精准发力等一系列综合政策,齐国借助"用非其有,使非其人"①,继而控制天下财富、驱使众生,终致"富上而足下"②、国力殷实而称霸天下。《管子·轻重戊》中利用市场需求控制供给进而畸形化"鲁梁"经济结构终致其"三年请服"③的设想,何尝不是可操即行的战例。此外,基于微观政策运行的视角,管仲依然有着不少甚至让今人眼前一亮的举动,诸如主张不能向一般小民直接征收赋税,一则可以避免小民财物凭空为富商巨贾剥夺,二来国家轻重之权亦不至于落到富商之手。还如《管子·山权数》中所及的"御神用宝"④刺激奢侈性消费以及《管子·侈靡》中所言的"雕卵然后瀹之,雕橑然后爨之……富者靡之,贫者为之,此百姓之怠生,百振而食非"⑤即以消费促进就业的思路,又如何不让人拍案称奇?

当然,虽然学界研究表明《管子》所记载的主要文章及其主体思想并非管仲所作,而是托名管子的"管子学派"之稷下学士们所著⑥,但这些起自春秋时期齐国史官、管仲门人弟子与后嗣,直到战国田齐时期稷下学宫崇尚管仲功业的稷下学子,作为管仲思想的直接传承者,他们的思想理论精髓及主体思维逻辑乃至现实政治实践纲要,都不曾背离管仲思想的根本及齐国之实际。因此,春秋战国时期齐国经济制度及其经济发展皆仰仗管仲及后来的管子学派,以及齐国制霸春秋、纵贯战国的雄厚经济实力奠基于管仲、桓公所处的时期,皆是不争的事实。春秋末年田氏夺取姜姓政权依旧沿用齐国之号,不单是为了立足于齐地还为了设立政策即太公至国奠定的"商工渔盐"政制以及管仲深耕齐国经济的山海轻重政策直至继承以此为根基的开放包容、融合创新的姜齐现实主义文化。由此可见,管仲"官山海"经济政策的非凡政治价值对于其后齐国发展具有巨大的基础意义。

2.海王之国齐国的政治变革

在马克思主义的理论视域里,生产关系状态必须适应生产力发展水平,这是社会发展规律的基本意涵。生产力的发展势必引发社会生产关系的变革,生产关

① 李山,轩新丽,译注.管子:下册[M].北京:中华书局,2019:1028.
② 李山,轩新丽,译注.管子:下册[M].北京:中华书局,2019:741.
③ 李山,轩新丽,译注.管子:下册[M].北京:中华书局,2019:1101.
④ 李山,轩新丽,译注.管子:下册[M].北京:中华书局,2019:975.
⑤ 李山,轩新丽,译注.管子:下册[M].北京:中华书局,2019:582.
⑥ 李山,轩新丽,译注.管子:上册[M].北京:中华书局,2019:前言(1).

系变革的实质即利益关系及其格局的重构。因而,在春秋时期金属冶炼能力不断进步、社会生产力水平日益提高的大背景之下,随着"井田"制度的全面瓦解与"工商食官"体系的彻底崩溃,个体农民、私人手工业者以及自由商人也大量涌现,社会利益关系日益繁复,新兴社会阶层日渐成长,新兴社会力量逐渐出现,社会基本结构逐步变革。经历春秋之初内外矛盾不断、政治混乱不堪之后,唯才是举的齐桓公任用管仲"修旧法,择其善者而业用之;遂滋民,与无财,而敬百姓"①。基于整饬旧制基础而全面变革齐国政治军事,旨在通过国家政治结构体系建立健全、社会政治力量关系疏导疏通、诸侯政治资源效用整饬整合、重构利益关系与利益格局来回应社会生产力恒久向前的历史铁律,以稳定国家社会政治运行、缓和不同阶级阶层利益冲突以及与诸侯国家的实力差距,从而提升国力,"从事于诸侯"②主导中原争霸局势,并成就不朽霸业。

在国家政治结构体系整饬构建方面,管仲以整饬修葺原有制度为基础,择其适宜者而用之,并通过体国经野,实施国野分置分治。首先,管仲依据国鄙地理结构与政治性状,主张将国都一分为三、外围鄙野剖划为五,以使国野之人各安其居、各务其业、各精其事,即所谓的"参其国而伍其鄙"③以"定民之居,成民之事"④,将国都及其近郊民众辖制分三个部分,同时,把广大外围鄙野区分为五个组别,一并规制国人野民在社会经济中的生产角色、国家政治中的生活地位,使其各居其所、各成其业、各务其事、各领其命。其次,为精其业而固定国人"士农工商四民"⑤身份并群萃而居"不可使杂处"⑥,所谓"处士必于闲燕,处农必就田野,处工必就官府,处商必就市井"⑦,以安其心思,杜绝"见异物而迁"⑧达致"士之子恒为士""农之子恒为农""工之子恒为工""商之子恒为商"⑨。再次,管仲、桓公进一步划分齐国全国为"商工之乡六,士农之乡十五"共计"二十一乡"⑩。桓公亲自治理十一乡,大臣高子与国子各统领五乡。同时为强化统辖而进一步细化行政区域结构,每乡下设十连,每连下置四里,每里下分十轨,每轨配置五家。都国政事

①　陈桐生,译注.国语[M].北京中华书局,2013:248.
②　陈桐生,译注.国语[M].北京中华书局,2013:247.
③　李山,轩新丽,译注.管子:上册[M].北京:中华书局,2019:369.
④　李山,轩新丽,译注.管子:上册[M].北京:中华书局,2019:369.
⑤　李山,轩新丽,译注.管子:上册[M].北京:中华书局,2019:373.
⑥　李山,轩新丽,译注.管子:上册[M].北京:中华书局,2019:373.
⑦　李山,轩新丽,译注.管子:上册[M].北京:中华书局,2019:373.
⑧　李山,轩新丽,译注.管子:上册[M].北京:中华书局,2019:373.
⑨　李山,轩新丽,译注.管子:上册[M].京:中华书局,2019:373-374.
⑩　李山,轩新丽,译注.管子:上册[M].北京:中华书局,2019:369.

对应设"三官之臣"管理,其中三乡之官管理商业市场、三族之官主理手工事务、三虞之官专司沼泽收益,而三衡之官执掌山林经济大权。在"伍鄙"的经略上,管仲实行属、乡、卒、邑、轨、家层层相连的严密官府管控系统①,"武政听属,文政听乡"②,以实现对农民的直接有效辖制。全国野鄙划分为五属,"故立五大夫,各使治一属焉;立五正,各使听一属焉"③。国家设置五位属大夫,治理各属的政事;同时另设五位政长,监察相应各属大夫的治理绩效。而且"正月之朝,五属大夫复事,桓公择是寡功者而谪之"④,每年正月,五属大夫须将治内情况直接报告于国君,桓公亲自核查、评断、督责。可见,管桓的体国经野,通过对土地及政区剖分、人民及其流动规划以及社会组织及权力安排等政治元素与政治行为的系列整饬、改革及创新,不仅使齐国的政治结构体系构成及其关系更加明晰、完整,而且让齐国的政治行为类型划分及其运转更为明确、顺畅,即所谓的"各保而听,毋有淫泆者"⑤。

在改革完成行政事务的同时,齐国还着手改革军制,组编强化国家军事力量。作为以武建基的传统军事大国,自太公至国与莱夷争营丘,因"夹辅周室"而征伐扩张,直至春秋时期烽烟四起、群雄争霸,齐国不仅始终有着较为强大的军事武装力量,而且军事制度传承有序并不断发展完善,尤其是春秋时期管仲、桓公的军事改革,不但使齐国在先秦诸侯各国中独树一帜,而且引领了军事制度与兵学文化的风气。管仲、桓公的军事改革首先着重强调"作内政而寄军令"⑥,主张军政合一。以前述"参其国而伍其鄙"的乡、连、里、轨、家的国(都)行政治理层级结构设置为军制基础,亦即"五家为轨,故五人为伍,轨长帅之;十轨为里,故五十人为小戎,里有司帅之;四里为连,故二百人为卒,连长帅之;十连为乡,故二千人为旅,乡良人帅之;五乡一帅,故万人为一军,五乡之帅帅之"⑦。这样桓公在治理国家中,相应地由桓公、国子、高子分别统率一支以军(10000人)、旅(2000人)、卒(200人)、戎(50人)、伍(5人)为结构层级的万人军队。由于"卒伍政定于里,军旅政定于郊"⑧且兵士"祭祀同福,死丧同恤,祸灾共之"⑨,因相识、相知、相乐、相忧,

---

① 《国语·齐语》与《管子·小匡》略有差异,本书用《管子》说法。
② 李山,轩新丽,译注.管子:上册[M].北京:中华书局,2019:369.
③ 陈桐生,译注.国语[M].北京:中华书局,2013:255.
④ 陈桐生,译注.国语[M].北京:中华书局,2013:256.
⑤ 李山,轩新丽,译注.管子:上册[M].北京:中华书局,2019:369.
⑥ 李山,轩新丽,译注.管子:上册[M].北京:中华书局,2019:380.
⑦ 李山,轩新丽,译注.管子:上册[M].北京:中华书局,2013:249.
⑧ 李山,轩新丽,译注.管子:上册[M].北京:中华书局,2019:381.
⑨ 陈桐生,译注.国语[M].北京:中华书局,2013:249.

进而步调协同、进退同心,加之"春以蒐振旅,秋以狝治兵"①,即在春、秋农闲之际以狩猎为基本方式整顿军队、操练士卒,"是故以守则固,以战则胜"②,以至战守相宜、战力卓著。由于军政合一,齐国军队不仅在兵源与兵员上有保障,而且训练作战有基础,从而足够讨伐无道之诸侯,保卫天子王室,进而横行于天下。在军政合一的基础上,齐国施行"民常合一",即民军制与常备军相统一的政策。与春秋时期多数诸侯国家仍然维持西周兵农不分的传统军制一样,齐国推行寄军令于内政的民军制甚至更加典型、完善。综观齐国,国人居则为轨里,出则为伍卒,平时为民,战时为兵,亦兵亦农,"武政听属,文政听乡"。农忙时节专心于耕作,农闲之际则效命于行伍,即所谓的"春以蒐振旅,秋以狝治兵"以及"卒伍政定于里,军旅政定于郊"③。而且在军事指挥系统中,除去司马专门负责日常军需事务外,军中各级指挥官员皆是文武不分职、军政不分责,军务、政事同理,征战时节为将指挥战斗,和平时期作吏组织生产。在施行民军制的同时,基于应对日益激烈的争霸战争的需要,齐国还较早地建立起规模相当的常备军队。有学者研究表明,《管子·小匡》中"士之子恒常为士"的"士"就是指"武士",即国人中单独的一个世代专务兵役的武士阶层。④ 他们不仅有稳定的待遇,还有较为充裕的时间共同研究兵法战术以及协同训练,既保证了对于突发性危险的有效应对,又有利于军事指挥的顺畅执行与军队战斗力的不断提升,同时也为齐国军事理论即兵学文化的发展奠定了坚实的物质技术与制度文化基础。春秋战国时期,一批著名的军事理论家都涌现于齐国就是最直接的明证。根据史实,齐国的常备军不仅有中央常备军即前述的"三军",而且有国君禁卫部队以及其后发展起来驻防要塞与都邑的地方常备军——"都邑兵"⑤。此外,管仲、桓公的体国经野、国野分治,在一定意义上亦即国野同治,尤其是在"尊贤上功"的开放型治政理念之下,随着社会生产力的发展,国野的区别无论是在经济价值领域还是在政治意义层面都愈来愈模糊,这为其后国野合一以及赋役合一制度的施行搭建起了最基础的制度平台,也为其后齐国步兵尤其是舟兵的建设发展扫除了根本的政治阻碍。另外,管仲、桓公还施行"兵赎"以及"兵讼"的制度,其主旨亦为发展壮大齐国的军事力量。管仲主张奉行"薄刑罚以厚甲兵"即"死罪不杀,刑罪不罚,使以甲兵赎"⑥,并具体规定"死

---

① 陈桐生,译注.国语[M].北京:中华书局,2013:249.
② 李山,轩新丽,译注.管子:上册[M].北京:中华书局,2019:382.
③ 李山,轩新丽,译注.管子:上册[M].北京:中华书局,2019:381.
④ 李山,轩新丽,译注.管子:上册[M].北京:中华书局,2015:25.
⑤ 徐勇.齐国军事史[M].济南:齐鲁书社,2015:25.
⑥ 李山,轩新丽,译注.管子:上册[M].北京:中华书局,2019:357.

罪以犀甲一戟,刑罚以胁盾一戟,过罚以金军,无所计而讼者,成以束矢"①。犀牛皮甲一套外加戟一支即可赎除死罪,一张胁盾一支戟亦可赎除刑罚,犯过失者罚以金属一钧,没有什么冤屈而轻言诉讼的,则罚一束箭。管仲、桓公兵赎制度的推行,不仅可以增加国家兵备储量,而且也能够推进"民办军事"②的尚武社会风气与军事文化氛围。

当然,体国经野、厚甲强兵是齐国政治变革的主要路径与基本取向。但除此之外,对内有效聚集贤才、对外整合诸侯有益的政治资源,同样在管仲、桓公政治变革思想体系中占有重要地位。作为文化嫁接意味浓烈的诸侯大国,齐国在太公至国修政之日起,便"因其俗,简其礼",即因袭顺应沿用当地土著即东夷莱人的文化风俗,简化本源中原文化的义理典制,使东夷莱人和中原文化融洽自处,成为齐国文化的特质源头。正是在这样的时空结构与文化环境之下,齐国政治文化一开始便具有让中原文化颇感有距离的异质性元素,与周公旦治政遵从"亲亲上恩"③的思想理念不同,太公吕望极力推崇"尊贤上功"的政治哲学。可见,齐文化在其源头便有着浓烈的开放包容取向,唯才是举、任人唯贤、崇尚实绩便是这种开放性、包容性政治思想的硬核表现。因此,管仲、桓公在其治政变革中,十分重视对人才资源的吸纳与使用,强调"举贤良"④,并将此作为五属大夫的基本职责。但凡辖属之中"为义好学,聪明质仁,慈孝于父母,长弟闻于乡里者"以及"拳勇股肱之力秀出于众者"⑤皆须举荐上告国君,否则即为"蔽贤""敝才"失职而受谴责罪,甚至主张"匹夫有善,可得而举"⑥。普通平民百姓只要通过乡长、官长与国君的三级选拔,即可"登以为上卿之佐"⑦。当然,管桓用人还十分强调"德当其位""功当其禄""能当其官"⑧的德才兼备、德能配位的实绩原则,明确主张"德义未明于朝者,则不可加于尊位;功力未见于国者,则不可授以重禄;临事不信于民者,则不可使任大官"⑨。管桓不仅重视国内人才的选拔重用甚至亲自举荐宁戚、隰朋、王子城父、宾须无、东郭牙等为大夫、司马,而且遣派"游士八十人"车马精裘、多足财

① 李山,轩新丽,译注.管子:上册[M].北京:中华书局,2019:357.
② 李山,轩新丽,译注.管子:上册[M].北京:中华书局,2019:357.
③ 陆玖,译注.吕氏春秋:上册[M].北京:中华书局,2011:332.
④ 李山,轩新丽,译注.管子:上册[M].北京:中华书局,2019:357.
⑤ 李山,轩新丽,译注.管子:上册[M].北京:中华书局,2019:386.
⑥ 李山,轩新丽,译注.管子:上册[M].北京:中华书局,2019:387.
⑦ 李山,轩新丽,译注.管子:上册[M].北京:中华书局,2019:384.
⑧ 李山,轩新丽,译注.管子:上册[M].北京:中华书局,2019:47.
⑨ 李山,轩新丽,译注.管子:上册[M].北京:中华书局,2019:47.

粮、四方探访游说用以"号召收求天下之贤士"①。正是这些系统完备的政治体系使齐国人尽其才,再配之以物尽其用的系列社会政治经济制度,齐国迅速实现国富兵强进而成为春秋五霸之首,为齐国称霸整个战国时期奠定了坚实基础。此外,管桓在整肃内政、聚合国力的同时,对外还依据国家战略目标凭借"安四邻"②的近交远攻手段以及"尊王攘夷"的政治宣示整合诸侯国家政治资源,形成了良性政治环境和政治氛围。周边和睦历来是国泰民安与政治稳定的基础,所以管仲采用"审吾疆场,反其侵地,正其封界"③的策略,不仅"毋受其财货",而且"美为皮弊,以极聘眺于诸侯"以达"四邻大亲"④,而且在"还地""勘界"以及重礼三年"聘眺"即"轻致诸侯而重遣之"⑤来友邻睦边,"使至者劝而叛者慕"⑥的同时,率先征伐四方诸侯之中"不服于天子"⑦的"沈乱者",即不听从天子号令的沉迷昏乱侯国以保障姬周中央权力体系维系以及诸侯政治格局平稳。更重要的是,基于"诸夏亲昵,不可弃也"的浓烈血缘联系以及深厚文化认同,管桓齐国东救徐州、南击荆楚、北伐山戎、西服秦戎,攘夷而尊王,一时间夷狄蛮戎与"中诸侯国,莫不宾服"⑧,"远国之民望如父母,近国之民从如流水"⑨,海王齐国国力声威达至鼎盛,为纵贯春秋战国完成经济、政治、军事的深厚积淀。

3.海王之国齐国的文化繁荣

海王之国齐国的强盛,不只是在于经济社会的快速发展、文物政制的逐渐完整以及军政兵学的逐步发达,更在于思想文化的日益繁荣。众所周知,文化乃是一个民族国家的精神命脉,思想文化的繁荣才是最持续、最深层的繁荣。正如罗马城不是一天建立起来的一样,文化齐国也是经由太公的强势奠基、管晏的倾力推进直至田齐威宣时代稷下学宫的兴盛才实现全面繁荣,从而使"齐国由政治、经济、军事大国成为真正的文化大国"⑩。与中原内陆诸侯国家文化有所不同,齐国文化属于非原生性类型,是在东夷文化区域通过武力而强势植入的异质性文化种

---

① 李山,轩新丽,译注.管子:上册[M].北京:中华书局,2019:389.
② 李山,轩新丽,译注.管子:上册[M].北京:中华书局,2019:391.
③ 李山,轩新丽,译注.管子:上册[M].北京:中华书局,2019:391.
④ 李山,轩新丽,译注.管子:上册[M].北京:中华书局,2019:391.
⑤ 陈桐生,译注.国语[M].北京:中华书局,2013:323.
⑥ 陈桐生,译注.国语[M].北京:中华书局,2013:323.
⑦ 李山,轩新丽,译注.管子:上册[M].北京:中华书局,2019:392.
⑧ 李山,轩新丽,译注.管子:上册[M].北京:中华书局,2019:393.
⑨ 李山,轩新丽,译注.管子:上册[M].北京:中华书局,2019:401.
⑩ 颜炳罡,孟德凯.齐文化的特征、旨归与本质:兼论齐、鲁、秦文化之异同[J].管子学刊,2003(1):36-43.

群。正是这种冲突性构建方式,极大的生存压力与急切的发展欲望使得该文化于起步阶段,一方面极具开放包容与融合创新的特质,另一方面又深陷急功近利与易于流变的困扰;一方面表面形态框架拓展迅疾猛烈,另一方面深层追逐凝聚传铸却又艰难迟缓。因而,齐国文化极其浓烈的现实实用色彩较为实质地遮蔽了理想世界醇厚理性的光芒,深层追逐未能得以充分释放与普遍认同,致使强盛的齐国"在政治上没能完成统一中国的大业,文化上未能由区位文化上升为中原文化的主体"①。然而,虽然齐国文化主要流变于实用主义、功利主义直至享乐主义的浅层结构,但在总体上它以一大批杰出的政治家、军事家、思想家与一系列的文化巨著以及国家创建规格颇高、广聚天下贤士的高等学宫为标志,在春秋战国时期百花齐放、百家争鸣的文化大舞台上,确实堪称光芒四射、耀眼炫目的主角翘楚。

齐国文化繁荣首先体现于杰出文化巨擘的群星荟萃。从西周初年姜太公受封建国直至公元前221年秦王嬴政覆灭齐国的800余年历史岁月之中,作为"广收博采、融合创新"②存在的开放文化体系,首霸春秋、冠绝七雄的齐国造就了诸如姜太公、齐桓公、管仲、孙武、晏婴、田常、齐威王、邹忌、孙膑、邹衍、田骈、淳于髡、田单等一大批杰出的政治家、军事家和思想家,也正是这些功勋卓著、战功显赫、理论深邃的文化巨子的政制改革、军事指挥、理论创建及文治教化,使春秋战国时期的齐国不仅物质技术发达、社会经济活跃、政治统治先进、军事力量强大,而且生产知识全面、政制文化系统、兵学理论完备、哲学思想深邃。可见,齐国文化的繁荣是全面的繁荣,更是系统的繁荣。在全景的视角里,无论是春秋姜齐时期还是战国田齐时期,齐国的政治改革文化抑或经济发展思想,始终总体上保持着前后的传承关系;在兵学思想理论发展、军事领导体制改革与征战指挥权力调适等目标指向上,也一直坚守着源流的一贯与延绵。齐国以区区百里贫瘠之地而崛起为东方文化大国,正是"诏令天下"政治价值目标的确定指引,世代相继的贤明君臣殚精竭虑于治政而富国,前后接续的勇武将帅冲锋陷阵于征伐而强兵;正是在因时、因地、因势制宜的实用主义价值理念固守中,广采博收、融合创新的政治文化不拘一格、别具一格的践行所引发的直接而必然之结果。西周初年太公至国,面对相当不利的文化环境与极为匮乏的资源禀赋便以"因其俗、简其礼"谱就了齐国"包容创新"的政治文化演化基因,铺设起"通商工之业,便鱼盐之利"的经济发展路径,经由以"官山海"而"来天下之财,致天下之民"的政治经济与文化统

---

①　颜炳罡,孟德凯.齐文化的特征、旨归与本质:兼论齐、鲁、秦文化之异同[J].管子学刊,
　　2003(1):36.
②　颜炳罡,孟德凯.齐文化的特征、旨归与本质:兼论齐、鲁、秦文化之异同[J].管子学刊,
　　2003(1):36.

治改革的完善与发展,直至田齐威宣时节博学善辩文士76人"皆赐列第,为上大夫,不治而议论。是以齐稷下学士复盛,且数百千人"①文化实力的鼎盛。每一次国力的发展都意味着文化的兴盛,而每一次文化的兴盛都是基于文化人物的文化创造,每一次文化的创造都是齐国深厚文化的累积。因此,可以说是齐国政治、经济、军事发展的实践,呼唤杰出文化巨擘的出现,同时也正是文化巨子的实践创造、促进了齐国文化的繁荣乃至鼎盛。

齐国文化的繁荣其次展现于传世文化巨著的先后涌现。在中国"百家争鸣、百花齐放"文化鼎盛的春秋战国时期,齐国能尽领风骚、冠绝天下,主要在于其杰出文化巨擘的层出不穷及这些文化巨子流芳后世的思想文化成就和著述成果。一系列的传世文化巨著不断在齐国产生、流传,使齐国文化的兴盛繁荣更为持久与影响深远。以《六韬》《管子》《晏子春秋》《孙子兵法》《孙膑兵法》《司马兵法》《考工记》等为代表的齐国文化巨著,虽然存在作者不详甚至学界对其争议不断的情况,作为齐国的文化成就却是不争之事实。这些传世文化巨著,或是体国经野的政治名篇、经世致用的治政指南,或是管理士卒的行伍规程、制胜疆场的军事经典,或是制器用工的技术标准、生产管理的操作手册,它们不仅仅代表着各自时代的过往政治、经济、兵阵技术的最高成就与完整总结,而且是国家社会族群文化走向未来的基本起点与预期,不只保障齐国政治统治的不断完善、经济技术的日益发展、军制兵学的逐渐进步,而且其作为文治教化体制机制的主体部分,在自身因革损益的主动进化演进历程中,借助本体所仰仗的主客体交互关系中主体客体化与客体主体化的双向互动及其现实成果进而完成相对独立的价值功能与社会意义的实际转换。虽然有学者研究表明,上述文化巨著诸如《六韬》《管子》等实乃托名之作,但其思想主旨与价值取向及其历史存在与文化意义的真实可据性是毋庸置疑的。正是历史文化发展中托名而著以及假名而行的主客体互相对象化的现实过程与基本形式,将现实文化形态不断理论化与现实文化成果持续实践化交互交织,社会文化层级品相得以日益提升,文化繁荣得以接续不息。因此,系列传世巨著的先后涌现,既是齐国文化持续繁荣的标志与表现,又是齐国文化不断强盛的根据与缘由。

齐国文化繁荣还集中彰示于首创文化圣殿的独领风骚。众所周知,国家不仅仅是政治组织体,更是文化共同体,国家的创建实质上是国家文化的创造。作为强势植入东夷文化圈层的相异性文化类别,姜太公治国修政所面对的是先天贫瘠的文化生长环境。如何在东夷原本文化氛围的基本性状中,找寻到姜齐文化可资

---

① 司马迁.史记全本新注:第三册[M].张大可,注释.武汉:华中科技大学出版社,2020:1188.

立锥的源点进而在快速认同中扎根生长,则是太公治国修政的首要难题。作为名垂千古的兵家鼻祖、武圣、百家宗师,姜太公给出了异常成功的文化创新方案"因其俗、简其礼",因袭东夷原本风俗、顺应夷族土著文化而简化姬周礼法。这一"因"一"简"不仅使中原文化获得了生成生长的土壤,也让东夷文化找到了连接姬周制礼的端口。更为重要的是,太公由此奠定了齐国文化开放包容、融合创新的主体基因。其后,这种融合创新的文化基因紧紧追随着新兴齐国的军事征伐、政制改革、经济发展的步伐节奏而日益厚重坚韧,并在不同时期、不同领域透过不同方式尽情展现。总体而言,齐国文化以太公创新而兴起,因管仲、桓公创新而发展,凭威宣创新而繁荣,尤其是在威宣时期,因以官办最高学府为标志的文化体制机制的创新创造而达到鼎盛。作为世界首所国家举办、私家主导的特殊高等学府,稷下学宫这个战国时期的经典文化圣殿,不仅使天下贤达学子云集齐都临淄、各种学术思想荟萃稷下,成为战国时期"百花齐放、百家争鸣"的中心平台,而且正如《风俗通义·穷通》中所言的"齐威、宣王之时,聚天下贤士于稷下……咸作书刺世"以及《史记》所载的"自驺衍与齐之稷下先生,如淳于髡、慎到、环渊、接子、田骈、驺奭之徒,各著书言治乱之事,以干世主"①,各种文化传世巨著自此相继面世流传,百家思想主张在此自由自在展示呈现,各派政治主张、朝政政策在此面对面交流交锋。作为官府斥资主建的政治机构,稷下学宫由是成为齐国政治咨询中心;作为国家兴建的最高学府,稷下学宫又是规制健全严格的教育组织,促使各派人才的培养盛况空前、各种文化知识的传播长盛不衰。根据史实,不仅田骈有"徒百人"②,即便是孟子出行之时也是"后车数十乘,从者数百人"③,淳于髡作为学宫之前辈学者更是门下弟子3000余人。而作为当时规模宏大、包罗万象的自由学术圣殿,稷下学宫汇集百家理论于一体、网罗世间学术于一堂,平等相待各家观念主见,并立共存多元思想理论,提倡吸收融合,促进穷理争论,表彰理性纯粹,引领思想自由与学术自治,不仅人文义理得以充分阐发,而且地农医数也能尽情展现。正是稷下学宫以及稷下之学体制机制的惊世创举,使得齐都临淄思想理论环境宽松、学术探究气氛活跃,稷下学宫俨然成为战国时期学术文化中心,齐国亦最终成为影响久远的文化大国。

(二)其他海洋国家的进步发展

综观先秦时代东南沿海海洋国家,除典型意义的海王之国齐国之外,吴、越、

---

① 司马迁.史记全本新注:第四册[M].张大可,注释.武汉:华中科技大学出版社,2020:1497.
② ,译注.战国策:上册[M].北京:中华书局,2012:330.
③ 方勇,译注.孟子[M].北京:中华书局,2015:112.

燕、楚等沿海诸侯国家也在中国古代海洋文化史上占据着重要的位置。但由于古典文献记载颇为不足,古代吴越文化尤其是先秦吴越文化一直为学界重视不足。然而,作为春秋后期的诸侯霸主,吴、越在中国古代早期历史与民族文化中有着不可或缺的价值,占据着相当重要的地位,尤其是"不能一日而废舟楫之用"的吴文化以及"以船为车、以楫为马"的越文化对于中国海洋文化的早期筑基意义更是不容轻视。春秋中后期随着中原弭兵,争霸政治重心向东南转移,吴越的先后崛起及其北渐中原,海洋意味浓烈的吴越文化对中原文化特别是军事理论与军事文化的影响尤为深远。极具开放性的吴越文化不仅具有明显的吸纳、融合、包容并快速生长的特质,还有着极其强烈的向外辐射能力。吴越主霸中原诸侯政制,与中原列国兵阵军事交锋,与中原权力体系进行政治交际,与中原社会体制进行经济交流,与华夏文明系统进行文化交汇,本质上就是吴越顺应中国古代早期社会文明总体向东向海的演化趋势并主动融会其中的主要方式与基本过程。然而也不能忽视吴、越历史积淀虽然深厚但长期偏居一隅;吴越社会及其文化虽然有着与中原社会的零星交流,但在青铜文明时代之前的相当长的历史时空里,其相对中原社会文明发展总体水准而言,还是多有不足,因此,也不宜夸大其总体影响力。渤海燕国因地缘政治环境先天恶劣,社会经济发展相对缓慢,整体国力始终相对羸弱,不仅长期游离于中国古代早期政治中心之外,而且历史典籍经传之中也鲜有浓墨重彩之处。然而,齐国作为环渤海海洋文化圈的主要缔造者之一,其在长达 800 余年的国祚之中,尤其是在春秋战国时期,依托渔盐、商贸、造船、航海等海洋经济基础支持,以海上方士集团为主体的海洋认知开拓、海洋技术增进、沿海航线延展开辟以及成功越海渡航日本等海洋文化实践活动所开创的极富开放性、外向性与功利性的海洋文化类型,不仅是先秦海洋文化发展的顶峰,而且一跃成为当时中国古代早期文化的主流。作为南方传统超级大国、一直处于春秋战国政治舞台中心的楚国,因立身江湖之上、常伴舟楫之中,尤其是战国时期歼灭越国之后成为南方海洋大国,其所开创的水路贸易的"舟节"管理体制以及通过臣服的越人与东南亚展开的繁盛海上贸易,不仅为后世市舶管理制度奠定了理论与实践的深厚基础,而且对后世海外贸易繁荣以及海上丝绸之路的开辟都有着重要的历史文化意义。

1.须臾不废舟楫的吴国

吴国自商代武乙时期,由先周泰伯来奔荆蛮"自号勾吴"①创建,直至周章被西周王室封吴侯共五世,依然只是长江下游疆域局限于今江苏的苏州、无锡一带

---

① 司马迁.史记全本新注:第三册[M].张大可,注释.武汉:华中科技大学出版社,2020:880.

不为人注意的势单力薄的小小方国①。而从周章封侯至寿梦称王,历时十四世的缓慢发展,疆域"大致向西扩展至宁镇一带"②,吴国方步入大发展时期,即《史记》所载的"寿梦立而吴始益大,称王"③。这一时期的吴国之所以能快速发展壮大,除了长期缓慢的近似封闭的积累的原因之外,还得益于"始通于中国"④"通吴于上国"⑤,获得中原大国晋国甚至楚国的强力支持,晋国不仅"以两之一卒适吴,舍偏两之一焉",将出使兵车的一半即 15 辆送予吴国,而且"与其射御,教吴乘车,教之战陈,教之叛楚"⑥,派遣射手(射)与兵车驾驶(御)并教授吴国军士车战战阵战法。申公巫臣更是"置其子狐庸焉,使为行人于吴"⑦,将其子狐庸留在吴国任职朝聘礼宾事务官员。在获得中原较为先进的陆战装备与陆战技术以后,吴国军事实力迅速强大起来,旋即开始回应晋国"伐楚、伐巢、伐徐"的愿望,"入州来"⑧,接连不断地攻伐楚国,使楚国"一岁七奔命"⑨救援不暇,终是"蛮夷属于楚者,吴尽取之"⑩,吴国最终成长为足以与老牌强楚相抗衡的大国。

当然,吴国逐渐强大,军事上得到中原大国的强援尤其是中原先进军事文化的直接介入、战力急速飙升固然是重要原因,但经济是国力的根本、战争的基础,因此,经济的大发展才是吴国强盛的最根本原因。事实上,寿梦称王之后,吴国一直专注于向着太湖流域的优越水稻产区推进并迁都于此,以保障国家粮食的供给。作为一个滨海国家,渔盐之利自然也是重要的经济支持,《史记》就有吴国"东有海盐之饶,章山之铜,三江、五湖之利"⑪的记载。吴国经济特别是稻作农业的长足发展,得益于春秋时期金属冶炼技术的发展尤其是冶铁业由西向东、由北向南扩展所带来的金属农具的广泛采用,春秋后期吴越宝剑名扬天下即是南方金属冶炼技术后来居上的标志。吴国手工业致力于青铜的开采冶炼,以至"章山之铜"⑫并列于"海盐之饶",矿冶"官工业"为国家经济支柱产业⑬,因而在现今苏州

---

① 曾维华.试论先秦时期的吴国文化[J].学术月刊,1989(11):44-51.
② 曾维华.试论先秦时期的吴国文化[J].学术月刊,1989(11):46.
③ 司马迁.史记全本新注:第三册[M].张大可,注释.武汉:华中科技大学出版社,2020:881.
④ 司马迁.史记全本新注:第三册[M].张大可,注释.武汉:华中科技大学出版社,2020:881.
⑤ 杨伯峻.春秋左传注:第三册[M].北京:中华书局,2016:912.
⑥ 杨伯峻.春秋左传注:第三册[M].北京:中华书局,2016:912.
⑦ 杨伯峻.春秋左传注:第三册[M].北京:中华书局,2016:912.
⑧ 杨伯峻.春秋左传注:第三册[M].北京:中华书局,2016:912.
⑨ 杨伯峻.春秋左传注:第三册[M].北京:中华书局,2016:912.
⑩ 杨伯峻.春秋左传注:第三册[M].北京:中华书局,2016:912.
⑪ 司马迁.史记全本新注:第五册[M].张大可,注释.武汉:华中科技大学出版社,2020:2218.
⑫ 司马迁.史记全本新注:第五册[M].张大可,注释.武汉:华中科技大学出版社,2020:2218.
⑬ 张敏.陶冶吴越:简论两周时期吴越的生业形态[J].东南文化,2019(3):89-96.

等地的吴越文化遗址考古发掘出土的金属器皿中,占比高达50%的青铜农具不仅数量多而且种类全,令中原列国远不能及。加之在河网密布、湖海相接的优越地理区位以及"舟楫之便"的总体生产生活方式之下,为了水域水道的通连、水利灌溉的便利而兴修人工水利工程邗沟等,都是吴国后期社会生产能力发展、经济繁荣、跻身强国前列的基本标志。依据《史记》,齐国庆封逃到吴国之后,"吴与之朱方,聚其族而居之,富于在齐"①。齐国庆封败逃吴国之后,短时间之内积累的财富居然超越了其在齐国权倾朝野、富绝一方之时的数量,由此可见,吴国后期经济繁荣、国力强盛、财货充盈。故而吴国鼎盛之际,"西破强楚,北威齐晋,南伐越人"②,"战胜攻取,兴伯(霸)名于诸侯"③,国力超绝于诸侯,财富冠绝于江南。当然,一个不可否认的事实是,在吴国快速灭亡的众多原因中,经济无力支持长期的战争是最根本的。

不过正如列宁所指出的"政治是经济的最集中表现"④,在更为宏观与深远的意义上,文化深度的不够与制度厚度的不足或者说上层建筑与经济基础的匹配契合度不高,是吴国快速崛起之后便急速败亡的根源。从文化层面来看,虽然整体上与齐文化一样有着开放性的特色,但吴国文化开放的时期及程度与齐国文化大相径庭。吴国立国之时,文化根基上亦是有着中原文化的深层印记,但奔吴的泰伯并不像齐太公那样采用集团武装强势植入的方式,而是试图在自身部族中保有中原文化再缓慢影响吸纳当地土著来发展部族势力,即"大伯端委以治周礼"⑤。但泰伯卒,"仲雍嗣之,断发文身,裸以为饰"⑥,直到泰伯经营勾吴至辞世,勾吴所保有的中原文化影响力还没有得到较好的展开,相反仲雍继位后不得已剪断头发、刺画鱼龙于裸露之身体,转而接纳并融入土著文化方得以站稳脚跟,这很好地说明了根深蒂固的土著文化的扩张力已然抵制消融了泰伯所苦苦经营保留的中原文化影响力。虽然西周初年周章受封归宗,中原文化东渐,但相对封闭的土著文化仍然总体上占据优势,因而前期的吴国文化整体上当属相对闭塞的东南土著文化类型。而"通吴于上国"⑦,正是春秋晚期吴国快速崛起、吴文化强烈开放意

---

① 司马迁.史记全本新注:第三册[M].张大可,注释.武汉:华中科技大学出版社,2020:913-914.
② 司马迁.史记全本新注:第四册[M].张大可,注释.武汉:华中科技大学出版社,2020:1389.
③ 班固.汉书:第二册[M].颜师古,注.北京:中华书局,2012:1487.
④ 中共中央马克思恩格斯列宁斯大林著作编译局.列宁选集:第四卷[M].北京:人民出版社,1972:416.
⑤ 杨伯峻.春秋左传注:第六册[M].北京:中华书局,2016:1832.
⑥ 杨伯峻.春秋左传注:第六册[M].北京:中华书局,2016:1832.
⑦ 杨伯峻.春秋左传注:第三册[M].北京:中华书局,2016:912.

愿急剧爆发的开端及根源。这一时期,一大批携带中原先进文化的著名人物诸如狐庸、伍子胥、伯嚭、孙武、华登,甚至落难臣工譬如庆封、公山不狃、叔孙辄接踵而至,不仅为吴国彻底打开了中原文化文明的万花筒,激活了深藏在吴文化深处与祖源文化连接的血脉,而且中原强国晋国出于牵制楚国的争霸政治需要而全力将吴国拖入中原征伐政治旋涡,强势植入中原先进政治文化与军事技术及兵学思想,迅速实现吴国政治上层建筑以及政治文化思想跨越。虽然吴国在中原疲敝的历史间隙中有过出入中原、横扫江汉、挫败强齐、与诸侯会盟的短暂辉煌历史,但是这种近似强力嵌入性、拔苗助长式的文化跨越并没有留给其社会组织结构整合以及与原有经济技术契合的足够时间,在囫囵吞枣般疯狂吸纳、拔苗助长式粗暴嫁接之下,吴国文化与浑厚丰足的中原文明仍然有着较大的差距,依然面临"得其地不能处,得其民不得使"①"犹获石田也,无所用之"②的尴尬政治文化局面。同时,在这种国家军事力量暴富般增长的浮华虚象,加之中原诸侯强国正普遍陷入"政在家门,民无所依"③的内乱"季世"之下,一时间传统中土大国"戎马不驾,卿无军行,公乘无人,卒列无长"④,国家实力尤其是军事力量急剧下降,吴国军队凭借开挖邗沟运河突出强大舟师的机动灵活与长距离规模化的力量投送而带来的西攻北进、主盟黄池、纵横驰骋的霸业鼎盛表象,让吴王沉湎于眼前虚浮的盛景而骄奢自傲,甚至促使重臣伍子胥冤死自毁长城,终致国灭身死。可见,在表面意义上,吴国的覆灭在于社会组织整合欠缺、农业生产能力不高、渔猎补给无法持续,最终导致经济支持严重不足,连年征战耗尽国力。然而在更广阔的历史视野里,吴国被同样为中原上国政治利用的越国所灭以及其后越国复为楚国所灭,皆是相对单薄的吴越文化与厚重丰实的中原文化交流碰撞的现实表现,也是中原华夏文明一路向东向海发展基本趋向的必然结果。

2.舟车楫马的越国

同样位于长江下游地区的越国,虽然民族文化源远流长,堪称中华民族大家庭较为古老的一员,甚至在远古石器时代在舟楫文明方面有过光耀显赫的成就。但在良渚文化时期之后的十几个世纪里,越族社会发展异常缓慢,不仅被中原华夏民族远远抛在后面,而且无论根据墓葬考古发掘还是典籍文字记载书写,都很难找到族群内部阶级对抗的迹象,更遑论国家构造及规模。在有限的典籍文字记载里,勾践称王之前的越国除了军队之外,国家暴力机构诸如法庭、监狱,官吏体

---

① 陈奇猷.吕氏春秋校释:第四册[M].上海:学林出版社,1984:1552.
② 杨伯峻.春秋左传注:第六册[M].北京:中华书局,2016:1858.
③ 杨伯峻.春秋左传注:第五册[M].北京:中华书局,2016:1368.
④ 杨伯峻.春秋左传注:第五册[M].北京:中华书局,2016:1368.

系以及法度律令都相当羸弱,难以测性状。因而,学者有"至少在勾践灭吴之前,越族尚未建成国家"①的判论。而对于个中缘由,古今士子学人也多有探究考校,有过相似甚至相同的论断,大抵谓言越族进化发展缓慢盖因自然禀赋的优越与自然灾害的残酷、自然环境封闭的相对平安和族群交往的绝对困难。古越族所聚居之所大致包括太湖沿岸、杭嘉宁绍平原、金衢盆地以及浙南山地等在内的东南海隅,该区域总体上气候温润、降雨充足、土地肥沃、植被丰茂、山海相衔、物产富饶,不仅植物类食物丰富,而且动物类食源繁多。司马迁在《史记》中即谓之"地广人稀,饭稻羹鱼……地埶饶食,无饥馑之患……无冻饿之人"②。但优厚资源禀赋带来的"无饥馑之患",却招致"呰窳偷生,无积聚而多贫……无冻饿之人,亦无千金之家"③的令人沮丧的社会生活现状。同时,优越的自然禀赋又总是夹带着暴虐的自然灾祸,海浸水患、飓风疾病也时常光顾着这片地广人稀的地域。考古发掘以及碳十四测定就发现这一区域"不少新石器时代的文化层长期浸泡在潜水面以下"④,尤其是在卷转虫海侵导致宁绍平原自然环境恶化的过程中,古越人不得不"随陵陆而耕种,或逐禽鹿而给食"⑤,致使"一个在平原上已经累积了长期生产经验、发展了相当高度的原始文化的较大部族,在进入山区时,却已居民离散,人口减少,和部族在平原上的全盛时代相比,已经不可同日而语了。因而部族可能经历了一段相当长的停滞时期"⑥。同时,《史记·货殖列传》又有载"江南卑湿,丈夫早夭"⑦。江南地区地势低下、雨季绵长、气候潮湿、蚊虫滋生、疫病流行,因而男子普遍寿命不长。这对处于口传身授蒙昧时代的古越人而言,其影响不仅在于限制技术知识的累积以及思想意识的开化,还在于严重干扰族群社会文化的稳定延绵与可靠接续。因此,自然在给古越人敞开通向文明未来的一道道大门的同时,也悄然关闭了一扇扇族群文化快速发展的窗牖。而在另一方面,古越之地,西、南两面崇山峻岭,东、北两方海阔江宽,山海江湖将古越部族环抱在近似封闭的地理环境之中。这种相对封闭的地缘结构,虽然对于族群及其文化的完整保持极为有利,但它不仅最大限度地限制了与外族生产生活以及文化思想的接触交流,进而失却部族社会文化不断创新发展的机会与动力,而且很大程度上关闭了族群思想

①　洪家义.越史三论[J].东南文化,1989(3):2.
②　司马迁.史记全本新注:第五册[M].张大可,注释.武汉:华中科技大学出版社,2020:2219.
③　司马迁.史记全本新注:第五册[M].张大可,注释.武汉:华中科技大学出版社,2020:2219.
④　洪家义.越史三论[J].东南文化,1989(3):3.
⑤　崔冶,译注.吴越春秋[M].北京:中华书局,2019:165-166.
⑥　陈桥驿.于越历史概论[J].浙江学刊,1984(2):63.
⑦　司马迁.史记全本新注:第五册[M].张大可,注释.武汉:华中科技大学出版社,2020:2218.

文化的视野、减弱了族群社会生活的胸襟气质以及族群组织政治的气度与魄力。因而，虽然也有考古资料反映，古越族文化与中原华夏文化存在相互的交流影响，譬如《古本竹书纪年》就有周成王二十四年"于越来宾"①的记载，但远远不及吴楚，像吴国季札、楚国屈原那样有着深厚中原文化涵养的人才，根本不会出现在越国。正是因为如此，对于古代江浙地区最为古老的土著部族而言，于越虽然历史久远，也曾有过远古辉煌，但由于地理环境及其气候变迁的影响，在相当长的时间里"人民山居……不设宫室之饰，从民所居"的狩猎辅之以迁徙农业的生产状态，族群文明发展不仅相当缓慢而且远远落后于古代早期中原文明。故而在中国古代早期文明视域里，"无余传世十余，末君微劣，不能自立"②，以致"越王夫镡以上至无余，久远，世不可纪也"③。只是自夫镡、允常开始，于越势力才为中原大国所关注。《左传·宣公八年》有载"楚为众舒叛，故伐舒蓼，灭之"并"盟吴、越而还"④。首见吴、越与中原大国交流。孔颖达也有引注认为，越"滨在南海，不与中国通，后二十余世至于允常，鲁定公五年始伐吴"⑤，而《史记·越世家》有记"允常之时，与吴王阖庐战而相怨伐"⑥，其后"允常卒，子勾践立，是为越王"⑦。其时，如前文所言，吴、越势力快速发展，皆是得益于诸侯大国因争霸中原的需要而给予认可并加以大力扶持。北方强国晋国出于争霸政治需要而施行"助吴疲楚"，南方大国楚国亦须回之以"扶越制吴"而自允常时期起积极培植于越发展势力。随着一批楚国才俊诸如文种、范蠡等人的加入，于越实力快速发展起来，吴越争战也就愈演愈烈。

公元前 505 年春天，于越允常趁阖闾率军攻楚而国内空虚，出兵袭击大肆劫掠吴都姑苏而还。公元前 496 年，吴王亦借允常病死、勾践新立之机兴兵伐越，双方交战于檇李（今浙江嘉兴），结果勾践大败吴军，吴王伤重而亡。公元前 494 年，越王勾践为先发制人而执意举兵伐吴，吴王夫差闻讯整顿全国水陆武装与之在夫椒（今天锡太湖马山）展开决战，勾践惨败，夫差乘胜攻入越都并将勾践围困于会稽山，于越几近灭国，最终越王勾践因屈尊称臣进供美女重金，加之吴王急于北上而获得保全。其后越王勾践发展生产经济，繁衍族群人口，招揽贤达人才，改造社

① 王国维.今本竹书纪年疏证[M]//皇甫谧.帝王世纪·世本·逸周书·古本竹书纪年.济南:齐鲁书社,2010:86.
② 崔冶,译注.吴越春秋[M].北京:中华书局,2019:166.
③ 李步嘉.越绝书校释[M].北京:中华书局,2018:206.
④ 杨伯峻.春秋左传注:第三册[M].北京:中华书局,2016:760.
⑤ 杨伯峻.春秋左传注:第三册[M].北京:中华书局,2016:761.
⑥ 司马迁.史记全本新注:第三册[M].张大可,注释.武汉:华中科技大学出版社,2020:1078.
⑦ 司马迁.史记全本新注:第三册[M].张大可,注释.武汉:华中科技大学出版社,2020:1078.

会结构,重振国家实力。公元前482年,越王勾践趁吴晋黄池争盟,吴国"精兵从王,惟独老弱与太子留守"①之际,"发习流二千人,教士四万人,君子六千人,诸御千人,伐吴"②,大败吴国并"杀吴太子"③,不仅攻入吴都还焚毁姑苏台,尽获吴国大舟,并迫使吴王以卑辞厚礼求和,自此吴越军事力量对比关系发生逆转。公元前478年,吴国"大荒荐饥,市无赤米,而囷鹿空虚,其民必移就蒲蠃于东海之滨"④。勾践发动笠泽(太湖)之战,三战三败吴军,占领吴国大片领土,自此之后,越国军力已然占据绝对的优势。公元前475年,越王发动灭吴战争,倾全国之力围困吴国三年,吴军不战而溃。公元前473年,吴王夫差被俘后自杀,越王勾践最终歼灭宿敌吴国。越王勾践平定吴国之后,兵锋向北越过淮河,与齐、晋会盟于徐州,并向姬周王室进献贡品,并获周元王赐以祭肉,"命为伯"⑤。越王勾践渡淮河南下离开徐州之时,还把淮河流域送给楚国,将原先吴国侵占宋国的领土统统归还宋国,将泗水以东方圆百里的土地送给鲁国。此时的越国,在长江下游、淮河流域东部纵横驰骋、披靡一方,中原上国"执玉之君皆入朝"⑥,越王勾践亦"号称霸王"⑦。

可见,僻陋之国的于越,在春秋后期尤其是勾践时期迅速崛起,中原大国楚国的大力扶持固然是其重要原因,但外因是变化的条件,内因才是变化的根据。越王勾践即位之时,正是于越部族从原始低级迁徙农业转向相对高级定居农业、部族居民逐渐由会稽山移转至宁绍平原时期,尤其是公元前490年,越王勾践被吴王夫差释放返回于越之后,建造勾践小城及山阴大城(即今绍兴城)于沼泽平原丘陵之地,采用范蠡、文种等重臣拟定的复国兴政大计,领率于越部族全面开启广大沼泽平原的垦殖开拓,快速发展经济,壮大国力。首先,奖励生产,发展农业,充实国力。勾践带领族众筑修富中等大型堤塘,用以围垦土地,发展种植与蚕桑,驯养家畜于孤山小丘,养殖水产在唐库水面,相传范蠡还因之著有《养鱼经》。同时越王颁有"十年不收于国,民俱有三年之食"⑧之制,以休养生息。其次,大力发展手工业铜锡冶金与造船。《越绝书》就有"勾践时采锡山为炭,称'炭聚',载从炭渎

---

① 司马迁.史记全本新注:第三册[M].张大可,注释.武汉:华中科技大学出版社,2020:1082.
② 司马迁.史记全本新注:第三册[M].张大可,注释.武汉:华中科技大学出版社,2020:1082.
③ 司马迁.史记全本新注:第三册[M].张大可,注释.武汉:华中科技大学出版社,2020:1082.
④ 陈桐生.国语[M].北京:中华书局,2013:688.
⑤ 司马迁.史记全本新注:第三册[M].张大可,注释.武汉:华中科技大学出版社,2020:1083.
⑥ 陈桐生.国语[M].北京:中华书局,2013:701.
⑦ 司马迁.史记全本新注:第三册[M].张大可,注释.武汉:华中科技大学出版社,2020:1084.
⑧ 陈桐生.国语[M].北京:中华书局,2013:708.

至练塘"①之记载。1965年,湖北江陵县楚墓中出土的"越王勾践剑"充分真实地展现了当时于越精湛的冶铸技术与加工艺术。而会稽山原始亚热带混交林和阔叶林的优质木材与于越滨海临江的地缘结构,是于越造船业快速发展的物质条件与自然基础。《吴越春秋》有载:公元前487年,文种因吴王修建宫殿而献计,投其所好"选名山神材,奉而献之",于是"越王乃使木工三千余人入山伐木,一年"②。《越绝书》又载:公元前472年,越王勾践"初徙瑯琊,使楼船卒二千八百人伐松柏以为椁"③,动用"死士八千人,戈船三百艘"④。甚至魏襄王七年四月即公元前312年,于越国王还"使公师隅来献乘舟始罔及舟三百,箭五百万,犀角象齿焉"⑤,用以支援正在与齐楚对峙的魏国,由兹足见于越造船业之发达。直至元代,该地所造的船只仍被称为"越船"。此外,越王勾践还建有相当规模的造船基地,即"舟室者,勾践船宫也"⑥。再次,激励生息繁衍、抚恤孤寡贫疾以加固国基、凝聚国力。在简单工具条件之下,在社会生产能力取决于劳动者数量与能力的上古时代,人口规模往往与国家财富和国家力量正向相关,繁养生民数量、凝聚族众力量成为国家强盛的基本路径。因此,在越王勾践的兴政复国谋划里,奖励生养便成为头等大计。为匹配适龄男女、保障生育水平,勾践不仅下令青壮男子不得娶老妇为妻、老年男子禁止迎娶年轻女子、17岁姑娘还未嫁人其父母皆得获刑、20岁小伙未能娶妻其父母就要被论罪,而且在施行惩治不力生养措施的同时,出台保障激励繁衍养育的系列政策,即"将免者以告,公令医守之。生丈夫,二壶酒,一犬;生女子,二壶酒,一豚。生三人,公与之母;生二人,公与之饩"⑦。不但生有官府保障、有朝廷奖励,而且养有国家物质帮扶,奖赏相当细致周到。同时,惩罚十分明确清晰。种种政策的实施使得于越人口有了较快的增长。有研究表明,越王勾践兴兵伐吴前夕,越国人口数量已达30万之多⑧。正是由于人口大量增长,充斥各行各业,于越社会经济才快速发展起来。再加之勾践尊贤礼士、广揽才俊,并使之专注于义理的琢磨切磋,以引导人文、提升品位、改造社会,即"其达士,洁其居,美其服,饱其食,而摩厉之于义。四方之士来者,必庙礼之"⑨。可见,正是在

① 李步嘉.越绝书校释[M].北京:中华书局,2018:210.
② 崔冶,译注.吴越春秋[M].北京:中华书局,2019:227.
③ 李步嘉.越绝书校释[M].北京:中华书局,2018:210.
④ 李步嘉.越绝书校释[M].北京:中华书局,2018:206.
⑤ 王国维.水经注校[M].上海:上海人民出版社,1984:113.
⑥ 李步嘉.越绝书校释[M].北京:中华书局,2018:211.
⑦ 陈桐生.国语[M].北京:中华书局,2013:708.
⑧ 陈桥驿.古代于越研究[J].民族研究,1982(1):1-7.
⑨ 陈桐生.国语[M].北京:中华书局,2013:708.

惨败于吴国之后的委曲求全、卧薪尝胆的十余年里,越国逐渐接纳中原文化的社会改造、政制构建,恢复生产,重塑文化,国家整体软硬实力得以迅速恢复与增进。越国族众硬实力的不断增长、强烈复仇心理的持续刺激、格外突出的尚武民风、集合大国人才的精心策划与准确战机的把握,再加上吴王夫差的昏聩与黩武穷兵以及中原上国因长期征伐之后的内外交困而姑息纵容,终使越王勾践成功灭吴复仇并在春秋战国之际于"暂时平静的海洋里偶然泛起一朵浪花"①。

　　整体而言,"勾吴与于越属于一个部族的两个分支"②。吴、越文化同宗同源,两国不仅"接土邻境,壤交通属"③,而且"习俗同,言语通"④,"同音共律,上合星宿,下共一理"⑤,一同偏居东南海隅缓慢发展部族文化,甚至到了春秋后期吴越发展形态也大体相当,崛起时节政治文化环境亦总体相应,卷入中原争霸旋涡的政治处境还基本相同。然而,较之于吴国短暂崛起而快速灭亡,越国获得相对成功的赓续绵延,根源即接纳中原文化较为彻底的社会组织改造及其更为注重生产经济的发展。虽然吴国文化在祖源意义上存在与中原文化相通的血脉,甚至与中原文化的交流接触也远早于越国文化,但是在接纳强势植入的中原文化的程度与完整性上却有着巨大的差异。可以说,最初的吴越皆沉醉于中原楚晋争霸政治棋局而卖力地扮演着被设定的相同政治角色,倾力争夺着被认定应属于自己的全部利益。由于晋国军事装备、军事技术以及兵学文化的强力支持,吴国国家实力得以跨越式提升。虽然,楚国基于制服吴国的考量而联络越国,但据有限的史料记载,对于越国似乎除了在政治地位上给予肯定以及默认楚国人才流入之外,即"楚子以诸侯及东夷伐吴"之时"越大夫常寿过帅师会楚子于琐"⑥,并不见实质的援助。所谓"夫吴之与越也,仇雠敌战之国也。三江环之,民无所移,有吴则无越,有越则无吴"⑦,其对立甚至冲突的利益注定无法长期并存。因而,在区域竞争的平缓格局被强势激起更为浩大而激烈的政治旋涡之际,原本相对开放的吴国文化由于获取了较为先进的国家力量赢得了更为有利的军事优势,虽然有强楚的牵制,但还是在公元前494年大败越王勾践并使越国几近灭国。正是勾践的卑躬屈膝、俯首称臣以及吴王夫差的骄横自大成就了越国以十余年的时间接纳中原文化对

---

① 洪家义.越史三论[J].东南文化,1989(3):6.
② 陈桥驿.于越历史概论[J].浙江学刊,1984(2):63.
③ 陈奇猷.吕氏春秋校释:第四册[M].上海:学林出版社,1984:1552.
④ 陈奇猷.吕氏春秋校释:第四册[M].上海:学林出版社,1984:1552.
⑤ 崔冶,译注.吴越春秋[M].北京:中华书局,2019:145.
⑥ 杨伯峻.春秋左传注:第五册[M].北京:中华书局,2016:1407.
⑦ 陈桐生.国语[M].北京:中华书局,2013:705.

越国政治、军事、经济社会的全面改造,使得越国整体文化水平有了巨大的进步并逐渐缩小了与中原文化的差距。尤其是越灭吴之后迁国都于琅琊,更加近距离地接触中原经典文化,越国充分利用难得的文化发展历史机遇,通过"上征上国"①"致贡于周"②而获封"方伯"等方式较为成功地融进了中原文化,不但称霸春秋末世、奠定了越国在战国时期"四分天下而有之"的诸侯强国地位,而且即便是"楚威王兴兵而伐之,大败越,杀王无彊,尽取故吴地至浙江"③,越国也并未根本覆灭,越国"诸族子争立,或为王,或为君,滨于江南海上"④,延续着越国文化,直至秦始皇横扫六国一统天下之时,设闽中郡,依旧由无彊后裔无诸与摇统领。汉高祖还正式承认并封赏无诸为闽越王,其后汉惠帝也"立摇为东海王"⑤,因建都东瓯,世人称其为东瓯王。由此可见,文化水平的高低及其对社会结构改造是否彻底,决定着诸侯国家的政治传递与社会族群的生活延绵。吴越文化在春秋战国之际的跌宕起伏、政治国家传递赓续的境遇差异,都源自文化底蕴厚重敦实的构建程度。吴国文化的快速崛起及迅疾消散,根源即外来政治文化缺乏坚实社会组织结构与物质技术的深厚支持;越国文化的抑扬以及艰难赓续,主要缘由也在于社会组织深度整编以及文化吸纳持续维系的严重不足,尤其是区域相对落后的民族文化在与区域相对先进的文化交流之时,作为精神文化基本支柱的社群组织结构的相应整饬与经济技术状态的相对契合,就显得格外重要。正是立足于该种意义,我们才以为,先秦吴越社会经济与国家政治的兴衰成败整体历程,清晰透彻地诠释了精神文化对于族群社会和国家组织的深沉血脉价值意涵。

3.渤海之国燕国

作为西周封邦建国的第一代姬姓诸侯大国,与海王之国齐国一样,渤海之国燕国起自西周初年(公元前 1044 年),姬奭受封建国延及燕王喜三十三年(公元前 222 年),秦王嬴政遣王贲大军俘获燕王喜而灭亡,活跃于先秦时期 800 余年,并与齐国一道铸就了中国古代早期"以共同通行刀币为标志的物质文化形态构成的环渤海文化圈"⑥。其创造出中国古代以渔盐、商贸、造船、航海等多种生产经营活动为物质载体,以极富开放性、外向性与功利性为基本特征的海洋文化类型,尤其是春秋战国时期的齐燕海上方士集团的产生与发展,其所引发的海洋认知开拓、

①　陈桐生.国语[M].北京:中华书局,2013:701.
②　司马迁.史记全本新注:第三册[M].张大可,注释.武汉:华中科技大学出版社,2020:1083.
③　司马迁.史记全本新注:第三册[M].张大可,注释.武汉:华中科技大学出版社,2020:1086.
④　司马迁.史记全本新注:第三册[M].张大可,注释.武汉:华中科技大学出版社,2020:1086.
⑤　司马迁.史记全本新注:第五册[M].张大可,注释.武汉:华中科技大学出版社,2020:2001.
⑥　韩明泽.齐燕文化和海上方仙道[J].现代中文学刊,1996(1):28.

海洋技术增进、沿海以及海上航线延展开辟,特别是越海渡航日本的成功,不仅将先秦海洋文化的发展推向顶峰,为秦汉乃至中国古代海洋文化的繁荣与海洋文明的进步奠定了坚实的基础,而且借助稷下学宫等各种文化开放平台与传递机制影响了中原文化尤其是宗教文化。在农业文明以血缘关系和师承传统为主干的稳健性经验型文化心理体系中,于殷商接纳海岱文明的基础上再次注入开放"阔达"冒险性精神风骨风貌,进一步拓展了中国古代文化的宽厚博大与悠远精深,甚至到了战国齐国鼎盛的威宣时期以及燕国昭王崛起时期,以海上方仙道、邹衍新型海陆观及其"五德终始"为标志的海洋文化形态,一时间成为中国上古文化的主流。①

由于典籍记载的十分有限,按《史记》所载,燕国由周武王之弟召公姬奭受封于燕山之野而立祚,其时因召公留任王畿辅佐周王,故遣长子姬克至国修政。然而,"燕迫蛮貉,内措齐、晋,崎岖强国之间,最为弱小,几灭者数矣"②,由于外有夷族貉在前、内与强侯齐晋错疆③,燕国始终处于诸侯列国中下水平,整体国力颇为弱小,甚至多次深陷灭国绝祚危境。然而燕国传世 39 君、国祚 800 多年且"于姬姓独后亡"④,不能不令人肃然起敬。西周时期的燕国,《春秋》经传以及《国语》中鲜有提及,虽然《古本竹书纪年》与《史记·燕召公世家》有所记载,但由于存在不少矛盾之处而难以窥测其概貌。但近年来北京与辽西地区考古发现的西周燕国贵族墓葬和窖藏铜器表明,西周一代,在召公积荫⑤之下经由历代燕侯不断地艰难治理,冀北和辽西地区已逐渐被纳入燕国辖控范围之内。及至春秋时期,由于处地北偏,经济社会发展水平相对落后,国力始终未见强盛,无力逐鹿中原,即"燕固弱国,不足畏也"⑥,因而在有关燕国有限且简略的记载里,十九位侯君中,也只是因燕桓侯徙都于临易、齐桓公北伐山戎以救并"分沟割燕"⑦以及简公奔齐而有文字见诸《史记》。

按《史记》所载,姬周平王东迁后的六十五年即公元前 706 年,"山戎越燕而伐齐,齐僖公与战于齐郊"⑧。风头正劲的山戎长驱直入,让燕国颇为忌惮,为避其锋芒,燕桓侯继位后便南迁都城于临易。《左传》也有记桓公十八年即公元前 694

---

① 　韩明泽.齐燕文化和海上方仙道[J].现代中文学刊,1996(1):28.
② 　司马迁.史记全本新注:第三册[M].张大可,注释.武汉:华中科技大学出版社,2020:950.
③ 　"错疆"此处是指"疆界交错",也可以改为"错界"。
④ 　司马迁.史记全本新注:第三册[M].张大可,注释.武汉:华中科技大学出版社,2020:950.
⑤ 　"积荫"此处是指"累积功德荫及后嗣",亦可改为"荫护"。
⑥ 　司马迁.史记全本新注:第四册[M].张大可,注释.武汉:华中科技大学出版社,2020:1427.
⑦ 　司马迁.史记全本新注:第三册[M].张大可,注释.武汉:华中科技大学出版社,2020:904.
⑧ 　司马迁.史记全本新注:第五册[M].张大可,注释.武汉:华中科技大学出版社,2020:1930.

年,姬周王室政治内乱以致"王子克奔燕"①。公元前 675 年,燕国"与宋、卫共伐周惠王"②。公元前 664 年,"山戎伐燕。燕告急于齐,齐桓公北伐山戎,山戎走"③。这一时期,燕国倚靠齐桓公彻底解除山戎威胁之后,再加上晋国自献公起改革经济和军制而国力渐盛,先后剿灭赤狄、长狄吞并 20 余国,燕国西部威胁基本解除,因而至燕襄公时"以河为境,以蓟为国"④。北迁国都于蓟城之后,燕国便专注于向冀北及辽西方向发展。只是到了春秋末年中原诸侯普遍陷入内乱季世,世宗大族专权干政层出不穷,燕国国君欲思谋变革、起用下层士子官吏制衡世族大夫,即"欲去诸大夫而立其宠人",然而"燕大夫比以杀公之外嬖"⑤,大族世宗勾结在一起并将燕君宠信的下臣逐一残杀,面对来势汹汹的朋比大夫世族,燕简公(太史公一说为惠公)异常恐惧,只得于公元前 539 年逃亡到齐国。三年之后,齐景公虽联合晋国讨伐燕国以期送简公归燕治政,但大夫们已拥立新君悼公且"民不贰"⑥,并且施以重金美姬贿赂贪念财色的景公而求和,最终与齐"盟于濡上"⑦。由此而观测,在"弑君三十六,亡国五十二,诸侯奔走不得保其社稷者不可胜数"⑧的征伐连年的春秋时期,地处北寒边陲的燕国,因无力进行中原争霸,且与中原列国的友善关系得以保全,专注于冀北辽西渤海沿岸的发展,为其后渡航至日本奠定了坚实的物质技术基础,也为战国时期活跃于中原合纵连横的兼并战争创造了条件。

正如前文所叙,经由连年战火、漫天兵燹的摧残,春秋之初的 100 多个列国诸侯已然被掩埋于历史风尘之中,在春秋末期仅存的十余个诸侯国家之中,齐、楚、燕、吴、越、晋、秦七个国家实力最强。然而在其后的兼并战争以及列国内部政治动荡之下,公元前 473 年越国吞灭吴国,公元前 453 年赵、魏、韩"三家分晋",再加上公元前 481 年的"田氏代齐"以及稍后的强楚灭越,社会物质生产技术空前发展、社会利益关系急剧变革、政治文化结构快速重建、列国变法革新此起彼伏的时代大潮,最终造就中国古代齐、楚、燕、韩、赵、魏、秦七雄争霸的战国新格局。然而,在六国追求社会生产力快速发展而调适社会利益结构与利益关系所激发的风起云涌、变法图强的时代大势中,老迈的燕国却无心改法革政,一路任性地缓慢发

---

① 杨伯峻.春秋左传注:第一册[M].北京:中华书局,2016:166.
② 司马迁.史记全本新注:第三册[M].张大可,注释.武汉:华中科技大学出版社,2020:944.
③ 司马迁.史记全本新注:第五册[M].张大可,注释.武汉:华中科技大学出版社,2020:1931.
④ 高华平,王齐州,张三夕,译注.韩非子[M].2 版.北京:中华书局,2015:41.
⑤ 杨伯峻.春秋左传注:第五册[M].北京:中华书局,2016:1375-1376.
⑥ 杨伯峻.春秋左传注:第五册[M].北京:中华书局,2016:1418.
⑦ 杨伯峻.春秋左传注:第五册[M].北京:中华书局,2016:1420.
⑧ 司马迁.史记全本新注:第五册[M].张大可,注释.武汉:华中科技大学出版社,2020:2239.

展,因而其整体国力依然相对贫弱。战国前期,在东胡、齐国、赵国强邻环伺的地缘格局中,羸弱的燕国还是审时度势、充分调动中原政治格局的有利因素,积极采用"和亲"计谋,联合韩、赵、魏成功抵御强齐北侵而跻身七雄,并凭借苏秦合纵之策活跃于中原政治舞台,进而于"五国相王"之际"燕君为王"①,即正式称王。虽然随后燕王哙禅让君位于相国子之引发"国大乱,百姓恫恐"②,齐宣王趁机遣章子举五都之兵来犯,因混乱的燕国"士卒不战,城门不闭"③而一举攻占燕国国都,燕王哙死,子之被擒受醢刑而亡,燕国几近灭国。但是因为齐军过于残暴,引发"燕人畔"④,齐军被迫撤离,燕之国祚得以延续。于是,"燕人共立太子平,是为燕昭王"⑤。燕昭王继位之后,"先礼郭隗以招贤者"⑥,以高筑黄金台与碣石宫而广纳天下贤才,重用乐毅等以厉行法制、察能任贤而改革内政富国;以"吊死问孤,与百姓同甘苦"⑦来整合国人、汇集认同而累积国力;以战法与纪律为重点整顿军事、提升军队战斗力,利用苏秦里应在前以及乐毅合纵在后,昭王"合五国之兵而攻齐,下七十余城,尽郡县之以属燕"⑧,并"尽取齐宝财物祭器输之燕"⑨。在五国伐齐取胜的同时,燕昭王派秦开"袭破走东胡,东胡却千余里"⑩,"亦筑长城,自造阳至襄平。置上谷、渔阳、右北平、辽西、辽东郡以拒胡"⑪,并修筑长城,基本解除北方威胁,燕国国家政治统辖力也因此沿渤海扩展到辽东一带,燕国步入其鼎盛的黄金时期并跻身强国之列。然而,燕昭王死后,"不快于乐毅"的燕惠王继位,齐国田单利用惠王与乐毅的矛盾"乃纵反间于燕"致使"乃使骑劫代将,而召乐毅"⑫,随后田单用计"破骑劫于即墨下,而转战逐燕,北至河上,尽复得齐城"⑬。燕国从此走向没落,尤其是在武成王、孝王、王喜三代陷入秦国政治棋局而频繁向赵国挑起战争且屡战屡败,城池国土不断被夺。直至荆轲刺秦失败彻底激怒强秦,秦军王翦、辛胜大军大举攻打燕国并于公元前 226 年攻破燕都蓟城,燕王喜与

①　司马迁.史记全本新注:第三册[M].张大可,注释.武汉:华中科技大学出版社,2020:946.
②　司马迁.史记全本新注:第三册[M].张大可,注释.武汉:华中科技大学出版社,2020:947.
③　司马迁.史记全本新注:第三册[M].张大可,注释.武汉:华中科技大学出版社,2020:947.
④　方勇,译注.孟子[M].北京:中华书局,2015:76.
⑤　司马迁.史记全本新注:第三册[M].张大可,注释.武汉:华中科技大学出版社,2020:947.
⑥　司马迁.史记全本新注:第四册[M].张大可,注释.武汉:华中科技大学出版社,2020:1567.
⑦　司马迁.史记全本新注:第三册[M].张大可,注释.武汉:华中科技大学出版社,2020:948.
⑧　缪文远,缪伟,罗永莲,译注.战国策:下册[M].北京:中华书局,2012:980.
⑨　司马迁.史记全本新注:第四册[M].张大可,注释.武汉:华中科技大学出版社,2020:1568.
⑩　司马迁.史记全本新注:第五册[M].张大可,注释.武汉:华中科技大学出版社,2020:1932.
⑪　司马迁.史记全本新注:第五册[M].张大可,注释.武汉:华中科技大学出版社,2020:1932.
⑫　司马迁.史记全本新注:第四册[M].张大可,注释.武汉:华中科技大学出版社,2020:1569.
⑬　司马迁.史记全本新注:第四册[M].张大可,注释.武汉:华中科技大学出版社,2020:1569.

太子丹及一众公室卫军被迫逃亡至辽东。公元前222年,歼灭魏国与楚国的秦王再派王贲攻占辽东并俘虏燕王喜,燕国最终灭亡。

　　燕国之所以能立足于苦寒北地延绵八百多年,除了多数时间游离于中原争霸兼并政治主题之外,还与其物质生产水平、社会经济技术以及政治文化构筑始终和中原诸侯保持相当水平,尤其是较为重视发展海洋利益、拓展海洋文化不无关系。作为与海王之国齐国长期交往甚密的老牌诸侯国家、环渤海海洋文化圈的缔造者之一,燕国在渔盐、造船、航海及海上贸易等方面都有着不俗的表现。就渔盐而言,西周时期就有幽州"其利渔、盐"①之说,《史记·货殖列传》也有"山东多鱼、盐",尤其是燕国"有鱼盐枣栗之饶"②的记载。春秋战国时期亦是"齐有渠展之盐,燕有辽东之煮",即燕国海水煮盐业已经可以与齐国相提并论。同时,众多河流诸如潮白河、永定河、拒马河、南易水、北滦河等都贯穿燕国境地注入渤海,不仅为燕国的水利兴修与水路运输提供了优厚的自然禀赋支持,而且也为燕国的造船业发展开辟了广阔的市场,再加上春秋战国时期尤其是战国时期冶铁技术的快速发展,燕国的冶金手工业、手工木业也都达到相当高的水平,正如《荀子》所言的"刑范正,金锡美,工冶巧,火齐得"③等金属器具铸造工艺水准,在出土的燕国铜铁器文物上都能得到很好的印证。同时,从北燕国都遗址车马坑遗迹中出土的轮辐十几辐以上的车轮可以看出,春秋战国时期的燕国以手工曲木技艺为代表的手工木业已有了相当的进步,正是这些较为成熟的金属铸造技能与相当发达的手工木业为燕国的舟船制造奠定了坚实的基础。虽然尚无直接的文献记载依据,但我们还是可以从现有的相关文献资料中观测其端倪。1978年河北平山考古发掘的战国时期中山国王御用的长13.1米、宽2.3米、排水13.28吨的流线型游艇④表明,这个地处燕赵之间、滹沱河畔、曾经也攻占过燕国下都的内陆千乘小国,尚有着"高超的造船技艺"⑤,更何况是濒临海洋的燕国。同时在联合抗秦之际,苏秦设想,秦国进攻燕国时"齐涉渤海"⑥,齐国海上舟师自渤海进入燕国驰援,依据的基本前提应是燕国拥有基本的海上力量与相应的海上设施。此外,燕国著名的海上方士团体自燕昭王即位起,"入海求蓬莱、方丈、瀛洲"⑦,即他们不断入海求仙,

---

① 徐正英,常佩雨,译注.周礼:下册[M].北京:中华书局,2014:701.
② 司马迁.史记全本新注:第五册[M].张大可,注释.武汉:华中科技大学出版社,2020:2216.
③ 方勇,李波,译注.荀子[M].2版.北京:中华书局,2015:250.
④ 席龙飞.中国造船通史[M].北京:海洋出版社,2013:46.
⑤ 席龙飞.中国造船通史[M].北京:海洋出版社,2013:48.
⑥ 司马迁.史记全本新注:第四册[M].张大可,注释.武汉:华中科技大学出版社,2020:1428.
⑦ 司马迁.史记全本新注:第二册[M].张大可,注释.武汉:华中科技大学出版社,2020:807.

航迹遍及渤海以及黄海。所谓"装备决定胜败",若欠缺质量较高的海船,燕国海上方士集团要想与齐国海上方士群体比肩,同样无法想象。由此可见,渤海之国燕国的造船技术以及航海能力至少在战国时期的鼎盛之际并不见得比齐国的逊色。

就沿海航行以及跨海渡航而言,出于地缘以及国力总体偏弱的原因,燕国长期游离于中原政治舞台之外,尤其是通向中原的道路强国重叠、阻碍重重,致使燕国改变发展方向,更多地专注于冀北辽东的发展。到战国中晚期,燕国势力深入辽宁大部分地区,以至"东缩秽貉、朝鲜、真番之利"①。刀形货币流通于燕、齐、赵、戎甚至远至朝鲜半岛南部的考古发现,战国时期邹衍的新型海陆理论——"以阴阳主运显于诸侯""燕齐海上之方士传其术"②,以及"威、宣、燕昭使人入海求蓬莱、方丈、瀛洲"③的史典记载,结合前述的燕国造船技术的相对发展,加上皇室贵胄出于政治考量与自身欲求的满足,进而应和海洋社会对鬼神崇拜、禁忌以及慕求方术之海洋社会心理需求的行为驱动,燕国以海上懋迁以及入海求仙为目标指向的沿海及海上航行活动日渐频繁,燕文化的影响力向辽东半岛以及朝鲜半岛甚至是日本群岛的传导不断加强。《山海经·海内东经》有载"盖国在钜燕南、倭北,倭属燕。朝鲜在列阳东、海北山南,列阳属燕"④。学者研究表明,盖国"是指对马岛",倭"实指日本无疑"⑤,其所标示的实质上是邹衍的新型海陆观激发的海外探索欲望驱使而形成的,并为出土于沿线的大量中国战国时期的铜剑等以及燕国"明刀"货币所证实的直航日本的成功航线⑥,与春秋时期左旋航线一道,共同见证了齐燕海上社群所创造的最为辉煌的海洋历史文化奇迹。事实上,史籍中有关战国时期燕齐海上方士及其海上活动的生动记载,从侧面真实反映出当时中国北方海上交通的发展发达以及航海技术与航海能力的空前进步。海上方士的"仙道、形解销化之术",不仅使"齐威王、宣王、燕昭王皆信其言",并不断派人入海寻求,而且能成功游说横扫六国一统天下的秦始皇,"遣徐市发童男女数千人入海求之"(《资治通鉴·秦纪》)。于是,便有了徐福依循这条航线两次成功往返日本的史迹。

4.南海之国楚国

战国之前,传统中原强国——楚国与海洋并没有多少交集。作为长期主导春

---

① 司马迁.史记全本新注:第五册[M].张大可,注释.武汉:华中科技大学出版社,2020:2216.
② 司马迁.史记全本新注:第二册[M].张大可,注释.武汉:华中科技大学出版社,2020:807.
③ 司马迁.史记全本新注:第二册[M].张大可,注释.武汉:华中科技大学出版社,2020:807.
④ 方韬,译注.山海经[M].北京:中华书局,2011:280.
⑤ 席龙飞.中国科学技术史·交通卷[M].北京:科学出版社,2004:322.
⑥ 席龙飞.中国科学技术史·交通卷[M].北京:科学出版社,2004:323.

秋争霸的老牌大国,楚国只是在春秋末年为了应对被主要竞争对手晋国武装起来的水乡泽国——吴国的战争挑战,利用占据长江上游的有利地缘条件发展水上武装力量——舟师,才开始将国家政治权力的注意力分散于江海之上,所谓“楚子为舟师以伐吴”①,后人也因之判定“用舟师自康王始”(《文献通考·兵考一》)。由于地理位置占据优势,“吴楚交兵数百战,从水则楚常胜,从陆则吴常胜”②。虽然吴国一度攻占楚国郢都,但底蕴深厚的楚国在越国的有力帮扶之下国力迅速恢复,骄纵的吴国因企图称霸中原屡与中原大国角力而国力大损,并最终在公元前473年为宿敌越国歼灭。然而,“是时越已灭吴而不能正江、淮北;楚东侵,广地至泗上”③,歼灭了吴国的越国因经济技术尤其是社会文化的相对不足,不能有效统治长江、淮北等中原传统农业社会,楚国便趁机向东部扩张,将国家疆域拓展到泗水一带。《史记·越王勾践世家》亦有“勾践已去,渡淮南,以淮上地与楚”④的记载,由此可见,此时的楚国疆域已然东进临海,海涛之声几近于耳。及至公元前431年,楚国攻灭莒国以及齐国向南扩张、越国被迫放弃琅琊国都南迁姑苏之后,楚国已将淮北泗水下游东至大海的广阔土地收入囊中,自此与海洋建立起直接的政治经济联系。

其后,为顺应社会生产力发展而变革社会经济关系的规律要求,内外交困中的楚悼王任用吴起为令尹,主持变法。吴起首先追随时代大潮主张法治、实行“明法审令”⑤。其次针对楚国“大臣太重,封君太众”⑥的政治积弊,依据“均楚国之爵,而平其禄;损其有余,而继其不足”⑦的总目标,对封君子嗣“三世而收其爵禄”⑧,并且“罢无能,废无用,损不急之官”⑨,罢黜废弃以及裁汰昏官、庸官与臃官,以便“废公族疏远者,以抚养战斗之士”⑩。同时,吴起还“令贵人往实广虚之地”⑪,即迫使旧贵世族及其扈从充实广大荒凉地区,以便开发荒凉地区尤其是削减旧贵世族势力对朝政的把控。再次,基于“强公室,塞私门”的总原则整顿政风、

①　杨伯峻.春秋左传注:第四册[M].北京:中华书局,2016:1201.
②　顾高栋.春秋大事表:第一册[M].吴树平,点校.北京:中华书局,1993:544.
③　司马迁.史记全本新注:第三册[M].张大可,注释.武汉:华中科技大学出版社,2020:1063.
④　司马迁.史记全本新注:第三册[M].张大可,注释.武汉:华中科技大学出版社,2020:1083.
⑤　司马迁.史记全本新注:第四册[M].张大可,注释.武汉:华中科技大学出版社,2020:1382.
⑥　高华平,王齐州,张三夕,译注.韩非子[M].2版.北京:中华书局,2015:126-127.
⑦　王天海,杨秀岚.说苑:下册[M].北京:中华书局,2019:762.
⑧　高华平,王齐州,张三夕,译注.韩非子[M].2版.北京:中华书局,2015:127.
⑨　缪文远,缪伟,罗永莲,译注.战国策:上册[M].北京:中华书局,2012:178.
⑩　司马迁.史记全本新注:第四册[M].张大可,注释.武汉:华中科技大学出版社,2020:1382.
⑪　陈奇猷.吕氏春秋校释:第四册[M].上海:学林出版社,1984:1473.

整肃吏治,强调"塞私门之请,壹楚国之俗"①,从而"使私不害公,谗不蔽忠,言不取苟合,行不取苟容,行义不顾毁誉"②,通过杜绝私门请托舞弊、整顿官场歪风邪气,力图树立尽心为公、忠心效君的清风正气。此外,吴起还主张"破横散从,使驰说之士无所开其口"③,以免策士游说世族豪门谋求私家政治利益而引发国家政治危机。吴起变法虽招致旧贵世族的激烈反对,但在楚悼王的支持下还是得到了有力实施,并取得了不错的成效,不仅"南攻杨越,北并陈、蔡"④,"南并蛮越,遂有洞庭、苍梧"⑤,而且北却三晋、西伐强秦、救赵攻魏,驰骋中原,楚国逐渐强盛起来。虽然吴起变法时间较短,成效并不是很大⑥,但其施行的种种措施所产生的政治红利对其后楚国的政治生活确实有着深远的影响,尤其是吴起以"伏王射尸"而"坐射起而夷宗死者七十余家"⑦,促进了楚国旧式贵族政治逐渐成功转向新型官僚政治。当然,楚国向东向南的发展也并没有因吴起被杀而停滞,其在北向中原合纵连横的同时,也在筹划着对越国的兼并,并最终在公元前306年利用秦国处于政治内乱而无暇对外兼并之机,一举歼灭越国并设置江东郡进行管理,史籍里因之有"前时王使邵滑之越,五年而能亡越"⑧之说。自此,楚国"尽取故吴地至浙江",并且越国"诸族子争立,或为王,或为君,滨于江南海上,服朝于楚"⑨,齐国以南沿海海域尽在楚人掌控与经略之中,楚国由此真正成为"南海之国"。

当然,由于战国末期楚国疆域才拓展至大海,加之经年累月将国家政治重心放置于北向与中原诸侯列国角力之上,故在成功歼灭越国之后,楚王对于大海之上的事务并不上心,依然任凭"服朝于楚"的越国各族领衔主导,尤其是通过分布甚广、沿海越人开展已久的航海贸易延续楚国与南海各族的交往连接,并借助其朝贡而获取"黄金、珠玑、犀象"等海外异域的奇珍异宝充实国家内库。正是这种自由海洋贸易的态度使得越人南海航海贸易盛况空前,作为南方航海贸易中枢的番禺在春秋战国时期便已成为享誉中原的海外贸易大都会。《史记·货殖列传》因之有"番禺亦其一都会也,珠玑、犀、玳瑁、果、布之凑"⑩的记载。又如前文所

---

① 缪文远,缪伟,罗永莲,译注.战国策:上册[M].北京:中华书局,2012:178.
② 缪文远,缪伟,罗永莲,译注.战国策:上册[M].北京:中华书局,2012:174.
③ 司马迁.史记全本新注:第四册[M].张大可,注释.武汉:华中科技大学出版社,2020:1562.
④ 缪文远,缪伟,罗永莲,译注.战国策:上册[M].北京:中华书局,2012:178.
⑤ 范晔.后汉书:第四册[M].颜师古,注.北京:中华书局,2012:2275.
⑥ 杨宽.战国史[M].上海:上海人民出版社,2016:212.
⑦ 司马迁.史记全本新注:第四册[M].张大可,注释.武汉:华中科技大学出版社,2020:1383.
⑧ 高华平,王齐州,张三夕,译注.韩非子[M].2版.北京:中华书局,2015:384.
⑨ 司马迁.史记全本新注:第三册[M].张大可,注释.武汉:华中科技大学出版社,2020:1086.
⑩ 司马迁.史记全本新注:第五册[M].张大可,注释.武汉:华中科技大学出版社,2020:2218.

述,楚国是一个颇重水上贸易运输管理、有着水路贸易完整严格"舟节"制度机制的南方大国,安徽寿县1957年出土的"鄂君启金节"上的340余字铭文,充分展现了楚怀王六年(公元前323年)楚国水陆贸易完整严密的关税管理制度。金节显示,不仅贸易往来的舟车数量、贸易期限、使用路线范围以及载物种类有着明确限制,而且往来通关必须持有符节才能免税,即"见其金节毋征,毋舍桴饲,不见其金节则征"①。作为水上贸易管理体制机制相对成熟的诸侯大国,公元前306年楚国歼灭越国之后设置江东郡管理舟车楫马的吴越旧地,惯常采用"迁其公室、存其宗庙、县其疆土、抚其臣民、用其贤能"(张正明先生语)的方式经略新服之地的楚国,不可能不在其"存抚"政策中植入较为成熟的水上贸易管理规则,只是现时尚无更多考古发掘的史料予以充分佐证。可见,新晋海洋大国虽没有齐燕吴越那样深厚的海洋历史文化积淀,但身处江河湖海之中的楚国,由于长期与海洋吴国以及越国密切交往交流直至最终融合,共饮一江之水的紧密地缘联系、同属三楚"饭稻羹鱼""果隋蠃蛤"②之民,造船及航运事业空前发达、繁荣无比,同时率先将国家政治力量专注于水上构建舟师进而开启中国上古水师军事文化之先河,正是极具开放性和凝聚力的楚文化积极拥抱吴越海洋文化,并吸纳融合其中的优秀元素,进而打败吴越这两大曾经称霸春秋的诸侯强国,并一跃成为中国上古海洋文明的南方代表。

三、先秦海洋国家的覆亡

恩格斯曾经明确指出:"世界不是既成事物的集合体,而是过程的集合体。"③任何事物的发展都首先必然表现为一个过程,而且也只有经过一定的过程,事物方能实现自身的发展变化。人类社会的发展演化历史同样体现为一个复杂的新陈代谢的缓慢发展的过程。在这个庞杂的新陈代谢系统之中,一方面旧有的族群与文化在不停地消失,而另一方面新的族群和文明正不断地产生,正是在这种族群文化的相对静止与绝对运动的辩证统一中,人类文明的发展脚步一刻也不曾停歇地向前接续迈进。先秦时期,中国上古国家文明总体追随江河东流而持续向东向海,随着这种文明发展大势,沿海海洋族群社会在连续吸纳农业文明成果丰富自身内涵结构及文明程度的同时,不停地通过多种途径极力将海洋社会及海洋文

---

① 郭沫若.关于鄂君启金的研究[J].文物参考资料,1958(4):5.
② 司马迁.史记全本新注:第五册[M].张大可,注释.武汉:华中科技大学出版社,2020:2219.
③ 中共中央马克思恩格斯列宁斯大林著作编译局.马克思恩格斯文集:第四卷[M].北京:人民出版社,2009:298.

明的影响力向四方拓展。中国上古海洋族群的产生、海洋社会的发展、海洋文化的进步，直至在与中原农业文明的持续交流中海洋国家的先后出现、在与中原农业大国的长期角力里沿海国家的日渐发展，甚至在晚周社会经济飞速发展、政治关系剧烈变革、思想文化异常繁荣的历史时空下，海洋国家贯穿列国始终、富绝天下长久，海洋文明影响力空前盛大并持续深远。以齐国为代表的海洋国家的影响力不仅在春秋时期即能"九合诸侯，一匡天下"，而且在战国之初即便历经"田氏代齐"的政权更迭依然能够称霸诸侯。不只是前后相王称帝"霸诸侯"①的政治成就斐然，更为辉煌照耀历史时空的还在于创建国家至高学术殿堂，云集天下贤士议政讲学，汇聚各派思想述著传道，引领列国学术理论竞相争鸣，最终促进战国社会文化繁盛境况空前绝后。

然而，所谓否极泰来、量的积累必然引发质的变化。战国时期，物质技术的加速进化、生产能力的极大提升、器物水平的突飞猛进、社会交往的日益宏大、思想文化的空前繁荣、社会利益的深刻变革、阶级阶层的逐渐分化，都在不同层面、各自角度消减着中国上古社会经济联系、社会融合、文化连接、政治统一的阻碍。在滚滚而来的天下一统大势面前，中国上古海洋国家亦能顺应时代潮流而先后褪去战衣、换上工装，成为统一大家庭中戍守海洋边疆、开发海洋资源、发展海洋文化的普通一员，为中国古代海洋文化崭新阶段的进步繁荣而接续奋进，这不失为中国上古国家文明发展可传可颂的光辉篇章。因此，基于对先秦海洋文化的全景了解以及对秦汉海洋文明全新面貌的完整把握，从先秦海洋国家覆亡亦即融会统一的多民族国家的大致发展历程中找寻融会发展的基本原因与一般规律，进而以此为基础梳理剖析其间可资借鉴的经验教训，这对于我们触及中国古代海洋文明的深层结构、探知中国上古海洋文化的底层品相，甚至是探索基因图谱早期变迁及其对后世的影响，尤其是对于品鉴构建中国当代海洋文化深层厚重的内在体系，都有着颇为深厚的历史文化价值和切实的现实实践意义。

（一）先秦海洋国家覆亡的大致历程

基于历史唯物主义的基本视角，人类社会始终保持着由低级向高级发展的基本态势，这是社会基本矛盾运动的必然结果，生产关系性状必须适应生产力进步发展要求的基本规律，是人类社会滚滚向前的内在根源，孙中山先生也因之有"天下大势，浩浩荡荡，顺之则昌，逆之则亡"的评断。春秋战国时期，中国上古社会族群战乱不止、政治国家动荡不堪、朝堂上下杀戮不绝，根源即生产力水平提高、器

---

① 杨伯峻.论语译注［M］.典藏版.北京:中华书局,2015:218.

物工具性能增进,导致利益格局结构发生主动或被动调整。从春秋时期大约"170个政治实体"①到战国时期仅存七个大国直至公元前221年秦王嬴政一统中国,这种顺昌逆亡的剧目反复不断。齐、燕、吴、越、楚等海洋国家由日渐昌盛到逐步走向覆亡,主要缘由依然是政治国家构造形态与物质生产力水平之间匹配不当。单就覆亡而言,齐、燕、吴、越、楚这些海洋国家先后从强盛走向灭亡,就是其统治集团所框住的国家上层建筑性状与经济基础的匹配契合程度不断消减直至完全消失。在春秋战国时期先后称霸诸侯世界的先秦社会海洋国家序列里,吴、越两国是最后崛起而又最先灭亡的诸侯国家。楚、燕、齐作为底蕴深厚的老牌封国,尤其是第一代封国的齐国,不仅有着首霸春秋、称雄战国的雄厚政治经济实力,而且拥有荟萃天下学术、引领中原思想的文化影响力,国祚因此纵贯有周一代。

春秋后期,由于中原社会经济与政治文化不断向东向海快速推进,加之中原弭兵的政治生态影响,诸侯列国争霸政治重心转向东南沿海地区,楚晋等诸侯强国为延续竞争态势、维持竞争优势,各自寻找扶持新型同盟力量。是故,在晋国助吴疲楚策略的强力推动下,吴国军事实力迅速膨胀起来,自吴王寿梦称王开始吴国逐渐强大起来,并不断发动与楚国的战事,其间"吴楚交兵数百战,从水则楚常胜,从陆则吴常胜"。直至吴王阖闾任用伍子胥、伯嚭、孙武等人参与军政而国力日益强盛,不仅于公元前512年、公元前511年、公元前509年击败楚国军队并攻取多座楚国城池,公元前510年打败越国军队,而且还于公元前506年五战五胜楚军并攻占楚国郢都,伍子胥为报父兄之仇"乃掘楚平王墓,出其尸,鞭之三百"②。公元前496年吴国兴兵伐越与之交战于槜李,吴王阖闾兵败伤重而亡,太子夫差继位为王。公元前494年吴王夫差以全国精兵伐越,大败越王于夫椒并乘胜围困勾践残部于会稽山,吴王接受几近灭国的越国称臣求和,撤军回国。其后,为北上与中原诸侯争霸,吴王夫差筑城于邗并凿开邗沟,连接长江与淮河两大水系,打通以舟师讨伐齐国的主要水上通道。公元前485年,吴王夫差遣"徐承帅舟师,将自海入齐"③,但此次海上进攻被齐国强大的舟师阻断。公元前484年,吴王夫差联合鲁国于艾陵"大败齐师。获国书、公孙夏、闾丘明、陈书、东郭书,革车八百乘,甲首三千"④。公元前482年,吴王夫差为夺中原霸主地位率领国内全部精锐与晋、鲁等诸侯国家会盟于黄池。但其宿敌越王勾践趁其国内空虚兵分两

① 崔瑞德,鲁惟一.剑桥中国秦汉史:公元前221至公元220年[M].杨品泉,等,译.北京:中国科学出版社,1992:19.
② 司马迁.史记全本新注:第四册[M].张大可,注释.武汉:华中科技大学出版社,2020:1389.
③ 杨伯峻.春秋左传注:第六册[M].北京:中华书局,2016:1848.
④ 杨伯峻.春秋左传注:第六册[M].北京:中华书局,2016:1857.

路,一路由"范蠡、舌庸,率师沿海溯淮以绝吴路"①,一路"发习流二千人,教士四万人,君子六千人,诸御千人"直扑吴都,越军攻入吴都姑苏并击杀吴太子友,吴王被迫重金求和。连年征战,"吴士民罢弊,轻锐尽死于齐晋"②,最终于公元前473年亦即为越国围攻三年之后,绝望的吴王夫差自杀身亡,吴国随之灭国。

由于吴越血脉文化同宗同源,越王勾践在攻灭吴国之后,得以迅速整合吴越社会经济与政治文化,总体国力迅速增强,于是越王勾践"乃以兵北渡淮,与齐、晋诸侯会于徐州,致贡于周。周元王使人赐勾践胙,命为伯"③,成为春秋末期"横行于江、淮东,诸侯毕贺"④的最后一位霸主。徐州会盟中原诸侯之后,勾践还将"淮上地与楚,归吴所侵宋地于宋,与鲁泗东方百里"⑤,积极发展与中原诸侯列国的良好关系,同时保持与中原文明更为紧密的接触与交流,越王勾践还迁徙国都于琅琊,所谓"霸于关东,从琅琊,起观台,周七里,以望东海"⑥,奠定了战国时期越国发展相对雄厚的基础。如果说偏居东南海隅的吴、越能在春秋末期战国初年快速兴盛进而称霸中原,是正好赶上中国上古由春秋转向战国历史间歇期的话,那么及至战国中期,这个历史间歇期已然终止。尽管勾践之后"越人三世弑其君"⑦,及至鹿郢、不寿以及朱勾时期,越国依旧保有诸侯强国的军事威势与政治地位,墨子因此有"今天下好战之国,齐、晋、楚、越"以及"今以并国之故,四分天下而有之"之说。随着三家分晋的成功完成、田氏代齐的尘埃落定、秦国的奋起直追、楚国元气的悄然恢复,在基于兼并政治需要的新一轮富国强兵大潮席卷之下,中原诸侯各国纷纷改革内政、力行变法,其间虽然战火硝烟未曾停歇片刻,但中原列国无论是物质生产技术、社会经济结构还是国家政治统治、思想文化体制都得到了前所未有的普遍进步与发展繁荣。一时间"秦始复强,而三晋益大,魏惠王、齐/威王尤强"⑧,楚国的国势也已快速恢复,中国上古诸侯列国国家力量对比关系与地缘政治生态格局已经发生了颠覆性的变化。然而与中原诸侯大国如火如荼的变法革新截然不同,舟车楫马的越国却是悄无声息、置若罔闻、故步自封,再无半点图强变法以回应时局大势的举动。齐国国力的日渐恢复以及楚国的逐渐

①　陈桐生,译注.国语[M].北京:中华书局,2013:674.

②　司马迁.史记全本新注:第三册[M].张大可,注释.武汉:华中科技大学出版社,2020:1082.

③　司马迁.史记全本新注:第三册[M].张大可,注释.武汉:华中科技大学出版社,2020:1083.

④　司马迁.史记全本新注:第三册[M].张大可,注释.武汉:华中科技大学出版社,2020:1084.

⑤　司马迁.史记全本新注:第三册[M].张大可,注释.武汉:华中科技大学出版社,2020:1083-1084.

⑥　崔冶,译注.吴越春秋[M].北京:中华书局,2019:286.

⑦　方勇,译注.庄子[M].北京:中华书局,2015:485.

⑧　司马迁.史记全本新注:第三册[M].张大可,注释.武汉:华中科技大学出版社,2020:1064.

强盛,加之吴国旧贵复仇的蠢蠢欲动,越王翳即位时越国的中原霸权局势已然难以维系,公元前378年越国因之"去琅邪,徙于吴"①,被迫迁都回吴(今江苏苏州),以强化对吴越祖地的控制,力图维持诸侯强国国势,赓续国祚。但公元前375年的"诸咎之乱"不仅导致宫廷弑君弑父的悲剧连续上演,而且越国贵族亦互相残杀不断,一时间,越国政局动荡、社会混乱、经济凋敝,加之楚国基本切断了越国与中原的联系,越国的衰颓之势已不可逆转。尽管越王无颛重迁至会稽故都,依然无法阻止越国衰败的步伐,及至公元前306年,在楚国处心积虑谋划之下,越国君王轻信齐人谗言而西伐楚国战败身死,曾经称霸诸侯的越国至此灭亡。

楚国歼灭越国"尽取故吴地至浙江",并且使"滨于江南海上"的越国诸族皆"服朝于楚"②,即通过制服沿海越国各部以至完全掌控与经略齐国以南沿海海域,至此真正成为"南海之国"。然而,时至战国后期,各国变法图强的长效机制已逐步凸显,尤以秦国的商鞅变法为最。由于旧式世卿世禄制度的彻底废除、新型专制主义中央集权体制的牢固建立、郡县体系国家行政结构的稳步推行、重农抑商社会经济观念的普遍接纳以及全民皆兵、编户连坐、奖励军功的国家力量凝聚机制的强势构筑,国富兵强的秦国一跃成为当时傲视东方六国、综合实力最强盛的国家,虽然商鞅受酷刑而死,但"秦法未败也"③,变法得以很好地延续。经由商鞅尤其是其后的张仪、范雎等一系列合纵连横、远交近攻的经典操作,秦国以弱魏楚为先,蚕食韩魏、削弱齐楚在后,公元前293年的伊阙之战,秦将白起大败韩魏联军,掳获联军统帅犀武,斩杀士卒24万,严重削弱韩魏实力。公元前283年,秦会同燕赵共相乐毅统领韩赵魏燕大肆伐齐,攻占齐国70余座城池,强齐几近灭国,虽然其后田单成功复国,但曾经傲立东方的繁盛帝国从此颓势已定。公元前279年至公元前278年,秦将白起率界攻占楚国南阳郡、南郡、临江郡、黔中郡,并于公元前277年攻入楚国郢都,楚顷襄王被迫迁都于陈丘,大片疆土与人口的丧失致使楚国深陷落败惨境。公元前260年,白起于长平之战中坑杀45万赵国军士,赵国自此一蹶不振,秦国统一天下的障碍基本扫平。公元前238年,秦王嬴政成功剔除祸害宫闱朝政的嫪毐、吕不韦,任用尉缭、李斯等人全力推动歼灭列国、一统天下的最后进程。公元前230年,秦王遣"内史腾攻韩,得韩王安,尽纳其地,以其地为郡,命曰颖川"④,内史腾灭韩并建置颖川郡。公元前229年,秦王王翦大军破赵俘虏赵王,秦建立邯郸郡于赵都邯郸,赵王迁异母弟公子嘉"率其宗数百

① 崔冶,译注.吴越春秋[M].北京:中华书局,2019:290.
② 司马迁.史记全本新注:第三册[M].张大可,注释.武汉:华中科技大学出版社,2020:1086.
③ 高华平,王齐州,张三夕,译注.韩非子[M].2版.北京:中华书局,2015:622.
④ 司马迁.史记全本新注:第一册[M].张大可,注释.武汉:华中科技大学出版社,2020:168.

人之代,自立为代王"①。公元前226年,秦军攻占燕都蓟,燕王喜出逃于辽东。公元前225年,秦将王贲率军攻魏,"引河沟灌大梁,大梁城坏,其王请降,尽取其地"②,魏王出降,魏国灭亡,秦建立砀郡管辖魏东。公元前223年,秦王嬴政特遣王翦亲领六十万大军伐楚,先破楚军于蕲,随后挥兵攻入楚都寿春,俘获楚王负刍,楚国灭亡。随后公元前222年,秦王再遣王贲率军攻占辽东,虏燕王喜而最终歼灭燕国,设置辽东郡管辖辽东事务并趁势"还攻代,虏代王嘉"③,赵国彻底灭亡。公元前221年,因"齐王建与其相后胜发兵守其西界"阻止秦军东进,秦王便"使将军王贲从燕南攻齐,得齐王建"④,齐国正式灭亡。自此,十年兼并战争,强大的秦国横扫东方六国,结束了中国上古王侯专政的王国分裂割据时期,民族历史从此步入天下一统的帝国新时代。及至公元前221年随着海洋齐国的灭亡,古代中华文明步入大一统发展的崭新阶段,中国海洋文化亦相应地迈入快速发展的崭新时代,尤其是秦汉帝王实施郡海疆、巡江海、官海盐、重海捕、拓海路等一系列的海疆经略措施,奠定了中国古代海疆经略理论的坚实基础,并奠定了中国古代海洋政治及其思想的基本类型。

(二)先秦海洋国家覆亡的基本原因

关于韩、魏、赵、楚、燕、齐六国何以前后灭国或者说秦国为何能荡平六国、一统天下,中外学者皆有过较为详尽的探究。在国内著名战国史专家杨宽先生看来,秦国之所以能完成一统中国的历史功业,主要在于⑤:其一,人民的拥护是战争胜负的关键,秦国因政治比较进步而赢得了人民的支持;其二,秦国在兼并战争中推行了符合人民愿望的政策,巩固了胜利成果;其三,社会经济的发展需要建成统一国家;其四,人民群众迫切要求统一。在外国学者眼里,秦国取得胜利的原因不外乎是被山带河以为固的地缘地理优势、发达灌溉农业的有力支持、先进锻铁刀箭装备的强劲军团、崇尚阳刚武德的国家文化氛围、较少中原传统文化束缚的社会革新基础、大胆任用外来人才的政治统治决心、相对长寿强大的统治者保障的政治连续稳定以及始终坚持效率精确的既定行政程序。⑥ 由此可见,占据天

① 司马迁.史记全本新注:第一册[M].张大可,注释.武汉:华中科技大学出版社,2020:168.
② 司马迁.史记全本新注:第一册[M].张大可,注释.武汉:华中科技大学出版社,2020:169.
③ 司马迁.史记全本新注:第一册[M].张大可,注释.武汉:华中科技大学出版社,2020:170.
④ 司马迁.史记全本新注:第一册[M].张大可,注释.武汉:华中科技大学出版社,2020:170.
⑤ 杨宽.战国史[M].上海:上海人民出版社,2016:469-479.
⑥ 崔瑞德,鲁惟一.剑桥中国秦汉史:公元前221年至公元220年[M].杨品泉,等,译.北京:中国科学出版社,1992:43-49.

时、地利与人和,是秦国最终实现国家统一亦即齐、楚、燕、韩、赵、魏六国相继灭国的根本原因。

所谓天时,即天道有常,治政者须顺天以行、应天而为,方得以占据有利时机。若就社会历史文化演进的角度而言,便是要求人主国君须时时顺应社会向前发展的规律,刻刻紧跟物质生产技术进步的节奏,快速回应社会生产关系变革的诉求,妥善调节人群利益结构的变化,适宜整饬政治文物体制机制,以有效保持国家竞争力水平。秦国正是紧紧追随战国时期社会生产力快速发展的步伐,积极应和社会生产关系变革的时代呼声,任用商鞅施行变法,通过彻底废黜旧式世卿世禄特权、奖励军功等政治举措,革新社会利益关系结构从而凝聚并释放社会创新创造活力,专注于富国强兵直至四海一定的时代主题。并且秦国君臣上下自始至终持有"囊括四海之意,并吞八荒之心"①。此即顺乎于天应乎于命,占据天时,挺立在时代潮头。而就用尽地利而言,直如汉初晁错所言,秦国"地形便,山川利,财用足"②,秦国在地理、地势等方面的理解与使用上更是六国所望尘莫及的。"秦地被山带河以为固,四塞之国"③,所谓"地势形便,攻人易而人之攻之也难"④。秦国高山阻隔、大河环绕的地理环境,四面险要关塞有效支撑起的坚固防御,致使自秦穆公至秦王政,20多位国君常称雄于列国诸侯,即"据崤函之固,拥雍州之地,君臣固守"⑤而"其势居然也"⑥,即便是"以十倍之地,百万之众,叩关而攻秦"⑦,最终依然是"九国之师,逡巡而不敢进"⑧,此即占据并充分利用地理区位优势的必然结果。在地势上,秦国高居江河上游,面东而立,形成居高临下的俯冲之势,这种地形之便在以人力、畜力、自然力为主题的冷兵器时代,有先天不可逆转的优越的自然禀赋品质,尤其是水深江阔的长江、黄河已然成为秦国通向广袤东方的天然通道。史载周赧王七年即公元前308年,秦王遣"司马错率巴、蜀众十万,大舶船万艘,米六百万斛,浮江伐楚,取商于之地为黔中郡"⑨。秦国正是利用地理地缘构造之优势以"舫船载卒"而"浮江已下"⑩,对下游各国形成势能压制。其时

① 贾谊.新书校注[M].阎振益,钟夏,校注.北京:中华书局,2000:1.
② 班固.汉书:第三册[M].颜师古,注.北京:中华书局,2012:2002.
③ 贾谊.新书校注[M].阎振益,钟夏,校注.北京:中华书局,2000:16.
④ 吕思勉.先秦史:全2册[M].长春:吉林出版集团股份有限公司,2017:249.
⑤ 贾谊.新书校注[M].阎振益,钟夏,校注.北京:中华书局,2000:1.
⑥ 贾谊.新书校注[M].阎振益,钟夏,校注.北京:中华书局,2000:16.
⑦ 贾谊.新书校注[M].阎振益,钟夏,校注.北京:中华书局,2000:1.
⑧ 贾谊.新书校注[M].阎振益,钟夏,校注.北京:中华书局,2000:2.
⑨ 常璩.明本华阳国志:第一册[M].北京:国家图书馆出版社,2018:78.
⑩ 司马迁.史记全本新注:第四册[M].张大可,注释.武汉:华中科技大学出版社,2020:1457.

秦国对地势的充分利用不仅体现在借助江河自然流向而展开货物运输与力量投送,还在战争中常常利用地势高下引导河水破城拔邑。公元前 279 年,"白起攻楚,引西山长谷水……水从城西,灌城东入……水溃城东北角,百姓随水流死于城东者,数十万,城东皆臭"①,白起以地势高下引水灌城而克鄢,进而两年之内将楚国鄢郢几百里富庶之地尽收囊中,并迫使楚顷襄王迁都于陈,以致楚国就此没落。公元前 225 年,秦将王贲进攻魏国国都,亦是应地势采用"引河沟灌大梁"②,致使大梁因城墙损毁而被攻破,魏王乞降而魏国自是灭国。秦国的地利最根本的还在于对地利的倾力激发。被山带河之固的牢牢据守、居高临下之势的有效占据、浮江顺流之下的猛烈冲击,秦国在军事上关注地理自然能力并运作施用卓有成效的同时,还在经济生产方面不断兴修先进水利工程、大力发展灌溉农业、保持冶铁技术优势,以及采用"出其人,募徙河东赐爵,赦罪人迁之"③的强本弱末政策对新服之地进行垦殖经营,尤其是凭借郑国渠、都江堰水利工程保障的发达的灌溉农业致使关中蜀地皆为沃野、秦国再"无凶年"④,从而将地利发挥到了六国无法企及的高度。

国力的竞争在根本意义上乃是人的竞争,古今概莫能外。秦国横扫六合、一定四海,在列国竞争中笑到最后,归根结底就在于其实现了最大程度的人和。而且,秦国的"人和"要害在于统治君王序列承递平顺以及统治集团的长期稳定,尤其是君臣上下对"囊括四海、并吞八荒"的理想目标的恒久持守,即各代继王执着于"蒙故业,因遗策"⑤,并以此吸纳、重用外来显贵诸如"西取由余于戎,东得百里奚于宛,迎蹇叔于宋,来丕豹、公孙支于晋"⑥,以及商鞅、范雎、吕不韦、李斯等赫赫有名的历史人物,所谓"士不产于秦,而原忠者众"⑦,秦国亦因"不爱珍器重宝肥饶之地,以致天下之士"⑧,不断把牢政治统治中枢而长久保持统治集团政治稳定与治政活力,而且在变法政令的持续推行之下,秦国官吏"恭俭敦敬,忠信而不㤞"、士卿"不比周、不朋党,倜然莫不明通而公也"⑨,秦国政令通畅、政气清明、政治高效。同时,秦国的"人和"更在于较好地回应了民众基本利益诉求,商鞅变法

---

① 王国维.水经注校[M].上海:上海人民出版社,1984:908.
② 司马迁.史记全本新注:第一册[M].张大可,注释.武汉:华中科技大学出版社,2020:169.
③ 司马迁.史记全本新注:第一册[M].张大可,注释.武汉:华中科技大学出版社,2020:155.
④ 司马迁.史记全本新注:第二册[M].张大可,注释.武汉:华中科技大学出版社,2020:838.
⑤ 贾谊.新书校注[M].阎振益,钟夏,校注.北京:中华书局,2000:1.
⑥ 司马迁.史记全本新注:第四册[M].张大可,注释.武汉:华中科技大学出版社,2020:1657.
⑦ 司马迁.史记全本新注:第四册[M].张大可,注释.武汉:华中科技大学出版社,2020:1660.
⑧ 贾谊.新书校注[M].阎振益,钟夏,校注.北京:中华书局,2000:1.
⑨ 方勇,李波,译注.荀子[M].2 版.北京:中华书局,2015:261.

"为田开阡陌封疆,而赋税平",尤其是"僇力本业,耕织致粟帛多者复其身"①,以及奖励军功"教民耕战,是以兵动而地广,兵休而国富"②,极大地激发了民众的生产生活积极性,以至秦国社会"家给人足,民勇于公战,怯于私斗"③,尤其是"秦中士卒,以军中为家,将帅为父母,不约而亲,不谋而信,一心同功,死不旋踵"④,形成了颇为明晰的社会发展基本认同。所谓"得人者兴,失人者崩"⑤,正是这种君臣同心、上下同欲的最大程度的"人和",积聚起相对东方六国压倒性的国家力量优势,因而秦国必然"席卷天下,包举宇内"⑥,一统中国。

与此相反,无论是先期东南沿海吴、越的灭国还是其后楚、燕、齐的覆亡,总体缘由即在于失却天时、地利与人和。就天时而言,春秋末期吴、越两国快速崛起并相继称霸中原,总体来说就在于应和了当时诸侯争霸政治生态变化形势与地缘政治格局调整要求,以及江南地区社会经济从青铜时代进入铁器时代经济社会飞速发展的时代呼声,即紧紧攥住了春秋时期"中原疲敝"的历史间歇期,尤其是楚晋争霸国势角逐、内在疲惫乏力而积极寻求外在活力补充的历史新机遇。而吴越的灭亡尤其是吴国的快速由盛而衰直至灭亡,在总的意义上即归因于社会政治耗费远远超越社会生产的有效支撑以及国家政治战略无法及时回应地缘政治性状整体变化的崭新需求,特别是在为了顺应社会生产力发展、社会利益关系格局变革新要求而变革相应政治制度的时代大潮方面缺乏有效回应,从而失却历史的眷顾。而就楚、燕、齐三大海洋国家而言,纵贯春秋战国八百余年,称霸春秋、雄冠战国,亦曾一度占据天时、引领时代甚至天下一统唾手可得。然而进入铁器时代,铸铁柔化处理技术的创造所带来的耐用韧性铸铁农具的普遍使用、牛耕技术的不断推广等社会生产力水平革命性飞跃引发社会利益关系变化与社群层级结构改变,进而所形成的社会政治经济制度以及国家政治统治必然变革趋势,特别是生产能力提升、生产规模扩大引起的生产、分配、交换和消费社会化程度逐渐拓展所创新的社会政治稳定连续与资源配置合理流动的客观需求,无论楚燕还是强齐都没有给予有效的应答,以致国家政策的稳定性、连续性严重不足,统治集团政治信念的长期性、全局性相当欠缺,因而齐桓公"九合诸侯,一匡天下"仅在乎"尊王攘夷"的诸侯霸主功业,政治经济文化鼎盛之极的威宣时代国家治政亦旨在恢复先王霸

---

① 司马迁.史记全本新注:第三册[M].张大可,注释.武汉:华中科技大学出版社,2020:1086.
② 缪文远,缪伟,罗永莲,译注.战国策:上册[M].北京:中华书局,2012:177.
③ 司马迁.史记全本新注:第四册[M].张大可,注释.武汉:华中科技大学出版社,2020:1418.
④ 缪文远,缪伟,罗永莲,译注.战国策:下册[M].北京:中华书局,2012:1060.
⑤ 司马迁.史记全本新注:第四册[M].张大可,注释.武汉:华中科技大学出版社,2020:1421.
⑥ 贾谊.新书校注[M].阎振益,钟夏,校注.北京:中华书局,2000:1.

业。这与秦国君臣上下"蒙故业,因遗策"固守"囊括四海之意,并吞八荒之心"执着稳定的政治信念存在天壤之别。

就地利而言,在地理区位、地理形势与地力产出等方面,吴、越、楚、燕、齐海洋五国皆为江河之尾、海洋之滨、地势低矮、湖荡纵横的广袤平原及山地丘陵,无论是对该类地理区位进行有效认知、对地理形势进行准确体悟的自然地理性态把握,还是此种地缘社会结构有意塑造、地缘政治关系积极建构的政治地理价值发掘,皆存在相对明显的短板与切实的不足。这些上古海洋国家虽然拥有"饭稻羹鱼"之丰饶、渔盐之富利、舟楫之便捷,但亦有着"地潟卤,人民寡""地薄,寡於积聚"①之隐忧,以及"往若飘风,去则难从"②之焦虑。尽管沿海航线贯穿南洋北海,吴越可"浮海出齐"③、燕齐亦能"遵海而南,放于琅邪"以及"行海者,坐而至越"④,人工运河连通江、淮、河、济,舟师海军"横行于江、淮东"⑤。虽然楚国通渠于汉水云梦之野、江淮之间,吴国"则通渠三江、五湖"⑥,齐国也曾修渠贯通菑水与济水,甚至这些水深道宽的河渠不仅"皆可行舟",而且能"用溉骓,百姓飨其利"⑦,但桨楫弓弩时代江河下游国家的相对地理势能劣势也因上游国家"自上而瞰下"⑧的常战常胜而凸显,坦荡开阔的平原无险可据、无塞可倚,相对孤立的城池也易于因给养断绝而难以抗御长久围困,是故"吴楚交兵数百战,从水则楚常胜,从陆则吴常胜"。同时,在地力出产方面,地广人稀的楚越抑或地薄人少的齐燕,虽然都能因地制宜,或兴渔盐之利,或尽舟楫之便,或通商工之业,或隆桑蚕之事,甚至富甲一方、冠绝天下,从而"冠带衣履天下,海岱之闲敛袂而往朝焉"⑨以及交易货物"治产积居……遂至巨万"⑩,齐楚吴越亦因之匡霸诸侯、盛极一时,天下势力"莫不宾服",但与"好农而重民"⑪的秦国相较,无论是北海之滨的齐燕还是南海之畔的楚越,由于地力品质的相对不足或者自然禀赋的绝对优势,或者因

① 司马迁.史记全本新注:第五册[M].张大可,注释.武汉:华中科技大学出版社,2020:2218.
② 李步嘉.越绝书校释[M].北京:中华书局,2018:206.
③ 司马迁.史记全本新注:第三册[M].张大可,注释.武汉:华中科技大学出版社,2020:1087.
④ 许富宏.慎子集校集注[M].北京:中华书局,2013:60.
⑤ 司马迁.史记全本新注:第三册[M].张大可,注释.武汉:华中科技大学出版社,2020:1084.
⑥ 司马迁.史记全本新注:第二册[M].张大可,注释.武汉:华中科技大学出版社,2020:837-838.
⑦ 司马迁.史记全本新注:第二册[M].张大可,注释.武汉:华中科技大学出版社,2020:838.
⑧ 顾栋高.春秋大事表:第一册[M].吴树平,李解民,点校.北京:中华书局,1993:544.
⑨ 司马迁.史记全本新注:第五册[M].张大可,注释.武汉:华中科技大学出版社,2020:2209.
⑩ 司马迁.史记全本新注:第五册[M].张大可,注释.武汉:华中科技大学出版社,2020:2212.
⑪ 司马迁.史记全本新注:第五册[M].张大可,注释.武汉:华中科技大学出版社,2020:2219.

主动错位专注于商工之业、渔盐之利或者长期自足于"果隋蠃蛤……地埶饶食"①,而在以一家一户为生活单位、个体劳动者为生产基础的小农经济时代,丧失国家基础力量源源不断的支撑根源,其在战国时期民心所向的国家一统、四海一定竞争大剧中纷纷出局。

当然,"夫地势何常,人能用之则胜。"②在自然禀赋既定的前提之下,优劣极具相对性,人能尽其用才是关键,即如孟子所说的,"天时不如地利,地利不如人和"③。归根结底,春秋战国时期吴越楚燕齐的相继覆灭,核心缘由应在于失却人和。事实上,失却天时的根本在于失却"和"的人对于天之大是、大势的不知与无知;无力地利的缘由也在于失却"和"的人组织激励发动地理、地势与地力的无效或无法。就吴国而言,其崛起里程碑事件或主要起始点在于"始通于中国",在于晋国输入先进武装械备与兵阵技术而为其打开窥探中国上古社会政治经济发展演进大势的窄狭窗口,将偏居海隅僻陋小国强势裹挟汇入中原历史文化浩荡向前的滚滚洪流;在于将狐庸、伍子胥、伯嚭等中原先进文化者融和并凸显于勾吴政治文化上层结构的核心;而其衰亡的根本转折在于"吴王淫于乐而忘其百姓"④,而统治集团离心、肱股之臣被冤杀直至"士民罢弊,轻锐尽死"的失和事件陆续登场。越国的败亡源自"可与共患难,不可与共安乐"⑤的越王勾践称霸之后上演"蜚鸟尽,良弓藏;狡兔死,走狗烹"⑥的政治闹剧,进而引发其后越国王室"三世弑其君"、故吴干其政的政治悲剧,君父互弑、臣公相残,以致越国社会动荡、经济凋敝、人心浮躁、国力衰颓。对于楚国而言,失却人和的相似剧目同样以不同程度、不同形式接续出演。尤其是自楚悼王即位时吴起被害以降,楚国军政皆不出昭、景、屈三家,王室"专淫逸侈靡,不顾国政"⑦,臣公"相妒以功,谄谀用事"⑧,"大臣父兄,好伤贤以为资,厚赋敛诸臣百姓"⑨,以致偌大楚国"良臣斥疏,百姓心离,城池不修,既无畏臣,又无守备"⑩,甚至在保家卫国的战场上士卒也是"咸顾其家,各有

---

① 司马迁.史记全本新注:第五册[M].张大可,注释.武汉:华中科技大学出版社,2020:2219.
② 顾高栋.春秋大事表:第一册[M].吴树平,点校.北京:中华书局,1993:545.
③ 方勇,译注.孟子[M].北京:中华书局,2015:65.
④ 陈桐生,译注.国语[M].北京:中华书局,2013:723.
⑤ 司马迁.史记全本新注:第三册[M].张大可,注释.武汉:华中科技大学出版社,2020:1084.
⑥ 司马迁.史记全本新注:第三册[M].张大可,注释.武汉:华中科技大学出版社,2020:1084.
⑦ 缪文远,缪伟,罗永莲,译注.战国策:上册[M].北京:中华书局,2012:459.
⑧ 缪文远,缪伟,罗永莲,译注.战国策:下册[M].北京:中华书局,2012:1060.
⑨ 缪文远,缪伟,罗永莲,译注.战国策:上册[M].北京:中华书局,2012:440.
⑩ 缪文远,缪伟,罗永莲,译注.战国策:下册[M].北京:中华书局,2012:1060.

散心,莫有斗志"①,最终"盗贼公行而弗能禁"②,"楚分为五"③。曾经作为主导春秋争霸核心的"地方五千里,持戟百万"④的泱泱大国,就在君臣离德、百姓离心、将士离志的惨淡场景中,被仅仅"数万之众入楚"的秦军连克鄢郢、焚毁宗庙,以致举国震惊、恐慌并"东徙而不敢西向"⑤。及至公元前 223 年,"秦将王翦、蒙武遂破楚国"⑥,秦国王翦、蒙武六十万大军席卷淮北、淮南,攻陷楚都寿郢,虏获楚王负刍。楚国作为周王朝重要的南方封国,绵延 800 余年的国祚至此戛然而止。

而就燕国而言,其沉浮兴衰依然与占据或失却"人和"息息相关。在相当长久的时间里,姬燕君臣上下在强敌环伺的地缘政治生态中,仰赖于中原争霸政治安静旁观者的历史角色定位并保持与中原诸侯的友好关系而缓慢顽强地延续国祚,国力总体"最为弱小"却能"于姬姓独后亡"⑦,概因上下同欲同心。相反,燕国历史绵延中的数次"几灭者",根本缘由并不在于君臣失和、上下离心,春秋时期著名的简公(或曰惠公)弃国奔齐,即在于国君"欲去诸大夫而立其宠人",而大夫们却"比以杀公之外嬖"。战国时期,燕国亦因"子之之乱"进而"士卒不战、城门不闭"⑧,齐军长驱直入其都以致燕王哙身亡、燕相受醢而亡。其后燕昭王高筑黄金台、碣石宫而广纳贤士于天下,"卑身厚币以招贤者"⑨以至"乐毅自魏往,邹衍自齐往,剧辛自赵往,士争趋燕"⑩。在外纳才贤于诸侯并任其改制变法富国强兵的同时,燕昭王还"吊死问孤,与百姓同甘苦"⑪,终致燕国殷实富足、兵士不惧战事并乐于为国而战,上下同欲同心,促进了最为广泛、最大限度的"人和",才有了"合五国之兵而攻齐,下七十余城,尽郡县之以属燕"⑫,以及秦开"归而袭破走东胡,东胡却千余里"⑬的辉煌鼎盛。而燕昭王死后,燕惠王因"不快于乐毅"而"使

① 缪文远,缪伟,罗永莲,译注.战国策:下册[M].北京:中华书局,2012:1060.
② 缪文远,缪伟,罗永莲,译注.战国策:下册[M].北京:中华书局,2012:871.
③ 石磊,译注.商君书[M].北京:中华书局,2011:154.
④ 缪文远,缪伟,罗永莲,译注.战国策:下册[M].北京:中华书局,2012:1058.
⑤ 缪文远,缪伟,罗永莲,译注.战国策:下册[M].北京:中华书局,2012:1058.
⑥ 司马迁.史记全本新注:第三册[M].张大可,注释.武汉:华中科技大学出版社,2020:1076.
⑦ 司马迁.史记全本新注:第三册[M].张大可,注释.武汉:华中科技大学出版社,2020:950.
⑧ 司马迁.史记全本新注:第三册[M].张大可,注释.武汉:华中科技大学出版社,2020:947.
⑨ 司马迁.史记全本新注:第三册[M].张大可,注释.武汉:华中科技大学出版社,2020:948.
⑩ 司马迁.史记全本新注:第三册[M].张大可,注释.武汉:华中科技大学出版社,2020:948.
⑪ 司马迁.史记全本新注:第三册[M].张大可,注释.武汉:华中科技大学出版社,2020:948.
⑫ 司马迁.史记全本新注:第三册[M].张大可,注释.武汉:华中科技大学出版社,2012:980.
⑬ 司马迁.史记全本新注:第五册[M].张大可,注释.武汉:华中科技大学出版社,2020:1932.

骑劫代将,而召乐毅",使其"故遁逃走赵"①,齐将田单以火牛阵大败燕军,骑劫被杀,燕军兵败如山倒,齐军旋即光复失陷的 70 余座城池,一举成功复国,燕国至此因君臣失和而国力遂衰。其后又困陷于秦国政治算计而长期与赵国战争不断且屡战屡败,国土逐渐丧失,国力日渐削弱,直到秦国大军兵临易水之际,无论荆轲刺秦成功与否,都无法改变失却"人和"的燕国注定覆灭的结局。

与吴越楚燕相较,首霸春秋、冠绝战国的齐国因失却"人和"而断绝国祚更值得我们深入地探查。在比较政治的视域里,作为曾经的春秋霸主与战国并立的"东西两帝",齐、秦有着颇为相似的优越地缘政治环境,亦同样历经了深刻的社会政治统治变法维新,齐国甚至在中国上古国家文明、文化演进历程中两度面临一统四海的难得历史机遇,并且在民族文化发展的视野中,齐国主导的海洋文化形态还曾一度占据中国上古文化之主流地位②。管桓时期的齐国对内修葺政制、发展生产,"赡贫穷,禄贤能"③,"与之(民)分货"④,着力"与俗同好恶"⑤以至"富上而足下"⑥"顺民心"⑦从而"齐人皆说"⑧。凝聚起空前程度"人和"的同时,于外高擎"尊王攘夷""诸夏亲昵"的大旗,以"忧中国之心"⑨而救徐州于东、击荆楚于南、伐山戎于北、服秦戎于西,达到"四邻大亲"⑩,进而"来天下之财,致天下之民",造就"远国之民望如父母,近国之民从如流水",声教迄于四海的天下一匡盛景。尤其是"人人不敢饰非,务尽其诚,齐国大治"⑪之威宣时代,齐都临淄思想巨擘会聚一堂、文化巨著先后涌现、鸿门旷殿惊世创建,齐国广"聚天下贤士于稷下"(《通俗演义·穷通》),百家理论汇集一体、世间学术网罗一堂,各家观念主见平等相待、多元思想理论并立共存,吸收融合被提倡、穷理论争在促进、理性谦敬受表彰,思想自由与学术自治正盛行,并且得以充分阐发的不只是人文义理,地农医数在此亦能尽情展现。正是发达的社会经济、强盛的国家实力奠定了齐国思想意识环境的宽松、学术探究气氛的活跃,成就了齐都临淄战国时期学术文化的中心

---

① 司马迁.史记全本新注:第四册[M].张大可,注释.武汉:华中科技大学出版社,2020:1570.
② 韩明泽.齐燕文化和海上方仙道[J].现代中文学刊,1996(1):28.
③ 司马迁.史记全本新注:第三册[M].张大可,注释.武汉:华中科技大学出版社,2020:902.
④ 李山,轩新丽,译注.管子:上册[M].北京:中华书局,2019:90.
⑤ 司马迁.史记全本新注:第四册[M].张大可,注释.武汉:华中科技大学出版社,2020:1359.
⑥ 李山,轩新丽,译注.管子:下册[M].北京:中华书局,2019:741.
⑦ 李山,轩新丽,译注.管子:上册[M].北京:中华书局,2019:6.
⑧ 司马迁.史记全本新注:第三册[M].张大可,注释.武汉:华中科技大学出版社,2020:902.
⑨ 黄铭,曾亦,译注.春秋公羊传[M].北京:中华书局,2016:267.
⑩ 李山,轩新丽,译注.管子:上册[M].北京:中华书局,2019:391.
⑪ 司马迁.史记全本新注:第三册[M].张大可,注释.武汉:华中科技大学出版社,2020:1184.

地位,齐国亦最终"由政治、经济、军事大国成为真正的文化大国"①。由此可见,在历史发展长河特定时间节点的横向视野之中,海王齐国有着诸侯列国不可比拟的"人和"成就。然而,当我们聚焦于齐国历史文化演进的纵向视域之时,可以轻易发现,虽然齐国历代君臣基于自然地理资源禀赋而始终继承海洋国家的渔盐之利、商工之业,但是无论是在政治统治方式延续上还是社会核心文化价值传递方面,始终都没有秦国那般君臣上下"蒙故业、因遗策"对法家思想的稳定深沉和执着持守,相反,人亡政息却接踵不断、层出不穷。随着管仲、桓公的辞世,齐国的法家政制旋即风吹雨打而去,不仅霸业不再而且政治难续,晏婴相国随即废弃法家思想转崇儒家治政理念,而战国时期田齐威王任用邹忌变法则又复归法家治世体统,其后便是黄老思潮在齐国的大肆流行,宋钘、尹文、田骈、环渊、接子更是当时临淄稷下道家的扛鼎之士。其实,政治制度在本质上只是政治文化基础内涵的外在表达,是社会文化核心价值的集中诠释。正是齐国富于功利流变的实用主义文化,主导着齐国政治制度的革新嬗变有余、持续稳定不足,因而总体"人和"效能远不及秦国卓著。

(三)先秦海洋国家覆亡的历史教训

"以铜为镜,可以正衣冠;以古为镜,可以知兴替"②,这只不过是人们立足于社会历史文化延绵不绝的链条,是品读当下现实与定位长远未来的思维逻辑之一般表达。力图在更宏大的历史视域里,多层次、广渠道找寻事物的深刻意涵与精准意义,一直是古老华夏民族及中华文化自始至终坚守的理论品格。党的十八大以来,习近平总书记也反复强调:"走得再远都不能忘记来时的路。"③作为惯于反躬自省的文化人类种群,"重视历史、研究历史、借鉴历史是中华民族5000多年文明史的一个优良传统"④。经由几千年历史文化实践的反复探寻与持续构建,推陈出新、革故鼎新、开拓创新已赫然沉淀为中华民族伟大创造精神的基础内涵。博大精深的中华海洋文明正是中国先民在面海而生、向海而行、以海而兴、依海而盛的漫长蓝色生产生活实践中,基于对过往海洋生产生活的尽心梳理及刻意反省而对未来美妙蔚蓝前景的执着向往与勇毅坚守,一路咀嚼品味身后历程的失败与

---

① 颜炳罡,孟德凯.齐文化的特征、旨归与本质:兼论齐、鲁、秦文化之异同[J].管子学刊,2003(1):39.
② 黄永年.旧唐书[M].上海:汉语大词典出版社,2004:2062.
③ 中共中央党史和文献研究院,中央"不忘初心,牢记使命"主题教育领导小组办公室.习近平关于"不忘初心、牢记使命"重要论述摘编[M].北京:中央文献出版社,2019:293.
④ 习近平.致中国社会科学院中国历史研究院成立的贺信[EB/OL].人民网,2019-01-03.

成功、义无反顾、坚定向前探寻生存发展的新天地而凝练的历史文化结晶。先秦时期作为中国上古海洋文明起始阶段、海洋社会及海洋国家的幼年时节,社会海洋生产生活开展开拓情况、国家海洋政治统治实践施行全貌以及族群海洋思想观念生成性状,皆为中国古代海洋文化尤其是海洋政治思想演绎进化筑基性价值与定向性意义的基本彰显。因此,在概览先秦海洋国家覆亡总体历程与基本原因的基础上,潜心品鉴吴、越、楚、燕、齐海洋五国覆亡的历史经验教训,并力图将其置于中华文化发展演化的宏大背景中加以深层审视,以期准确窥测中国海洋文明发展演进的本质规律与内在逻辑,进而基于历史文化视域准确把握现今大海洋时代中国海洋政治思想之理论坐标与实践维度,应该视为当下海洋文化研究的重要工作目标与主要理论责任。是故,基于春秋战国时期秦国凭借天时、地利、人和而横扫六合、一统天下的历史经验,以及吴、越、楚、燕、齐海洋五国失却天时、地利与人和而国祚断绝的惨痛教训,我们清晰体认到:海洋国家文明延绵的根本、根源、根基与根骨即在于政治的稳定平顺、经济的健康整合、社会的结构和谐、文化的深层敦厚。

1.政治稳定平顺是海洋国家文明延绵的根本

众所周知,国家是一个政治共同体,政治稳定平顺是国家文明延续演进、持续进步的根本。而作为社会政治系统动态有序性与连续性要求的一般表达,政治稳定平顺既意味着对国家政治动荡与社会政治骚乱的基本排斥,也意味着对突发性国家政权质变以及非法性公共政治参与的坚决否定,更意味着对民众有益社会政治行为的积极支持和合理引导。在一般意义上,政治稳定平顺以社会秩序为其根本价值目标追求,不仅要注重有效保持自身结构的合理配置与整体功能的运转自如,而且要注重较好地匹配适应社会环境系统的发展变革。与之相对应,影响政治稳定平顺的基本因素亦不外乎政治权力的腐化败坏、财富分配的非均等平衡、政治决策的错误失败以及外来势力的颠覆破坏等方面。可见,国家政治体制的合理完善与政治机制的有效持续是社会政治稳定平顺的基础。国家是一个组织共同体,社会组织的完整延续是政治稳定平顺的前提。社会组织的完整延续实质上意味着社会动员的深度延展与社会参与的广度整合,意味着国家政治文化一体化的不断推动以及政治认同的逐渐促进。国家同时还是一个利益结构体,合理利益预期的平稳实现更是政治稳定平顺的保障。一般而言,任何政治制度实质上皆为社会利益的分配方案,其有效推行不仅表现为方案内涵社会认同的总体形成,而且喻示着社会利益预期构造的基本完成,因而政治制度的持续稳定,本质上即社会利益关系的稳固进而实现社会成员社会行为的可控,亦即社会运行平稳而有序。然而先秦时期,无论是短暂崛起于春秋末期的吴国;还是国祚纵贯春秋战国的越楚燕齐四国,内在政治权力保有运作、社会财富分配享有、社会组织结构改造以及政治决策合理有效;还是外在整体社会环境变迁适应等方面,中国上古海洋国家概因总体上皆未能给出令历史潮流满意的答案而为浩荡的时代大势无情抛弃。

　　就先秦海洋国家兴衰沉浮的历史进程而言,吴国由于整体被强势卷入中原上国争霸政治的旋涡,在晋国"联吴疲楚"的总体建构之下,又强力嵌入"复仇政治"的细节安排,以致其国家政治权力保有与运作上因失却完整性、独立性而留下政治动荡混乱的启动端口,再加之社会组织结构改造缺乏先进政治文化的足够照应、农村公社组织仍旧总体松散①,虽然社会动员能力尚可但社会生产能力整体有限,从而使得吴国社会经济基础总体上与国家政治上层结构存在较大间距,既无成就秦国"兵动而地广,兵休而国富"②的良性政治机制,又因创新能力不足而无法从物质力量快速增长的根本上给予国家政治稳定足够的支撑,最终在骄奢君王中原争霸、好大喜功的政治决策的超额耗费中,吴王夫差身亡,吴国灭亡。楫马舟车、来去从风的越国由于"卧薪尝胆"十余年钻研中原文物制度与政治文化的社会组织结构改造乃至社会利益关系重塑,进一步拉近了与中原上国社会物质技术水平和国家政制文明品阶的距离,尤其是在歼灭吴国而整合吴越社会之后,依凭优厚的自然资源禀赋与海洋文明的长久积淀,其无论经济实力还是军事技术皆在春秋战国这个中国上古历史的间歇期,相对于普遍陷于"季世"的中原诸侯列国占据优势,从而成为春秋战国之交的霸业强国。然而,毕竟越国国家文明积淀极为有限甚至"至少在勾践灭吴之前,越族尚未建成国家"③,社会组织改造深度与社会生产力水平快速发展之间颇为不匹配,华夏政治伦理思想与政治哲学理论的影响力不够,以致越国国家权力承递与政治利益分配秩序混乱,即"越人三世弑其君",不仅王族宫廷残杀往复不已,而且掌权大臣亦用弑君手段争夺朝政,越国因此政治动荡、国势衰颓、士气涣散、民心背离,为楚国一击而溃。作为南方老牌强国、战国最大的诸侯国家,楚国自悼王即位以降,国家政治长期为昭、景、屈三大宗族世家把持,以致国家政治腐败不堪,尤其是楚怀王即位时不仅因外交政策的重大失误导致对外战争接连失利,国力自此渐衰;而且内政之中,一方面王室"专淫逸侈靡,不顾国政",臣公"相妒以功,谄谀用事",另一方面"大臣父兄,好伤贤以为资,厚赋敛诸臣百姓",终使偌大楚国"良臣斥疏,百姓心离,城池不修,既无畏

①　徐中舒.吴越兴亡[J].四川大学学报(哲学社会科学版),2006(4):17-21.
②　缪文远,缪伟,罗永莲,译注.战国策:上册[M].北京:中华书局,2012:177.
③　洪家义.越史三论[J].东南文化,1989(3):2.

臣,又无守备",军中将帅士卒"各有散心,莫有斗志"。腐败的政治必然引发"盗贼公行而弗能禁""庄蹻发于内,楚分为五"①,国家政治统治由此动荡不止、社会动乱不已、社稷四分五裂。这个曾经"地方五千里,持戟百万"的泱泱大国自此国力一落千丈,面对仅仅"数万之众入楚"的秦军,楚国不仅鄢郢尽失、宗庙焚毁,而且"东徙而不敢西向",举国一片震惊恐慌,自顷襄王起楚国便一路东徙分别迁国都于陈丘、寿春以苟延残喘,但也终究无法避免覆亡的命运。对于燕国而言,相较其他诸侯强国"最为弱小",却能在北"迫蛮貊,内措齐、晋,崎岖强国之间"②的严酷地缘政治环境中顽强存在八百余年并在一众姬姓诸侯国家里最后失国,与其在内和诸侯、外拒戎狄的总体制政理念之下,采用"和亲"等方法保持与中原诸侯大国良性的政治互动关系与密切的血脉文化连接,进而保持政治总体稳定平顺直接相关。但其国势起伏、国君丧政甚至"几灭者数矣"的历史惨景接连发生,无论是"简公奔齐"还是"子之之乱"抑或田单"复得齐城",同样都是王贵擅权、君臣失和、百姓离心以致政治统治连续性不够、稳定性不足进而引发政治动荡、社会骚乱、外敌入侵。

至于强盛至极甚至一度可得天下的齐国,在八个多世纪绵长的国祚之中,更是将政治稳定与国力强盛之间的正相关关系展现得淋漓尽致。管桓时期的齐国,君臣一意,顺民心、同好恶、共货利,富上而足下,不仅"齐人皆说"③,而且"远国之民望如父母,近国之民从如流水",齐桓公也因之"九合诸侯,一匡天下",甚至"不以兵车"④。可见,稳定连续的政治统治促进了齐国富国强兵、保障了齐桓公首霸春秋列国。然而,在早期国家过度依赖明君贤相以致人亡即政息的通病之下,在管仲、桓公辞世后齐国的政治便无所依靠,齐国旋即陷于政治内乱,不仅"五公子各树党争立"⑤相互残杀,而且公卿亦趁机相继谋逆乱权。尤其是春秋后期齐国历经崔杼、庆封之乱以后,君权日渐旁落,即所谓"陪臣执国命"⑥,霸业日益中衰,以田氏为首的累世世宗大族逐渐占据齐国社会政治中心,政治动荡的姜齐政权最终为陈氏所取代,王室宗庙易位,社稷江山易主。战国时期的田氏齐国基于厚重的历史文化积淀与历代君王紧紧追随社会物质生产技术发展的苦心经营,尤其是

① 石磊,译注.商君书[M].北京:中华书局,2011:154.
② 司马迁.史记全本新注:第三册[M].张大可,注释.武汉:华中科技大学出版社,2020:950.
③ 司马迁.史记全本新注:第三册[M].张大可,注释.武汉:华中科技大学出版社,2020:902.
④ 杨伯峻.论语译注[M].典藏版.北京:中华书局,2015:218.
⑤ 司马迁.史记全本新注:第三册[M].张大可,注释.武汉:华中科技大学出版社,2020:908.
⑥ 杨伯峻.论语译注[M].典藏版.北京:中华书局,2015:252.

威王时期重用邹忌改革政治、推行法家政策①、注重选拔人才、奖励贤能将士、惩黜奸庸臣吏、整治荒乱百官，致使"人人不敢饰非，务尽其诚，齐国大治"②，中原诸侯"莫敢致兵于齐二十余年"③。稳定的国内政治、不断增进的整体国力，再加上以稷下学宫兴盛为标志日渐繁荣的学术文化，"于是齐最强于诸侯，自称为王，以令天下"④。齐威王时期末期，虽有田忌与邹忌将相争政甚至田忌因之于公元前322年围攻临淄，但对齐国政治的干扰并不剧烈。随后齐宣王利用燕国"子之之乱"，听取孟轲的建议并遣命匡章"将五都之兵，以因北地之众以伐燕"⑤，五旬而克蓟，一度占领燕国。只不过由于齐军过于残酷暴虐，激起燕国普遍反抗而被迫撤军回国，齐国由此丧失了难得的勘定天下的战略先机，并落得日后乐毅破城七十、齐国几近灭国之下场。从威宣时期"两忌"争政到齐湣王贵族专权，这些权贵篡臣"上则得专主，下则得专国"⑥，使得"闻齐之有田文，不闻其有王也"⑦，齐国朝政"乱乃始生"⑧，不仅田齐政权因"合纵"战争连年耗费国家实力，而且经由燕昭王与苏秦"以上智为间"⑨，最终乐毅为燕赵共相而破齐，"乐毅留徇齐五岁，下齐七十余城，皆为郡县以属燕，唯独莒、即墨未服"⑩，湣王仓皇出逃于莒而为淖齿所弑，曾经强盛的齐国几近灭国，虽然其后田单成功复国，但旋即又陷于外戚干政，齐国的衰亡已成必然之势。

　　由此可见，政治稳定平顺是海洋国家文明延绵的根本依据。作为政治共同体，国家文明的存在与延续，皆须建基于内在结构组织系统的规整有序与动态连续；作为利益组织结构体，国家文明的发展与繁荣，大都倚靠各种利益组织及主体护持彼此利益关系行为的真实界限与决然态度。先秦时期，中国海洋国家由弱至强、自盛而亡、跌宕起伏、透迤绵延的演绎、演化历程，充分呈现出国家政治体制机制性状与国家文明状态之间的基本对应关系，完整诠释了政治稳定平顺与国家文明延绵的根本性逻辑关联。春秋战国时期，吴、越、楚、燕、齐国立足于国内稳定的政治基础，国家政治权力专注于整饬框架建构与全力运用，以至社会政治资源利

①　杨宽.战国史[M].上海：上海人民出版社，2016：215.
②　司马迁.史记全本新注：第三册[M].张大可，注释.武汉：华中科技大学出版社，2020：1184.
③　司马迁.史记全本新注：第三册[M].张大可，注释.武汉：华中科技大学出版社，2020：1184.
④　司马迁.史记全本新注：第三册[M].张大可，注释.武汉：华中科技大学出版社，2020：1186.
⑤　司马迁.史记全本新注：第三册[M].张大可，注释.武汉：华中科技大学出版社，2020：947.
⑥　方勇，李波，译注.荀子[M].2版.北京：中华书局，2015：254.
⑦　司马迁.史记全本新注：第四册[M].张大可，注释.武汉：华中科技大学出版社，2020：1550.
⑧　高华平，王齐州，张三夕，译注.韩非子[M].2版.北京：中华书局，2015：520.
⑨　陈曦，译注.孙子兵法[M].北京：中华书局，2011：242.
⑩　司马迁.史记全本新注：第四册[M].张大可，注释.武汉：华中科技大学出版社，2020：1569.

用完备而充分、国家政治目标追逐行为平顺而有效,生产逐渐发展、财富不断积累、国力持续增强、国家自弱而强。相反,一旦国家政治权力偏离社会整体政治利益而追逐集团利益甚至个人私欲,社会政治权力就无法正常建构,社会政治资源利用的有效性也会不断减损,社会政治目标追逐行为效益因无法聚焦而日益耗散,甚至是社会利益预期无法建立,国家便会因此政治动荡不堪、社会骚乱频发、物质生产迟滞、财富积累艰难、实力日渐下降,直至灭亡。所谓"前事不忘,后事之师"①,先秦时期中国海洋国家盛衰兴亡的波澜壮阔历史进程所呈现给我们的国家文化延绵的厚重历史经验与深刻历史教训,对于置身新时代大海洋世纪的中国特色社会主义海洋强国建设事业,就如何保持与发展政治稳定平顺、着力把握中国海洋文明发展演进的内在逻辑与本质规律、精确表示当代海洋中国理论坐标与实践维度而言,有着深刻的借鉴价值与重大的建设意义。

2.经济健康是海洋国家文明延绵的根源

毋庸置疑,在历史唯物主义的理论视域里,国家不仅是政治实体、文化实体,更是不折不扣的生产实体、经济实体。马克思主义经典作家也一再强调:物质第一性、意识第二性,社会存在决定社会意识,经济基础决定上层建筑,物质资料生产方式是人类社会存在发展基础性的决定因素。在他们看来,"生产以及随生产而来的产品交换是一切社会制度的基础;在每个历史地出现的社会中,产品分配以及和它相伴随的社会之划分为阶级或等级,是由生产什么、怎样生产以及怎样交换产品来决定的"②。因而,"物质生活的生产方式制约着整个社会生活、政治生活和精神生活的过程。不是人们的意识决定人们的存在,相反,是人们的社会存在决定人们的意识"③。可见,作为人们在物质资料生产过程中结成的与一定社会生产力相适应的生产关系的总和,经济或经济制度始终是以政治、法律、哲学、宗教、文学、艺术等为基本内涵的上层建筑得以建立的基础或根源。因此,当我们置身于历史文化的长河、寻究社会历史现象经济根源之时,不难发现先秦时期吴、越、楚、燕、齐等海洋国家文明延绵的跌宕起伏、兴盛衰亡,皆与其赖以建基的经济关系或经济制度健康的基本性状呈现直接对应关系。

春秋战国时期,无论是齐国的首霸中原及其长期占据列国实力榜前列,还是吴、越先后崛起于东南海隅以及齐燕海上方士集团盛行海上冒险、成功渡航至日

---

① 缪文远,缪伟,罗永莲,译注.战国策:上册[M].北京:中华书局,2012:498.
② 中共中央马克思恩格斯列宁斯大林著作编译局.马克思恩格斯文集:第三卷[M].北京:人民出版社,2009:547.
③ 中共中央马克思恩格斯列宁斯大林著作编译局.马克思恩格斯文集:第二卷[M].北京:人民出版社,2009:591.

本,楚国歼灭越国而成为南方海洋大国,都不外乎是社会物质生产技术进步及与
之相应的社会经济制度改革调适、发展完善的直接结果。同样,吴被越所灭而国
祚断绝、姜齐政权为田氏宗族取代,直至楚、燕、齐三国终究皆为秦国横扫,根源亦
在于社会经济关系及经济制度与国家政治目标价值之间缺乏有效的契合。仅就
因管仲改革而成为春秋首霸的齐国而言,其成功之要就在于管仲、桓公"官山海"
而"富上足下""与民分货"的"实仓廪""足衣食"的总基调,体国经野系统调适经
济关系,综合施治于农业、手工业及商业,依据民心顺逆的根本标杆,以宏观土地
与赋税制度框架以及微观农作经营管理政策的紧密结合而铸就了齐国农业生产
的快速发展基础,再凭借"群萃而州处"的市场主体培育、"驰关市之征"的营商环
境优化、"聚者有市"的市场管理机构建设以及"国无游贾"的市场运行调控,相对
厚实的"商工之业"得以进一步强化,尤其是注重山海资源的国家整体经略,将"山
铁之利"与"渔盐之利"纳入国家专营等。一系列社会经济制度的创建与施行,终
使齐国"国以殷富"进而"士气饱腾",形成"九合诸侯,一匡天下"率先称霸兵燹弥
漫的春秋世界。可见,在"从事于诸侯"①的时代政治主题诉求之下,管仲、桓公正
是立足于物质生产技术进步并适时整饬社会经济制度以稳固国家经济基础,因而
构筑起齐国匡霸天下的强力支撑。其后,吴国虽然经由"通于中国"而获得晋国先
进军事技术与强势植入兵学文化,国家实力狂飙突起,但社会经济的长期积累与
不断发展依然是吴国适时崛起于春秋季世的根本缘由,尤其是吴王寿梦即位以
降,国家持续专注于太湖流域稻作农业并倾心经营,凭借日益发达的金属冶炼技
术和牛耕技术,吴国国家粮食供给得到基本保障。同时,吴国还充分发掘滨海国
家的渔盐之利,于是《史记》有记吴国"东有海盐之饶,章山之铜,三江、五湖之
利"。此外,吴国还致力于青铜的开采冶炼,以闻名史籍的"章山之铜"②为标志的
矿冶"官工业"发展为吴国国家经济支柱产业③。也正是仰仗经济关系与经济制
度对于其征伐政治的及时支撑,原本偏居僻陋之地的吴国一时间"西破强楚,北威
齐晋,南伐越人"④,"战胜攻取,兴伯(霸)名于诸侯"⑤,成为诸侯列国霸主。而越
国在几近灭国之中卧薪尝胆而逐渐崛起,直至吞吴越甲尽数"横行于江、淮东,诸
侯毕贺,号称霸王"⑥。越王勾践倚仗的根基同样是契合物质技术品格的社会经

---

①　李山,轩新丽,译注.管子:上册[M].北京:中华书局,2019:380.
②　司马迁.史记全本新注:第五册[M].张大可,注释.武汉:华中科技大学出版社,2020:2218.
③　张敏.陶冶吴越——简论两周时期吴越的生业形态[J].东南文化,2019(3):89.
④　司马迁.史记全本新注:第四册[M].张大可,注释.武汉:华中科技大学出版社,2020:1389.
⑤　班固.汉书:第二册[M].颜师古,注.北京:中华书局,2012:1487.
⑥　司马迁.史记全本新注:第三册[M].张大可,注释.武汉:华中科技大学出版社,2020:1084.

济制度及其有效施行。正是由于一系列基于休养生息的经济制度措施,以及积累国家实力与潜力的铜锡冶金与造船技术的经济激励手段,保障生殖、奖励养育与抚恤孤寡贫困的人口增长政策,多种政治措施有效结合的支持,使得越国国家基础日渐夯实、整体实力日益增长,从而不仅攻灭宿敌吴国而且在一众诸侯列国中脱颖而出成就春秋霸业,进而跃身战国之初"四分天下而有之"的诸侯强国序列。及至战国时期,普遍采用铁制工具为标志的社会生产能力快速提升,农业、手工业以及商业之间的社会分工进一步稳定深入,城市不断兴起以及城市价值与功能快速拓展,陆路、水路以及海上交通日益发达,作为老牌诸侯大国的齐、楚两国顺应时代变革大势而分别任用邹忌、吴起变法革政调适国家经济关系与社会利益结构,从而奠定齐国威宣鼎盛、楚国横亘江南的雄厚经济基础。尤其是依凭稠密水路与发达沿海航线的商业懋迁及其相对完善的以"符节"为典型表彰的商工管控政策,以商工之业建基的齐国以及倾注于江海懋迁的楚国等将中国上古联结,"四海之内若一家"①。由此可见,春秋战国时期,吴、越、楚、燕、齐等海洋诸侯国家文明的兴盛繁荣和延绵与其经济关系,尤其是经济制度的健康直接对应。

　　然而,不论是"舟楫之用""舟车辐辏"之吴越国祚灭绝,还是楚国与燕齐为秦王横扫,根源亦在于其经济关系即经济制度对社会物质生产技术发展水平的及时回应不足或不够,而致使整个经济基础无法满足剧烈变革的上层建筑,尤其是在中国上古小农经济社会关系狂飙突进、因争霸逐一而兵燹连年的春秋战国时期,国家政治权力对于土地日益扩展和人口不断增长的急切需求,族群组织结构的改造与族群组织规模的扩大,以及社会生产过程的持续与生产效能的增进,就显得格外重要。"不能一日而废舟楫之用"的吴国之所以为宿敌国所灭,一个颇为重要的原因便是族群组织结构欠缺深度整合,以至于征伐中原"得其地不能处,得其民不得使",并且连年征战以致"士民罢弊,轻锐尽死于齐、晋"。而族群规模难以扩大、农业生产持续呈现不良状态、生产效能不高,加之传统的渔猎又无法持续补给,终究一场自然灾害成为压塌吴国经济的致命稻草,耗尽国力的吴王夫差在绝望中只能自杀,吴国由是而灭亡。对"十年生聚,而十年教训"②的越国而言,虽然卧薪尝胆全力整饬族群组织结构、尽心竭力扩大族群组织规模,精心立国于宁绍平原、专注于稻作农业,休养生息而厉兵秣马并最终得偿夙愿歼灭吴国,进而在初步整合吴越社会之后,充分利用中原诸侯国家普遍处于发展季世的历史机遇,"上征上国"、与诸侯会盟,"致贡于周"而获"方伯"之胙,但与吴国经济社会制度机制

---

① 方勇,李波,译注.荀子[M].2版.北京:中华书局,2015:94.
② 杨伯峻.春秋左传注:第六册[M].北京:中华书局,2016:1793.

大体相似,越国社会族群组织的整合深度依然不够,生产方式以及生活关系的接纳融会能力不足,以致北征中原、横扫江淮仍旧无法稳定。正如司马迁所说的,"越已灭吴而不能正江、淮北"①,不得已"以淮上地与楚,归吴所侵宋地于宋,与鲁泗东方百里"②,越国即便迁徙国都于琅琊并试图近距离拥抱中原文化,即"霸于关东,从琅邪,起观台,周七里,以望东海"③,然而长久的文化积淀仍然无法缩小越国族群与中原民族的社会生产效能水准以及经济体制机制落差,越人终究还得"去琅邪,徙于吴矣"④。随即越国与中原文化的直接联系便被楚国粗暴切断,重归偏隅、故步自封的越国已被当时中原列国如火如荼的社会政治经济变革大势远远抛于身后,恰如马克思所说,"社会的物质生产力发展到一定阶段,便同它们一直在其中运动的现存生产关系或财产关系(这只是生产关系的法律用语)发生矛盾。于是,这些关系便由生产力的发展形式变成生产力的桎梏。那时社会革命的时代就到来了"⑤。缺乏及时回应社会物质生产技术革新发展的社会生产关系以及社会组织适度调整的越国,注定连续上演宫廷弑君弑父、贵族相互残杀的苦悲戏码,致使政治局势动荡、社会秩序混乱、国家经济凋敝,从而快速走向灭亡。就楚齐两大传统强国来说,虽然都有着顺应社会生产力发展而适时调整经济关系即经济制度的变法革新,鼎盛之际也曾因疆域辽阔、国力卓越、文化繁茂而制霸中原,但在稳定牢固与自给自足为基础支撑的小农经济飞速发展的时代大潮之中,专注于商工之业的齐国以及倾心于江海懋迁的楚国,其主体经济制度之价值追逐所需要的宏大政治空间框架、预期利益实现的平稳运行秩序保障,皆因裂疆据土、列国诸侯争霸逐鹿的整体政治生态格局而无法得到根本满足。同时,在商业行为与货币资本都听命于利益召唤的固有经济逻辑之下,"来天下之财,致天下之民"的经济目标与政治理想,终究因缺乏厚重的压舱石来保障航程有效实现而停滞于美好企望。正所谓"利出一孔,则国多物"⑥"利出于一孔者,其国无敌;出二孔者,其兵不诎;出三孔者,不可以举兵;出四孔者,其国必亡"⑦。与"利出于一孔"而

---

① 司马迁.史记全本新注:第三册[M].张大可,注释.武汉:华中科技大学出版社,2020:1063.

② 司马迁.史记全本新注:第三册[M].张大可,注释.武汉:华中科技大学出版社,2020:1083-1084.

③ 崔冶,译注.吴越春秋[M].北京:中华书局,2019:286.

④ 崔冶,译注.吴越春秋[M].北京:中华书局,2019:290.

⑤ 中共中央马克思恩格斯列宁斯大林著作编译局.马克思恩格斯文集:第二卷[M].北京:人民出版社,2009:591-592.

⑥ 石磊,译注.商君书[M].北京:中华书局,2011:150.

⑦ 李山,轩新丽,译注.管子:下册[M].北京:中华书局,2019:940.

"民利战"①的秦国正相反,齐楚因"利出多孔"亦即利益认同多元而引发政治追逐异趣及治政行为异化,以致"臣主皆不肖,谋不辑,民不用"②而终究国破政亡。可见,对于铁器时代初期、小农经济生产方式正如火如荼展开突进的战国时期,无论海上贸易多么久远辉煌、渔盐经济多么成熟惊艳、沿海航线以及跨海渡航多么光耀海洋文明史册,在以统一为根本目标、兼并土地和增殖人口的战争环境之下,以流动性和流通性为根本的海洋国家社会结构和经济关系及其经济制度,因以稳定性与循环性为主体特质的小农经济生产关系及农业社会离散性组织结构存在较多龃龉而注定为历史大潮所湮灭。

正所谓"前事之不忘,后事之师",先秦时期吴、越、楚、燕、齐兴衰盛亡的完整的历史过程及其鲜活的历史资源,给我们呈现了经济关系以及经济制度的健康与海洋国家文明的鼎盛繁荣直接对应。相对健康的经济关系与经济制度因及时回应与契合社会物质生产技术发展的现实要求,以至齐国不仅国体经野、士农工商"群萃而州处",而且"聚者有市""国无游贾","商工之业"发达、"渔盐之利"丰茂。齐国亦因国力殷实、国家富足而匡霸诸侯,威宣时期的国都临淄更是天下贤士接踵而至、林立学派并存、传世经典层出不穷,经济发展、文化繁荣的田齐因"国富兵强"而"诏令天下";吴越也因之社会组织得以不断整饬、族群规模得以逐渐扩大、国家政治实力日渐壮大,甚至制霸中原,国家文明繁盛延绵。相反,因为经济关系与经济制度不够健康以及契合社会生产力发展状况不及时,吴国亡国;越国也由于族群组织整合深度不够、生产方式以及生活关系的接纳融会能力不足而国祚难续;老牌齐国更是专注于"商工之业、渔盐之利"而与农业社会蓬勃展开的小农经济生产方式存在不少间隙,即便盛极之际天下唾手可得但也终究为历史大势所抛弃。可见,本质上为了流动性交换而存在的海洋社会及其海洋生产方式,注定在自给自足的自然经济汪洋大海之中四顾茫然。在政治分割对立、追求赋役连续稳定的春秋战国兵燹连年的背景之下,即便先秦海洋国家如齐国以"官山海"为总基调摸索山海共进、海陆相衔的国家经济总路径,利用征战讨伐间隙平稳发展而成就国家富甲一方、实力冠绝一时的历史辉煌,但毕竟其主体经济关系所依赖的政治权力纵深、社会市场空间以及交易成本保障等皆缺乏足够的建构,注定不可能跃升为简单工具时代农业社会的总体主导政治力量。然而,在以史鉴今的历史文化价值意义上,以物质技术、商品市场、交流连通为主题框架元素的海洋社会与海洋经济,既然在先秦时期简陋的生产工具农业社会的简单商品经济条件下尚能成就一时光辉、

---

① 班固.汉书:第三册[M].颜师古,注.北京:中华书局,2012:2002.
② 班固.汉书:第三册[M].颜师古,注.北京:中华书局,2012:2002.

充分发展延续海洋政治文化,那在物质技术水平高度发展、市场经济高度发达、连通交流高度便利、全球化持续推进的当今大海洋时代,建设高质量社会主义海洋经济与海洋社会对于我们建成中国特色社会主义现代化强国、建立海洋命运共同体进而实现中华民族伟大复兴的中国梦的基础价值及根源意义更是毋庸置疑的。

3.社会结构和谐是海洋国家文明延绵的根基

毋庸置疑,国家不仅是生产实体、经济实体,而且也是一个社会组织结构体。马克思主义理论的话语体系更多地将国家表述为一种暴力性组织,即所谓"具有组织形式的暴力叫作国家"①。而且,马克思主义经典作家还进一步明确提出了政治国家只不过是人们社会生活的特殊形式的基本论断。在马克思眼中,政治国家若"没有家庭的天然基础和市民社会的人为基础就不可能存在"②,恩格斯在《关于共产主义者同盟的历史》一文中更是明确指出:"绝不是国家制约和决定市民社会,而是市民社会制约和决定国家。"③作为"一种虚幻的共同体的形式"④的国家基础、人们共同生活组织形式的市民社会,在本质上也不外乎是"人们的结合、个人赖以存在的共同体"⑤。而关于国家的本质,恩格斯更是给出了透彻的分析,在他看来,国家绝不是黑格尔式的"伦理观念的现实"或者"理性的形象和现实"这种外在于社会力量的特殊表达,而是社会内在矛盾推动的社会发展的阶段性产物,是社会分裂为矛盾冲突甚至根本对立的不同阶级或利益集团并且这些阶级或经济利益集团的矛盾冲突不可调和时,"为了使这些对立面,这些经济利益互相冲突的阶级,不致在无谓的斗争中把自己和社会消灭,就需要有一种表面上凌驾于社会之上的力量,这种力量应当缓和冲突,把冲突保持在'秩序'的范围以内;这种从社会中产生但又自居于社会之上并且日益同社会相异化的力量,就是国家"⑥。可见,国家基于社会共同体内在组织的经济利益分裂与利益关系的冲突的平衡机制而建构。因此,在本质上,国家的社会组织共同体实为真真正正的经

① 中共中央马克思恩格斯列宁斯大林著作编译局.马克思恩格斯全集:第二十卷[M].北京:人民出版社,1971:681.

② 中共中央马克思恩格斯列宁斯大林著作编译局.马克思恩格斯全集:第一卷[M].北京:人民出版社,1956:252.

③ 中共中央马克思恩格斯列宁斯大林著作编译局.马克思恩格斯文集:第四卷[M].北京:人民出版社,2009:232.

④ 中共中央马克思恩格斯列宁斯大林著作编译局.马克思恩格斯选集:第一卷[M].北京:人民出版社,2012:164.

⑤ 中共中央马克思恩格斯列宁斯大林著作编译局.马克思恩格斯全集:第一卷[M].北京:人民出版社,1956:343.

⑥ 中共中央马克思恩格斯列宁斯大林著作编译局.马克思恩格斯选集:第四卷[M].北京:人民出版社,2012:187.

济利益关系结构体。正是在此意义上，基于先秦时期吴、越、楚、燕、齐这些海洋国家的文明延绵以及覆灭断绝与社会结构利益关系性状和谐动荡的线性关联，我们可以较为清晰地观察到当代海洋强国建设细致照应不同社会群体即经济组织现实利益关系与利益结构、建立海洋社会和谐利益共同体的理论意义及实践价值。

通过尽心梳理先秦时期中国海洋国家政治文化延续以及断绝的基本历程，发掘蕴含其中的历史借鉴功能，亦不外乎是试图基于起始源头抑或基因筑就的视角，进而借助回归本源、回归常识、回归梦想的思维逻辑惯性与理论范式，力图在深邃宏大的中华古代文明体系结构中，于清晰分明的中国海洋文化源远流长的演进历程里，立足于海洋文化自信的社会价值追逐，助力构筑新时代中国特色社会主义海洋强国。因此，在中国海洋历史文化发展的纵深视域里，自中国远古先民亲近海洋、走近海洋甚至走进海洋，到中国上古东望于海、东渐于海、东进于海，伴随捡拾贝蛤、狩猎大鱼直至"官山海"而"设轻重渔盐之利"①的海王之国"九合诸侯，一匡天下"，海洋社会以及海洋军事、海洋经济与海洋文化逐渐成长为中国古代政治国家的重要构成元素。综观先秦海洋社会及其发展进程与主体成就，且不说三代之际中国先民"命九夷东狩于海"②规模化的一致的海洋举动、"海外有截"③群组性的有效的海洋辖制、"乌贼之酱、鲛鳂利剑"④治政类的颁行的海洋谕令、"封建亲戚，以藩屏周"⑤规范型的海洋国家建筑，仅就固定性沿海及岛屿渔民社会形成发展以及流动性舟师群体、海商甚至海盗社群的成长壮大而言，其内在组织结构的健全和谐、外在勾连的有效，皆有着基础性、决定性的意义。同样，不论是沿海航线的贯通、渡航日本越洋航路的开拓，还是庞大的"舟师自海入齐"⑥、王公"游于海上而乐之，六月不归"⑦、侯君"遵海而南，放于琅邪"以及世卿大夫"浮海出齐"⑧，更不论是越王徙都于琅琊还是徙都于吴，这些海洋国家、海洋社会甚至海上方士集团谱就的中国古代海洋历史文化的壮丽乐章，无一不在凸显着中国上古国家海洋文化延绵的基础性价值。如若转换视野于先秦海洋国家跌宕起伏的演进历程，我们依然能够清晰观察到海洋社会与海洋文化延绵的相应相关。正如史学家所鉴，吴国国祚断绝、夫差政亡，根本缘由之一即社会组织改造不够，

---

① 司马迁.史记全本新注：第三册[M].张大可，注释.武汉：华中科技大学出版社，2020：902.
② 范祥雍.古本竹书纪年辑校订补[M].上海：上海古籍出版社，2018：10.
③ 王秀梅，译注.诗经：下册[M].北京：中华书局，2015：821.
④ 黄怀信，张懋镕，田旭东.逸周书汇校集注：下册[M].上海：上海古籍出版社，2007：912.
⑤ 郭丹，程小青，李彬源，译注.左传：上册[M].北京：中华书局，2012：473.
⑥ 杨伯峻.春秋左传注：第六册[M].北京：中华书局，2016：1848.
⑦ 王天海，杨秀岚，译注.说苑[M].北京：中华书局，2019：446.
⑧ 司马迁.史记全本新注：第三册[M].张大可，注释.武汉：华中科技大学出版社，2020：1087.

以致"社会组织松散,基层存在许多农村公社"①,无法支撑起政治国家有效应对持续战争征伐的巨额耗费以及突发自然灾害的强烈冲击。而勾践之后的越国"三世而弑其君",其深层的缘由也在于血缘宗族传统牢固进而官僚政治框架颇为不足、国家政治文化长期相对落后以及社会政治伦理总体无序②。而作为老牌的诸侯大国,楚、燕、齐三国则是紧紧追随中原社会经济政治变革大势,借助盛行已久的卿大夫家臣体制的深厚根基,经由财物取代封邑的官吏俸禄传统而逐步建立健全国家官僚政治制度,以郡县(或都)为基础层级再造社会政治的总体组织建构,在以分散劳作为主题的小农经济生产关系基础上建筑起崭新的中央集权的国家政治文明体统,且大体契合并充分释放小农生产者的劳动积极性、创造性的时代诉求以至社会生产发展、物质财富充沛、国家实力增长,进而国运绵长。

若按组织社会学的基本视域,仰仗整合与协调功能及其现实效用思维路径的基本遵循,我们也可以洞察先秦海洋国家社会组织经略性状与其政治文化延绵样态的密切关联。与政党的力量强弱根源于组织质量高下一致,政治国家的实力盛衰同样取决于社会组织整合与协调功能实现的优劣程度。作为由相互依赖、相互影响、相互作用、相互制约甚至相互对立的个人或者个体集合所建构的以特定目标为指引的协作系统,社会组织之整合功能的发挥主要仰赖于组织构成要素内部之间的有序化、统一化、整体化关系的形成与持续,它不仅追逐通过组织规约的实施而规制组织成员活动的一致性、协同性借以实现组织关系的有序状态,而且更是倾心黏合分散个体于全新强大集体、将散乱有限的个体力量整合为指向明确的整体合力,即"一则多力,多力则强"③。同时,社会组织还基于组织目标实现的现实需要,凭借合理性组织规则主动调节与积极化解成员个体乃至组织之间因有序异质的目的追逐、利益需要及其满足方式与实现程度而必然存在的对立冲突,以协调利益关系、密切组织合作而极力保有组织效能。然而,春秋战国时期的海洋国家无论是旋起旋衰、国祚有限的吴与越,还是国家文化相对绵长的楚、燕、齐;也不论是立足于物理关系与物质发展的社会组织,还是承担道德创造与文治教化的政治结构,皆因这种组织层面的整合与协调等基本功能未有较为切实的发挥,整体实力未能充分凝聚与尽数展现,在逐鹿中原继而西面事秦的历史进程中纷纷落马而湮灭于浩荡历史风尘之中。具体而言,春秋吴越由于"农村公社"大量存在、社会组织总体松散、社会利益向度多元、利益志趣差异即"利出多孔"而造成社会

---

① 徐中舒.吴越兴亡[J].四川大学学报(哲学社会科学版),2006(4):20.
② 洪家义.越史三论[J].东南文化,1989(3):8.
③ 方勇,李波,译注.荀子[M].2版.北京:中华书局,2015:127.

组织整合作用不足、协调效能低下以及由此而来的社会生产吸纳水平尤其是社会组织开放融合机制执行不力,频繁"上征上国"却"得其地不能处,得其民不得使"①。即便得到中原先进文化的较好浸润、国家文化较深地耕植,越国依旧无法"正江、淮北",因而整体国家实力及潜力终究无法与中原大国相提并论。楚、燕、齐三国虽然紧追社会物质技术发展节奏而深耕社会结构变革,并以推行郡县制度及其框架官僚体制进而再造社会经济结构与政治层级体统,社会组织整合协调功能有着相对切实的展现,以至国家实力及潜力相对厚实而国祚延续。但在自给自足小农经济生产方式急速展开、"耕战"成为时代关键词的战国时期,"利出一孔"为基础注解、由西向东向海席卷而来的历史大潮并没有留给倾心于"商工之便"和"渔盐之利"的海洋国家任何喘息之机,因流动性、流通性的商工之业相较固定性、自足性的耕作之术而与国家治体及社会组织的诉求类型与需要维度皆有着较大的异趣,注定与蓬勃向上的小农社会向前迈进的旋律有较多不和谐的节奏,自然会被以农耕文明为主导的历史大势所忽视。

当然,我们也不应该忽略海洋社会与海洋经济固有的流动性、流通性文化特质所深层蕴含并竭力推进的政治文物治体、商品经济关系以及族群思想意识的开放性乃至统一性。在一定意义上,可以说正是海洋社会与海洋经济的流动性品质与流通性诉求推动促成了中国上古社会的开放直至统一。海洋社会流动性所内含的社会身份相对开放、物资技术交换平稳、水陆航路稠密连通以及海洋商品性经济活动与经济关系流通性所主张的规则一致、计量统一等基础诉求,不仅建筑起中国上古社会包括政治治体、经济市场和思想文化在内的社会结构体的开放性,而且也不断推动着中国古代社会涵盖物质以及精神的族群文化、生产直至消费的经济行为、组织层级及其结构关系的社会框架的统一性。在农业文明自西向东向海汹涌而来之际,海洋文明也以其特殊的执着勇毅、包容开放由东及西坚韧而行,尤其是殷商时期海岱文化深度融入中原文明之后,蓝色海洋文明以其开放包容、果敢创新的精神基因伴随物质技术发展,争逐市场宏大稳定、交易懋迁自足、往来交通便宜的宽松社会政治环境与整体国家地理结构,并极力凸显于中国上古社会演化历史进程的各个重要节点。春秋战国时期,由齐国开山的"来天下之财、致天下之民"体国经野的政治国家济民之术,"审吾疆场,反其侵地,正其封界"②",关市几而不正,壥而不税"③四邻安亲的诸侯列国经世之道,以及威宣时

---

① 陆玖,译注.吕氏春秋:上册[M].北京:中华书局,2011:864.
② 李山,轩新丽,译注.管子:上册[M].北京:中华书局,2019:391.
③ 李山,轩新丽,译注.管子:上册[M].北京:中华书局,2019:401.

代海上方仙道所启发孕育的影响儒家学说并成就为两汉谶纬神学及道教理论基础的邹衍新型海陆观与"五德转移"①即五德始终的历史循环论学说,无一不体现着海洋文化浑厚融会的整体性结构与一致性价值诉求。虽然与铁器时代初期的生产力水平以及由之而来的生产关系性状不断地发生矛盾,但以物质技术托底的商品性海洋经济活动及其交换型的海洋经济关系依然凭借"商工之便、渔盐之利"顽强主导着东南沿海海洋社会与海洋国家的整体社会经济、尽力改造着东南沿海海洋族群社会与海洋政治国家的内在结构。立身于铜铁时代有着简单生产条件的小农自然经济的汪洋大海之中,条块分割的政治地理空间、动荡狭窄的市场交易环境以及日见固化的社会层级结构,始终疯狂蚕食着海洋社会经济生存发展的基础土壤。战国末期,秦国裹挟分散劳作、简单生产的小农经济生产方式狂潮东临碣石之际,燕齐百越厚重的海洋文化最终沉积于狭窄滨海区域而执着延续亦为社会历史演化逻辑的必然结果。

然而,作为人类文明和文化的重要构造成分,因其内在矛盾的特殊性决定的流动性、流通性以及技术性等特有本质所规划,海洋文明往往立于社会物质技术的最前沿,常常着眼于贸易交换延展的尽头,处于族群组织再造的最深层,其在物质技术更新、货物商品流通、人员身份流动、社会族群重组等方面表现出超乎寻常的激情,倾力实现地理视域广袤、尽情完成国家政治规整、潜心做到社会生产稳健、恣意促成族群生活开放,因而成为其最为牢固的现实追求。因此,站在当今人类文明大海洋时代崭新的历史起点之上,在更为宏阔的历史文化演进视域里,本着返本开新乃至返本归元的理性逻辑,我们回顾中国海洋文化及海洋文明的源头,回味其最初的历史意义,在现实视域里全面解析直至深刻领悟当今中国特色社会主义海洋事业与海洋文明厚重的历史文化底蕴,尤其是深含其中并竭力推进的政治文教治体、商品经济关系以及族群思想意识中的开放性乃至统一性的深层理性文化品格,以及基于执着追求社会结构及其运行平顺、和谐而衍生的厚重共同体价值意蕴,对于身处政治多极化、经济全球化、社会信息化、文化多元化时代的中国特色社会主义海洋文化及海洋文明未来路径而言,其重大的理性支撑与文化引领作用无论如何都不容许我们有丝毫的忽视及轻视。中国上古海洋文明在铜铁时代制造技术粗糙、分散小农经济狂飙突进、分割政治版图动荡不堪的异常艰辛的历史环境之中,尚能以其流通流动、开放统一的执着追逐勾连经济政治、增进族群国家并有所成长,那么立身社会政治稳定优越、物质技术完整先进、经济市场活跃繁荣、全球化趋势不可逆转的大海洋时代的当今中国特色社会主义海洋事

业及海洋文明,何尝不是面临着亘古未有的历史机遇!

4.文化深层敦厚是海洋国家文明延绵的根骨

《周易》有言:"观乎天文,以察时变;观乎人文,以化成天下。"①因文而化、以文而化、人文化成至兹即成为人类及其社会的根本标志与本质特征,因而荀子有人"不可少顷舍礼义之谓也"②之言,所以孟子一再强调人之有恻隐之心、羞恶之心、辞让之心、是非之心"是四端也,犹其有四体也"③,是人成其为人的基础前提。正如毛泽东在《新民主主义论》中所揭示的那样:"一定的文化(当作观念形态的文化)是一定社会的政治和经济的反映,又给予伟大影响和作用于一定社会的政治和经济。"④文化作为人类社会特有的习惯性生活方式与稳定性精神价值,不仅体现于感知性实体性知识力量外化的物态构成以及人们基于社会实践关系稳定与秩序持续而建筑的系列社会规则规范构成,而且体现于奇风异俗里、日常起居中的行为举止构成以及由长期人类社会生产生活实践和思维意识活动孕育而成的价值观念、审美情趣、思维方式等精神心态构成,并通过其特有的群组整合、行为导向、秩序维持与世代传续等功用价值构建持续有助于人类社会尤其是各色民族种群、政治国家等利益共同体的发展。正是基于此,当我们潜心梳理先秦时期东南沿海海洋国家演化的总体历史进程时,可以颇为清晰地体悟到,无论是短暂辉煌旋即湮灭于春秋末季的吴国,还是国祚纵贯春秋战国的齐、燕、楚、越四国,作为国家民族精神血脉的文化的深层敦厚,自始至终是其政治国家以及族群社会整合利益、引导发展、维持秩序以及传递世代的核心根骨。

春秋战国时期,偏居东南沿海僻陋之地的吴越两国,虽然利用中国上古经济技术发展换挡提速时期而引发的中原列国社会政治普遍新旧交替的历史间隙,借助后发优势所向披靡,于江海之间横行无忌,一时间甚至制霸诸侯,成就辉煌历史。但其毕竟长期处于中国上古主体文明的边缘地带,与文明中心地区的整体差异断然不会因为短时间的物质技术输入与思想观念嫁接而彻底消除,并且中原诸侯国家在历经物质技术发展传导、经济关系变动直至推动政治体制变革的短暂历史震荡之后,革故鼎新的社会上层建筑对新型经济基础的空前适应性日渐呈现,文明的繁荣之势已然不可阻挡,因而建立在相对原始的公社组织经济基础之上的吴越文化的总体浅薄性再次凸显,与中原文化的敦实厚重相比,差距并非极小。

---

① 杨天才,张善文,译注.周易[M].北京:中华书局,2011:207.
② 方勇,李波,译注.荀子[M].2版.北京:中华书局,2015:127.
③ 方勇,译注.孟子[M].北京:中华书局,2015:59.
④ 毛泽东.毛泽东选集:第二卷[M].北京:人民出版社,1991:663-664.

且不说吴王夫差举兵征伐中原诸侯,即便"攻而胜之"依然"不能居其地,不能乘其车"①,"习俗不同,言语不通,我得其地不能处,得其民不得使","犹获石田也,无所用之"②,深层的缘由即其物质生产技术直至社会政治文化与中原存在明显差距。而就经由中原文化"十年生聚……十年教训"③深度涵育的越国而言,虽然接纳了中原文化有助于越政治、军事、经济、社会相对全面而深刻的改造,越国文化水平因此整体有了较为巨大的进步,并逐渐缩小了与中原文化的差距,但越国文化及其涵育之下的社会经济与中原日新月异的农业文明整体水准的差距依然十分明显。即便是有着相同的地缘政治环境、一致的自然禀赋基础、相近的社会组织结构、相当的族群文化流变、相似的历史发展际遇,吴越两国却因接纳融会先进中原文化广度、深度与态度的差异从而导致文化品质相去甚远。相对浅薄的吴国文化直接导致吴国称雄昙花一现,而较为敦厚的民族文化则执着延续着越国政治国家与族群社会的发展历史,但吴越社会物质技术的总体水平不高、社会经济关系的发育不足尤其是国家政治文化的整体敦厚性不够,则是吴越社会长期游离于中国上古历史文化主流之外的根本缘由。

与之相较,作为西周第一代诸侯国家,齐、燕的敦厚文化使其纵贯春秋战国多个世纪,不仅造就了"九合诸侯,一匡天下"的空前历史伟业,而且演绎出"诸夏亲昵"④"百花齐放、百家争鸣"的罕见文化奇观。齐燕文化的敦实丰厚不只是通过即便身处苦寒、五谷少、人民寡之地亦能因地制宜、因势制宜以"因其俗、简其礼"而落籍建基,依"通商工之业、便渔盐之利"而筑就山海协同的社会经济发展路径来表现,还展现于紧跟社会生产力快速发展适时改造社会结构与族群组织的体国经野战略擘画以及通货积财、轻重匡衡战术设计,更是集中展现于以一大批杰出的政治家、军事家、思想家与一系列文化巨著以及国家创建规格盛大、高等学宫广聚天下贤士为基本标识的旷世繁盛的威宣时期,突出彪炳在以刀形货币为通行基本物态标志所建构的环渤海文化圈中。然而,在社会存在决定社会意识的理论场域中,正是相对匮乏的自然资源条件和相对恶劣的社会生产环境,催生出齐、燕普遍认同的现实主义及实用主义的文化价值观念。司马迁笔下齐都临淄"甚富而实,其民无不吹箫鼓瑟,弹琴击筑,斗鸡走狗,六博蹋鞠者"的浮华沉醉画面,便是其最完整的呈现。

---

① 陈桐生,译注.国语[M].北京:中华书局,2013:705.
② 杨伯峻.春秋左传注:第六册[M].北京:中华书局,2016:1858.
③ 郭丹,程小青,李彬源,译注.左传:下册[M].北京:中华书局,2012:2217.
④ 郭丹,程小青,李彬源,译注.左传:上册[M].北京:中华书局,2012:293.

在基本的理论意义上,与理想主义立足于既定理念的出发点不同,实用主义则将现实利害、功用和效果作为其行为趋向、目标及归宿;相异于理想主义注重主观精神、强调理想纯洁性的本质主义以道自任、守常为重,实用主义专注于客观效果、强调兼容并蓄的经验主义宣扬有用即道、权变为要。作为一种无恒道之道、无成法之法,实用主义乍看颇是简单寻常,但若以之为立国治政之基,实则需要高超的政治智慧方可驾驭自如,以富上足下、强兵壮马,否则注定政治混乱、社会动荡、民生凋敝,正所谓"其人存,则其政举;其人亡,则其政息"①。太公姜尚作为殷周之际最为卓越的政治家、谋略家、思想家、军事家,其凭借高超的智慧轻松构架起此种实用主义的政治文化并获取空前绝后的政治成就,但其后代子孙的智慧却难以望其项背,倒是庸才昏君常现于齐国朝堂,以致太公之后三百余年里齐国社会祸乱不断、政治动荡不堪,直至才智卓著的管仲、桓公出现,一边沿袭太公实用主义治国之道,一边"修旧法,择其善者,举而严用之"②,四十载励精图治,终使齐国"九合诸侯、一匡天下"成为春秋首霸。同时,威宣时期齐国跃升为文化大国。

由此可见,先秦海洋国家国祚的延绵与断绝,在文化及其发展的基础视域里,文化的深沉敦厚及其性态是最为可资体悟的基本缘由。偏居东南沿海的吴越虽然在中国远古海洋文化发育过程中也曾有过以河姆渡、跨湖桥出土的雕花木桨与独木舟为主体标识的举世瞩目的文化成就,于中国上古海洋文明的成长进程里亦以来去从风的舟车楫马铺就中国上古蓝色文明的强劲发展路径,甚至一度依凭后发优势而成就"四分天下而有之"的历史伟绩并一跃成为所在时代的最强声音。但在社会物质技术日益进步变革,生产经济经由青铜时代率先获得长足进步、飞速发展尤其是族群社会生产关系、利益格局及其内在结构不断变化与外在交际日益频繁的历史背景中,中原文明特别是农业文明日渐敦实厚重、深沉深远,而较长时间停滞于狩猎与迁徙农业的吴越文明,则因物质技术进步相对缓慢、社会利益关系大致保持稳定、族群社会规模与结构总体较为牢固而与中原文明呈现出较大落差。虽然春秋战国之交中原大国晋楚出于自身战略利益考量采用"联吴疲楚"与"扶越制吴"的策略强势将吴越裹挟入中原争霸政治文化旋涡,吴越因此获得中原先进文化尤其是政治文化与兵阵技术的全面嫁接而拉近与中原农业文明的距离,并且借此形成相对于普遍陷于"季世"的中原列国之国家优势而显赫一时甚至制霸中原,但其毕竟欠缺深厚物质技术与完整社会结构有力有效的稳重支持,吴越文化整体上敦实厚重性不够,尚不足以长久与中原成熟农业文明相抗衡,终究

---

① 胡平生,张萌,译注.礼记:下册[M].北京:中华书局,2017:1021.
② 李山,轩新丽,译注.管子:上册[M].北京:中华书局,2019:380.

为其所辖制与消融。而齐燕文化尤其是齐文化概因脱胎于中原农耕文明,自始便与农业文明血脉连通,太公立国便是采用"因其俗、简其礼"的中和改良主义文化政策,不仅牢牢维系着与中原醇厚敦实农业文明的良好连通,而且又紧紧攥有了东夷海洋文化的初步资助支持,现实主义、功利色彩的文化改良为齐国文化的生长提供了深厚的根基与广阔的前景。正是太公建基的此种立足客观现实、关注经验嬗变、重视功利效益的实用主义文化,经由管仲、晏婴、邹忌等贤臣名相的指点,在不同时期造就辉煌。但也正是这种易于滑入享乐主义泥潭的现实实用主义文化深沉性的严重不足,使得欠缺醇厚、深邃、悠远的齐国文明的璀璨总是只能显耀一时甚至是一隅而无法震古烁今、光耀天下,不仅未能成为中国文化的主导,反而最终"只能作为中国文化的支流汇入以鲁文化为主体的中国文化的长江大河中"①。由此可见,吴、越、楚、燕、齐这些海洋国家兴衰沉浮的完整历史进程,展现给后世最为深刻的历史启示不外乎是文化的深沉敦厚才是族群社会进化发展、政治国家延绵的根本仰仗。

当然,我们也应该观察到,作为以"海缘性、交流性、重商性、开放性、创新性、和平性"②为基本特征的中国海洋文化的最早体现,先秦时期海洋社会与海洋国家由于立足于社会简陋的物质技术条件、简明的社会经济关系、简单的族群组织结构、简略的政治制度架构,再加之置身于生产工具不断变革、社会利益关系逐渐繁复、社会政治权力日益分化尤其是小农经济的封建社会建基、兼并征伐战乱频仍的春秋战国时期,中国上古海洋文化所蕴含的交流性要求、重商性取向、开放性特质、创新性品格以及和平性追逐,因现实物质技术条件的支持不足与客观历史文化环境的匹配不够而无法得到全面满足与及时实现。换言之,先秦时期特别是春秋战国时期诸侯列国裂疆据土、分割条块、各自为政的总体政治生态,争霸连年、兼并不断、动荡不堪的常态政治形势,以稳固性、循环性为基质的小农经济主体社会关系、分散劳动的基本社会结构与重本轻末的主流社会观念,还无法提供海洋文化成长所必需的加固地缘政治关系格局、扩大政治权力空间构造、平稳实现交易预期的统一规则体系,以及商品流通交换的一般价值意识,尤其是对于以器物技术为基础的海洋性物态文化、行为文化乃至超越其上的海洋精神心理与价值认知而言,铜石时代相对粗陋的制造技术、低下的生产效率、有限的航海能力、狭窄的交易空间与以重商性为基本取向的海洋文化之高频度交流要求、全面型开

---

① 颜炳罡,孟德凯.齐文化的特征、旨归与本质:兼论齐、鲁、秦文化之异同[J].管子学刊,2003(1):43.

② 曲金良,等.中国海洋文化基础理论研究[M].北京:海洋出版社,2014:32.

放追逐、持续性创新品格、根本性和平价值存在较多间隙,以致中国上古海洋文化无论是发展速度抑或品相品质都多有不足。然而,进入铜铁时期尤其步入铁器时代后,追随冶铁技术的飞速发展、铁制工具的普遍采用、社会生产力水平的巨大进步、舟船制造能力的空前提升、海洋社会的日益壮大、海洋国家的逐渐成熟,以齐国"官山海"为典范的海陆一体发展理念,以"通商工之业、便渔盐之利"为主轴的海洋经济发展模式,以重舟师通航线为主导的海洋力量发展方案以及以开放包容、兼收并蓄、重视学术价值为主线的海洋文化发展思路,以北方燕国重视海洋经济、注重越海航行、探索海外交往为主题的海洋国家发展方向,以江南吴越国家注重国家海洋力量建设、尽心实现海(水)上通道贯通、精心完成海洋力量综合运用、关注海洋基本防卫为主体的海洋政治文化,以南方楚国水路运输管理体制机制创新、突出海外贸易建树为主张的"开拓了其后千余年唐宋市舶管理制度之先河"①的海洋经营经略实践,共同搭建起先秦时期中国上古海洋文化尤其是海洋政治思想的基础经纬,并积淀为中国古代海洋思想尤其是海洋政治思想的基本路径与主体核心。

---

① 孙光圻.中国古代航海史[M].北京:海洋出版社,2005:75.

结　论

　　"一个忘记来路的民族必定是没有出路的民族。"①习近平总书记因而一再强调:"重视历史、研究历史、借鉴历史是中华民族5000多年文明史的一个优良传统。当代中国是历史中国的延续和发展。新时代坚持和发展中国特色社会主义,更加需要系统研究中国历史和文化,更加需要深刻把握人类发展历史规律,在对历史的深入思考中汲取智慧、走向未来。"②中国自古以来就是一个海洋国家,蓝色海洋不仅呈现了中国厚重的历史文化清晰的发展脉络、表征了中华文明深邃宏大的体系构造,而且是民族生存发展的重要基础以及国家尊严的基本体现。独具东方特色的海洋文化体系,不仅自身有着悠久的辉煌历史,而且还深深地影响了东北亚、东南亚等环中国海洋文明圈以及中亚、西亚、非洲和欧洲的文明进程。因此,悉心梳理中国上古海洋文化尤其是海洋政治思想的发展脉络,尽心品鉴镶嵌在中国古代政治思想体系中海洋政治思想璀璨精华的历史价值,精心探究蕴藏其中的厚重的蓝色历史文化基因,对于从"精神命脉"的视角全面理解习近平新时代中国特色社会主义思想的宏大体系实质、深入贯彻落实习近平总书记关于海洋强国以及构建海洋命运共同体乃至人类命运共同体重要论述的深刻内涵有着重大的理论与实践价值。

　　先秦时期是中国社会和中华文明的早期阶段,也是中华民族早期形成发展以及中华传统文化的筑基期。早在远古时代,中国先民便与海洋有着亲密接触。及至旧石器时代,中国先民在中国自南向北绵长的海岸带上遗留了大量涉及海洋生活环境、海洋食用资源、近海捕捞等方面的亲近海洋、依海而生的鲜亮海洋生活史迹,考古发现山顶洞人时代中国先民就已开始食用并佩戴海洋产品。新石器时代,散落在中国自北向南绵长海岸带上的中国先民海洋文明的遗存更是如珍珠般

---

① 习近平.习近平谈治国理政:第三卷[M].北京:外文出版社,2020:538.
② 习近平.致中国社会科学院中国历史研究院成立的贺信[EB/OL].人民网,2019-01-03.

绚丽。然而,"真正史学意义上的中国海洋文化的历史,还是从具有信史意义的三代(即夏商周三代)开始的"①。

透过记述上古三代及其以降社会生产生活的史籍,可以窥见中华远古先民对于其生存发展所直面的海洋,无论是物质生活层面的广度和深度还是精神视域展开的维度和向度,都已然有了颇为深入的体察与颇为深刻的感悟,尤其是春秋战国时期缘海建立的诸侯各国,它们在争霸逐鹿的宏大目标的指引下,基于富国强兵的需要,"对于海洋的认识和开拓达到了前所未有的高度"②。尤其是战国时期,随着铁制农具的普遍使用、大批耕地的不断垦种、水利工程的大力兴修、牛耕技术的渐次推广、农田管理的日渐增强,社会得到不断发展,加之手工业全面发展、社会商品交换逐步繁盛、社会原始金融服务缓慢展开、金属铸币发行量逐渐增大,中国整体的社会生产力进入提速发展的快车道。社会生产力的快速发展,必然推动先秦社会生产关系的巨大变革。先秦社会对海的努力、对海的成就、对海的思考,以及沿海邦国对海洋的经略都植根于这种大变革、展现这种大革新。虽然国家时代初期工具能力不足、社会整体生产力水平有限,但早期国家仰仗自然禀赋的馈予,多于宽阔河谷及平坦台地开展农业生产活动,且依循地势总体向东向海缓慢展开。由夏至商及西周,以农耕文化为基础支撑的中国上古国家文明,其中心一直在黄河中游的中原地区徘徊。然而随着生产能力的不断发展,尤其是金属冶炼技术的日渐提高、族群规模的日益扩大、生存空间拓展的需要、发展需求增长的压迫,中原文明立基于地质构造特色,以东、南、北为基本向度逐渐自发渗透,进而自觉流动。虽然夏商时期华夏文明的影响力已然东及沿海地区,但国家政治整合力还远未能在东南沿海顺利展开,这种状态持续到了西周以前。

西周时期,相对强大的姬周王室推行成熟的分封制度。凭借这种控制战略要地、屏卫王畿的武装驻屯性质的封邦建国机制,西周王朝在一定程度上实现了对东部沿海的初步有效的政治覆盖,齐、燕、吴、越等海洋国家就此陆续建立。虽然最初各国地小人寡、实力弱小,尚需与当地土著势力争夺生存空间与发展资源,如《史记》有载:"齐、晋、秦、楚,其在成周微甚,或封百里或五十里",《孟子·告子》也言:"太公之封于齐也,亦为方百里也",不仅"齐地负海潟卤,少五谷而人民寡",而且尚有"莱侯来伐,与之争营丘"。但是海洋各国毕竟有着深厚的中原物质技术与思想文化的强力支撑,在西周社会生产能力不断提升、工具水平飞速发展的整体时代背景下,滨海诸侯国家因地、因时、因势制宜,不仅快速跟上了中原社

---

① 曲金良.中国海洋文化史长编:上卷[M].典藏版.青岛:中国海洋大学出版社,2017:31.

② 曲金良.中国海洋文化史长编:上卷[M].典藏版.青岛:中国海洋大学出版社,2017:11.

会经济的发展步伐,而且在随后的历史进程中既充分发展农业文明又极力突进海洋文明,借助海陆双轮一体的强劲驱动逐渐走向西周时代社会经济文化发展最前沿,并在春秋战国时期争霸逐鹿的竞争政治中尽领时代风骚,甚至成为诸侯霸主并长期占据列国实力排行榜前列。春秋战国时期,齐、燕、吴、越、楚等海洋国家的治理实践及成就,不仅丰富了中国上古社会政治制度文明的基础内涵,而且开启了中国古代海洋政治的实践,尤其是海洋政治思想的发展序章,也为后世中华海洋文明尤其是海洋政治思想的演进奠定了坚实的物质基础、提出了明确的主题路径。因此,在当今大海洋世纪,中国正处于由海洋大国迈进海洋强国的新时代,梳理先秦海洋国家产生、发展以及覆亡的基本历程乃至历史经验教训,在以古鉴今的一般意义上,对于观察中国古代海洋文化及其发展的历史文化价值、汲取近代中国海洋政治实践失败的惨痛教训,进而把握现代中国海洋事业一路艰辛走来直至新时代蓬勃发展的客观必然规律与内在精神基因,对于建设中国特色社会主义海洋强国的伟大事业、实现中华民族伟大复兴、建设世界海洋命运共同体以及人类命运共同体,都有着根本性的学理价值与较为急迫的现实意义。

遵循历史唯物主义的基本理论逻辑,紧跟社会生产力快速发展的步伐,着眼于社会生产关系即经济基础与上层建筑的互动规律,我们将研究探讨的思维路径肇始于先秦社会的基本概况,经由对先秦社会政治变革、经济发展与水陆交通的探讨,借助对融合增长的先秦社会发展走向的探查,聚焦于对先秦社会向东向海的不懈努力的研究,进而致力于对先秦海洋社会基本形成、基本构造、主要特质的细致剖析,深入梳理先秦海洋国家产生、发展以及覆亡的基本历程乃至历史经验教训,旨在深刻品鉴中国先民在面海而生、向海而行、以海而兴、依海而盛的漫长蓝色生产生活实践中,基于对过往海洋生产生活的尽心梳理及刻意反省以及对未来美妙蔚蓝前景的执着向往与勇毅持守,一路咀嚼品味身后历程失败的辛酸与成功的甘甜,坚定地向前探寻中华海洋文明。先秦时期作为中国上古海洋文明的起始阶段、海洋社会及海洋国家的幼年时节,其社会海洋生产生活展开拓进情况、国家海洋政治统治实践施行全貌以及族群海洋思想观念生成性状,皆是中国古代海洋文化尤其是海洋政治思想演绎进化奠基性价值与定向性意义的基本标志。因此,在概览先秦海洋国家覆亡总体原因的基础上,潜心体认品鉴吴、越、楚、燕、齐海洋五国覆亡的历史经验教训,并尝试将其置于中华文化发展演化的宏大背景加以深层审视,以期完整窥测中国海洋文明发展演进的本质规律与内在逻辑,进而立足于历史文化视域,准确把握现今大海洋时代中国海洋政治思想之理论坐标与实践维度,这便是我们的基本目标。

作为社会科学的一个具体研究领域,本书的研究课题与其他社会科学具体研究课题一样，置身于具体问题具体分析的方法论视域，并使用常用的研究工具与手段对本课题进行研究。由于中国古代海洋社会与海洋国家研究有着较为宽广的理论视域、厚重的历史积淀以及特殊的价值目标，更由于经由漫长的封建历史文化的沁润尤其是长期的"重农抑商""重陆轻海"的整体思维惯性，中国古代海洋文物制度及其实践记载集体散落于卷帙浩繁的历史文献之中。因此，对于中国古代海洋社会、海洋国家乃至海洋政治思想的研究，须立足于多学科角度进行挖掘，运用经济分析与阶级分析相结合的方法，基于历史和逻辑相联结的维度，拿出理论与实践相印证的举措，进行综合剖析、细致比对与全面校验，通过宏观视域与微观角度相互映照，方能系统诠释中国古代海洋社会、海洋国家以及海洋政治思想的理论脉络与历史价值。

因此，综其上述研究主体价值目标，遵循前述理论研究逻辑路径，采用前文主题研究的基本方法，本书依据国家政治行政权力是文明存在与发展的主体要素和基本保障这一理论基点，将中国上古先秦时期社会国家发展及其政治变革作为体察和认知中国古代海洋社会、海洋国家、海洋政治思想以及中华古代海洋文化的最基本锚点。立足于作为中华文化产生及演化的根基与源泉的夏商西周时期，对各个国家的自然疆域、政治统治、思想文化以及社会管理体系等方面的建设与发展进行研究，这对于研究中华民族和民族思想文化的形成发展以及其对后世社会经济关系、国家政治建构、向海面海走向的影响具有奠基性意义。夏商周时期，中国社会结构方式逐渐完成了由松散的氏族部落组织向严整的国家组织转变的变革，社会结构主体关系也由以血缘关系为主体逐步转变为以地缘关系为主体，社会直接统治方式逐步瓦解、间接统治方式日渐成型。在社会结构形态、社会统治方式日益变革的同时，表达新型社会政治权力覆盖范围的物质形态也呈现出与过往版式的较大差异，即国家疆界形态业已"从村落围沟、都邑封疆，发展为诸侯国的大型界墙，最终形成了统一国家的界墙"①。大禹时期，中国先民族群生活的基本范围已经被划分为九州，其东端已直抵大海，即所谓"东渐于海"②。及至殷商时代，王朝的疆域已是"左东海，右流沙，前交趾，后幽都"③。时至周初封建七十有一，诸侯国以屏藩王室，加上诸侯封卿、卿封士的层层分封拓展，西周王朝疆域中滨海的面积越来越大。春秋战国时期东南沿海的齐、吴等海洋国家的崛起，就是这些西周封建诸侯国经世累代持续耕耘的直接结果。由此可见，最晚在西周时

---

① 安京.试论先秦国家边界的形态[J].中国边疆史地研究,1999(3):23-24.
② 王世舜,王翠叶.尚书[M].北京:中华书局,2012:91.
③ 周自强.中国经济通史:先秦(上册)[M].2版.北京:经济日报出版社,2007:126.

期,今天中国大陆的第三阶梯直至大海的绝大部分地理区域里,先民陆上耕耘以及海上劳作的身影无处不在,也正是他们辛勤的劳作与不倦的思考,奠定了中华文明绚丽灿烂的深厚基础,为中华文化在后世的多元融合发展奠定了可资依赖的路径以及可资借鉴的版式。

步入青铜时代后,三代的社会生产力飞速提升,中国上古社会从社会结构形态、社会主体关系到社会统治方式都经历着巨大的变革。从民主松散的氏族部落及部落联盟逐渐过渡到组织严密的专制国家,以血缘为纽带的社会联系逐步为以地域为主体的社会关系所取代,三代时期的社会政治统治方式发生了剧烈的变革,国家治理体系也进行着根本性的重构。夏代开启中国古代国家制度之先河,而"殷因于夏礼,所损益""周因于殷礼,所损益"①。殷商时期,王朝在社会统治方式、国家机构组建、国家武装建制以及贡赋征收等方面,较之夏代皆有重大的发展。虽然在本质意义上,殷商王朝依然是以政治王权、宗教神权与社会族权为支柱的"以商为核心的方国部落联盟"②,但由于商朝尤其是晚商王朝采取了发展王族与多子族势力、不断削弱神权以及战争征服与税赋征发等一系列强化王权的措施③,商代王权在追求运筹帷幄、八方统驭、天下经略的实际能力方面达到了新的高度,也极大地强化了殷商时期"方国部落联盟"式王朝的古代国家意义。在国家机构的组建方面,殷商王朝以政治区域为基点设置了较为齐备的以外服与内服为区分的职官体制。殷商王朝直接统治区域即王畿职官为内服,而王朝掌控的方国部族的职官为外服。在国家兵制上,若说康丁之前殷商兵制仍如旧例以部族征集为主、王朝常备军为辅,那么康丁以后商代王朝的国家军备力量则是以正规化常备军为首,当然,此时所谓正规化的常备军也只是相对于征召的乌合族众而言的,与后世职业化军队毫无可比性。殷商王朝的贡赋制度颇具多元性,针对不同地域、对象存在较大差异,诸如区分内外服等。而周代的宗法封建制社会则处于中国古代社会发展中由氏族封建制向地主封建制过渡的阶段,"是我国文明时代初期社会结构发展中的一个相当完备的形态"④。西周政治统治的突出特征在于其社会基本组织形式已从夏商时代的"氏族"发展演变为"宗族",社会基本经济关系也由"贡""助"演化为"彻",由于较为完备的"井田"制度的推行,周代社会的封建生产关系逐渐成熟。尤其是本质上以血缘亲疏远近为核心构造起的与夏商时代完全不同的社会宗法等级关系网络体系的分封制度的推行,致使西周社会政治

---

① 杨伯峻.论语译注[M].典藏版.北京:中华书局,2015:30.
② 晁福林.夏商西周的社会变迁[M].北京:北京师范大学出版社,1996:311.
③ 晁福林.夏商西周的社会变迁[M].北京:北京师范大学出版社,1996:312-314.
④ 晁福林.夏商西周的社会变迁[M].北京:北京师范大学出版社,1996:237.

结构以及经济关系发生了全方位的革命性变动,尤以政治结构变革为最。恰如王国维先生所言:自夏至周初,天子诸侯君臣之分未定,天子尚如诸侯之盟主。然而"逮克殷践奄,灭国数十,而新建之国皆其功臣、昆弟、甥舅,本周之臣子,而鲁、卫、晋、齐四国,又以王室至亲为东方大藩。夏殷以来,方之蔑矣。由是天子之尊,非复诸侯之长而为诸侯之君"①。同时,西周封邦建国也不只是疆土的分割,最为根本的意义在于族群的组编。这时分封制下的诸侯,"因其与原居民的糅合,而成为地缘性的政治单位"②。这种周王朝谋划缔造的"文化历史结构"③配之井田制,旨在"政在养民""为民制产",重新规划土地及相关政策的分配,使得周室凭借王朝的政治权力构建起一个政治的共同体,周人的世界不再只是一个"大邑",而是一个天下,一个"非一人之天下,乃天下之天下"④。

西周以蕞尔小邦逐步跃升为蔚然大国,以吸收多助的政治理念立国,以招抚同化的政治手段拓展,凭借开放包容、"天下为公"的政治哲学越超部族天命的观念以及由道德行天命而衍生出的理性主义——"明哲爽邦的匡济精神"⑤,构筑起了兼坚韧抟聚力与包容力于一体的华夏文化共同体。商克夏继而周复克商,是文化秩序的更迭。容融共生、和衷共济、革故鼎新、厚德载物,是华夏共同体的文化基质,中国"从此不再是若干文化体系竞争的场合,中国历史从此成为华夏世界求延续、华夏世界求扩张的长篇史诗"⑥。西周后期,社会内部各种矛盾被激化,朝政腐败,宗周政治国家与社会经济均出现严重危机。东周时期,王室权势更是日渐衰弱,政令不行,诸侯实力逐渐增强,为主导政治格局、掠夺资源、兼并土地,方国诸侯之间战事频发,以致春秋社会兵燹连年。长时间弱肉强食的生存竞争,各诸侯国尤其是诸侯大国为图霸业不仅需要向内聚力而且还要纵横借力直至向外发力,因此,春秋时期的大小诸侯内修政治、整饬社会、发展生产,以富国强兵,尤其是弭兵会后,列国诸侯纷纷向内用力,以致诸侯列国国内社会经济政治文化变化明显,弊端凸显的旧制也渐次为新措所取代。春秋后期,世代诸侯的向内用力突出表现为大夫兼并(大夫专政),即各国国内政治权力逐渐下移至卿大夫,春秋晚期郡县制度的出现以及"铸刑鼎",皆是卿大夫实力崛起的例证。时至战国时期,铁制工具的普遍使用以及牛耕技术的逐渐推广,不仅极大地提高了耕作技术

① 晁福林.夏商西周的社会变迁[M].北京:北京师范大学出版社,1996:265.
② 许倬云.西周史[M].增订本.北京:生活·读书·新知三联书店,1995:150.
③ 司马云杰.中国精神通史:第一卷[M].北京:华夏出版社,2016:260.
④ 陈曦.六韬[M].北京:中华书局,2016:12.
⑤ 司马云杰.中国精神通史:第一卷[M].北京:华夏出版社,2016:265.
⑥ 许倬云.西周史[M].增订本.北京:生活·读书·新知三联书店,1994:316.

与耕作效率,而且使得大规模农田水利工程诸如都江堰、郑国渠以及西门渠等得以兴修,尤其是大规模开垦荒地有力地推动了战国时期各国社会政治经济关系的变法革新,以魏国李悝的"尽地力之教"①、吴起在楚推行的"实广虚之地"②以及商鞅在秦"为田开阡陌封疆"③为代表的土地新政有力地冲击着旧有的土地关系与地籍制度,急速地变更着社会利益关系的基本格局以及国家政治资源的配享性状。"随着经济基础的变更,全部庞大的上层建筑也或慢或快地发生变革。"④在社会生产力发展的强大驱动下,战国时期魏国的李悝、赵国的公仲连、楚国的吴起、韩国的申不害、齐国的邹忌以及秦国的商鞅先后受王命施行改革与变法,以使"礼、法以时而定,制、令各顺其宜"⑤,他们通过奖耕励战富国强兵,建县征赋、废除旧有等级特权、摧毁贵族割据势力,以建立和发展新兴地主阶级国家的利益进而巩固封建地主阶级的经济基础及其上层建筑。特别是商鞅在秦国的变法——"行之十年,秦民大说,道不拾遗,山无盗贼,家给人足"⑥,从而"使秦国社会从经济基础到上层建筑,以及阶级关系等级制度等方面,都发生了根本的变革"⑦,为日后秦始皇横扫六国、一统中国建立起中央集权的专制主义封建国家打下了坚实的基础。

当然,先秦时期以前所未有的姿态竞相呈现于人们面前的,无论是社会结构及其构成状态,还是社会政治关系以及政治生态甚至政治国家结构样本以及社会政治统治方式的剧烈变革,都是那个时代社会经济关系,即那个时代社会生产方式和交换方式具体变革的产物。自进入青铜时代以来,夏、商、西周三代王朝"完成了古代氏族社会完全做不到的事情"⑧。在继承龙山文化成就的基础上,夏代的经济已经有了大幅度的发展,王朝的"农业、手工业以及农业和手工业之间的社会分工,都比前代有进一步的发展"⑨。及至商代,农业已赫然成为王朝具有决定意义的生产部门,王朝对农业生产给予了高度的重视,中原农业已然步入了"耜耕

①　班固.汉书:第二册[M].颜师古,注.北京:中华书局,2012:1031.
②　陆玖.吕氏春秋:下册[M].北京:中华书局,2011:814.
③　司马迁.史记全本新注:第四册[M].张大可,注释.武汉:华中科技大学出版社,2020:1418.
④　中共中央马克思恩格斯列宁斯大林著作编译局.马克思恩格斯文集:第二卷[M].北京:人民出版社,2009:591-592.
⑤　石磊.商君书[M].北京:中华书局,2011:6.
⑥　司马迁.史记全本新注:第四册[M].张大可,注释.武汉:华中科技大学出版社,2020:1418.
⑦　周自强.中国经济通史:先秦(下册)[M].北京:经济日报出版社,2007:1057.
⑧　中共中央马克思恩格斯列宁斯大林著作编译局.马克思恩格斯文集:第四卷[M].北京:人民出版社,2009:196.
⑨　周自强.中国经济通史:先秦(上册)[M].北京:经济日报出版社,2007:107.

农业"的阶段①,青铜农具已在农业生产中不断地被使用,虽然占量不多却标志着农业生产力的极大发展。同时,在商代的社会经济构成中,渔猎业也占有一定的权重,甚至海上鱼类也曾出现在商人的食物中。② 农业生产的发展推动了手工业的进一步分工,殷商时代的手工业已有了铸铜、制陶、纺织、建筑、木作等门类的细化,并较之前代有显著的进步和突出的成就,尤其是青铜冶铸已然步入全盛时期③。殷商时期社会生产的不断分工及发展,极大地带动了社会商品生产和商品交换的发展,为了适应商品生产尤其是商品交换的需要,殷商时代已有以朋为计量单位的海贝货币。④ 商业市场的繁荣,使得殷商的城市与交通也有了较大的发展。公元前11世纪,西周王朝代商而起,中国早期社会国家经济政治和社会文化进入全面鼎盛时期。这一时期的社会经济技术无论是农业生产力,还是体现当时科学技术和文化艺术的手工业以及商业、交通等都较前代有了显著的发展。由于承担着为其他手工业以及农业生产提供设备与生产工具的重要职能,青铜冶铸业同样是西周时期的支柱性产业,并成为西周时代科学技术和文化艺术最高水准的直接表达,西周的冶铸工艺流程与工艺管理已然相当科学与成熟。同时,西周的纺织、制陶、玉器、木器、漆器以及建筑等手工行业也有相当的发展,并体现出高超的水平。尤其是在前代成熟的造船技术基础上,周代不断改进木板船制造技术,进而使其日臻成熟,这种源自西周加装风帆的木板船技术至今仍在长江流域使用⑤。

此外,因农业、手工业发展的托底,西周的商业及货币制度也有了相应的发展。春秋时期,尤其是春秋中晚期的社会生产已经建立在铁制农具和牛耕使用的基础上。由人力锄耕迈向畜力犁耕是春秋农业生产的巨大变革,牛耕的采用不仅使耕种规模充分拓展、耕作效率急速提升,而且使耕作技术不断翻新,进而使劳动方式也产生了根本性变化。随着农业生产力的发展,粮食作物种类更为丰富,主要作物种植范围也不断拓展,蔬菜、果树以及经济林木的栽培在文献中也常有记载。基于生产生活以及战争的不同需要,畜牧业生产在春秋时期的经济生活中占有重要的地位。渔业在春秋社会经济生活中也占据着重要位置,渔业赋税甚至成为诸侯国重要的库入之一。如《周礼·渔人》载:"凡渔者,掌其政令。凡渔征入于

---

① 周自强.中国经济通史:先秦(上册)[M].2版.北京:经济日报出版社,2007:177.
② 周自强.中国经济通史:先秦(上册)[M].2版.北京:经济日报出版社,2007:240.
③ 周自强.中国经济通史:先秦(上册)[M].2版.北京:经济日报出版社,2007:275-340.
④ 周自强.中国经济通史:先秦(上册)[M].2版.北京:经济日报出版社,2007:350.
⑤ 曲金良.中国海洋文化史长编:上卷[M].青岛:中国海洋大学出版社,2017:148.

玉府。"①应该注意的是,春秋文献中涉及海洋渔业尤其是大型珍稀海洋鱼类诸如海龟、海兽以及鲸鲵的记载已悄然增多,这充分表明春秋时代海洋渔业已有所发展是不容争辩的事实。作为中国古代历史的大变革时期,由于冶铁技术的长足发展和铁矿的不断开发,战国时期铁制工具已普遍应用于各个生产领域。生产工具不仅标志着社会对自然的控制程度,而且也客观地表达着社会生产关系的状态与要求。铁制工具的使用,意味着战国时期的社会生产力具备了超乎寻常的发展潜力,也意味着战国时期社会的生产广度与深度有了前所未有的拓展空间,更意味着战国社会利益格局及生产关系面临着亘古未有的剧烈调整。铁制工具的广泛使用,尤其是牛耕技术的逐渐推行、水利工程兴修推进的灌溉事业发展、对精耕细作的注重、肥料的使用以及一年两熟的推广,使得战国时期的农业生产得到巨大的促进,农业生产量也有了极大的提高。最为根本的是,生产与技术的发展已然对资源配置的社会范围提出了更广阔的要求,割据的诸侯国家的有限权力空间已经出现了无法容纳的迹象,同时新兴地主阶级日渐积累的权势也必然要为其利益的不断拓展打开新的通路。

同时,在一定意义上讲,人类社会发展的历史就是一部详尽的交通发展史。无论是社会生产的发展、族群部属的交往、思想文化的传播,还是人们日常生活资料的获取、生活范围的延展、生活方式的衍变,皆有赖于交通及其发展进步。更为重要的是,恰如白寿彝先生所指出的:先秦水陆交通发展史实则是一部活生生的民族融合史。② 先秦社会水陆交通的发展,不仅为秦汉及其后世大一统社会治理奠定了坚实的物质技术基础,而且也为统一国家的多民族不断融合发展提供了基础的路径。在概论的语义中,作为"交错相通""交互流通"的社会利益共同体及其民族文化共同体的构建方式,纵横交错的陆上道路与水上航线将先秦社会不同地域的物质产品及其生产技术、各处一方的族群及其文化与生活方式,甚至氏族部落构建态势以及诸侯国家政治结构,具体而完整地呈现于相同历史场景。物品交换及其效果变迁规划了社会分工的取值与产业发展的趋向,决定了部落氏族甚至诸侯方国的物质财富、经济实力、战争潜力以及力量对比关系格局,进而影响了诸侯方国的政治结构及其变革;产品流通与效能实现引发市场需求及其结构的改变,这个业态指示器明确地展现了社会人群与产品生产的相互依赖及其程度。产品依赖的实质是物资生产技术的依赖,是社会生活方式的依赖,也是族群共同文化的依赖。依赖对象的相同实则为利益的相同,相近的物质生产方式奠定了相同

---

① 徐正英,常佩雨,译注.周礼:上册[M].北京:中华书局,2014:99.
② 白寿彝.中国交通史[M].上海:上海书店,1984:3.

的社会生活方式,相同的社会生活方式实质是思想价值观念的相近、相通甚至相同。因此,先秦时期,不断延展的水路与陆路,基于生活物品的交换、物质生产技术的交流、生活方式的交流以及思想文化的交融需求,将原本散居各地的诸国先民团结起来,构建成社会利益的共同体乃至民族文化的共同体。夏商时期,从王畿通向四境的陆上干道以及由四方向都邑的水路航线,是夏商时期王朝利益共同体以及华夏文化共同体整合与表达的基本形式;西周时期,基于封建国家的政治利益建构,王朝交通网络更为发达,在王邑路网中心枢纽的基础之上,诸侯道路、都邑枢纽中心不断发展,以至王朝利益共同体与诸侯利益共同体逐渐共存并日渐分化。王朝利益共同体经由春秋进一步分裂,诸侯利益共同体逐步发展,战国时期王朝利益共同体最终为并存的各诸侯利益共同体所取代。作为思想上层建筑的文化价值观念系统,虽然源自社会经济基础,但因其专注于一般性或规律性的揭示与反映,并保有相对独立的发展轨迹,不与社会经济利益关系的变更同步,因而即便是在共同利益整体呈分化状态的春秋战国时期,文化共同体依旧保持着活力,并最终在新的层面以新的形式促成社会利益共同体即统一的多民族国家的形成。

在马克思主义理论的基础视域里,不断认识自然、顺应自然进而利用自然、改造自然的持续向前过程,是人类社会的基本特质。自然是人类存在的基础,也是社会发展的前提。在社会生产力的构成要素中,劳动对象的自然禀赋状况极大地影响着社会生产力的水平及其发展,尤其是在早期人类使用工具的能力十分有限的情况之下,劳动对象自然禀赋及其所决定的产出能力对社会生产力以及由其派生的社会生产关系亦即社会物质资料生产方式状态有着决定性意义,进而在一定程度上影响到社会上层建筑以及社会意识形态的结构状况,甚至在一定层面上决定着社会文明文化发展的大致走向。在马克思主义的理论视域里,不论物质文明的演进,还是政治文化的延续,必定离不开物理空间,离不开自在的环境,离不开实实在在的社会物质生活条件。在人类历史发展的早期阶段,无论是石器时代的聚落部众还是青铜时代的都邑华族,也无论是以采集渔猎为主的部族社会还是以农耕游牧立身的阶级国家,由于自身活动极大的局限性、非自由性,其发展延续的方式、内涵乃至路径都为自然环境所限制、为地理资源所指引。透过上古乃至中国远古技术文明与精神文化的发端、启源和流变、发展,我们可以真切地感受到这种牵引无时不在、无所不及。如果说前夏之事有待考古发现支持而尚无信史可撑,那么三代以降的文献史籍尤其是地理、货殖等经书典册所提供的信息,足以让我们对夏商周时期华夏族群与自然地理的牵绊以及中原文化与文明的主体发展脉络及其地缘演进趋向有着较为完整的探查与清晰的认识。在整体向东的中国文化与文明地缘演进的漫长历史之中,先秦时代中原文化的起步与定向对后世中国文明尤其是对中国海洋文化发展与繁荣的积极意义,以及对中国海洋文明退化与凋敝的消极影响都是十分清晰而深刻的。

　　毋庸置疑,中国是一个具有悠久海洋文化传统的文明古国,得天独厚的海陆复合地理构造不仅使华夏陆域文明在这片广袤辽阔、温润肥沃的土地上快速产生发展,并获得了深厚的自然基础,而且平缓绵延的海滩、风轻浪静的海湾也很早便为中国海洋文化的生长、进化备足了资源条件。不仅远古炎黄部属日出而作、日落而息,用勤劳、勇敢与睿智、包容在广阔的中原腹地创造了享誉世界的农业文明,而且东南沿海的东夷族众也倚岸逐浪、以海为田,凭借着刚毅执着与革新创造在无尽的蓝色海洋上开拓出了影响深远的海洋文明。无论是山顶洞人佩戴的青眼鱼骨及海蚶壳等海洋饰品,还是自北而南沿海岸线分布的巨量远古贝丘遗迹,都充分展现了即便是在远古多系并存、多元一体的源头阶段,蓝色海岱文明也是璀璨绚烂的中华文明体系的重要色彩构成。甚至在夏王朝时期,海岱文明无论是物质技术手段还是经济文化水平,总体上较之中原更为领先,以致中原华夏文明眺望的目光与前行的步伐为东夷文化牢牢牵引,经由殷商西周两代持续向东向海的执着推进,尤其是在中原华夏文化体系的强力整合之下,东夷海岱文明自商代便融入华夏文化系统。① 与此同时,在夏商周三代中原华夏国家政治文化东望、东渐与东及的持续观照与日渐强化的影响中,东南沿海海洋社会从浅层的基本概貌特征、物质技术构成到深层的思想文化建构都在经历着浴火重生与涅槃再造,并由此勾画出了中华海洋文明基因图谱的主干经纬。

　　虽然不认同海洋社会仅局限于沿海及岛屿等固定性海洋社群与舟师、海盗与海商等流动性海上社会,并且我们认为海洋社会还应包含因涉海或者海洋影响所及的广阔区域,但是前者是海洋社会的主体或者典型海洋社会应是不争的事实。尤其是进入文明社会以后,在夏商时期中原华夏文明整体向东向海的持续演进历程中,在中原华夏文化对海洋文化特质的认知及包容逐渐增长的同时,东南沿海海洋文明对中原华夏文化精髓的吸纳与认同也在同步增强,殷商时期海岱文明融入华夏文明体系便是这种相连互通、吸纳认同的例证。西周以降,中国国家文明渐臻先秦顶峰,国家政治权力对社会及其构造的规范作用日益凸显,不仅陆域社会利益关系与历史文化结构的整合成就前所未有,而且东南海洋社会物质利益格局与政治文化关系构成的规制成效更是得到了空前提高。尤其是春秋战国时期,中国上古东南沿海海洋国家的正式形成,使得先秦政治国家对海洋社会的经济技

---

① 卜宪群.中国通史·从中华先祖到春秋战国[M].北京:华夏出版社,2016:48.

术功能发挥与政治文化结构再造几近极致。在这一众海洋国家之中,尤以齐国海洋经济发展与海洋文化发育最为成熟成型,以海洋政治思想与海洋政治实践最为整全完备,齐国社会历史文化发展历程中"官山海"所体现的海陆一体发展理念、"通商工之业、便渔盐之利"的海洋经济发展模式、重舟师通航线的海洋力量发展方案以及开放包容、兼收并蓄、重视学术价值的海洋文化发展思路等,皆是中国上古海洋政治思想及其实践的最高成就。当然,偏居苦寒之地的燕国在重视海洋经济、注重越海航行、探索海外交往的海洋国家发展方向上的有益尝试,对此后中国海洋政治视域拓展的启示价值是毋庸置疑的。而吴、越等国对国家海洋力量建设的重视,从尽心贯通海(水)上通道、精心运用海洋力量、关注海洋基本防卫上体现出的海洋政治文化,也是中国海洋政治思想萌芽时期的重要养料。同样作为底蕴深厚的诸侯大国,楚国则以水路运输管理体制机制创新、海外贸易等方面突出的建树在中国海洋文化发展史上并占据特殊的位置,尤其是"鄂君启金节"所展现的有关航运符节的若干细致规定,更是"开拓了其后千余年唐宋市舶管理制度之先河"①。先秦时期,中国海洋国家在长期的历史文化发展演进历程中积淀起来的海洋政治思想和海洋文明成果,作为具有中华海洋文化尤其是海洋政治思想起始阶段筑基意义的存在,它们植根于当时社会经济技术与社会文明而显现出来的成就与失败、经验及教训,对于我们品鉴先秦海洋文明的文化历史价值、体会先秦海洋政治思想跨时空的实践理性意义,都是最基本的论据与史料。

总而言之,先秦海洋社会与海洋国家的发展进步,首先契合于华夏文明向东向海演绎演进的历史大势。在马克思唯物主义的基本理论视域中,"人靠自然界生活""人是自然界的一部分"②,土地乃人类社会"共同体的基础"③。在恩格斯的眼中,地理条件不仅是经济关系的重要组成部分,而且是经济关系"赖以发展的地理基础"④。一般而言,人类以及人类社会存在和发展的基本前提,即在于与自然界不间断的物质能量交换以及同自然环境不停歇的交互作用。因而在此种意义上,人类社会发展史亦即与自然界的物质能量交换史以及与自然环境的交互作用史。并且这种交互作用越是在人类社会早期就越直接、交换方式亦就越简单,

---

①　孙光圻.中国古代航海史[M].北京:海洋出版社,2005:75.

②　中共中央马克思恩格斯列宁斯大林著作编译局.马克思恩格斯文集:第一卷[M].北京:人民出版社,2009:161.

③　中共中央马克思恩格斯列宁斯大林著作编译局.马克思恩格斯全集:第四十六卷:上册[M].北京:人民出版社,1979:472.

④　中共中央马克思恩格斯列宁斯大林著作编译局.马克思恩格斯选集:第四卷[M].北京:人民出版社,2012:731.

人与自然环境的直接距离就越贴近,自然环境形态与资源禀赋特质对人类发展的控制力就越发强劲,人类对于自然的离去能力亦越发羸弱。因此,自然地理环境及其资源禀赋状况对人类族群的生活方式、结构类型、数量规模甚至流动范围及趋向一直保有基础性的价值与功效。也正是立基于此,李约瑟博士才明确得出结论——自然地理不仅是中国文明发展的基础舞台,也是中华文化与欧洲文化产生差异的极为重要的决定因素。①

地理环境及其自然资源禀赋,是人类文化最为根本的物质基础。西部的帕米尔高原、西南的青藏高原以及喜马拉雅山脉、西北的阿尔泰山以及东北的长白山、北部的戈壁荒漠和东部的大海,将亚欧大陆东端隔成相对独立但幅员辽阔的地理大单元,这是中国上古地理环境的根本特征。区域内总体地势呈西部高耸而东部低平,自西而东是大多数山脉与主要河流的基本走向,各种气候兼具、多样气温并存、总体雨量充沛,农作物与动植物资源异常丰富,加之史前地理变化巨大,区内地质条件多元、矿产资源丰富,亦构成了中国古代地质条件的主体内涵。域内中东部的黄河中下游和长江中下游地区,以其优越的地理区域位置、优厚的地质构造条件、特殊的自然资源禀赋,在我国史前文化多元起源、多样发展中尽显优势。尤其是黄河流域,它以自身优越的地理条件及资源禀赋,成为华夏民族的发祥地、中国文明的源头与中华民族精神的摇篮。同时,中国西高东低、阶梯分布、山川向海的地理构造,对于中华文明尤其是海洋文明而言,更具基础性指引意义。西高东低、面向大洋而展开的地势,能使广阔的陆域广泛地接纳来自东南海洋的暖湿气流携带的雨水。海陆间循环及其大陆内循环所带来的充沛降水不但保证了广袤陆地的水草丰美、森林茂密,而且使向东奔流入海的江河常年保持源源不断的巨大流量,这些江河拓展、浇灌以及通连着华夏文明的发展演化,甚至可以说是"海洋成就了中华民族的早期文明,海洋维护了灿烂而悠久的中华文明史数千年的辉煌"②,"中华古文明中包含了向海洋发展的传统"③。先秦时期作为中华文明的起始阶段,中国先民就已经开启了向东向海的文明创造历程,并由此确定了海洋文明在中华文明体系中的基础位置与基本版式。

依据现有史料及史学家研究表明,夏代王朝国家的主体活动区域集中于黄河中游,进入殷商王朝时期,虽然国都迁徙辗转不绝,但是王朝社会活动主体仍呈现在今河南东部及山东西部一线,相较于夏王朝伊雒中心而言,已然悄然东移。及

① 李约瑟.中国科学技术史·导论[M].袁翰青,等,译.北京:科学出版社,1990:55.
② 李磊.海洋与中华文明[M].广州:花城出版社,2014:3.
③ 李明春,徐志良.海洋龙脉:中国海洋文化纵览[M].北京:海洋出版社,2007:3.

至西周时期,政治国家东移东进趋向更为实质显化。周王朝起于西岐但始自文王东征、东进不止,周室的封建亲戚亦多在东部,待到平王东迁,周王朝政治重心更是整体东移、东进。人口的重心就是社会的中心,社会的中心即政治的重心。

倘若基于社会人口发展的基本视角,中国古代整体向东向海发展的趋势则更为明显,以致学者因此有中国先秦时期"人口迁徙的主流方向是自西向东"①的结论。夏、商、西周时期,中国人口总数维持在 1000 万左右②,以黄河中游及下游上段为主要生活重心。春秋时期,中国人口约 1500 万人③,除去在周王畿西边的秦国的 100 万人口以及晋国的一小部分人口,其余总体集中于东部地区。到了战国时期,中国 3000 万人口中已有 2500 多万主要生活在东部地区④。伴随黄河中下游地区尤其是下游地区人口的急剧增长,春秋战国时期国家政治军事的重心必然随之聚焦于此。春秋战国时期的著名战役、"合纵连横"等重大政治决策的实施都主要以东部的广袤大地为基础舞台,更为重要的是,燕、齐、吴、越等沿海诸侯国,兴渔盐之利而依海富国,修舟楫之便以贯通海陆,不仅真真正正完成了中国领域疆土的"东渐于海",而且实实在在开拓出了中华上古文化海岱文明的新篇章,也为其后秦汉帝国郡海疆、巡江海、官海盐、重海捕、拓海路等一系列海疆经略措施的实施以及中国古代海疆经略理论的发展奠定了坚实的政治文物制度及历史文化基础,对促进中国古代海洋政治思想的发展有着重要的筑基性意义。因此,无论是史前中国先民"东望于海"的视野聚焦、夏商时期中国先民"东渐于海"的现实起步,还是西周时期华夏文明"东进于海"的初步成就,以及春秋战国时期"东经于海"的勠力展开,中国先民面向海洋即便看似微不足道的每一次迈进皆是中国古代海洋社会乃至海洋国家的空前发展与巨大进步。正契合于上古华夏文明向东向海演绎演进的历史大势,先秦时期中国海洋社会乃至海洋国家一步一步坚实而执着地发展壮大起来,奠定了中国古代海洋文明发展演进的基础母版。尤其是春秋战国时期以齐、燕、吴、越等为代表的海洋国家,依据各自地理环境的特色条件与自然资源的禀赋基础,构建起区别于中原内陆诸侯国家的错位发展路径,并着手致力于山海统筹,立足于与内陆诸侯国家政治角逐、军事征伐过程而逐渐确立起以海上(水上)舟师武装为特色的国家军事力量新体系。齐、燕、吴、越的各代统治主君更是在社会财富构成、国家利益结构系统中,给予了以渔盐为核心的海洋性利益以相当的权重与足够的政治资源投入,并由此在沿海诸侯国家之间形成

① 袁祖亮.中国人口通史:先秦卷[M].北京:人民出版社,2007:79.
② 袁祖亮.中国人口通史:先秦卷[M].北京:人民出版社,2007:166-168.
③ 袁祖亮.中国人口通史:先秦卷[M].北京:人民出版社,2007:168-172.
④ 袁祖亮.中国人口通史:先秦卷[M].北京:人民出版社,2007:172-175.

较为清晰的以海洋权力、海洋权利和海洋权益为内容的社会关系体系以及国家关系类型。

可见,在中国上古社会及其利益结构、政治文物统治与政治思想文化激荡变革的历史潮流之下,东南沿海海洋社会与海洋国家因其政治稳定平顺、经济整全康健、社会组构和谐以及文化深层敦厚等的相对不足,进而在与拥据被山带河以为固的地缘地理优势、发达灌溉农业的有力有效支持、先进锻铁刀箭装备的战力强劲军团、崇尚阳刚武德的国家文化氛围、较少中原传统文化束缚的社会革新基础、大胆任用外来人才的政治统治决心、相对长寿强力统治者保障的政治连续稳定以及始终坚持效率精确的既定行政程序①的内陆秦国的政治竞争中惨淡败下阵来,正是历史必然规律的最直白印证。若就国家政治文化演进的角度而言,这便要求人主国君即政权执掌者须时时顺应社会向前的发展规律、刻刻紧跟物质生产技术的进步节奏、疾速回应社会生产关系变革诉求、妥善调节人群利益结构变化、适度整饬政治文物体制机制,以有效保持国家竞争力水平。内陆秦国正是紧紧追随战国时期社会生产力快速发展的步伐,积极应和社会生产关系变革的时代主体呼声,任用商鞅施行变法图强,通过彻底废黜旧式世卿世禄特权、奖励军功等系列政治举措,不断革新社会利益关系结构从而持续释放并凝聚社会活力,执着专注于富国强兵直至四海一定的时代主题。因此,在宏观政治视域中,中国上古海洋社会的浴火涅槃尤其是海洋国家的相继覆灭,呈现给后人政治经济以及社会文化的经验教训,对于身处大海洋时代百年未有之大变局、肩负中国完全统一以及民族伟大复兴使命的中国而言,极富深远理论价值与重大现实意义。

---

① 崔瑞德,弗正清.剑桥中国秦汉史:公元前 221 年至公元 220 年[M].杨品泉,等,译.北京:中国科学出版社,1992:43-49.

参考文献

一、著作类

［1］中共中央马克思恩格斯列宁斯大林著作编译局.马克思恩格斯全集:第一卷［M］.北京:人民出版社,1956.

［2］中共中央马克思恩格斯列宁斯大林著作编译局.马克思恩格斯全集:第三卷［M］.北京:人民出版社,1956.

［3］中共中央马克思恩格斯列宁斯大林著作编译局.马克思恩格斯全集:第十二卷［M］.北京:人民出版社,1956.

［4］中共中央马克思恩格斯列宁斯大林著作编译局.马克思恩格斯全集:第二十卷［M］.北京:人民出版社,1956.

［5］中共中央马克思恩格斯列宁斯大林著作编译局.马克思恩格斯全集:第二十一卷［M］.北京:人民出版社,1956.

［6］中共中央马克思恩格斯列宁斯大林著作编译局.马克思恩格斯全集:第三十九卷上［M］.北京:人民出版社,1974.

［7］中共中央马克思恩格斯列宁斯大林著作编译局.马克思恩格斯全集:第四十六卷上［M］.北京:人民出版社,1974.

［8］中共中央马克思恩格斯列宁斯大林著作编译局.马克思恩格斯选集:第一卷［M］.北京:人民出版社,1995.

［9］中共中央马克思恩格斯列宁斯大林著作编译局.马克思恩格斯选集:第四卷［M］.北京:人民出版社,2012.

［10］中共中央马克思恩格斯列宁斯大林著作编译局.马克思恩格斯文集:第一卷［M］.北京:人民出版社,2009.

［11］中共中央马克思恩格斯列宁斯大林著作编译局.马克思恩格斯文集:第

二卷[M].北京:人民出版社,2009.

[12]中共中央马克思恩格斯列宁斯大林著作编译局.马克思恩格斯文集:第三卷[M].北京:人民出版社,2009.

[13]中共中央马克思恩格斯列宁斯大林著作编译局.马克思恩格斯文集:第四卷[M].北京:人民出版社,2009.

[14]中共中央马克思恩格斯列宁斯大林著作编译局.马克思恩格斯文集:第五卷[M].北京:人民出版社,2009.

[15]中共中央马克思恩格斯列宁斯大林著作编译局.马克思恩格斯文集:第九卷[M].北京:人民出版社,2009.

[16]中共中央马克思恩格斯列宁斯大林著作编译局.马克思恩格斯文集:第十卷[M].北京:人民出版社,2009.

[17]中共中央马克思恩格斯列宁斯大林著作编译局.马克思恩格斯论中国[M].北京:人民出版社,2018.

[18]中共中央马克思恩格斯列宁斯大林著作编译局.列宁全集:第一卷[M].北京:人民出版社,1984.

[19]中共中央马克思恩格斯列宁斯大林著作编译局.列宁全集:第二卷[M].北京:人民出版社,1984.

[20]中共中央马克思恩格斯列宁斯大林著作编译局.列宁全集:第十八卷[M].北京:人民出版社,2007.

[21]中共中央马克思恩格斯列宁斯大林著作编译局.列宁全集:第四十卷[M].北京:人民出版社,1986.

[22]中共中央马克思恩格斯列宁斯大林著作编译局.列宁选集:第四卷[M].北京:人民出版社,1972.

[23]毛泽东.毛泽东文集:第八卷[M].北京:人民出版社,1999.

[24]毛泽东.毛泽东选集:第一卷[M].北京:人民出版社,1991.

[25]毛泽东.毛泽东选集:第二卷[M].北京:人民出版社,1991.

[26]邓小平.邓小平文选:第二卷[M].北京:人民出版社,1994.

[27]邓小平.邓小平文选:第三卷[M].北京:人民出版社,1993.

[28]胡锦涛.胡锦涛文选:第三卷[M].北京:人民出版社,2016.

[29]习近平.习近平谈治国理政[M].北京:外文出版社,2014.

[30]习近平.习近平谈治国理政:第二卷[M].北京:外文出版社,2017.

[31]习近平.习近平谈治国理政:第三卷[M].北京:外文出版社,2020.

[32]中共中央宣传部.习近平总书记系列重要讲话读本[M].北京:学习出版

社,2016.

[33]中共中央文献研究室.十八大以来重要文献选编:上[G].北京:中央文献出版社,2014.

[34]中共中央党史和文献研究院,中央"不忘初心、牢记使命"主题教育领导小组办公室.习近平关于"不忘初心、牢记使命"论述摘编[G].北京:中央文献出版社,2019.

[35]班固.汉书[M].北京:中华书局,2012.

[36]曾国藩.经史百家杂钞[M].古书生,标点.北京:国家图书馆出版社,2014.

[37]常璩.明本华阳国志:第一册[M].北京:国家图书馆出版社,2018.

[38]陈奇猷.吕氏春秋校释[M].上海:学林出版社,1984.

[39]林家骊,译注.楚辞[M].北京:中华书局,2015.

[40]黄铭,曾亦,译注.春秋公羊传[M].北京:中华书局,2016.

[41]崔鸿.十六国春秋辑补[M].汤球,辑补.聂溦萌,等点校.北京:中华书局,2020.

[42]管锡华,译注.尔雅[M].北京:中华书局,2014.

[43]范祥雍.古本竹书纪年辑校订补[M].上海:上海古籍出版社,2018.

[44]范晔.后汉书[M].北京:中华书局,2012.

[45]顾高栋.春秋大事表[M].吴树平,李解民,点校.北京:中华书局,1993.

[46]顾炎武.日知录集释[M].黄汝成,集释.栾保群,校点.北京:中华书局,2020.

[47]李山,轩新丽,译注.管子[M].北京:中华书局,2019.

[48]陈桐生,译注.国语[M].北京:中华书局,2013.

[49]高华平,王齐洲,张三夕,译注.韩非子[M].北京:中华书局,2015.

[50]韩婴.韩诗外传[M].谦德书院,注译.北京:团结出版社,2019.

[51]陈广忠,译注.淮南子[M].北京:中华书局,2012.

[52]皇甫谧.帝王世纪世本逸周书古本竹书纪年[M].陆吉,校.济南:齐鲁书社,2010.

[53]姚春鹏,译注.黄帝内经[M].北京:中华书局,2010.

[54]张景,张松辉,译注.黄帝四经·关尹子·尸子[M].北京:中华书局,2020.

[55]黄怀信.逸周书汇校集注[M].修订本.上海:上海古籍出版社,2007.

[56]黄晖.论衡校释[M].北京:中华书局,2018.

[57]黄以周,秦缃业.续资治通鉴长编拾补:卷五[M].上海:上海古籍出版社,2006.

［58］黄永年.旧唐书:第二册［M］//许嘉璐.二十四史全译.上海:汉语大词典出版社,2004.

［59］黄永年.旧唐书:第三册［M］//许嘉璐.二十四史全译.上海:汉语大词典出版社,2004.

［60］贾谊.新书校注［M］.阎振益,钟夏,校注.北京:中华书局,2000.

［61］孔颖达.宋本尚书正义:全六册［M］.北京:国家图书馆出版社,2017.

［62］汤漳平,王朝华,译注.老子［M］.北京:中华书局,2014.

［63］胡平生,张萌,译注.礼记［M］.北京:中华书局,2017.

［64］李步嘉.越绝书校释［M］.北京:中华书局,2018.

［65］李昉.太平御览［M］.北京:中华书局,1960.

［66］刘琳,刁忠民,舒大刚,等.宋会要辑稿［M］.上海:上海古籍出版社,2014.

［67］陈曦,译注.六韬［M］.北京:中华书局,2016.

［68］陆玖,译注.吕氏春秋［M］.北京:中华书局,2011.

［69］方勇,译注.孟子［M］.北京:中华书局,2015.

［70］方勇,译注.墨子［M］.北京:中华书局,2015.

［71］欧阳询.宋本艺文类聚［M］.上海:上海古籍出版社,2013.

［72］屈大均.广东新语［M］.北京:中华书局,1985.

［73］阮毓崧.重订庄子集注［M］.刘韶军,点校.上海:上海古籍出版社,2018.

［74］方韬,译注.山海经［M］.北京:中华书局,2011.

［75］石磊,译注.商君书［M］.北京:中华书局,2011.

［76］王世舜,王翠叶,译注.尚书［M］.北京:中华书局,2012.

［77］王秀梅,译注.诗经［M］.北京:中华书局,2015.

［78］王兴芬,译注.拾遗记［M］.北京:中华书局,2019.

［79］王天海,杨秀岚,译注.说苑［M］.北京:中华书局,2019.

［80］司马迁.史记全本新注［M］.张大可,注释.武汉:华中科技大学出版社,2020.

［81］宋濂.元史［M］.北京:中华书局,2001.

［82］陈曦,译注.孙子兵法［M］.北京:中华书局,2011.

［83］王国维.水经注校［M］.上海:上海人民出版社,1984.

［84］崔冶,译注.吴越春秋［M］.北京:中华书局,2019.

［85］许富宏.慎子集校集注［M］.北京:中华书局,2013.

［86］许嘉璐.晋书:第一册［M］//许嘉璐.二十四史全译.上海:汉语大词典出版社,2004.

［87］方勇,李波,译注.荀子［M］.北京:中华书局,2015.

[88]陈桐生,译注.盐铁论[M].北京:中华书局,2015.

[89]汤化,译注.晏子春秋[M].北京:中华书局,2015.

[90]杨伯峻.春秋左传注[M].修订本.北京:中华书局,2016.

[91]杨伯峻.论语译注[M].典藏版.北京:中华书局,2017.

[92]缪文远,罗永莲,缪伟,译注.战国策[M].北京:中华书局,2012.

[93]徐正英,常佩雨,译注.周礼[M].北京:中华书局,2014.

[94]杨天才,张善文,译注.周易[M].北京:中华书局,2011.

[95]方勇,译注.庄子[M].北京:中华书局,2015.

[96]郭丹,程情,李彬源,译注.左传[M].北京:中华书局,2012.

[97]白寿彝.中国通史:第十卷[M].上海:上海人民出版社,1996.

[98]白寿彝.中国通史:第三卷[M].2版.上海:上海人民出版社,2015.

[99]卜宪群.中国通史·从中华先祖到春秋战国[M].北京:华夏出版社,2016.

[100]曹德本.中国政治思想史[M].北京:高等教育出版社,2004.

[101]晁福林.夏商西周的社会变迁[M].北京:北京师范大学出版社,1996.

[102]陈振明,陈炳辉.政治学:概念、理论和方法[M].北京:中国社会科学出版社,1999.

[103]崔凤,宋宁而,陈涛.海洋社会学的建构:基本概念与体系框架[M].北京:社会科学文献出版社,2014.

[104]崔瑞德,鲁惟一.剑桥中国秦汉史:公元前221年—公元220年[M].北京:中国社会科学出版社,1992.

[105]房仲甫,姚嬿.哥伦布之前的中国航海[M].北京:海洋出版社,2008.

[106]顾城.明末农民战争史[M].北京:光明日报出版社,2012.

[107]顾德融,朱顺龙.春秋史[M].上海:上海人民出版社,2019.

[108]何兆武,柳卸林.中国印象:世界名人论中国文化(下册)[M].桂林:广西师范大学出版社,2001.

[109]黄怀信,张懋镕,田旭东.逸周书汇校集注[M].上海:上海古籍出版社,2007.

[110]李磊.海洋与中华文明[M].广州:花城出版社,2014.

[111]李明春,徐志良.海洋龙脉:中国海洋文化纵览[M].北京:海洋出版社,2007.

[112]李越.中国古代海洋诗歌选[M].北京:海洋出版社,2006.

[113]梁启超.先秦政治思想史[M].北京:东方出版社,1996.

[114]刘中民.世界海洋政治与中国海洋发展战略[M].北京:时事出版社,2009.

[115]陆儒德.毛泽东的海洋强国路[M].北京:海洋出版社,2015.

[116]吕思勉.先秦史:上册[M].长春:吉林出版集团有限公司,2017.

[117]吕思勉.中国史[M].北京:中国华侨出版社,2010.

[118]马树华,曲金良.中国海洋文化史长编·明清卷[M].青岛:中国海洋大学出版社,2012.

[119]闵锐武.中国海洋文化史长编·近代卷[M].青岛:中国海洋大学出版社,2013.

[120]倪健民,宋宜昌.海洋中国:文明重心东移与国家利益空间(下册)[M].北京:中国国际广播出版社,1997.

[121]潘吉星.李约瑟文集[M].沈阳:辽宁科学技术出版社,1986.

[122]邱炫煌.明初与南海诸蕃国之朝贡贸易[M]//张彬村,刘石吉.中国海洋发展史论文集:第五辑.台北:中山人文社会科学研究所,1993.

[123]曲金良.中国海洋文化观的重建[M].北京:中国社会科学出版社,2009.

[124]曲金良.中国海洋文化基础理论研究[M].北京:海洋出版社,2014.

[125]曲金良.中国海洋文化史长编:上卷[M].典藏版.青岛:中国海洋大学出版社,2017.

[126]上海中国航海博物馆.新编中国海盗史[M].北京:中国大百科全书出版社,2014.

[127]司马云杰.中国精神通史:第一卷[M].北京:华夏出版社,2016.

[128]宋镇豪.夏商社会生活史[M].北京:中国社会科学出版社,1994.

[129]孙光圻.中国古代航海史[M].北京:海洋出版社,2005.

[130]王沪宁,林尚立,孙关宏.政治的逻辑:马克思主义政治学原理[M].上海:上海人民出版社,2004.

[131]王浦劬.政治学基础[M].2版.北京:北京大学出版社,2006.

[132]王荣国.海洋神灵:中国海神信仰与社会经济[M].南昌:江西高校出版社,2003.

[133]席龙飞.中国科学技术史·交通卷[M].北京:科学出版社,2004.

[134]席龙飞.中国造船通史[M].北京:海洋出版社,2013.

[135]徐道邻.中国法制史论集[M].台北:志文出版社,1975.

[136]徐勇.齐国军事史[M].济南:齐鲁书社,2015.

[137]许倬云.西周史[M].北京:生活·读书·新知三联书店,1994.

[138]杨国桢.中国海洋文明专题研究:第一卷[M].北京:人民出版社,2016.

[139]杨金森.海洋强国兴衰史略[M].2版.北京:海洋出版社,2014.

[140]杨宽.战国史[M].上海:上海人民出版社,2016.

[141]姚楠,陈佳荣,丘进.七海扬帆[M].香港:中华书局(香港)有限公司,1990.

[142]袁祖亮.中国人口通史:先秦卷[M].北京:人民出版社,2007.

[143]赵光贤.周代社会辨析[M].北京:人民出版社,1980.

[144]郑有国.中国市舶制度研究[M].福州:福建教育出版社,2004.

[145]周自强.中国经济通史:先秦(上册)[M].北京:经济日报出版社,2007.

[146]周自强.中国经济通史:先秦(下册)[M].北京:经济日报出版社,2007.

[147]布罗代尔.文明史纲[M].肖昶,等,译.桂林:广西师范大学出版社,2003.

[148]戈尔什科夫.国家的海上威力[M].济司二部,译.北京:生活·读书·新知三联书店,1977.

[149]黑格尔.历史哲学[M].王造时,译.上海:上海书店出版社,2001.

[150]井上清.日本历史:上册[M].天津市历史研究所,校译.天津:天津人民出版社,1974.

[151]李约瑟.中国科学技术史·导论[M].袁翰青,等,译.北京:科学出版社,1990.

[152]李约瑟.中华科学文明史:第三卷[M].柯林·罗南,改编.上海:上海人民出版社,2002.

[153]利玛窦,金尼阁.利玛窦中国札记[M].何高济,王遵仲,李申,译.何兆武,校.北京:中华书局,1983.

[154]墨菲.亚洲史[M].黄磷,译.4版.海口:海南出版社,2004.

[155]普列汉诺夫.马克思主义的基本问题[M].张仲实,译.叶文雄,校.北京:生活·读书·新知三联书店,1961.

[156]斯塔夫里阿诺斯.全球通史:从史前史到21世纪(下册)[M].7版,修订版.吴象婴,梁赤民,董书慧,等,译.北京:北京大学出版社,2006.

[157]万志英.剑桥中国经济史:古代到19世纪[M].崔传刚,译.北京:中国人民大学出版社,2018.

二、期刊及学位论文类

[1]安京.试论先秦国家边界的形态[J].中国边疆史地研究,1999(3).

[2]曾维华.试论先秦时期的吴国文化[J].学术月刊,1989(11).

[3]晁中辰.论明代的海禁[J].山东大学学报(哲学社会科学版),1987(2).

[4]陈东有.中国是一个海洋国家[J].江西社会科学,2011(1).

[5]陈桥驿.于越历史概论[J].浙江学刊,1984(2).

[6]陈忠海.历史上的两种"闭关锁国"[J].中国发展观察,2017(7).

[7]丛耕.也谈元朝在澎湖设巡检司的年代[J].贵州社会科学,1982(1).

[8]丁明国.对古代中国实行开放政策与海禁"闭关"政策的综合思考[J].中南民族学院学报(哲学社会科学版),1989(5).

[9]郭沫若.关于鄂君启金的研究[J].文物参考资料,1958(4).

[10]韩明泽.齐燕文化和海上方仙道[J].现代中文学刊,1996(1).

[11]洪家义.越史三论[J].东南文化,1989(3).

[12]胡远鹏.《山海经》研究最新动向述评[J].广西大学学报(哲学社会科学版),1995(2).

[13]简军波.中华朝贡体系:观念结构与功能[J].国际政治研究,2009(1).

[14]蒋作舟,陈申如.评明、清两朝的"海禁""闭关"政策[J].历史教学问题,1987(4).

[15]黎虎.唐代的市舶使与市舶管理[J].历史研究,1998(3).

[16]李映发.元明海运兴废考略[J].四川大学学报(哲学社会科学版),1987(2).

[17]林华东.中国风帆探源[J].海交史研究,1986(2).

[18]林建华.海洋政治构成要素分析[J].黑龙江社会科学,2015(1).

[19]刘成纪.中国社会早期海洋观念的演变[J].北京师范大学学报(社会科学版),2014(5).

[20]刘杰.明末农民战争历史根源再探讨[J].长江大学学报(社会科学版),2013(7).

[21]刘俊珂.秦汉时期的海疆经略及其历史影响[J].郑州师范教育,2014(3).

[22]刘笑阳.古代中国海洋经略的历史逻辑[J].亚太安全与海洋研究,2016(6).

[23]吕世忠.先秦时期山东的盐业[J].盐业史研究,1998(3).

[24]宁波.关于海洋社会与海洋社会学概念的讨论[J].中国海洋大学学报(社会科学版),2008(4).

[25]庞玉珍,蔡秦禹.关于海洋社会学理论建构几个问题的探讨[J].山东社会科学,2006(10).

[26]庞玉珍.海洋社会学:海洋问题的社会学阐释[J].中国海洋大学学报(社会科学版),2004(6).

[27]钱宪民.中国古代社会结构的亚细亚特征:传统文化的基础[J].探索与争鸣,1992(6).

[28]孙光圻,胡青青.论郑和下西洋的航海价值观[J].大连海事大学学报(社会科学版),2011(4).

[29]孙键."南海Ⅰ号"完整展示宋代社会[J].工会博览,2018(8).

[30]王沪宁.关于政治思想史的体系与研究[J].政治学研究,1986(5).

[31]王明德,张春华.盐宗"宿沙氏"考[J].管子学刊,2013(2).

[32]王鹏飞.中国古代气象上的主要成就[J].南京气象学院学报,1978(1).

[33]王日根,宋立.海洋思维:认识中国历史的新视角:评杨国桢主编"海洋与中国丛书"[J].历史研究,1999(6).

[34]王巍.中华文明起源研究的新动向与新进展[J].黄河文明与可持续发展,2008(1).

[35]吴侪.亡诸考(上):以秦、汉之际环庐山—彭蠡泽地区为中心[J].江西科技师范学院学报,2010(2).

[36]徐家久.浅析鄂君启金节的价值及意义[J].遗产与保护研究,2017(7).

[37]徐中舒.吴越兴亡[J].四川大学学报(哲学社会科学版),2006(4).

[38]徐中舒.西周史论述(上)[J].四川大学学报(哲学社会科学版),1979(3).

[39]许苏民.自秦迄清中国社会性质是"宗法地主专制社会"吗:与冯天瑜教授商榷[J].学术月刊,2007(2).

[40]颜炳罡,孟德凯.齐文化的特征、旨归与本质:兼论齐、鲁、秦文化之异同[J].管子学刊,2003(1).

[41]杨德才,赵文静.利益集团、制度僵化与王朝兴衰[J].江苏社会科学,2016(4).

[42]杨国桢.关于中国海洋社会经济史的思考[J].中国社会经济史研究,1996(2).

[43]杨国桢.海洋迷失:中国史的一个误区[J].东南学术,1994(4).

[44]杨国桢.论海洋人文社会科学的概念磨合[J].厦门大学学报(哲学社会科学版),2000(1).

[45]张忠培,乔梁.后冈一期文化研究[J].考古学报,1992(3).

[46]张开城.海洋社会学研究亟待加强[J].经济研究导刊,2011(4).

[47]张敏.陶冶吴越:简论两周时期吴越的生业形态[J].东南文化,2019(3).

[48]赵轶峰.历史分期的概念与历史编纂学的实践[J].史学集刊,2001(4).

[49]庄国土.论中国海洋史上的两次发展机遇与丧失的原因[J].南洋问题研究,2006(1).

[50]李大鸣.先秦时期盐业生产与贸易研究[D].长春:吉林大学,2015.

后　记

　　一般而言,学术的研究品相、价值须仰赖深层厚重的学养积淀,成果的学理价值应倚重根深叶茂的学门承传。但就我们思维养成、思考成长的基本历程而言,似乎十分轻松地避开了二者的视域,因此,呈现在大家面前的这些粗浅的文字,准确地讲算不上学术研究作品,充其量不过是笔者粗鄙思考的简单总结。然而,虽然思维结晶的客观价值确实有实的高下之别,但思考愿望的主观意义似乎并没有统一的精准标尺。在"我思即我在"的语义视域抑或"你可以不赞同我的观点,但却不能漠视我说话的权利"的规则界区之中,自说自话、自语自悟何尝不是自由思想乃至思想自由的一米阳光。也正是立基于此,在社会思想高度宽容、文化日益多元的大海洋新时代,我们放飞自我的纷乱思绪、放纵思考繁杂的自我,无惧沧海一粟般的渺茫,唯恐岁月蹉跎、思想荒芜、四顾茫然。

　　然而作为一个事实上的"南漂",由于生活的辗转、专业的流浪、兴趣的迁移、岁月的蹉跎、心境的动荡,笔者也曾在相当长的一段时间里,迷失甚至沉溺于繁重且简单的身体劳作,澄净的思维与深入的考较以可感可见之形态渐行渐远。所幸天命之年、职责加身,垂范率下的责任操作,身体力行的职绩引动,上下转承、内外联动的工作生态,尤其不离不弃、无怨无悔的亲人一如既往的包容支持、始终如一的关爱帮助、坚持不懈的率先垂范,加之志趣相投、亲密无间的同道的一路守护陪伴,终是重新唤回了那一度远离的活跃思维与诚敬考校。工作之外的手不释卷,案牍之余的驻足省审,浅呷小酌之间的心灵交汇,凭栏驻足之际的凝神静思,卷帙浩繁之中的精细耙梳,一心一念、一语一词的艰辛累积,终将思维的片段与思考的颗粒拼接串联为一体一卷予以编辑,聊以自慰。每每夜深人静之际、泪洒西北之时,是那从未模糊的慈爱目光,总在持续给我前行的力量,幸得今生有您,斯世殊无妨。

　　当然,拙著得以成形面世,不仅得益于同道孙利龙、雷新兰、黄丽红等的倾情思想奉献、无私材料支持、常态交流启发及全程关注参与,而且更离不开光明日报出版社高校社科文库项目的大力资助与鼎力支持,尤其特别感激出版社的倾力帮助。最后,还要诚挚地感谢长期从事先秦社会历史文化研究的老前辈、先行者,是他们为后世的研究奠定了坚实基础、开启了后继探索的可资路径,没有他们,我们必定至今还在暗夜中徘徊摸索。不过,面对博大精深、深层敦厚的先秦海洋文化,作为初学者,笔者深知自身的关注与感悟仍十分肤浅零散,词语表述难免有失准确恰当,因此本书文责一律由笔者个人承担,一并恳请专家学者批评斧正,尤其希望大方之家包容提携,不胜感激!

作者搁笔于凤岭苑

2020 年 12 月 16 日